ATtiny2313을 활용한

졸업작품 만들기 (V)

정 종 호 저

Ohm사

머리말

전문계 고등학교나 대학에서는 졸업작품을 만들어 제출하게 함으로써 3년 또는 4년 동안 배운 관련 지식을 종합 정리하도록 하고 있다. 마이크로콘트롤러를 이용하여 작품을 제작해야 하는 경우, 가장 큰 고민은 마이크로콘트롤러 공부의 대부분이 키트로 이루어지고 있기 때문에 특정한 키트에 관련된 기능을 프로그램으로 구현하는 데 그치기가 쉽다. 따라서, 마이이크로콘트롤러의 다양한 응용력을 요구하는 졸업작품에 맞게 하드웨어를 고안하고 프로그램하는 데에는 어려움을 격게 된다.

이런 어려움을 극복하도록 하기 위해 3년 전에 공주대학교 윤덕용 교수가 'ATmega128을 활용한 졸업작품 만들기(I)'을 출간하여 마이크로콘트롤러를 활용한 졸업작품 만들기의 좋은 길잡이 역할을 하여 많은 독자들의 사랑을 받아왔다.

이 책은 마이크로콘트롤러를 활용하여 졸업작품을 제작하기에 앞서 하드웨어를 직접 제작하고 프로그램을 직접 작성하여 봄으로써 예비지식을 갖추기를 바라는 독자들이나 마이크로콘트롤러를 입문하는 독자들을 위해 직접 하드웨어를 제작하고 프로그램을 작성하도록 구성되었다. 회로가 다소 복잡한 경우에는 숙련된 납땜 기술이 요구되지만, 작품 8개를 손수 만능기판에 제작하고 프로그램을 작성하여 동작을 확인하는 동안 여러분들은 마이크로콘트롤러에 대한 기본적인 사항들을 공부할 수 있는 좋은 기회가 될 것으로 생각한다.

이 책은 독자 여러분들이 작품을 만들어가면서 문제를 스스로 해결 할 수 있도록 구성하였다. 각 작품 마다 기능을 구현하는 데 필요한 다양한 프로그램 예제를 제공하여 하드웨어의 동작과 프로그램 작성 방법을 이해하는 데 도움이 되도록 여러 단계를 거쳐 작품을 완성하도록 하였다. 따라서 독자들은 작품을 완성하는 것에 만 목표를 두기 보다는 작품을 완성해 가는 과정에서 하드웨어 구성 방법이나 프로그램 작성법에 대해 관심을 기울인다면 독자들이 기대하는 성과를 얻을 수 있을 것으로 생각한다.

이 책의 출판을 위해 애써주신 Ohm사의 곽종학 사장님과 직원 여러분께 감사드리며, 이 책을 쓰는 동안 많은 조언을 해 주신 공주대학교 윤덕용 교수님과 책의 부록에 들어간 PCB설계를 도와 주신 울산 공업고등학교 윤서진 선생님께도 깊이 감사드린다.

2008년 2월　저자 정종호 씀

차례

C.O.N.T.E.N.T.S

ATtiny2313의 구조와 개발환경

작품 만들기

제 1 편

ATtiny2313의 구조와 개발환경

1.1 ATtiny2313의 구조와 기능

1. ATtiny2313의 특징

ATtiny2313은 AVR RISC(Reduced Instruction Set Computer)구조를 기반으로 하는 저전력 CMOS 8비트 마이크로콘트롤러로 단일 클록으로 명령을 수행함으로써 1MHz 당 1 MIPS의 처리속도를 낼 수 있으므로 20MHz에서는 20MIPS의 명령처리 속도를 낼 수 있다.

AVR 코어(core)는 32개의 범용 레지스터를 가지고 있으며, 이 범용 레지스터는 한 개의 클록 사이클 내에 한 개의 명령을 수행 하도록 두개의 독립된 레지스터를 액세스할 수 있게 산술논리연산장치(ALU)에 직접 연결되어 있다. 이러한 구조는 MCS-51계열의 CISC 마이크로콘트롤러에 비해 10배 이상의 빠른 처리 속도를 낼 수 있다.

ATtiny2313은 SPI 직렬통신을 통해 10,000번 까지 지우고 쓸 수 있는 2K바이트의 ISP(In-System Programming) 플래시 프로그램메모리와 100,000번 까지 지우고 쓸 수 있는 128바이트의 EEPROM, 128바이트의 SRAM을 가지고 있다. 리셋 단자($\overline{\text{RESET}}$)와 외부 클록 단자(XTAL1, XTAL2)를 병렬 입・출력 포트로 사용할 경우, 전원단자인 VCC와 GND를 제외한 18개의 단자를 범용 병렬 입・출력 포트로 사용할 수 있다. 온-칩 디버깅이 가능한 싱글-와이어 인터페이스가 있으며, 비교 모드가 있는 8비트 및 16비트 타이머/카운터가 각각 1개씩 있다. 내부와 외부 인터럽트, 전이중 통신이 가능한 USART 직렬통신 포트와 범용 직렬 인터페이스(USI), 내부 오실레이터를 가지는 워치독 타이머 등이 있다.

2. ATtiny2313의 외부구조

ATtiny2313소자의 외부구조는 <그림 1.1.1>과 같으며, 각 핀의 기능을 요약하면 <표 1.1.1>과 같다.

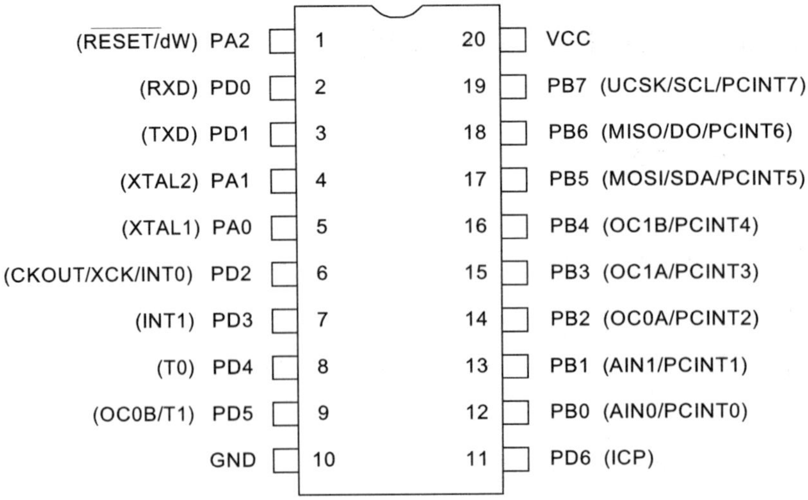

〈그림 1.1.1〉 ATtiny2313의 핀 배치

〈표 1.1.1〉 ATtiny2313의 외부 핀의 기능 요약

신호 이름	핀번호	기 능
PA0~PA2	5,4,1	· 내부적으로 풀업(20kΩ~50kΩ)된 3비트 양방향 병렬포트. DDRA 레지스터를 사용하여 포트의 입력과 출력을 설정. 입력 데이터는 PINA 레지스터를 통하여 읽으며, 출력 데이터는 PORTA 레지스터를 통하여 출력. **<주의> $\overline{\text{RESET}}$을 병렬포트 PA2로 사용할 경우 ISP기능을 사용할 수 없으며, XTAL1과 XTAL2를 병렬포트 PA0, PA1로 사용할 경우 외부 클록 소스를 사용할 수 없다.**
PB0~PB7	12~19	· 내부적으로 풀업(20kΩ~50kΩ)된 8비트 양방향 병렬포트. DDRB 레지스터를 사용하여 포트의 입력과 출력을 설정. 입력 데이터는 PINB 레지스터를 통하여 읽으며, 출력 데이터는 PORTB 레지스터를 통하여 출력.
PD0~PD6	2~3, 6~9, 11	· 내부적으로 풀업(20kΩ~50kΩ)된 7비트 양방향 병렬포트. DDRD 레지스터를 사용하여 포트의 입력과 출력을 설정. 입력 데이터는 PIND 레지스터를 통하여 읽으며, 출력 데이터는 PORTD 레지스터를 통하여 출력.
$\overline{\text{RESET}}$	1	· 리셋 신호가 입력되면 마이크로콘트롤러는 초기상태로 다시 시작된다. 올바른 리셋 동작을 위해서는 최소 50ns이상 로우(low)레벨을 유지해야 함.
INT0 INT1	6 7	· 외부 인터럽트 요청신호. MCUCR레지스터에서 인터럽트 신호의 상승/하강에지, 로우(low)레벨일 때, 인터럽트가 발생하도록 설정.
PCINT0~ PCINT7	12~19	· 외부 인터럽트 요청신호. PCMSK 레지스터의 PCINT0~PCINT7이 세트되고 GIMSK의 PCIE가 세트되면 핀 변화 인터럽트는 대응하는 I/O핀이 활성되고 PCINT0~PCINT7이 클리어 되면, 대응하는 I/O핀에 대한 핀 변화 인터럽트는 비활성됨.

〈표 1.1.1〉 ATtiny2313의 외부 핀의 기능 요약 (계속)

신호 이름	핀번호	기 능
T0 T1	8 9	· 타이머/카운터0의 클록 입력 신호. · 타이머/카운터1의 클록 입력 신호.
ICP	11	· 타이머/카운터1의 캡쳐 모드에서 트리거 신호로 사용.
RXD TXD	2 3	· 직렬통신 포트 USART의 수신 데이터 신호. · 직렬통신 포트 USART의 송신 데이터 신호.
SDA SCL	17 19	· TWI 채널의 데이터 입출력 신호. · TWI 채널의 클록 입출력 신호.
MOSI MISO SCK	17 18 19	· Master Output/Slave Input : ATtiny2313에서 ISP프로그래머로 보내는 데이터신호. · Master Input/Slave Output : ISP프로그래머에서 ATtiny2313으로 보내는 데이터 신호. · Serial Clock : ISP프로그래머에서 ATtiny2313으로 보내는 프로그래밍 클록신호.
OC0A OC0B OC1A OC1B	14 9 15 16	· 각 타이머/카운터의 비교 출력신호. 각 타이머/카운터 채널을 PWM모드로 설정하면 이 단자를 통해 PWM신호가 출력됨.
AIN0 AIN1	12 13	· 아날로그 비교기 +입력. · 아날로그 비교기 -입력.
XTAL1 XTAL2	5 4	· 내부 클록발생 증폭회로의 입력신호. · 내부 클록발생 증폭회로의 출력신호
VCC GND	20 10	· 회로의 +5V(±10%)전원. · 회로의 전원접지.

3. ATtiny2313의 내부 구조

ATtiny2313의 내부 구조는 <그림1.1.2>와 같다. 내부버스는 프로그램 액세스용 버스와 데이터 액세스용 버스로 구성되어 있는 RISC구조이다. 프로그램 액세스용 버스는 내장되어 있는 프로그램 메모리인 플래시 메모리 뿐만 아니라 프로그램 카운터, 명령 해독기, 명령 레지스터 등과도 연결되어 있다. 데이터 액세스용 버스는 <그림 1.1.2>에서 굵은선으로 음영이 되어 있는 버스이며 범용 레지스터와 SRAM, EEPROM과 같은 데이터 메모리 뿐만 아니라 각종 I/O들과도 연결되어 있다.

프로그램 카운터가 지시하는 플래시 메모리 어드레스에서 명령을 인출하고 해독하는 부분과 산술논리연산장치(ALU), 32개의 범용 레지스터, 상태 레지스터, 스택 포인터 등과 같은 명령 처리부와 데이터 메모리 및 인터럽트 처리기 등으로 구성된다.

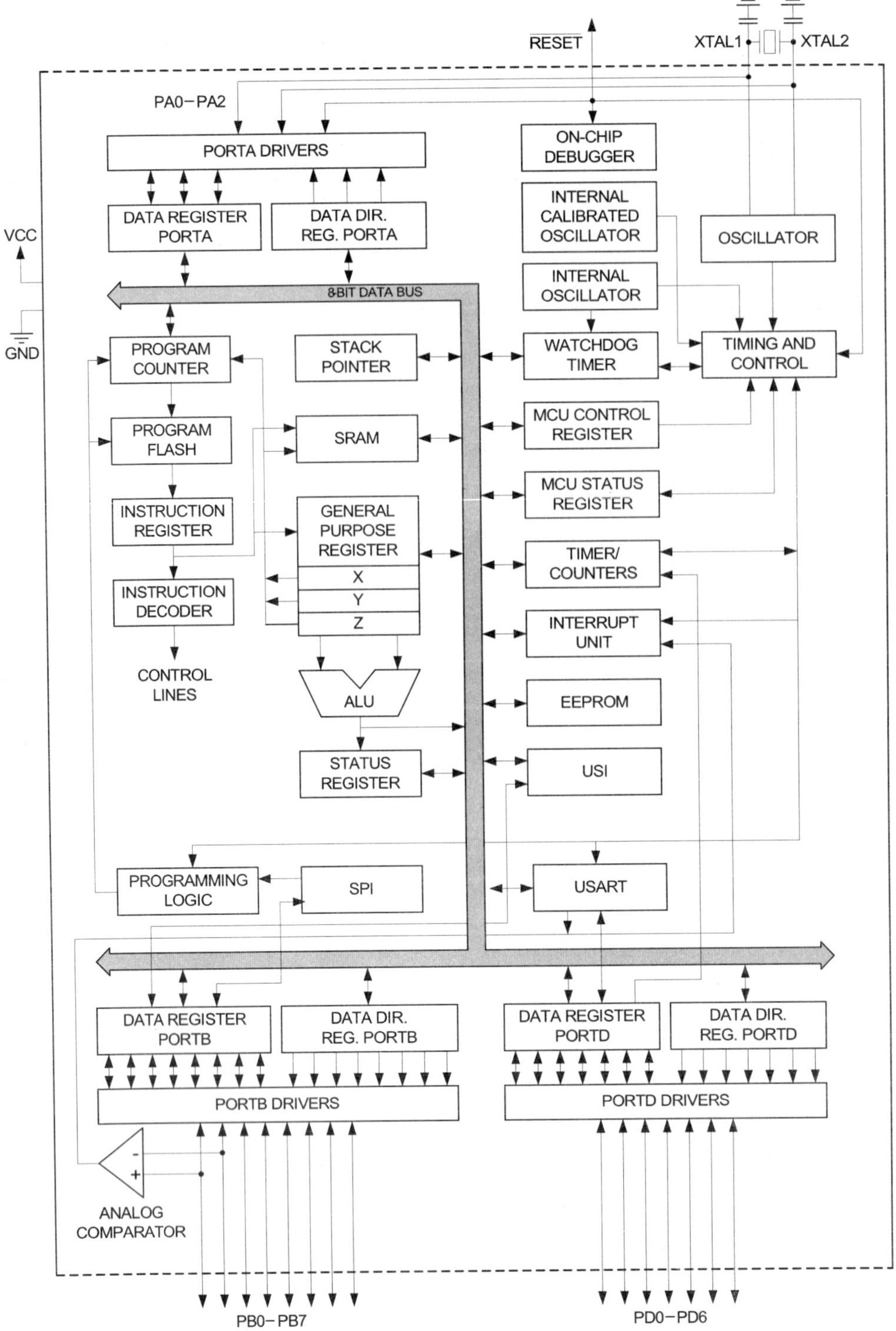

〈그림 1.1.2〉 ATtiny2313의 내부구조

(1) 산술논리연산장치(ALU)

ATtiny2313의 산술논리연산장치(Arithmetic Logic Unit)는 32개의 범용 레지스터와 직접 연결되어 있어 산술연산, 논리연산, 비트 처리 등과 같은 기능을 단일 클록 사이클에 처리하며, 강력한 하드웨어 곱셈기는 부호있는 정수나 부호없는 정수의 곱셈연산을 빠르게 처리한다.

(2) 상태 레지스터(SREG)

상태 레지스터(Status Register)는 가장 최근에 실행된 산술연산 명령의 결과를 표시한다. 상태 레지스터에 저장된 상태 정보는 조건부 처리명령에 의하여 프로그램의 흐름을 변경하는 데 사용한다. 상태 레지스터는 인터럽트 루틴으로 들어갈 때 자동으로 저장되지 않으며, 인터럽트로부터 복귀할 때에 자동으로 복구되지 않으므로 반드시 소프트웨어로 처리해 주어야 한다. ATtiny2313의 상태 레지스터는 <그림 1.1.3>과 같으며, 각 비트의 기능은 표<1.1.2>와 같다.

비트	7	6	5	4	3	2	1	0	
0x3F(0x5F)	I	T	H	S	V	N	Z	C	SREG
읽기 / 쓰기	R/W	R/W	R/W	R/W	R/W	R/W	R/W	R/W	

〈그림 1.1.3〉 상태 레지스터(SREG)

〈표 1.1.2〉 ATtiny2313의 상태 레지스터

비트	비트명	기 능
Bit 7	I	Global Interrupt Enable : 인터럽트 허용을 설정하는 비트. 개별적인 인터럽트를 허용하는 것은 일반 인터럽트 제어 레지스터 및 각 주변장치의 제어 레지스터에 의해 설정됨.
Bit 6	T	Bit Copy Storage : 상태 레지스터의 이 비트와 다른 레지스터의 한 비트 사이에 비트 복사가 가능.
Bit 5	H	Half carry Flag : 산술연산에서 하프캐리를 지시하는 비트. BCD연산에서 유용함.
Bit 4	S	Sign Bit, S=N⊕V : 네가티브 플랙 N과 2의 보수 오버플로 플랙 V의 배타적OR 결과값을 저장.
Bit 3	V	Two's Complement Overflow Flag : 2의 보수 연산에서 오버플로의 발생을 나타냄.
Bit 2	N	Negative Flag : 산술연산이나 논리연산의 결과가 음수임을 나타냄.
Bit 1	Z	Zero Flag : 산술연산이나 논리연산 결과가 0임을 나타냄.
Bit 0	C	Carry Flag : 산술연산이나 논리연산에서 캐리의 발생을 나타냄.

(3) 범용 레지스터

ATtiny2313은 <그림 1.1.4>와 같이 CPU 안에 32개의 범용 레지스터(R0~R31)를 가지고 있다. 이들 레지스터는 기본적인 사칙연산을 수행하며, 즉치 데이터를 사용하는 연산 명령은 R16~R31에서만 수행한다.

7 0	Addr.	
R0	0x00	
R1	0x01	
R2	0x02	
...		
R13	0x0D	
R14	0x0E	
R15	0x0F	
R16	0x10	
R17	0x11	
...		
R26	0x1A	X-register Low Byte
R27	0x1B	X-register High Byte
R28	0x1C	Y-register Low Byte
R29	0x1D	Y-register High Byte
R30	0x1E	Z-register Low Byte
R31	0x1F	Z-register High Byte

〈그림 1.1.4〉 ATtiny2313의 범용 레지스터

(4) X-레지스터, Y-레지스터, Z-레지스터

R26~R31의 레지스터는 <그림 1.1.5>와 같이 두 개의 범용 레지스터를 합해 16비트 레지스터인 X-레지스터, Y-레지스터, Z-레지스터로 사용한다. 즉, X-레지스터의 경우 범용 레지스터 R26이 하위 8비트를 구성하고 범용 레지스터 R27이 상위 8비트를 구성하여 16비트 X-레지스터가 된다. 이들 레지스터는 데이터 영역의 간접 어드레스 지정을 위한 16비트 어드레스 포인터로 사용된다.

〈그림 1.1.5〉 X-레지스터, Y-레지스터, Z-레지스터의 구성

(5) 스택 포인터(SP)

스택은 주로 임시 데이터를 저장하거나 또는 지역변수나 인터럽트와 서브루틴 호출 후 복귀 어드레스를 저장하는 데에도 사용된다. 스택 포인터(Stack Pointer) 레지스터는 항상 스택의 상단을 가리킨다. 스택 포인터는 푸시(PUSH)명령에 의해 데이터가 스택에 저장될 때 1씩 감소하고, 팝(POP)명령에 의해 1씩 증가한 후에 스택 메모리 번지에서 데이터를 꺼낸다. 스택에 푸시 명령으로 서브루틴 호출이나 인터럽트에 의해 16비트의 주소가 저장될 때 스택 포인터가 2씩 감소하며, 팝 명령으로 서브루틴의 RET명령이나 인터럽트의 RETI명령에 의해 스택에서 주소를 가져오면 스택 포인터는 2씩 증가한다. ATtiny2313의 스택 포인터는 서브루틴 호출 이나 인터럽트가 인에이블되기 전에 프로그램에 의해 데이터 SRAM에 스택영역을 정의해야 하며, 사용자 프로그램에서 스택 포인터의 초기값은 내부 SRAM에 위치시키기 위해서 적어도 0x0060번지 이상의 값으로 설정해야 하지만, 일반적으로 내부 SRAM의 끝번지인 0x00DF로 지정한다.

비트	15	14	13	12	11	10	9	8	
0x3E(0x5E)	-	-	-	-	-	-	-	-	SPH
0x3D(0x5D)	SP7	SP6	SP5	SP4	SP3	SP2	SP1	SP0	SPL
비트	7	6	5	4	3	2	1	0	
읽기 / 쓰기	R/W	R/W	R/W	R/W	R/W	R/W	R/W	R/W	

〈그림 1.1.6〉 스택 포인터(SP)

4. ATtiny2313의 메모리 구조

ATtiny2313의 메모리는 데이터 메모리와 프로그램 메모리로 구분할 수 있으며, 데이터를 저장하기 위한 EEPROM 메모리를 추가로 가지고 있다.

(1) 플래시 프로그램 메모리

ATtiny2313은 <그림 1.1.7>과 같이 내부에 프로그램 메모리로 2KB의 플래시 메모리를 가지고 있다. ATtiny2313는 8비트 마이크로콘트롤러 이지만 모든 명령은 16비트 또는 32비트 이므로 플래시 메모리는 1KB×16비트=2KB의 용량을 갖는다. 이 플래시 메모리는 SPI 직렬통신을 통하여 최소한 10,000회 이상 쓰기와 지우기를 할 수 있다.

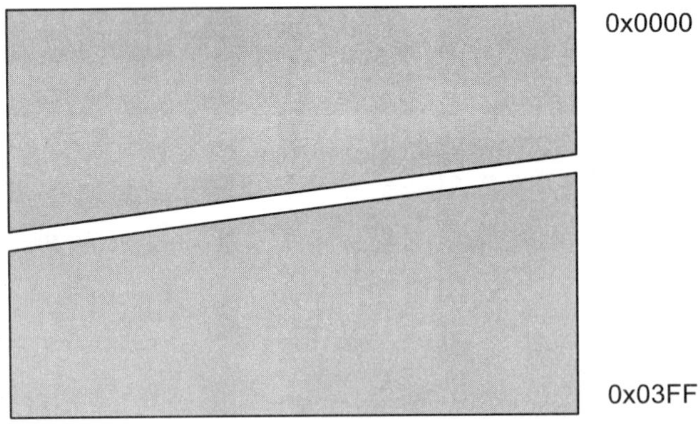

〈그림 1.1.7〉 플래시 프로그램 메모리

(2) SRAM 데이터 메모리

ATtiny2313의 SRAM 데이터 메모리는 <그림 1.1.8>과 같다. SRAM 데이터 메모리는 32개의 범용 레지스터(0x0000~0x001F), 64개의 I/O 메모리(0x0020~0x005F), 128바이트의 내부 데이터 SRAM(0x0060~0x00DF)으로 구성되어 있다.

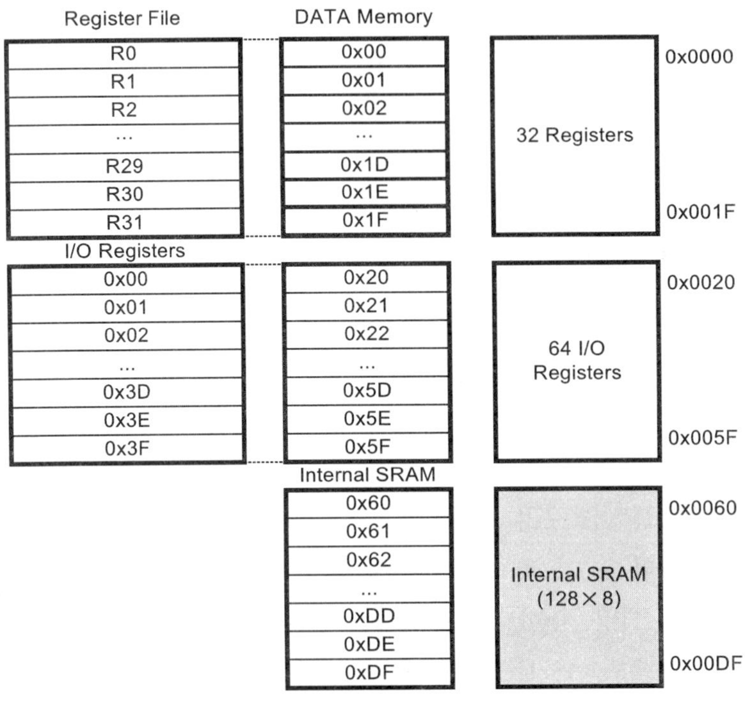

〈그림 1.1.8〉 SRAM 데이터 메모리 맵

(3) EEPROM 데이터 메모리

ATtiny2313에는 128바이트 EEPROM이 내장되어 있으며 메모리 번지는 0x0000~0x007F로 할당된다. 100,000번까지 데이터를 읽고 쓸 수 있으며, EEPROM 어드레스 레지스터(EEAR), EEPROM 데이터 레지스터(EEDR), EEPROM 제어 어드레스(EECR)등을 사용하여 1바이트씩 액세스 할 수 있다.

EEPROM을 읽을 때는 4클록 사이클 동안 CPU를 정지시켰다 다음 명령을 실행해야하며, EEPROM을 쓸 때는 2클록 사이클 동안 CPU를 정지시켰다 다음 명령을 실행시켜야 한다.

1) EEPROM 어드레스 레지스터(EEAR)

비트	7	6	5	4	3	2	1	0	
0x1E(0x3E)	-	EEAR6	EEAR5	EEAR4	EEAR3	EEAR2	EEAR1	EEAR0	EEAR
읽기 / 쓰기	R	R/W	R/W	R/W	R/W	R/W	R/W	R/W	

〈그림 1.1.9〉 EEPROM 어드레스 레지스터(EEAR)

〈표 1.1.3〉 ATtiny2313의 EEPROM 어드레스 레지스터(EEAR)

비트	기 능
Bit6~Bit0	· 128바이트 EEPROM영역에서 EEPROM번지 지정.

2) EEPROM 데이터 레지스터(EEDR)

비트	7	6	5	4	3	2	1	0	
0x1D(0x3D)	MSB							LSB	EEDR
읽기 / 쓰기	R/W	R/W	R/W	R/W	R/W	R/W	R/W	R/W	

〈그림 1.1.10〉 EEPROM 데이터 레지스터(EEDR)

〈표 1.1.4〉 ATtiny2313의 EEPROM 데이터 레지스터(EEDR)

비트	기 능
Bit7~Bit0	· 쓰기할 데이터를 저장하거나, 읽기할 주소를 저장.

3) EEPROM 제어 레지스터(EECR)

비트	7	6	5	4	3	2	1	0	
0x1C(0x3C)	-	-	EEPM1	EEPM0	EERIE	EEMPE	EEPE	EERE	EECR
읽기 / 쓰기	R	R	R/W	R/W	R/W	R/W	R/W	R/W	

〈그림 1.1.11〉 EEPROM 제어 레지스터(EECR)

〈표 1.1.5〉 ATtiny2313의 EEPROM 제어 레지스터(EECR)

비트	비트명	기 능
Bit5~Bit4	EEPM1, EEPM0	· EEPROM 프로그래밍 모드 비트.
Bit 3	EERIE	· SREG의 I비트를 '1'로 하고 EERIE 비트를 '1'로 설정하면 EEPROM Ready 인터럽트를 인에이블하고, EERIE 비트를 '0'으로 설정하면 EEPROM Ready 인터럽트는 디스에이블 됨.
Bit 2	EEMPE	· EEMPE='1'이고, EEPE='1'일때, 4클록 사이클 이내에 데이터를 지정된 EEPROM주소에 프로그램함.
Bit 1	EEPE	· EEPROM 프로그램 인에이블 신호.
Bit 0	EERE	· EEPROM 읽기 인에이블 신호.

1.2 ATtiny2313의 기본 하드웨어

1. 메모리 록 비트와 퓨즈 비트

ATtiny2313은 메모리의 보호 기능을 가지는 2개의 록 비트가 있으며, 시스템 설정용 3개의 퓨즈 바이트를 가지고 있다.

(1) 메모리 록 비트

프로그램 메모리와 데이터 메모리 프로그래밍의 보호기능을 설정하는 메모리 록 비트는 1바이트 중 2개의 비트만 사용한다. 메모리 록 비트의 기본값은 1(unprogrammed) 이며, 프로그램 되면 0(programmed)으로 설정된다. 메모리 록 비트를 기본값 1(unprogrammed)로 환원하려면, 칩 삭제(chip erase) 명령 만으로 할 수 있다.

AVR 다운로드 프로그램 중 'ToastProg 2005'의 경우에는 <그림 1.2.1>과 같이 메모리

록 비트와 퓨즈 비트를 설정한다. ☑로 체크한 비트는 '0'으로 설정되고 □로 체크가 되어 있지 않은 비트는 '1'로 설정된다.

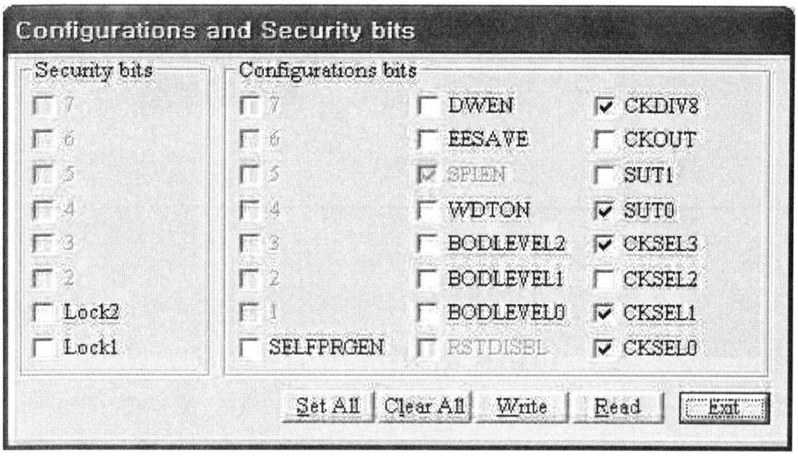

〈그림 1.2.1〉 ToastProg 2005의 메모리 록 비트와 퓨즈비트

ATtiny2313의 메모리 록 비트의 구성은 <표 1.2.1>과 같다. <표 1.2.2>에서 LB모드 2와 LB모드 3은 LB1과 LB2를 프로그래밍 하기 전에 퓨즈(fuse) 비트와 부트(boot) 비트를 프로그램해야 한다.

〈표 1.2.1〉 ATtiny2313의 메모리 록 비트의 구성

비트번호	비트이름	기　　능	기본값
7	-	-	1 (unprogrammed)
6	-	-	1 (unprogrammed)
5	-	-	1 (unprogrammed)
4	-	-	1 (unprogrammed)
3	-	-	1 (unprogrammed)
2	-	-	1 (unprogrammed)
1	LB2	록 비트	1 (unprogrammed)
0	LB1	록 비트	1 (unprogrammed)

〈표 1.2.2〉 메모리 록 비트에 의한 메모리 보호 기능

메모리 록 비트			보호 기능
LB모드	LB2	LB1	
1	1	1	메모리 록 기능이 설정되지 않음.
2	1	0	플래시 메모리나 EEPROM을 병렬프로그램 모드나 직렬 프로그램 모드로 프로그램 금지. 퓨즈비트 프로그래밍도 금지.
3	0	0	플래시 메모리나 EEPROM을 병렬 프로그램 모드나 직렬 프로그램 모드로 검증(verify)하는 것을 금지. 부트 록 비트와 퓨즈 비트 프로그래밍도 금지.

(2) 퓨즈 비트

퓨즈 비트는 프로그램하지 않으면 1(unprogrammed)로 설정되며, 프로그램하면 0(programmed)으로 설정된다. 메모리 록 비트의 경우에는 칩삭제 명령에 의해 다시 기본값이'1'로 되지만, 퓨즈비트는 이에 영향을 받지 않는다. 퓨즈 비트는 메모리 록 비트의 LB1을 사용하여 퓨즈 비트의 변경을 금지시키도록 설정할 수 있다. 메모리 록 비트에서 설명한 것 처럼 LB1을 이용하여 퓨즈 비트의 변경을 금지하는 LB모드 2와 LB모드 3의 경우에는 퓨즈 비트와 부트 비트를 설정한 후에 메모리 록 비트를 설정해야 한다.

1) 퓨즈 확장 바이트(Fuse Extended Byte)

퓨즈 확장 바이트는 <표 1.2.3>과 같이 1바이트 중 1 비트 만 사용한다. 셀프 프로그래밍을 허용하는 SELPRGEN 비트 1개 만으로 구성되어 있다.

〈표 1.2.3〉 퓨즈 확장 바이트

비트번호	비트이름	기 능	기본값
7	-	-	1 (unprogrammed)
6	-	-	1 (unprogrammed)
5	-	-	1 (unprogrammed)
4	-	-	1 (unprogrammed)
3	-	-	1 (unprogrammed)
2	-	-	1 (unprogrammed)
1	-	-	1 (unprogrammed)
0	SELFPRGEN	셀프 프로그래밍 허용	1 (unprogrammed)

2) 퓨즈 하이 바이트(Fuse High Byte)

퓨즈 하이 바이트는 <표 1.2.4>와 같다. ATtiny2313은 SPIEN=0으로 기본값이 되어 있으므로 SPI에 의한 프로그래밍이 가능하며, EESAVE=1로 설정하고 칩 삭제 명령을 사용하면 EEPROM의 내용이 보존되지 않고 삭제되며, EESAVE=0으로 설정한 경우에는 칩 삭제 명령을 사용하여도 EEPROM 메모리의 내용이 보존된다.

〈표 1.2.4〉 퓨즈 하이 바이트

비트번호	비트이름	기 능	기본값
7	DWEN	debugWIRE 허용	1 (unprogrammed)
6	EESAVE	칩 삭제시 EEPROM메모리 보존	1(unprogrammed, EEPROM 보존안됨.)
5	SPIEN	SPI 직렬 프로그래밍 허용	0 (programmed)
4	WDTON	워치독 타이머 항상 on	1 (unprogrammed)
3	BODLEVEL2	BOD 트리거 레벨	1 (unprogrammed)
2	BODLEVEL1		1 (unprogrammed)
1	BODLEVEL0		1 (unprogrammed)
0	RSTDISBL	외부 리셋 금지	1 (unprogrammed)

3) 퓨즈 로우 바이트(Fuse Low Byte)

퓨즈 로우 바이트는 <표 1.2.5>와 같다. ATtiny2313은 기본값 상태에서 기동시간(start-up)이 최대값으로 되어 있고, 시스템 클록은 내부 RC 오실레이터에 의해 1MHz로 발진된다.

〈표 1.2.5〉 퓨즈 로우 바이트

비트번호	비트이름	기 능	기본값
7	CKDIV8	클록을 1/8로 분주	0 (programmed)
6	CKOUT	CKOUT핀으로 클록 출력	1 (unprogrammed)
5	SUT1	기동시간 선택	1 (unprogrammed)
4	SUT0		0 (programmed)
3	CKSEL3	클록 소스 선택	0 (programmed)
2	CKSEL2		1 (unprogrammed)
1	CKSEL1		0 (programmed)
0	CKSEL0		0 (programmed)

2. 시스템 클록과 클록 옵션

(1) 클록 소스

ATtiny2313의 클록 소스는 <표 1.2.6>과 같다. 클록 소스는 퓨즈 로우 바이트의 CKSEL3~CKSEL0을 사용하여 설정할 수 있다.

〈표 1.2.6〉 클록 소스 설정

클록 소스	CKSEL3 ~ CKSEL0
외부 클록(External Clock)	0000
교정된 내부 RC오실레이터 4MHz (Calibrated Internal RC Oscillator 4MHz)	0010
교정된 내부 RC오실레이터 8MHz (Calibrated Internal RC Oscillator 8MHz)	0100
워치독 오실레이터 128kHz (Watchdong Oscillator 128kHz)	0110
외부 크리스탈/ 세라믹 레조네이터 (External Crystal/Ceramic Resonator)	1000~1111

ATtiny2313의 클록 소스 기본값은 CKSEL="0100", SUT="10", CKDIV8="0"으로 되어 있으므로, 퓨즈 비트를 사용자가 별도로 설정하지 않은 초기상태에서는 내부 RC오실레이터 8MHz가 1/8분주된 1MHz의 시스템 클록으로 동작한다. 따라서, 외부 크리스탈을 클록 소스로 사용할 경우에는 <그림 1.2.2>와 같이 퓨즈 비트를 설정해 주어야 한다.

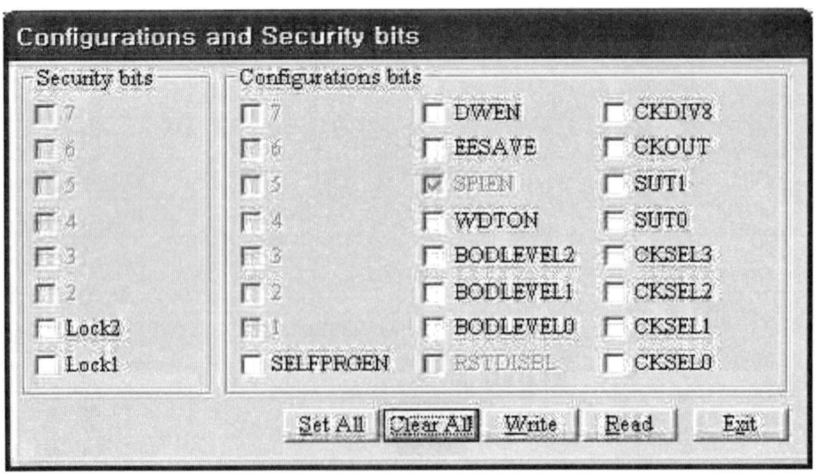

〈그림 1.2.2〉 ToastProg 2005의 퓨즈비트 설정

(1) 크리스탈 또는 레조네이터

크리스탈 이나 세라믹 레조네이터를 사용하는 경우 <그림 1.2.3>과 같이 XTAL1 입력단자와 XTAL2 출력단자에 접속한다. 크리스탈을 사용하는 경우 C1과 C2의 캐패시터 값과 CKSEL3~CKSEL1 비트의 설정은 <표 1.2.7>과 같다. CKSEL0 비트에 대한 설정은 SUT1~SUT0 비트와 기동시간을 <표 1.2.8>에서 선택하여 사용한다.

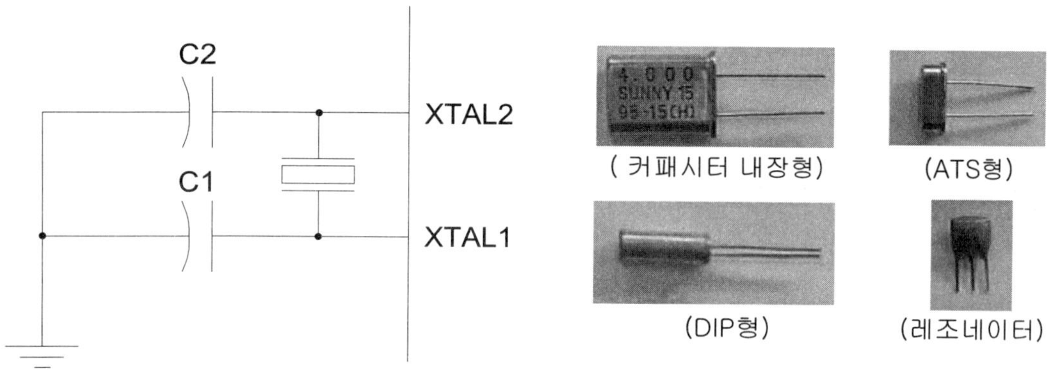

(a) 크리스탈 접속도 (b) 크리스탈의 종류와 레조네이터

〈그림 1.2.3〉 크리스탈 또는 레조네이터

〈표 1.2.7〉 크리스탈과 레조네이터 동작 모드

CKSEL3~1	주파수범위(MHz)	크리스탈에 대한 C1, C2 권장값
100	0.4 ~ 0.9	세라믹 레조네이터에서만 사용
101	0.9 ~ 3.0	12 ~ 22pF
110	3.0 ~ 8.0	12 ~ 22pF
111	8.0 ~	12 ~ 22pF

〈표 1.2.8〉 크리스탈과 레조네이터 클록에 대한 기동시간

CKSEL0	SUT1~SUT0	기동시간	리셋에 대한 추가 지연시간(Vcc=5.0V)	권장되는 사용법
0	00	258 클록	14CK + 4.1ms	세라믹 레조네이터 (fast rising power)
0	01	258 클록	14CK + 65ms	세라믹 레조네이터 (slowly rising power)
0	10	1K 클록	14CK	세라믹 레조네이터(BOD 허용)
0	11	1K 클록	14CK + 4.1ms	세라믹 레조네이터 (fast rising power)
1	00	1K 클록	14CK + 65ms	세라믹 레조네이터 (slowly rising power)
1	01	16K 클록	14CK	크리스탈 오실레이터(BOD 허용)
1	10	16K 클록	14CK + 4.1ms	크리스탈 오실레이터 (fast rising power)
1	11	16K 클록	14CK + 65ms	크리스탈 오실레이터 (slowly rising power)

(2) 내부 RC 오실레이터

내부 RC 오실레이터(calibrated internal RC oscillator) 는 4.0MHz나 8.0MHz클록 중 하나를 <표 1.2.9>와 같이 선택할 수 있으며, 내부 RC오실레이터 클록을 선택하면 XTAL1과 XTAL2 단자에 외부 소자를 접속하지 않고 동작한다.

〈표 1.2.9〉 내부 RC 오실레이터 동작 범위

CKSEL3~0	주파수범위(MHz)
0010 ~ 0011	4.0
0100 ~ 0101	8.0

내부 RC 오실레이터가 사용되는 경우의 기동시간은 <표 1.2.10>과 같이 SUT1~SUT0 비트에 따라 선택한다.

〈표 1.2.10〉 내부 RC 오실레이터에 대한 기동시간

SUT1~SUT0	기동시간	리셋에 대한 추가 지연시간(Vcc=5.0V)	권장되는 사용법
00	6 클록	14CK	BOD 허용
01	6 클록	14CK + 4.1ms	Fast rising power
10	6 클록	14CK + 65ms	Slowly rising power
11	-		

내부 RC 오실레이터의 클록 주파수는 다소 부정확하므로 이를 조정하는 데는 <그림 1.2.4>와 같이 오실레이터 교정 레지스터 OSCCAL(Oscillator Calibration Register)을 사용하며, 내부 RC 오실레이터 주파수 범위는 <표 1.2.11>과 같다.

비트	7	6	5	4	3	2	1	0	
0x31(0x51)	-	CAL6	CAL5	CAL4	CAL3	CAL2	CAL1	CAL0	OSCCAL
읽기 / 쓰기	R	R/W	R/W	R/W	R/W	R/W	R/W	R/W	

〈그림 1.2.4〉 오실레이터 교정 레지스터 OSCCAL

〈표 1.2.11〉 내부 RC 오실레이터 동작 범위

OSCCAL값	최저 주파수	최대 주파수
0x00	50 %	100 %
0x3F	75 %	150 %
0x7F	100 %	200 %

(3) 외부 클록

외부 클록 소스를 XTAL1에 <그림 1.2.5>와 같이 접속하고, CKSEL3~CKSEL0의 퓨즈 비트를 “0000”으로 설정해야 한다. 기동시간은 <표 1.2.12>와 같이 선택한다.

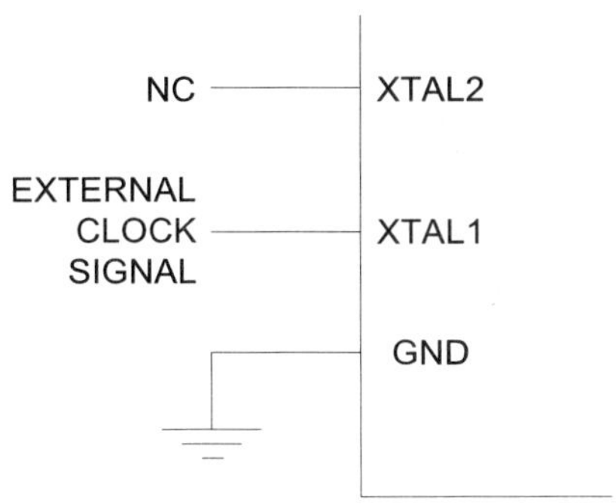

〈그림 1.2.5〉 외부 클록 소스

〈표 1.2.12〉 외부 클록 소스에 대한 기동시간

SUT1~SUT0	기동시간	리셋에 대한 추가 지연시간(Vcc=5.0V)	권장되는 사용법
00	6 클록	14CK	BOD 허용
01	6 클록	14CK + 4.1ms	Fast rising power
10	6 클록	14CK + 65ms	Slowly rising power
11	-		

(4) 128kHz 내부 오실레이터

128kHz 내부 오실레이터는 128kHz의 클록을 공급하는 저전력 오실레이터로 CKSEL3~CKSEL0의 퓨즈 비트를 "0110"으로 설정하고, 기동시간은 <표 1.2.13>과 같이 선택한다.

〈표 1.2.13〉 128kHz 내부 오실레이터에 대한 기동시간

SUT1~SUT0	기동시간	리셋에 대한 추가 지연시간(Vcc=5.0V)	권장되는 사용법
00	6 클록	14CK	BOD 허용
01	6 클록	14CK + 4ms	Fast rising power
10	6 클록	14CK + 64ms	Slowly rising power
11	-		

3. 시스템 리셋

ATtiny2313이 리셋 되면, 모든 입・출력 레지스터는 초기값으로 되고, 프로그램은 리셋 벡터로 부터 시작된다. 리셋 신호의 입력이 완료면 지연 카운터가 동작되어 전원이 안정상태가 될 때까지 내부적으로 리셋을 지연시킨 후 마이크로프로세서가 안정되게 동작 되도록 한다. 지연 카운터의 지연시간 주기는 퓨즈 비트 SUT1~SUT0와 CKSEL0으로 설정한다.

ATtiny2313의 시스템 리셋 소스는 전원-ON 리셋, 외부 리셋, 워치독 리셋, 저전압 검출 리셋 등 4가지가 있다.

(1) 전원-ON 리셋

전원-ON 리셋(Power-On reset)은 인가전압이 전원-ON 리셋 문턱전압(Threshod voltage) V_{POT}이하로 내려갔을 때, ATtiny2313이 리셋된다. ATtiny2313의 전원-ON 리셋 문턱전압의 상승시 대표값은 1.2V이고, 하강시 대표값은 1.1V이다. 전원-ON 리셋은 <그림 1.2.6>과 같이 리셋 핀을 Vcc에 접속한 경우와 <그림 1.2.7>과 같이 외부 리셋 신호에 접속한 경우가 있으며, 안정된 동작을 위해 외부 리셋 신호에 의한 전원-ON 리셋의 내부 리셋 지연시간이 더 길어진다.

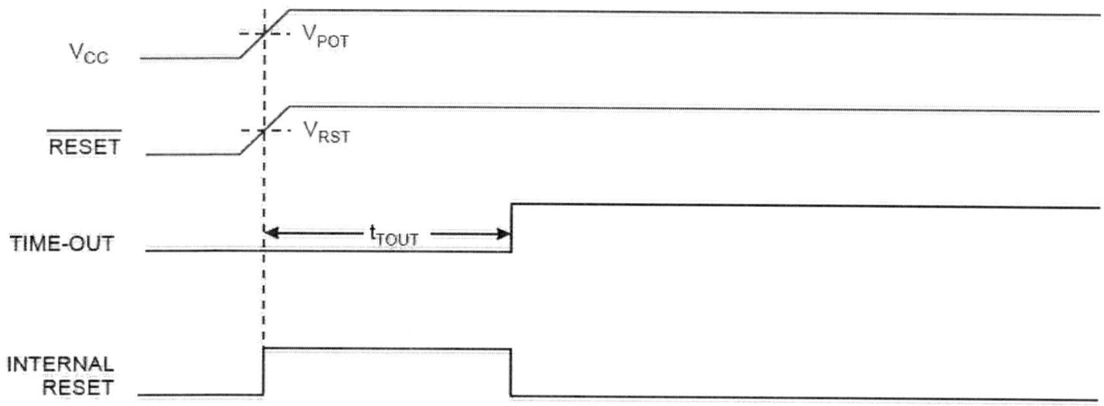

〈그림 1.2.6〉 $\overline{\text{RESET}}$핀을 Vcc에 접속한 경우

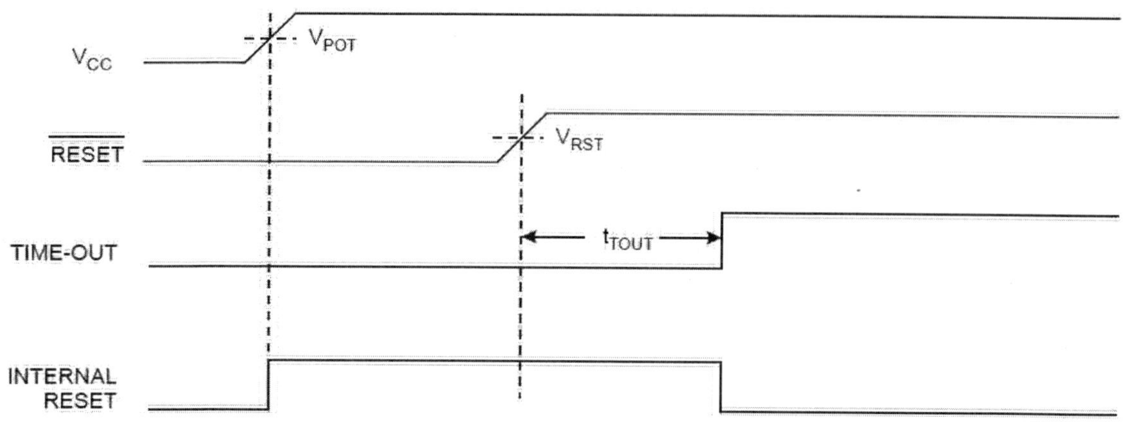

〈그림 1.2.7〉 $\overline{\text{RESET}}$핀을 외부리셋 신호에 접속한 경우

(2) 외부 리셋

외부 리셋은 $\overline{\text{RESET}}$핀의 전압이 리셋 문턱 전압(Reset threshold voltage) V_{RST}이하로 최소 펄스 폭이 2.5us이상 지속되었을 때 시스템 리셋이 되며, 이보다 펄스 폭이 짧은 경우에는 리셋이 발생하지 않는다.

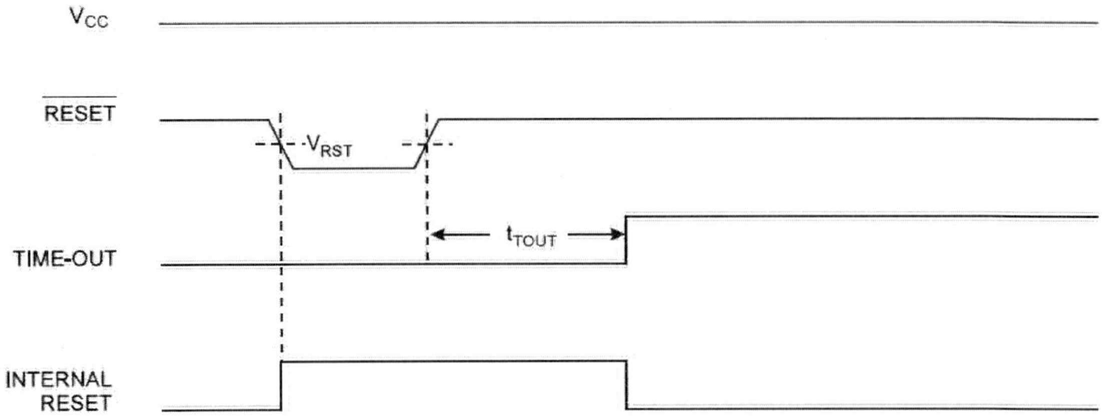

〈그림 1.2.8〉 외부 리셋에 의한 동작

(3) 저전압 검출 리셋

ATtiny2313에 내장 되어 있는 저전압 검출 회로(Brown-Out Detection circuit)는 Vcc의 전압이 트리거 레벨 이하로 2ns이상 지속되면 시스템을 리셋 시킨다. 저전압 검출 트리거 레벨은 <표 1.2.14>와 같이 퓨즈비트의 BODLEVEL에 의해 설정할 수 있다.

〈표 1.2.14〉 BODLEVEL 퓨즈

BODLEVEL2~BODLEVEL0	최소 V_{BOT}	대표 V_{BOT}	최대 V_{BOT}	단위
111	BOD 허용하지 않음			
110		1.8		V
101		2.7		
100		4.3		

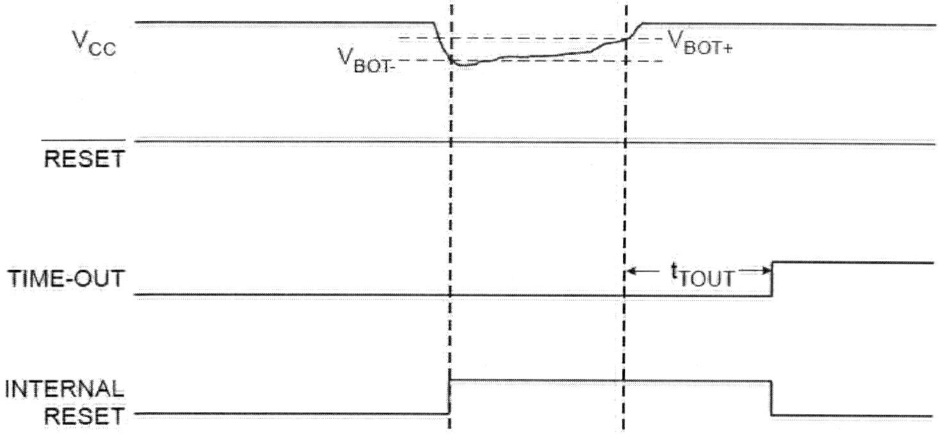

〈그림 1.2.9〉 저전압 검출 리셋의 동작

(4) 워치독 리셋

ATtiny2313의 워치독 타이머가 타임 아웃되었을 때 1클록 사이클의 리셋 펄스를 발생하여 리셋된다.

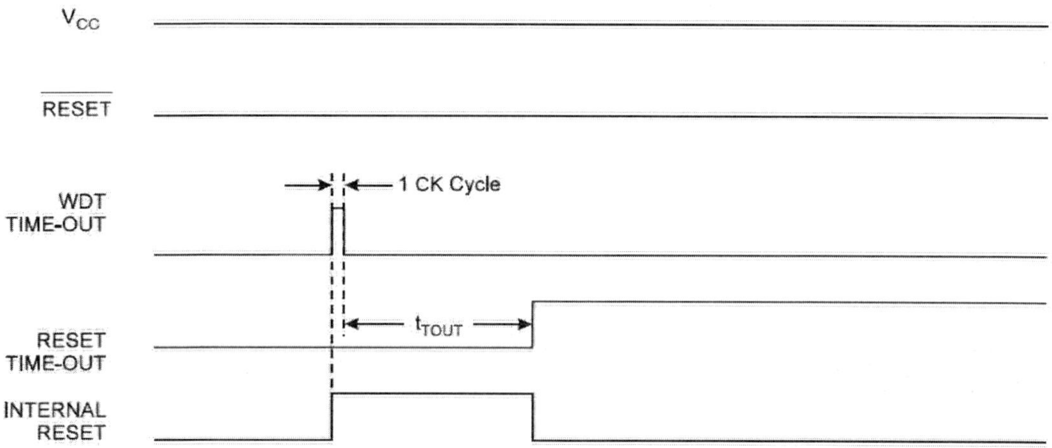

〈그림 1.2.10〉 워치독 리셋의 동작

(5) MCU 상태 레지스터

MCU 상태 레지스터(MCU Status Register) MCUSR은 MCU리셋을 발생시키는 리셋 소스에 대한 정보를 제공한다.

비트	7	6	5	4	3	2	1	0	
0x34(0x54)	-	-	-	-	WDRF	BORF	EXTRF	PORF	MCUSR
읽기 / 쓰기	R	R	R	R	R/W	R/W	R/W	R/W	

〈그림 1.2.11〉 MCU 상태 레지스터(MCUSR)

〈표 1.2.15〉 ATtiny2313의 MCU 상태 레지스터(MCUSR)

비트	비트명	기 능
Bit 3	WDRF	· Watchdog Reset Flag : 워치독 리셋이 발생하면, '1'로 되고, 전원-ON 리셋 또는 로직'0'를 써 넣으면 '0'으로 됨.
Bit 2	BORF	· Brown-Out Reset Flag : 저전력 검출 리셋이 발생하면, '1'로 되고, 전원-ON 리셋 또는 로직'0'를 써 넣으면 '0'으로 됨.
Bit 1	EXTRF	· External Reset Flag : 외부 리셋이 발생하면, '1'로 되고, 전원-ON 리셋 또는 로직'0'을 써 넣으면 '0'으로 됨.
Bit 0	PORF	· Power-On Reset Flag : 전원-ON 리셋이 발생하면, '1'로 되고, 로직'0'를 써 넣으면 '0'으로 됨.

(6) 내부 기준전압

ATtiny2313은 내부적인 밴드갭(bandgap) 기준 전압을 가지고 있으며, 이것을 저전압 검출이나 아날로그 비교기의 입력에 사용한다. 이 기준전압은 소비전력을 줄이기 위해서 저전압 검출(BOD)가 허용되거나, 밴드갭 기준이 아날로그 비교기에 접속되어 있을 때만 동작한다.

내부 기준전압의 특성은 <표 1.2.16>과 같다.

〈표 1.2.16〉 내부 기준전압의 특성

기호	파라미터	조건	최소값	대표값	최대값	단위
V_{BG}	밴드갭 기준전압	Vcc =2.7V T_A=25℃	1.0	1.1	1.2	V
t_{BG}	밴드갭 기준 시작시간	Vcc =2.7V T_A=25℃		40	70	us
I_{BG}	밴드갭 기준 전류 소비	Vcc =2.7V T_A=25℃		15		uA

4. 워치독 타이머

워치독 타이머(WDT)는 내부에서 독립적으로 만들어지는 128kHz의 오실레이터의 사이클을 카운팅하는 타이머이다. 워치독 타이머의 카운터가 타임아웃값에 도달하면 인터럽트나 시스템 리셋을 발생시킨다.

비트	7	6	5	4	3	2	1	0	
0x34(0x54)	WDIF	WDIE	WDP3	WDCE	WDE	WDP2	WDP1	WDP0	WDTCSR
읽기 / 쓰기	R/W	R/W	R/W	R/W	R/W	R/W	R/W	R/W	

〈그림 1.2.12〉 워치독 타이머 제어 레지스터(WDTCSR)

〈표 1.2.17〉 ATtiny2313의 워치독 타이머 제어 레지스터(WDTCSR)

비트	비트명	기 능
Bit 7	WDIF	· Watchdog Interrupt Flag : 워치독 타이머가 타임아웃 되었을 때 '1'로 되고, 대응하는 인터럽트 벡터가 실행될 때, 하드웨어에 의해 '0'으로 됨.
Bit 6	WDIE	· Watchdog Interrupt Enable : SREG의 I비트가 '1'일 때, 워치독 인터럽트를 허용.
Bit 4	WDCE	· Watchdog Change Enable : WDE와 프리스케일 비트를 바꿈. WDE 비트를 '0'으로 하고, 프리스케일 비트를 바꾸려면, WDCE가 반드시 '1'이어야 함.
Bit 3	WDE	· Watchdog System Reset Enable : MCU 상태레지스터의 WDRF가 '1'이면 WDE는 항상 '1'.
Bit5, Bit2~Bit0	WDP3~WDP0	· Watchdog Timer Prescaler : 워치독 타이머의 프리스케일러를 설정.

워치독 타이머는 <표 1.2.18>의 프리스케일러 비트(WDP3~WDP0)에 의해 워치독의 타임아웃 시간을 설정하는데 사용한다.

〈표 1.2.18〉 워치독 타이머 프리스케일러 선택

WDP3	WDP2	WDP1	WDP0	WDT 오실레이터 사이클 수	Vcc=5.0V에서 타임아웃
0	0	0	0	2K(2048)사이클	16ms
0	0	0	1	4K(4096)사이클	32ms
0	0	1	0	8K(8192)사이클	64ms
0	0	1	1	16K(16384)사이클	0.125s
0	1	0	0	32K(32768)사이클	0.25s
0	1	0	1	64K(65536)사이클	0.5s
0	1	1	0	128K(131072)사이클	1.0s
0	1	1	1	256K(262144)사이클	2.0s
1	0	0	0	512K(524288)사이클	4.0s
1	0	0	1	1024K(1048576)사이클	8.0s

WDE가 '1'이면, 워치독 타이머는 인터럽트·시스템 리셋 모드이고, 워치독 타이머가 처음으로 타임아웃 되어 WDIF가 '1'로 된다. 이때 대응하는 인터럽트 벡터가 수행되면 WDIE와 WDIF는 '0'으로 된다. 이것은 인터럽트를 사용하는 동안 워치독 타이머 보안을 유지하는 데 유용하다. 인터럽트·시스템 리셋 모드를 유지하려면, 인터럽트가 종료된 후에 WDIE를 '1'로 해야 한다. 다음 타임아웃 전에 인터럽트를 수행하지 않으면, 시스템 리셋이 적용된다.

〈표 1.2.19〉 워치독 타이머 제어 레지스터 설정

WDTON	WDE	WDIE	모드	동작
1	0	0	정지모드	-
1	0	1	인터럽트 모드	인터럽트
1	1	0	시스템 리셋 모드	리셋
1	1	1	인터럽트·시스템 리셋 모드	인터럽트 후, 시스템을 리셋함.
0	×	×	시스템 리셋 모드	리셋

※ WDTON은 '퓨즈 하이 바이트'의 4번 비트이다.

5. 인터럽트

ATtiny2313은 총 19가지의 리셋과 인터럽트 벡터를 가지고 있으며, 인터럽트는 SREG 레지스터의 글로벌 인터럽트 허용 비트 I를 '1'로 함으로써 개별적으로 허용할 수 있다.

리셋과 인터럽트 벡터는 <표 1.2.20>과 같이 프로그램 메모리의 최하위 주소에 정의되며, 인터럽트가 발생할 때, 글로벌 인터럽트 허용 I비트가 '0'으로 되고 다른 인터럽트는 허용되지 않는다. 다시 인터럽트를 허용하려면 사용자가 글로벌 인터럽트 허용 I비트를 소프트웨어로 '1'이 되도록 해야 한다.

(1) 리셋과 인터럽트 처리

인터럽트에는 두 가지 종류가 있다. 첫째는 인터럽트 플랙을 '1'로 하는 이벤트에 의해 인터럽트가 발생된다. 이때 프로그램 카운터는 인터럽트 처리 루틴을 실행하기 위해서 해당 인터럽트 벡터를 지시하며, 하드웨어는 대응하는 인터럽트 플랙을 '0'으로 한다. 대응하는 인터럽트 허용 비트가 '0'으로 되는 동안 인터럽트 조건이 발생하면, 인터럽트 플랙은 '1'로 되고 인터럽트가 허용될 때까지 기억되며 플랙은 소프트웨어에 의해 '0'으로 된다. 글로벌 인터럽트 허용 비트가 '0'으로 되어 있는 동안 1개 이상의 인터럽트 조건이 발생하면 대응하는 인터럽트 플랙은 '1'로 되고 글로벌 인터럽트 허용 비트가 '1'이 될 때 까지 기억되며, 인터럽트 우선순위에 따라 실행된다.

둘째는 인터럽트 조건에 따라 인터럽트가 발생한다. 이 인터럽트는 인터럽트 플랙을 필요로 하지 않으며, 인터럽트가 허용되기 전에 인터럽트 조건이 사라지면, 인터럽트가 발생되지 않는다.

인터럽트로부터 탈출할 때는 인터럽트가 발생하기 전의 주 프로그램으로 돌아간다. 상태 레지스터는 인터럽트 루틴으로 들어갈 때 자동으로 저장되지 않으며, 인터럽트 루틴으로부터 돌아올 때에도 자동으로 복구되지 않으므로 소프트웨어로 처리해 주어야 한다.

〈표 1.2.20〉 리셋과 인터럽트 벡터

벡터번호	프로그램 주소	인터럽트 소스	인터럽트 발생 조건
1	0x0000	RESET	외부핀, 전원-ON리셋, 저전원검출 (BOD)리셋, 워치독 리셋
2	0x0001	INT0	외부 인터럽트 요청0
3	0x0002	INT1	외부 인터럽트 요청1
4	0x0003	TIMER1 CAPT	타이머/카운터1 캡쳐 이벤트
5	0x0004	TIMER1 COMPA	타이머/카운터1 비교A
6	0x0005	TIMER1 OVF	타이머/카운터1 오버플로우
7	0x0006	TIMER0 OVF	타이머/카운터0 오버플로우
8	0x0007	USART0, RX	USART0, Rx 완료
9	0x0008	USART0, UDRE	USART0 데이터 레지스터 Empty
10	0x0009	USART0, TX	USART0, Tx 완료

〈표 1.2.20〉 리셋과 인터럽트 벡터(계속)

벡터번호	프로그램 주소	인터럽트 소스	인터럽트 발생 조건
11	0x000A	ANALOG COMP	아날로그 비교기
12	0x000B	PCINT	핀 변화 인터럽트
13	0x000C	TIMER1 COMPB	타이머/카운터1 비교B
14	0x000D	TIMER0 COMPA	타이머/카운터0 비교A
15	0x000E	TIMER0 COMPB	타이머/카운터0 비교B
16	0x000F	USI START	USI 시작 조건
17	0x0010	USI OVERFLOW	USI 오버플로우
18	0x0011	EE READY	EEPROM 준비
19	0x0012	WDT OVERFLOW	워치독 타이머 오버플로우

(2) 인터럽트 응답 시간

허용된 인터럽트에 대한 인터럽트 응답은 최소 4클록 사이클이며, 4클록 사이클 후에는 해당 인터럽트 처리 루틴에 대한 프로그램 벡터 주소가 실행된다. 4클록 사이클 주기 동안 프로그램 카운터는 스택에 PUSH하고, 벡터는 정상적으로 인터럽트 루틴으로 3 클록 사이클 동안에 점프한다. 다중 사이클 명령을 실행하는 동안 인터럽트가 발생하면, 인터럽트를 수행하기 전에 이 명령을 마친다. MCU가 슬립 모드일 때, 인터럽트가 발생하면, 인터럽트 실행 응답시간은 4 클록 사이클 이상으로 증가한다. 이렇게 응답시간이 증가하는 것은 슬립 모드로부터 기동시간에 추가를 하면 된다.

인터럽트 처리 루틴으로부터 돌아오는 데 4 클록 사이클이 걸린다. 4 클록 사이클 동안 프로그램 카운터(2바이트)는 스택으로부터 POP되고, 스택 포인터는 2만큼 증가되며, SREG 레지스터의 글로벌 인터럽트 허용 비트 I는 '1'로 된다.

(3) 외부 인터럽트

외부 인터럽트는 INT1~INT0 핀 또는 PCINT7~PCINT0 핀을 통해서 입력되는 신호에 의해서 발생되는 인터럽트이다. 인터럽트는 INT1~INT0 핀 또는 PCINT7~PCINT0 핀을 출력으로 설정하여도 발생되며, 이런 기능을 사용하려면 소프트웨어적으로 데이터를 출력하여 인터럽트를 발생시켜야 한다. 핀 변화 인터럽트(Pin Change Interrupt) PCIF는 PCINT7~PCINT0 핀을 토글로 허용하면 인터럽트가 발생한다. PCMSK레지스터가 핀 변화 인터럽트를 제어하며, PCINT7~PCINT0에 대한 핀 변화 인터럽트가 비동기적으로 검출되므로 슬립 모드나 아이들(Idle) 모드를 해제하는 데 사용할 수 있다.

INT0와 INT1 인터럽트는 입력되는 신호의 상승에지나 하강에지 또는 로우레벨에서 발생되며, 인터럽트 발생 방법은 MCU 제어 레지스터(MCUCR)로 설정한다. INT0 또는 INT1 인터럽트가 허용되고 레벨 인터럽트로 설정되었다면, 핀이 로우(low)로 되었을 때 인터럽트가 발생한다. INT0와 INT1의 상승에지 또는 하강에지 인터럽트를 인식하는 데에는 I/O클록이 필요하며, 로우레벨 인터럽트는 비동기적으로 검출 되므로 슬립 모드나 아이들 모드를 해제 하는 데 사용된다. 또한, I/O 클록은 아이들 모드를 제외한 슬립 모드에서는 정지된다.

로우레벨 인터럽트는 파워-다운 모드의 해제에 사용되며, 이 경우에는 MCU가 정상적인 동작을 하기까지 충분히 긴 로우레벨 인터럽트 신호가 있어야 한다. 기동시간이 끝나기 전에 로우레벨 인터럽트 신호가 사라지면, 파워-다운 모드는 해제되지만 인터럽트는 발생하지 않는다. 기동시간은 SUT0~SUT1과 CKSEL0 퓨즈로 설정한다.

1) MCU 제어 레지스터(MCUCR)

외부 인터럽트 제어 레지스터는 <그림 1.2.13>과 같이 인터럽트를 감지하고 제어하는 제어 비트 ISC11~ISC10과 ISC01~ISC00이 있다.

비트	7	6	5	4	3	2	1	0	
0x35(0x55)	PUD	SM1	SE	SM0	ISC11	ISC10	ISC01	ISC00	MCUCR
읽기 / 쓰기	R/W	R/W	R/W	R/W	R/W	R/W	R/W	R/W	

〈그림 1.2.13〉 MCU 제어 레지스터 MCUCR

외부 인터럽트1(INT1)은 SREG I-플랙과 대응하는 인터럽트 마스크가 '1'이면, 외부 핀 INT1의 인터럽트 신호에 의해 동작한다. 외부 INT1핀에 대한 레벨 인터럽트나 에지 인터럽트는 <표 1.2.21>의 설정에 따라 발생한다.

〈표 1.2.21〉 외부 INT1의 인터럽트 방식 설정

ISC11	ISC10	인터럽트 발생 방식
0	0	INT1 핀의 로우레벨 입력이 인터럽트 요청.
0	1	INT1 핀에 대한 논리변화가 인터럽트 요청.
1	0	INT1 핀의 하강에지에서 인터럽트 요청.
1	1	INT1 핀의 상승에지에서 인터럽트 요청.

외부 인터럽트 0(INT0)은 외부인터럽트 1(INT1)과 동일하게 동작하므로 레벨 인터럽트나 에지 인터럽트는 <표 1.2.22>의 설정에 따라 발생한다.

〈표 1.2.22〉 외부 INT0의 인터럽트 방식 설정

ISC01	ISC00	인터럽트 발생 방식
0	0	INT0 핀의 로우레벨 입력이 인터럽트 요청.
0	1	INT0 핀에 대한 논리변화가 인터럽트 요청.
1	0	INT0 핀의 하강에지에서 인터럽트 요청.
1	1	INT0 핀의 상승에지에서 인터럽트 요청.

2) 인터럽트 마스크 레지스터(GIMSK)

비트	7	6	5	4	3	2	1	0	
0x3B(0x5B)	INT1	INT0	PCIE	-	-	-	-	-	GIMSK
읽기 / 쓰기	R/W	R/W	R/W	R	R	R	R	R	

〈그림 1.2.14〉 인터럽트 마스크 레지스터(GIMSK)

〈표 1.2.23〉 인터럽트 마스크 레지스터(GIMSK)

비트	비트명	기 능
Bit 7	INT1	· External Interrupt Request 1 Enable : INT1=1이고 SREG의 I=1 일때, 외부 인터럽트 핀 허용.
Bit 6	INT0	· External Interrupt Request 0 Enable : INT1=1이고 SREG의 I=1 일때, 외부 인터럽트 핀 허용.
Bit 5	PCIE	· Pin Change Interrupt Enable : PCIE=1이고 SREG의 I=1 일때, 핀 변화 인터럽트 1 허용. PCINT0~PCINT7핀은 PCMSK레지스터에 의해 개별적인 허용이 가능.

3) 외부 인터럽트 플랙 레지스터(EIFR)

비트	7	6	5	4	3	2	1	0	
0x3A(0x5A)	INTF1	INTF0	PCIF	-	-	-	-	-	EIFR
읽기 / 쓰기	R/W	R/W	R/W	R	R	R	R	R	

〈그림 1.2.15〉 외부 인터럽트 플랙 레지스터(EIFR)

〈표 1.2.24〉 외부 인터럽트 플랙 레지스터(EIFR)

비트	비트명	기　　능
Bit 7	INTF1	· External Interrupt Flag 1 : INT1핀의 에지나 논리가 변할 때, 인터럽트 요청하면, INTF1=1. SREG의 I=1이고, GIMSK의 INT1=1이면, 대응하는 인터럽트 벡터로 점프. 인터럽트 루틴이 실행되면, 플랙=0으로 됨.
Bit 6	INTF0	· External Interrupt Flag 0 : INT0핀의 에지나 논리가 변할 때, 인터럽트 요청하면, INTF0=1. SREG의 I=1이고 GIMSK의 INT0=1이면, 대응하는 인터럽트 벡터로 점프. 인터럽트 루틴이 실행되면, 플랙=0으로 됨.
Bit 5	PCIF	· Pin Change Interrupt Flag : PCINT0~PCINT7핀에 논리 변화가 있을 때, 인터럽트 요청. SREG의 I=1이고, GIMSK의 PCIE=1이면, 대응하는 인터럽트 벡터로 점프. 인터럽트 루틴이 실행되면, 플랙=0으로 됨.

4) 핀 변화 마스크 레지스터(PCMSK)

비트	7	6	5	4	3	2	1	0	
0x20(0x40)	PCINT7	PCINT6	PCINT5	PCINT4	PCINT3	PCINT2	PCINT1	PCINT0	PCMSK
읽기 / 쓰기	R/W	R/W	R/W	R	R	R	R	R	

〈그림 1.2.16〉 핀 변화 마스크 레지스터(PCMSK)

〈표 1.2.25〉 핀 변화 마스크 레지스터(PCMSK)

비트	비트명	기　　능
Bit 7~Bit0	PCINT7~PCINT0	· Pin Change Enable Mask 7~0 : 핀 변화 인터럽트를 허용할 PCINT0~PCINT7을 선택. PCINT0~PCINT7을 '1'로 하고, GIMSK PCIE='1'로 하면, 핀 변화 인터럽트가 허용됨. PCINT0~PCINT7을 '0'으로 하면 핀 변화 인터럽트가 해제됨.

1.3 ATtiny2313의 입 · 출력 기능

1. 입 · 출력 포트의 구조

ATtiny2313는 모두 18개의 8비트 양방향 입·출력 포트(PORTA는 3비트 , PORTB는 8비트, PORTD는 7비트)를 가지고 있다. 모든 입·출력 포트는 입출력 방향을 개별적으로 변경할 수 있다.

각 포트는 소스전류 드라이브(source drive)능력과 싱크전류 드라이브(sink drive)능력이 대칭적이며, 입·출력 핀 당 전류는 40mA 정도 이므로 LED를 직접 구동할 수 있다.

각 입 · 출력 핀에는 <그림 1.3.1>과 같이 개별적으로 사용 여부를 선택할 수 있는 20 kΩ~50kΩ의 내부 풀업저항 R_{PU}가 있고, Vcc와 GND가 단락되는 것을 방지하기 위한 보호용 다이오드가 있다.

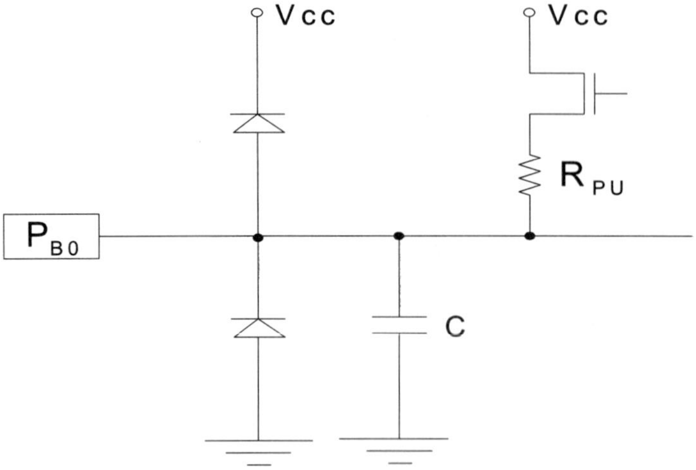

〈그림 1.3.1〉 ATtiny2313의 B포트 0번 핀 구조

ATtiny2313의 각 포트에 데이터 레지스터(PORTx), 데이터 방향 레지스터(DDRx), 포트 입력 핀(PINx) 등이 3개의 입·출력 메모리 주소 영역이 있다. (여기서, 아래 첨자 x는 포트번호를 의미함.) 포트 입력 핀은 읽기(read) 만 가능한 반면에, 데이터 레지스터와 데이터 방향 레지스터는 읽기/쓰기가 가능하다.

MCU 제어 레지스터(MCUCR)의 PUD비트를 '1'로 설정하면, 내부 풀업 저항 기능이 해제되고 '0'으로 설정하면 내부 풀업 저항 기능을 사용할 수 있다.

비트	7	6	5	4	3	2	1	0	
0x35(0x55)	PUD	SM1	SE	SM0	ISC11	ISC10	ISC01	ISC00	MCUCR
읽기 / 쓰기	R/W	R/W	R/W	R/W	R/W	R/W	R/W	R/W	

〈그림 1.3.2〉 MCU 제어 레지스터(MCUCR)

〈표 1.3.1〉 MCU 제어 레지스터(MCUCR)

비트	비트명	기 능
Bit 7	PUD	· Pull-up Disable : PUD=1이면, I/O포트의 내부 풀업 저항기능 해제.

각 포트의 핀은 DDxn, PORTxn(또는 Pxn), PINxn 등 3개의 레지스터로 구성되어 있다. 여기서, 아래첨자 x는 포트번호, n은 비트번호이다. 예를 들어, PORTB3(또는 PB3)는 포트B(B가 아래첨자 x에 해당됨)의 3번 비트(3이 아래첨자 n에 해당됨)를 의미한다.

데이터 방향 레지스터(DDRx)의 DDxn비트는 핀의 입·출력 방향을 설정한다. DDxn이 '1'이면, Pxn은 출력 핀으로 설정되며, '0'이면 Pxn은 입력 핀으로 설정된다.

포트의 핀이 입력 핀으로 설정되었을 때, PORTxn으로 '1'을 출력하면 내부 풀업 저항이 동작하고, '0'을 출력하면 풀업 저항 기능이 해제된다. 풀업 저항 기능을 해제한 상태에서 리셋이 되면 포트 핀은 3-상태로 된다.

PORTxn이'1'이면 핀이 출력 핀으로 설정되었을 때, 포트 핀은 하이(high)출력이다. PORTxn이'0'이면, 핀이 출력 핀으로 설정되었을 때, 포트 핀은 로우(low) 출력이다.

〈표 1.3.2〉 I/O 포트 핀 동작 설정

DDxn	PORTxn	PUD	I/O	풀업	설 명
0	0	×	입력	안됨	3-상태(Hi-Z)
0	1	0	입력	됨	Pxn는 전류원
0	1	1	입력	안됨	3-상태(Hi-Z)
1	0	×	출력	안됨	출력 로우(sink)
1	1	×	출력	안됨	출력 하이(source)

2. I/O 포트의 레지스터와 부가기능

ATtiny2313의 I/O포트는 기본적인 입출력 포트로서의 기능 이외에 부가적인 기능을 가지고 있다.

(1) 포트A의 레지스터와 부가 기능

포트A는 <표 1.3.3>과 같이 입출력 포트로서의 기능 이외에 리셋 및 크리스탈 또는 오실레이터를 접속할 수 있다.

〈표 1.3.3〉 포트A의 부가기능

포트 핀	부가 기능
PA2	리셋, debugWIRE
PA1	XTAL2
PA0	XTAL1

① 포트A 데이터 레지스터 - PORTA

비트	7	6	5	4	3	2	1	0	
0x1B(0x3B)	-	-	-	-	-	PORTA2	PORTA1	PORTA0	PORTA
읽기 / 쓰기	R	R	R	R	R	R/W	R/W	R/W	

② 포트A 데이터 방향 레지스터 - DDRA

비트	7	6	5	4	3	2	1	0	
0x1A(0x3A)	-	-	-	-	-	DDA2	DDA1	DDA0	DDRA
읽기 / 쓰기	R	R	R	R	R	R/W	R/W	R/W	

③ 포트A 입력핀 어드레스 - PINA

비트	7	6	5	4	3	2	1	0	
0x19(0x39)	-	-	-	-	-	PINA2	PINA1	PINA0	PINA
읽기 / 쓰기	R	R	R	R	R	R/W	R/W	R/W	

(2) 포트B의 레지스터와 부가 기능

포트B는 <표 1.3.4>와 같이 입출력 포트로서의 기능 이외에 3-와이어 모드, 2-와이어 모드, 타이머/카운터, 아날로그 비교기 등의 부가적인 기능을 수행한다.

〈표 1.3.4〉 포트B의 부가기능

포트 핀	부가 기능
PB7	· USCK : 3-와이어 모드 범용 직렬 인터페이스(USI) 클록 · SCL : USI 2-와이어 모드를 위한 2-와이어 직렬 클록 · PCINT7 : 핀 변화 인터럽트 소스 7
PB6	· DO : 3-와이어 모드 범용 직렬 인터페이스 데이터 출력 · PCINT6 : 핀 변화 인터럽트 소스 6
BP5	· DI : 3-와이어 모드 범용 직렬 인터페이스 데이터 입력 · SDA : 2-와이어 모드 직렬 인터페이스 데이터 · PCINT5 : 핀 변화 인터럽트 소스 5
PB4	· OC1B : 타이머/카운터1의 출력 비교 매치 B 출력 · PCINT4 : 핀 변화 인터럽트 소스 4
PB3	· OC1A : 타이머/카운터1의 출력 비교 매치 A 출력 · PCINT3 : 핀 변화 인터럽트 소스 3
PB2	· OC0A : 타이머/카운터0의 출력 비교 매치 A 출력 · PCINT2 : 핀 변화 인터럽트 소스 2
PB1	· AIN1 : 아날로그 비교기 (-) 입력 · PCINT1 : 핀 변화 인터럽트 소스 1
PB0	· AIN0 : 아날로그 비교기 (+) 입력 · PCINT0 : 핀 변화 인터럽트 소스 0

① 포트B 데이터 레지스터 - PORTB

비트	7	6	5	4	3	2	1	0	
0x18(0x38)	PORTB7	PORTB6	PORTB5	PORTB4	PORTB3	PORTB2	PORTB1	PORTB0	PORTB
읽기 / 쓰기	R/W	R/W	R/W	R/W	R/W	R/W	R/W	R/W	

② 포트B 데이터 방향 레지스터 - DDRB

비트	7	6	5	4	3	2	1	0	
0x17(0x37)	DDB7	DDB6	DDB5	DDB4	DDB3	DDB2	DDB1	DDB0	DDRB
읽기 / 쓰기	R/W	R/W	R/W	R/W	R/W	R/W	R/W	R/W	

③ 포트B 입력핀 어드레스 - PINB

비트	7	6	5	4	3	2	1	0	
0x16(0x36)	PINB7	PINB6	PINB5	PINB4	PINB3	PINB2	PINB1	PINB0	PINB
읽기 / 쓰기	R/W	R/W	R/W	R/W	R/W	R/W	R/W	R/W	

(3) 포트D의 레지스터와 부가 기능

포트D는 <표 1.3.5>와 같이 입출력 포트로서의 기능 이외에 타이머/카운터, 외부 인터럽트 USART 등의 부가적인 기능을 수행한다.

〈표 1.3.5〉 포트D의 부가기능

포트 핀	부가 기능
PD6	· ICP : 타이머/카운터1 입력 캡쳐 핀
BD5	· OC0B : 타이머/카운터0의 출력 비교 매치 B 출력 · T1 : 타이머/카운터1의 외부 카운터 클록 입력
PD4	· T0 : 타이머/카운터0의 외부 카운터 클록 입력
PD3	· INT1 : 외부 인터럽트 소스1
PD2	· INT0 : 외부 인터럽트 소스0 · XCK : 동기전송 모드에서 만 사용되는 USART 전송 클록 · CKOUT : 시스템 클록 출력
PD1	· TXD : UART 데이터 송신기
PD0	· RXD : UART 데이터 수신기

① 포트D 데이터 레지스터 - PORTD

비트	7	6	5	4	3	2	1	0	
0x12(0x32)		PORTD6	PORTD5	PORTD4	PORTD3	PORTD2	PORTD1	PORTD0	PORTD
읽기 / 쓰기	R	R/W	R/W	R/W	R/W	R/W	R/W	R/W	

② 포트D 데이터 방향 레지스터 - DDRD

비트	7	6	5	4	3	2	1	0	
0x11(0x31)	-	DDD6	DDD5	DDD4	DDD3	DDD2	DDD1	DDD0	DDRD
읽기 / 쓰기	R	R/W	R/W	R/W	R/W	R/W	R/W	R/W	

③ 포트D 입력핀 어드레스 - PIND

비트	7	6	5	4	3	2	1	0	
0x10(0x306)	-	PIND6	PIND5	PIND4	PIND3	PIND2	PIND1	PIND0	PIND
읽기 / 쓰기	R	R/W	R/W	R/W	R/W	R/W	R/W	R/W	

1.4 ATtiny2313의 타이머와 카운터

ATtiny2313은 8비트 PWM출력 타이머/카운터0과 16비트 PWM 출력 타이머/카운터1을 가지고 있다. 이들 타이머와 카운터의 특징은 <표 1.4.1>과 같다.

〈표 1.4.1〉 ATtiny2313 타이머와 카운터의 특징

	타이머/카운터0	타이머/카운터1
기본구조	8비트	16비트
타이머입력	$clk_{I/O}$(= clk_{CPU})	$clk_{I/O}$(= clk_{CPU})
카운터입력	T0	T1
타이머 프리스케일러	/ 1, 8, 64, 256, 1024	/ 1, 8, 64, 256, 1024
카운터 프리스케일러	/ 1, 8, 64, 256, 1024	/ 1, 8, 64, 256, 1024
관련 레지스터	TCNT0 OCR0A, OCR0B TCCR0A, TCCR0B TIFR, TIMSK	TCNT1H/TCNT1L, OCR1AH/OCR1AL, OCR1BH/OCR1BL, ICR1H/ICR1L, TCCR1A, TCCR1B, TCCR1C TIFR, TIMSK
동작모드	Normal, CTC, Fast PWM, Phase Correct PWM	Normal, CTC, Fast PWM, Phase Correct PWM, Phase and Frequency Correct PWM
입력신호단자	T0	T1, ICP
출력신호단자 (PWM가능)	OC0A, OC0B	OC1A, OC1B
인터럽트	Overflow, Output Compare Match A/B	Overflow, Output Compare Match A/B, Input Capture Event

1. 8비트 타이머/카운터0

타이머/카운터0은 2개의 독립된 출력 비교기(compare unit)와 PWM 출력을 가지는 범용 8비트 타이머/카운터 모듈이다. 타이머/카운터0의 구조는 <그림 1.4.1>과 같다.

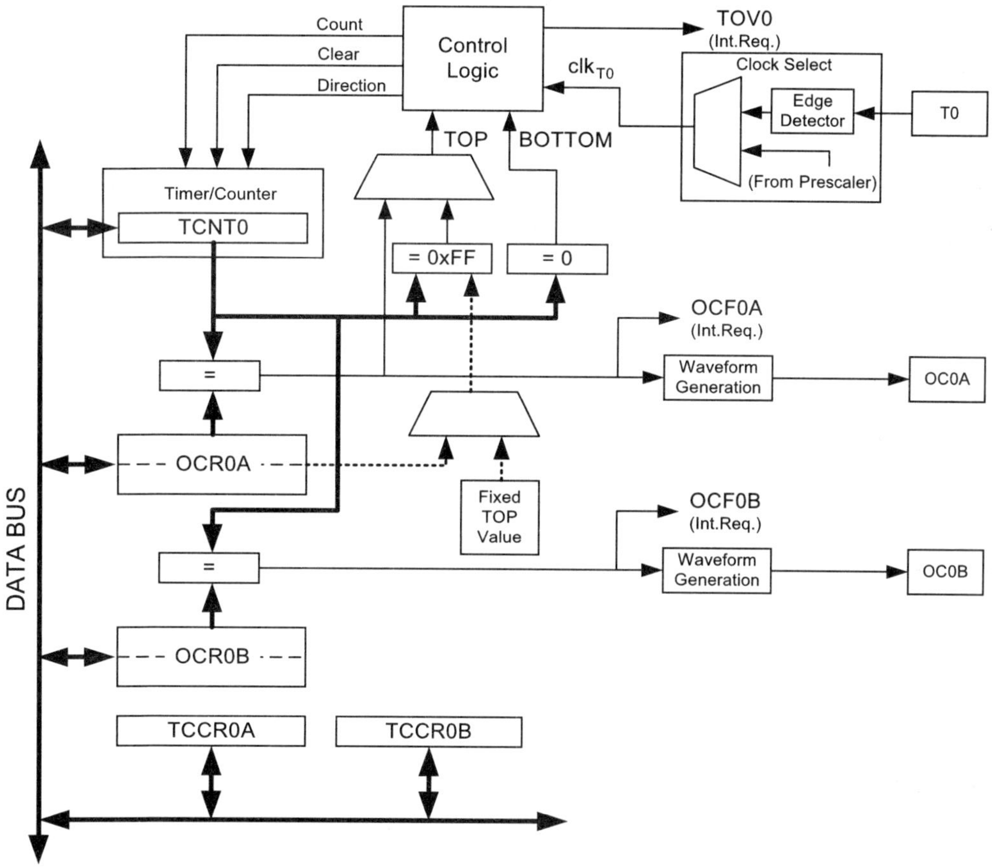

〈그림 1.4.1〉 타이머/카운터0의 블록도

타이머/카운터0는 클록신호 clk_{T0}에 의해 8비트 타이머/카운터 TCNT0가 상향 카운터(up counter)로 동작하여 카운터의 최대값인 0xFF에 이르면 0x00으로 되면서 오버플로우가 생겨 TOV0신호에 의해 오버플로우 인터럽트가 발생한다. 카운터 값은 출력비교 레지스터 OCR0x와 비교되고 비교한 값이 같으면 내부적으로 OCF0x신호에 의해 인터럽트가 발생되고, 외부적으로 OC0x 단자에 신호가 출력되도록 설정할 수 있다. (여기서, x는

A 또는 B를 나타냄.)

(1) 카운터부

타이머/카운터0의 카운터부는 프리스케일러를 통한 내부 클록 입력과 외부 클록 T_0, 상향/하향 카운터로 사용할 수 있는 타이머/카운터 TCNT0 등으로 <그림 1.4.2>와 같이 구성된다. 타이머/카운터0의 외부 클록은 T_0단자로 받아 카운터 동작을 수행한다. 외부 클록 T_0에 대해 카운터가 상승에지에서 동작할 것인지 하강에지에 동작할 것인지는 타이머/카운터0 제어 레지스터B(TCCR0B)의 CS02~CS00비트로 설정한다.

타이머/카운터0이 타이머로 동작할 때는 시스템 클록 주파수를 프리스케일러를 통해 1, 8, 64, 256, 1024의 분주비로 분주하여 클록 소스로 사용할 수도 있고, 클록 소스 입력을 차단할 수도 있다.

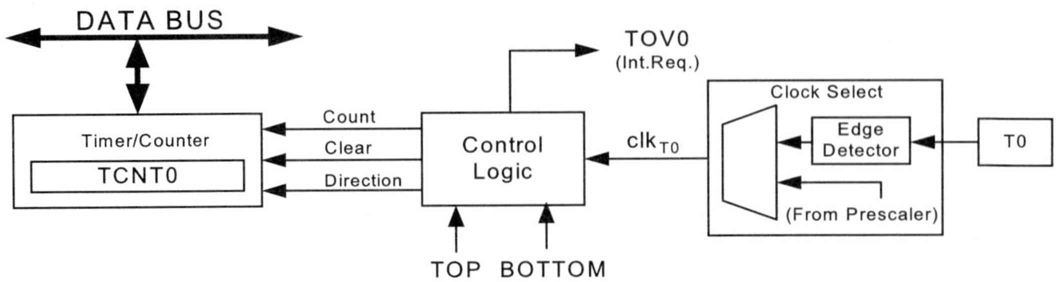

〈그림 1.4.2〉 타이머/카운터0의 카운터부 블록도

(2) 출력 비교기부

타이머/카운터0에 입력되는 클록 신호 clk_{T0}는 타이머/카운터 TCNT0을 동작시키고 동작중에 카운터 값을 출력비교 레지스터 OCR0x와 비교하여 값이 같아지면, 그 다음 주기에 내부적으로 OCF0x신호에 의해 출력비교 인터럽트를 발생하고, 외부적으로는 OC0x 단자에 신호가 출력되도록 설정할 수 있다. OC0x단자로 출력되는 신호는 출력비교 레지스터 OCR0x에 의해 원하는 PWM 신호를 출력할 수 있다. (여기서, x는 A 또는 B를 나타냄.)

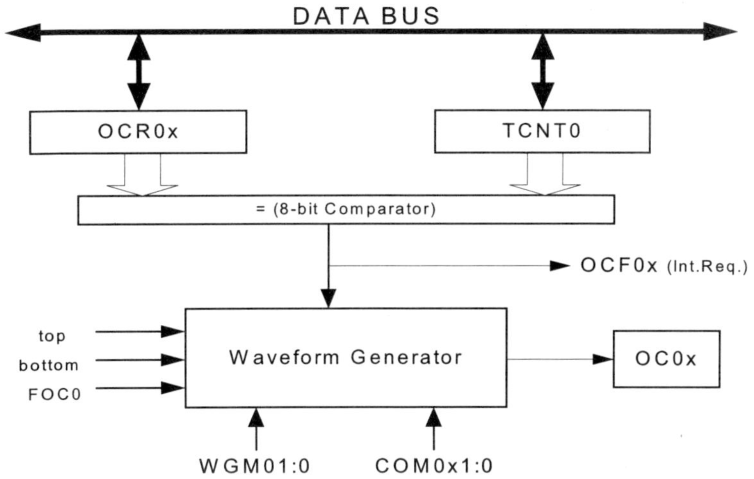

〈그림 1.4.3〉 타이머/카운터0의 출력 비교기부 블록도

(3) 비교 매치 출력부

타이머/카운터0은 <그림 1.4.4>와 같이 타이머/카운터 TCNT0과 출력비교 레지스터 OCR0x를 비교하여 일치하면, 타이머/카운터 제어 레지스터A(TCCR0A)의 COM0x1과 COM0x0 비트를 설정하여 파형 발생기를 통해 출력할 비교출력 모드를 선택한다. (여기서, x는 A 또는 B를 나타냄.) OC0x단자(ATtiny2313에서는 PB2와 PD5에 해당)를 타이머/카운터의 비교출력 단자로 사용하려면 데이터 방향 레지스터(DDR)를 출력방향으로 설정해야 한다.

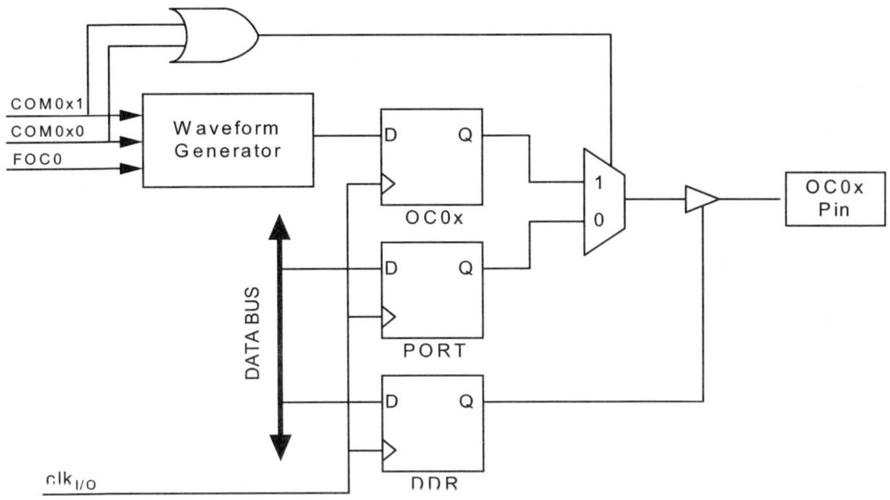

〈그림 1.4.4〉 타이머/카운터0의 비교 매치 출력부 블록도

2. 타이머/카운터0의 동작 모드

타이머/카운터0의 동작모드는 타이머/카운터 제어 레지스터 TCCR0x의 파형발생 모드(WGM01~WGM00)비트에 의해 결정되며, 출력신호의 동작은 타이머/카운터 제어 레지스터 TCCR0A의 비교출력 모드(COM01~COM00)비트에 의해 OC0x단자로 출력될 파형이 결정된다.

타이머/카운터0의 동작 모드는 일반모드, CTC모드, 고속 PWM모드, 위상 보정PWM모드 등 4가지가 있다.

(1) 일반모드

타이머/카운터0의 일반모드(Normal Mode)는 타이머/카운터0 제어 레지스터 TCCR0x의 파형발생모드(WGM02~WGM00)를 '0'으로 설정한다. 이 모드에서 카운터는 상향 카운트만을 수행한다. 또한, 카운트 중에 클리어가 되지 않으며 클록 입력에 의해 8비트의 최대 카운트값인 0xFF가 되면 카운터값이 0x00으로 되어 카운트 동작을 반복한다. (여기서, x는 A 또는 B를 나타냄.)

타이머/카운터 레지스터 TCNT0의 값이 0x00으로 됨과 동시에 타이머/카운터 오버플로우 플랙 비트 TOV0가 '1'로 되면서 오버플로우 인터럽트가 발생한다.

일반모드에서 출력비교부는 인터럽트를 발생시키는 데 사용할 수 있으나, 파형을 발생시키기 위한 출력비교는 CPU 타임을 너무 많이 차지하므로 권장되지 않는다.

(2) CTC모드

타이머/카운터0의 CTC모드(Clear Timer on Compare Match Mode)는 타이머/카운터0 제어 레지스터 TCCR0x의 파형발생모드(WGM02~WGM00)를 '2'로 설정한다. 타이머/카운터 레지스터 TCNT0의 값이 출력비교 레지스터 OCR0x와 일치하면, TCNT0는 '0'으로 클리어 된다. 카운터의 최고값은 출력비교 레지스터 OCR0x로 지정하므로 OCR0x를 카운터의 계수 범위를 조정하는 데 사용한다. (여기서, x는 A 또는 B를 나타냄.)

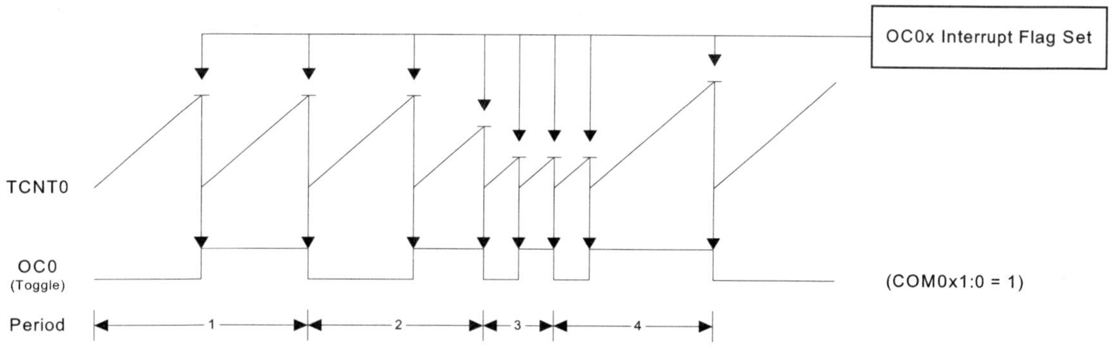

〈그림 1.4.5〉 타이머/카운터0의 CTC모드 동작

CTC모드에서 OC0x단자로 파형을 출력하려면, 타이머/카운터0 제어 레지스터 TCCR0x의 비교출력 모드비트(COM0x1~COM0x0)를 '1'로 설정하여 토글모드로 하면, OC0x단자로 파형이 출력된다. OC0x단자로 출력되는 파형의 출력 주파수는 다음 식으로 계산된다.

$$f_{OC0x} = \frac{f_{clk_{I/O}}}{2 \cdot N \cdot (1 + OCR0x)}$$

여기서, N은 타이머/카운터0의 프리스케일러 분주비(1, 8, 64, 256, 1024).

(3) 고속 PWM모드

고속 PWM모드(Fast PWM Mode)는 타이머/카운터 레지스터 TCCR0x에서 파형발생 모드(WGM01~WGM00)를 '3' 또는 '7'로 설정하여 높은 주파수의 PWM 출력 파형을 발생시킨다. 타이머/카운터 레지스터 TCNT0의 카운트 동작이 0x00에서 0xFF까지 반복적으로 수행되며, 이 값은 출력비교 레지스터 OCR0x의 값과 비교되어 일치하면 OC0x 출력신호가 '0'이되고 오버플로우가 발생되면 OC0x 출력신호는 '1'이 된다.

OC0x단자를 통해 출력되는 PWM 출력신호의 주파수는 다음과 같다.

$$f_{OC0xPWM} = \frac{f_{clk_{I/O}}}{N \cdot 256}$$

여기서, N은 타이머/카운터0의 프리스케일러 분주비(1, 8, 64, 256, 1024).

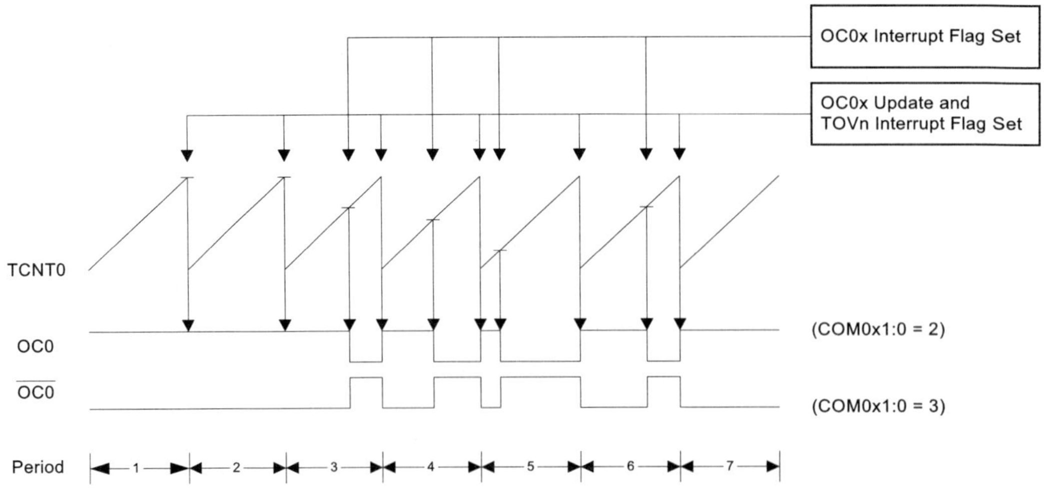

〈그림 1.4.6〉 타이머/카운터0의 고속 PWM 모드 동작

(4) 위상 보정 PWM모드

위상 보정 PWM모드(Phase Correct PWM Mode)는 타이머/카운터 레지스터 TCCRx의 파형발생모드(WGM02~WGM00)를 '1' 또는 '5'로 설정하여 높은 분해능의 PWM 출력 파형을 발생시킨다. 위상 보정 PWM모드에서는 타이머/카운터 레지스터 TCNT0의 카운트 동작이 0x00에서 0xFF로 증가했다가, 다시 0xFF에서 0x00으로 감소하는 동작을 반복하며, TCNT0의 값은 출력비교 레지스터 OCR0x의 값과 비교하여 0xFF로 증가하는 도중에 일치하면 OC0x 출력신호는 '0'이 되고 0x00으로 감소하는 도중에 일치하면 OC0x 출력신호는 '1'이 된다.

위상 보정 PWM모드는 고속 PWM 모드에 비해 주파수는 약 1/2로 낮아지지만, 고속 PWM 모드의 듀티비 분해능 보다 2배 정도 높아진다. OC0x단자를 통해 출력되는 PWM 출력신호의 주파수는 다음과 같다.

$$f_{\mathrm{OC0xPCPWM}} = \frac{f_{\mathrm{clk_{I/O}}}}{\mathrm{N} \cdot 510}$$

여기서, N은 타이머/카운터0의 프리스케일러 분주비(1, 8, 64, 256, 1024).

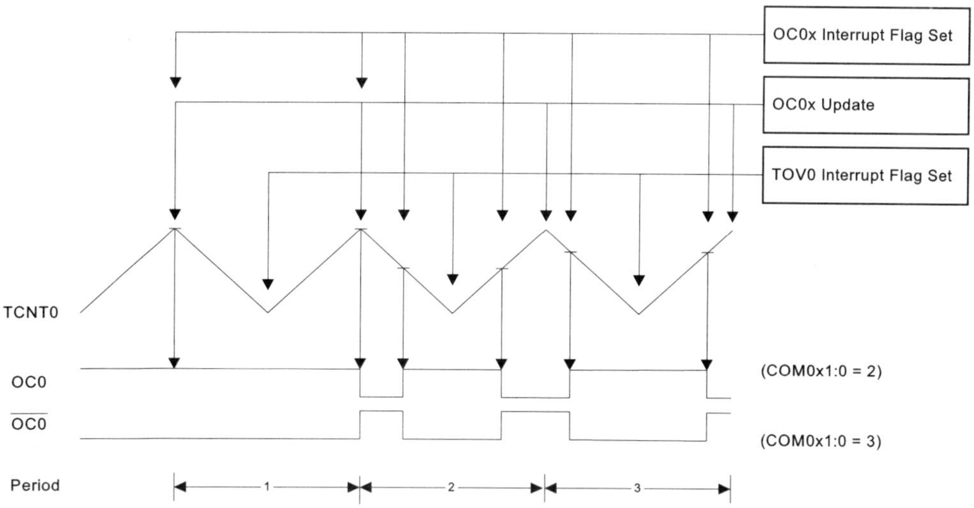

〈그림 1.4.7〉 위상 보정 PWM 모드의 동작

3. 타이머/카운터0의 레지스터

(1) 타이머/카운터0 제어 레지스터(TCCR0x)

TCCR0x 레지스터는 타이머/카운터0의 동작모드를 설정하고 프리스케일러의 분주비를 설정한다.

비트	7	6	5	4	3	2	1	0	
0x30(0x50)	COM0A1	COM0A0	COM0B1	COM0B0	–	–	WGM01	WGM00	TCCR0A
읽기 / 쓰기	R/W	R/W	R/W	R/W	R	R	R/W	R/W	

〈그림 1.4.8〉 타이머/카운터0 제어 레지스터A(TCCR0A)

<그림 1.4.8>에서 비교 매치 출력 x 모드(Compare Match Output x Mode)의 COM0x1와 COM0x0비트는 OC0x 핀의 동작을 설정하며, 파형발생모드(Waveform Generation Mode)의 WGM01과 WGM00비트는 타이머/카운터0 제어 레지스터B의 WGM02 비트와 조합이 되어 타이머/카운터0의 동작 모드를 설정한다.

비트	7	6	5	4	3	2	1	0	
0x33(0x53)	FOC0A	FOC0B	-	-	WGM02	CS02	CS01	CS00	TCCR0B
읽기 / 쓰기	W	W	R	R	R/W	R/W	R/W	R/W	

〈그림 1.4.9〉 타이머/카운터0 제어 레지스터B(TCCR0B)

<그림 1.4.9>에서 강제출력 비교 x(Force Output Compare x)의 FOC0x 비트는 PWM 모드가 아닌 경우에만 유효하며, TCCR0B 레지스터가 PWM모드로 동작 중일 때는 FOC0x비트를 '1'로 해야 한다. FOC0x가 '1'로 설정되면 OC0x 단자에 출력비교 매치된 값을 출력으로 내보내며, 출력신호의 동작은 COM0x1~COM0x0비트로 설정한다. FOC0x는 인터럽트를 발생시키지 않으며, CTC모드에서 OCR0A의 값이 0xFF가 되더라도 '0'으로 되지 않는다. 그러므로, 특별한 경우가 아니면 FOC0x비트는 항상 '0'으로 설정한다.

클록 선택(Clock Select)의 CS02~CS00비트는 내부 클록을 사용할 것인지, 외부 클록을 사용할 것인지를 선택하거나 내부 클록의 경우 클록의 분주비를 설정한다.

파형발생모드(WGM02~WGM00)비트에 의한 동작모드는 <표 1.4.2>와 같이 설정하고, 비교출력모드(COM0x1~COM0x0)비트에 의한 OC0x핀 기능은 <표 1.4.3>과 같이 설정한다. 또한, 타이머/카운터0의 클록소스는 <표 1.4.4>와 같이 설정한다.

〈표 1.4.2〉 WGM02~WGM00 비트에 의한 동작모드 설정

모드	WGM02	WGM01	WGM00	타이머/카운터 동작모드	최대값	OCRx레지스터의 업데이트 시점	TOV 플래그의 셋트 시점
0	0	0	0	일반	0xFF	설정즉시	0xFF
1	0	0	1	PWM, 위상보정	0xFF	0xFF	0x00
2	0	1	0	CTC	OCR0A	설정즉시	0xFF
3	0	1	1	고속PWM	0xFF	0xFF	0xFF
4	1	0	0	-	-	-	-
5	1	0	1	PWM, 위상보정	OCR0A	OCR0A값	0x00
6	1	1	0	-	-	-	-
7	1	1	1	고속PWM	OCR0A	OCR0A값	OCR0A값

〈표 1.4.3〉 COM0x1~COM0x0비트에 의한 OC0x핀 기능 설정

모드	COM0x1	COM0x0	OC0x핀의 기능
PWM모드가 아닌 경우	0	0	정상적인 I/O포트로 동작, OC0x 출력차단
	0	1	비교 매치에서 OC0x 출력을 토글
	1	0	비교 매치에서 OC0x = 0
	1	1	비교 매치에서 OC0x = 1
고속 PWM 모드	0	0	정상적인 I/O포트로 동작, OC0x 출력차단
	0	1	WGM02=0, 정상적인 I/O포트로 동작, OC0x 출력차단 WGM02=1, 비교 매치에서 OC0x 출력을 토글 (COM0B1, COM0B0비트의 경우 사용안함)
	1	0	비교 매치에서 OC0x=0, 0xFF에서 OC0x=1
	1	1	비교 매치에서 OC0x=1, 0xFF에서 OC0x=0
위 상 보 정 PWM모드	0	0	정상적인 I/O포트로 동작, OC0x 출력차단
	0	1	WGM02=0, 정상적인I/O포트로 동작, OC0x 출력차단 WGM02=1, 비교 매치에서 OC0x 출력을 토글 (COM0B1, COM0B0비트의 경우 사용안함)
	1	0	상향 카운터 비교 매치에서 OC0x=0, 하향 카운터 비교 매치에서 OC0x=1
	1	1	상향 카운터 비교 매치에서 OC0x=1, 하향 카운터 비교 매치에서 OC0x=0

〈표 1.4.4〉 타이머/카운터0의 클록소스 선택 비트 설정

CS02	CS01	CS00	클록 소스
0	0	0	클록소스 없음(타이머/카운터 정지)
0	0	1	$clk_{I/O}$ / 1
0	1	0	$clk_{I/O}$ / 8
0	1	1	$clk_{I/O}$ / 64
1	0	0	$clk_{I/O}$ / 256
1	0	1	$clk_{I/O}$ / 1024
1	1	0	T_0핀에 외부 클록소스(하강에지)
1	1	1	T_0핀에 외부 클록소스(상승에지)

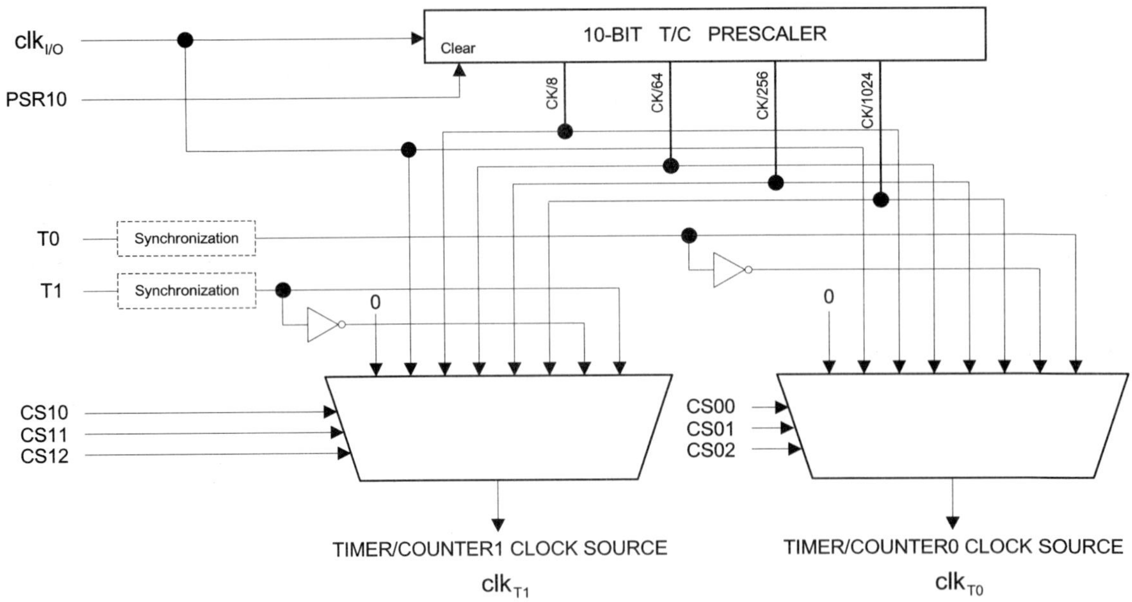

〈그림 1.4.10〉 타이머/카운터0와 타이머/카운터1에 대한 프리스케일러

(2) 타이머/카운터0 레지스터(TCNT0)

타이머/카운터0 레지스터 TCNT0(Timer/Counter Register0)은 타이머/카운터0의 8비트 카운터값을 저장하고 있으며, 읽기와 쓰기 동작을 할 수 있지만 카운터로 동작하고 있는 동안에 값을 수정하면, TCNT0값과 OCR0x레지스터 사이의 비교 매치에 오류가 발생할 수 있다.

비트	7	6	5	4	3	2	1	0	
0x32(0x52)	TCNT0 [7:0]								TCNT0
읽기 / 쓰기	R/W	R/W	R/W	R/W	R/W	R/W	R/W	R/W	

〈그림 1.4.11〉 타이머/카운터0 레지스터B(TCNT0)

(3) 타이머/카운터0 출력비교 레지스터(OCR0x)

타이머/카운터0 출력비교 레지스터 OCR0x(Output Compare Register x)는 타이머/카운터 레지스터 TCNT0값과 비교하여 OC0x단자에 출력신호를 내보내기 위한 값을 저장한다.

비트	7	6	5	4	3	2	1	0	
0x36(0x56)	OCR0A [7:0]								OCR0A
읽기 / 쓰기	R/W	R/W	R/W	R/W	R/W	R/W	R/W	R/W	

〈그림 1.4.12〉 타이머/카운터0 출력비교 레지스터(OCR0A)

비트	7	6	5	4	3	2	1	0	
0x3C(0x5C)	OCR0B [7:0]								OCR0B
읽기 / 쓰기	R/W	R/W	R/W	R/W	R/W	R/W	R/W	R/W	

〈그림 1.4.13〉 타이머/카운터0 출력비교 레지스터(OCR0B)

(4) 타이머/카운터 인터럽트 마스크 레지스터(TIMSK)

타이머/카운터 인터럽트 마스크 레지스터(Timer/Counter Interrupt Mask Register)는 타이머/카운터0이 발생하는 인터럽트를 개별적으로 허용한다.

비트	7	6	5	4	3	2	1	0	
0x39(0x59)	TOIE1	OCIE1A	OCIE1B	-	ICIE1	OCIE0B	TOIE0	OCIE0A	TIMSK
읽기 / 쓰기	R/W	R/W	R/W	R	R/W	R/W	R/W	R/W	

〈그림 1.4.14〉 타이머/카운터 인터럽트 마스크 레지스터(TIMSK)

〈표 1.4.5〉 타이머/카운터 인터럽트 마스크 레지스터(TIMSK) 기능

비트	비트명	기 능
Bit 2	OCIE0B	· Timer/Counter0 Output Compare Match B Interrupt Enable : OCIE0B=1이고, 상태 레지스터 SREG의 I=1 일때, 타이머/카운터 비교 매치 B 인터럽트 허용. 타이머/카운터0의 출력비교 인터럽트가 발생되어 TIFR레지스터의 OCF0B=1이면, 인터럽트가 처리됨.
Bit 1	TOIE0	· Timer/Counter0 Overflow Interrupt Enbale : TOIE0=1이고, 상태 레지스터 SREG의 I=1 일때, 타이머/카운터0 오버플로우 인터럽트 허용. 타이머/카운터0의 오버플로우 인터럽트가 발생되어 TIFR 레지스터의 TOV0=1이면, 인터럽트가 처리됨.
Bit 0	OCIE0A	· Timer/Counter0 Output Compare Match A Interrupt Enable : OCIE0A=1이고, 상태 레지스터 SREG의 I=1 일때, 타이머/카운터 비교 매치 A 인터럽트 허용. 타이머/카운터0의 출력비교 인터럽트가 발생되어 TIFR레지스터의 OCF0A=1이면, 인터럽트가 처리됨.

(5) 타이머/카운터 인터럽트 플랙 레지스터(TIFR)

타이머/카운터 인터럽트 플랙 레지스터(Timer/Counter Interrupt Flag Register)는 타이머/카운터0이 발생하는 인터럽트 플랙을 저장한다.

비트	7	6	5	4	3	2	1	0	
0x38(0x58)	TOV1	OCF1A	OCF1B	-	ICF1	OCF0B	TOV0	OCF0A	TIFR
읽기 / 쓰기	R/W	R/W	R/W	R	R/W	R/W	R/W	R/W	

〈그림 1.4.15〉 타이머/카운터 인터럽트 플랙 레지스터(TIFR)

〈표 1.4.6〉 타이머/카운터 인터럽트 플랙 레지스터(TIFR) 기능

비트	비트명	기 능
Bit 2	OCF0B	· Output Compare Flag 0 B : 타이머/카운터와 OCR0B의 데이터 사이에 비교 매치가 발생하면, OCF0B=1이 되어 타이머/카운터 출력비교 인터럽트가 발생.
Bit 1	TOV0	· Timer/Counter0 Overflow Flag : T타이머/카운터0에 오버플로우가 발생하면 TOV0=1이 되어 오버플로우 인터럽트가 발생.
Bit 0	OCF0A	· Output Compare Flag 0 A : 타이머/카운터와 OCR0A의 데이터 사이에 비교 매치가 발생하면, OCF0A=1이 되어 타이머/카운터 출력비교 인터럽트가 발생.

4. 16비트 타이머/카운터1

타이머/카운터1은 16비트 타이머/카운터로 프로그램 실행시간과, 파형발생, 신호시간측정을 정확하게 할 수 있다. 또한, 2개의 독립된 출력 비교기와 1개의 입력 캡쳐 기능을 가지고 있다. 16비트 타이머/카운터1의 구조는 <그림 1.4.16>과 같다.

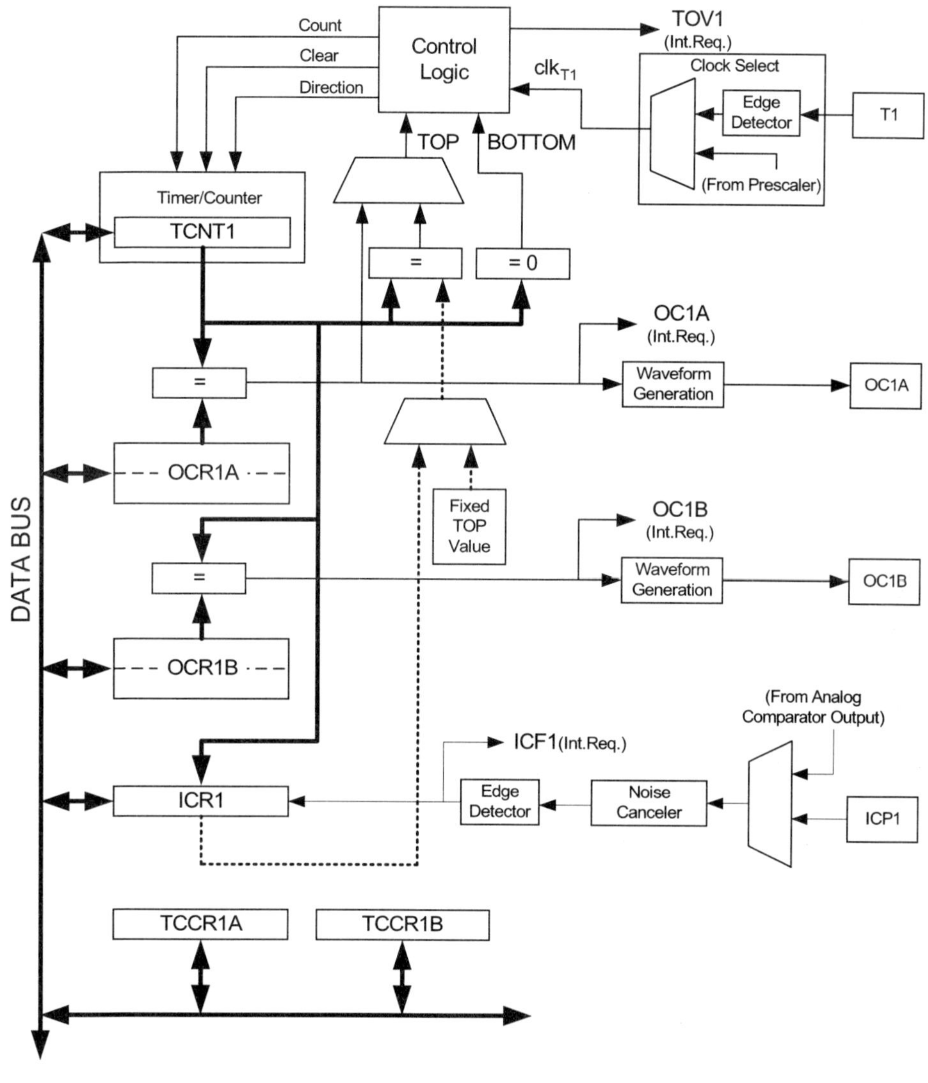

〈그림 1.4.16〉 타이머/카운터1의 블록도

타이머/카운터1은 클록신호 clk$_{T1}$에 의해 16비트 타이머/카운터 TCNT1이 상향 카운터(up counter)로 동작하여 카운터의 최대값인 0xFFFF에 이르면 0x0000으로 되면서 오버플로우가 생겨 TOV1신호에 의해 오버플로우 인터럽트가 발생한다. 카운터 값은 출력비교 레지스터 OCR1x와 비교되고 비교한 값이 같으면 내부적으로 OCF1x신호에 의해 인터럽트가 발생되고, 외부적으로 OC1x 단자에 신호가 출력되도록 설정할 수 있다. (여기서, x는 A 또는 B를 나타냄.)

(1) 카운터부

타이머/카운터1의 카운터부는 프리스케일러를 통한 내부 클록 입력과 외부 클록 T_1, 상향/하향 카운터로 사용할 수 있는 타이머/카운터 TCNT1H와 TCNT1L 등으로 <그림 1.4.17>과 같이 구성된다. 외부 클록 T_1에 대해 카운터가 상승에지에서 동작할 것인지 하강에지에서 동작할 것인지는 타이머/카운터1 제어 레지스터B인 TCCR1B의 CS12~CS10비트로 설정한다.

타이머/카운터1이 타이머로 동작할 때는 시스템 클록 주파수를 프리스케일러를 통해 1, 8, 64, 256, 1024의 분주비로 분주하여 클록 소스로 사용할 수도 있고, 클록 소스 입력을 차단할 수도 있다.

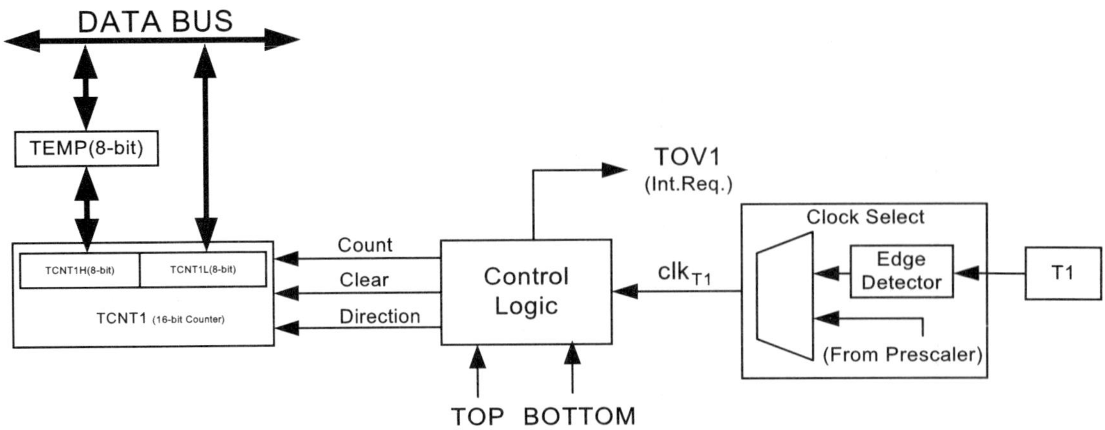

〈그림 1.4.17〉 타이머/카운터1의 카운터부 블록도

(2) 입력 캡쳐부

타이머/카운터1의 입력 캡쳐부는 입력핀 ICP에 입력되는 외부신호나 아날로그 비교기의 신호에 대한 타이머/카운터 레지스터 TCNT1의 카운트 값을 입력 캡쳐 레지스터 ICR1에 캡쳐하여 저장한다. 아날로그 비교기의 신호를 사용하려면, 아날로그 비교기 상태 레지스터 ACSR의 ACIC비트를 '1'로 설정해야 한다.

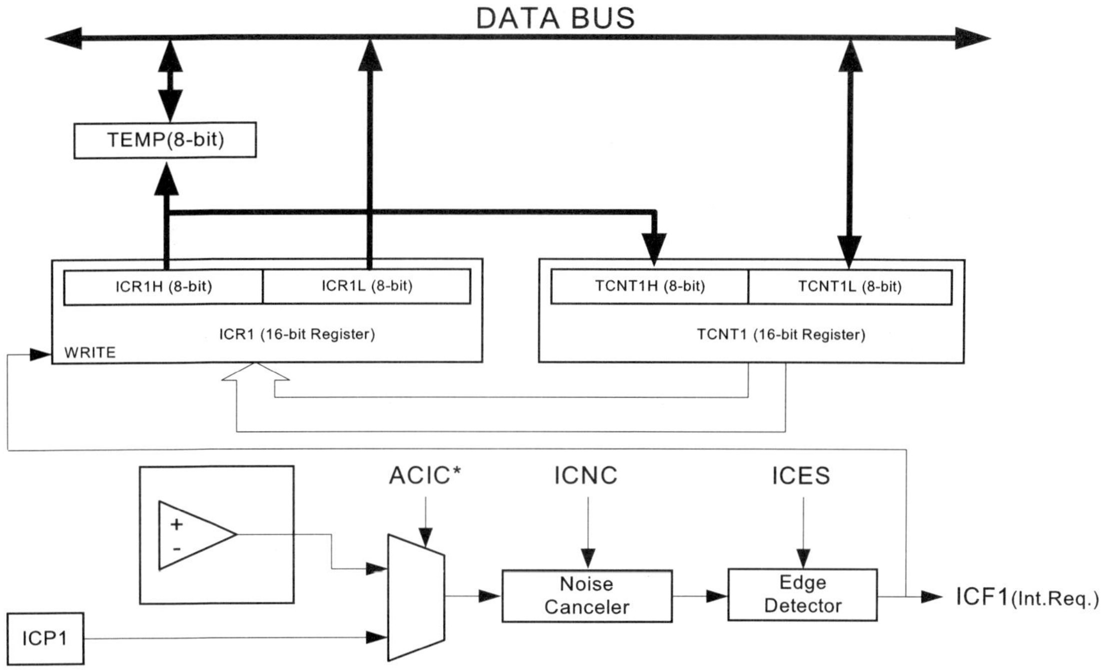

〈그림 1.4.18〉 타이머/카운터1의 입력 캡쳐부 블록도

(3) 출력 비교기부

타이머/카운터1에 입력되는 클록 신호 clk_{T1}은 타이머/카운터 TCNT1을 동작시키고 동작중에 카운터 값을 출력비교 레지스터 OCR1x와 비교하여 값이 같아지면, 그 다음 주기에 내부적으로 OCF1x신호에 의해 출력비교 인터럽트를 발생하고, 외부적으로는 OC1x 단자에 신호가 출력되도록 설정할 수 있다. OC1x단자로 출력되는 신호는 출력비교 레지스터 OCR1x에 의해 원하는 PWM 신호를 출력할 수 있다. (여기서, x는 A 또는 B를 나타냄.)

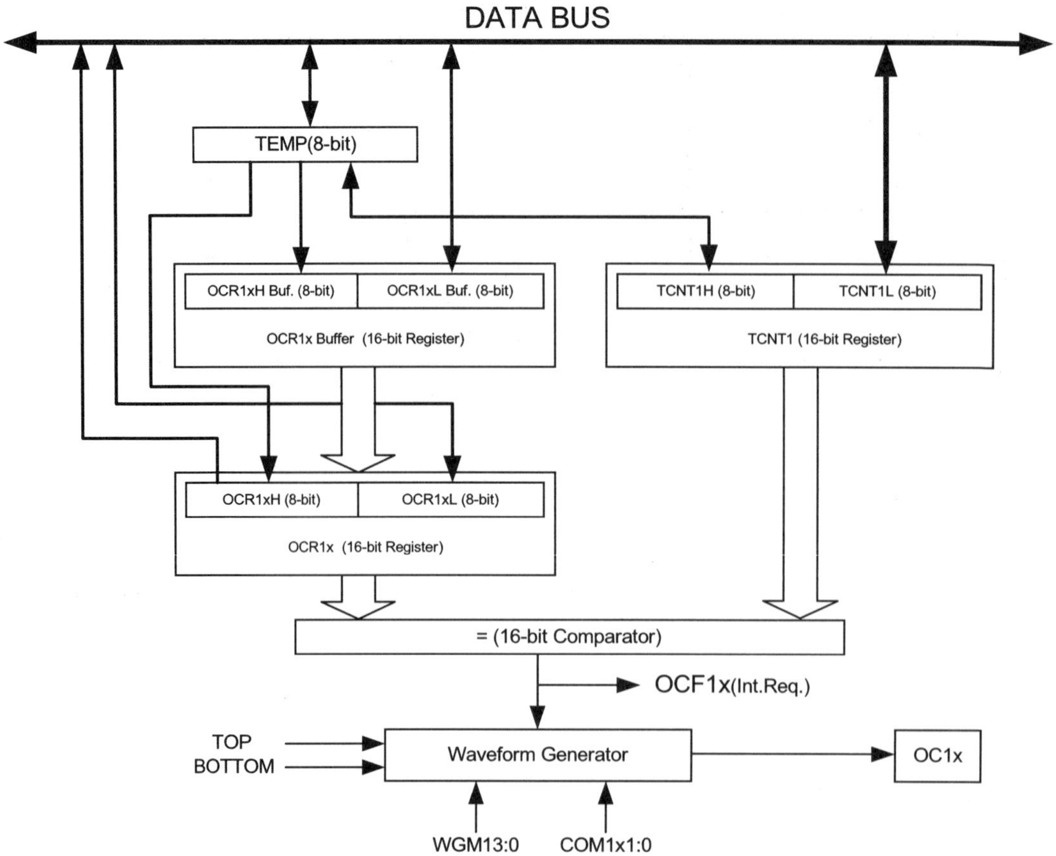

〈그림 1.4.19〉 타이머/카운터1의 출력 비교부 블록도

(4) 비교 매치 출력부

타이머/카운터1는 <그림 1.4.20>과 같이 타이머/카운터 TCNT1과 출력비교 레지스터 OCR1x를 비교하여 일치하면 타이머/카운터 제어 레지스터A TCCR1A의 COM1x1와 OCM1x0 비트를 설정하여 파형 발생기를 통해 출력할 비교출력 모드를 선택한다. (여기서, x는 A 또는 B를 나타냄.) OC1x단자(ATtiny2313에서는 PB3와 PB4에 해당)를 타이머/카운터의 비교출력 단자로 사용하려면 데이터 방향 레지스터(DDR)를 출력방향으로 설정해야 한다.

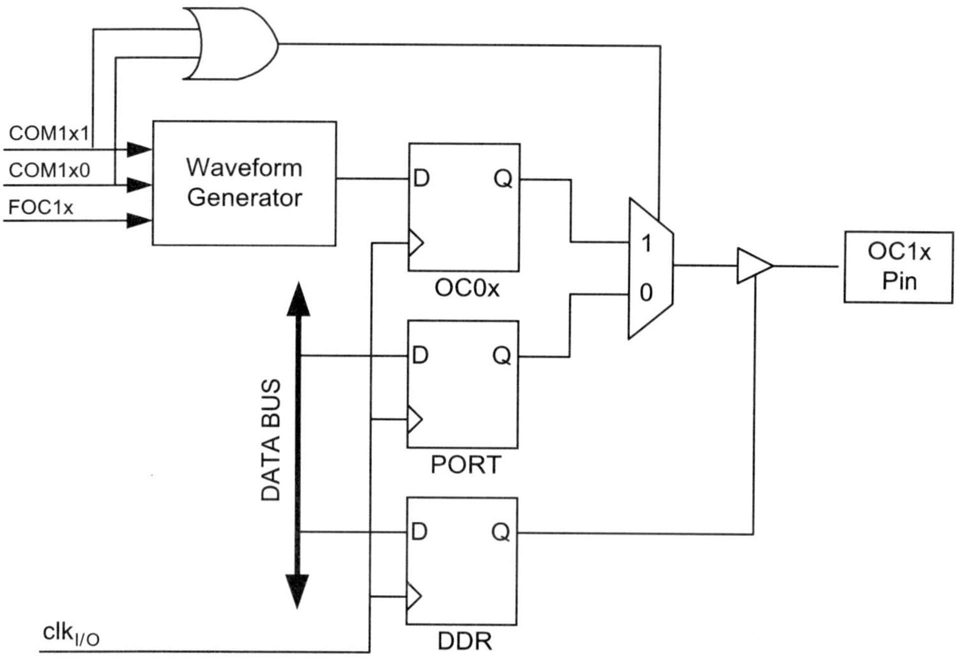

〈그림 1.4.20〉 타이머/카운터1의 비교 매치 출력부 블록도

5. 타이머/카운터1의 동작 모드

타이머/카운터1의 동작모드는 타이머/카운터 제어 레지스터 TCCR1x의 파형발생 모드(WGM13~WGM10)비트에 의해 결정되며, 출력신호의 동작은 타이머/카운터 제어 레지스터 TCCR1A의 비교출력 모드(COM11~COM10)비트에 의해 OC1x단자로 출력될 파형이 결정된다. (여기서, x는 A 또는 B를 나타냄.)

타이머/카운터1의 동작 모드는 일반모드, CTC모드, 고속 PWM모드, 위상 보정 PWM 모드, 위상 주파수 보정 PWM모드 등 5가지가 있다.

(1) 일반모드

타이머/카운터1의 일반모드(Normal Mode)는 타이머/카운터1 제어 레지스터 TCCR1x의 파형발생모드(WGM12~WGM10)를 '0'으로 설정한다. 이 모드에서 카운터는 상향 카운트만을 수행한다. 또한, 카운트 중에 클리어가 되지 않으며 클록 입력에 의해 16비트의 최대 카운트값인 0xFFFF가 되면 카운터값이 0x0000으로 되어 카운트 동작을 반복한다.

(여기서, x는 A 또는 B를 나타냄.)

타이머/카운터 레지스터 TCNT1의 값이 0x0000으로 됨과 동시에 타이머/카운터 오버플로우 플랙 비트 TOV1이 '1'로 되면서 오버플로우 인터럽트가 발생한다.

일반모드에서 출력비교부는 인터럽트를 발생시키는 데 사용할 수 있으나, 파형을 발생시키기 위한 출력비교는 CPU 타임을 너무 많이 차지 하므로 권장되지 않는다.

(2) CTC모드

타이머/카운터1의 CTC모드(Clear Timer on Compare Match Mode) 는 타이머/카운터1 제어 레지스터 TCCR1x의 파형발생모드(WGM13~WGM10)를 '4' 또는 '12'로 설정한다. (여기서, x는 A 또는 B를 나타냄.) 타이머/카운터1 레지스터 TCNT1의 계수동작은 0x0000에서 0xFFFF로 상향 카운트를 반복하며, 파형발생 모드가 '4'인 경우에는 출력비교 레지스터 OCR1A와 일치하면, TCNT1이 '0'으로 클리어되고, 파형발생 모드가 '12'인 경우에는 입력 캡쳐 레지스터 ICR1과 일치하면, TCNT1이 '0'으로 클리어 된다.

CTC모드에서 OC1x단자로 파형을 출력하려면, 타이머/카운터1 제어 레지스터 TCCR1A의 비교출력 모드(COM1x1~COM1x0)를 '1'로 설정하여 토글 모드로 하면, OC1x 단자로 파형이 출력된다. OC1x단자로 출력되는 파형의 출력 주파수는 다음 식으로 계산된다.

$$f_{OC1x} = \frac{f_{clk_{I/O}}}{2 \cdot N \cdot (1+OCR1x)}$$

여기서, N은 타이머/카운터1의 프리스케일러 분주비(1, 8, 64, 256, 1024).

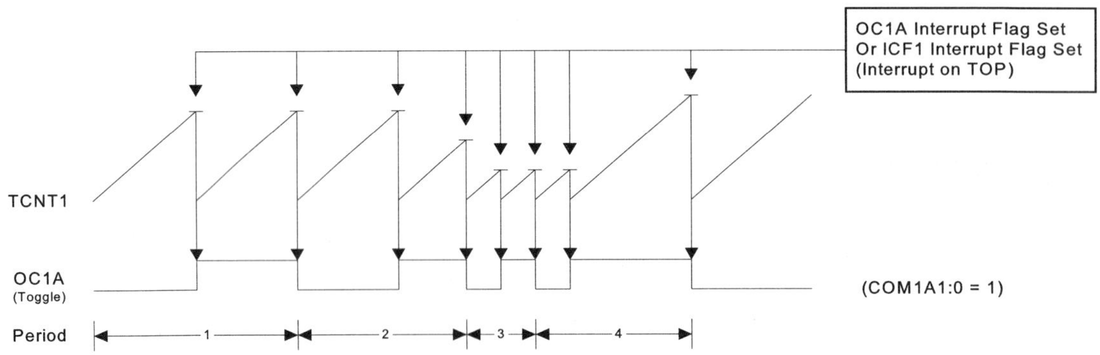

〈그림 1.4.21〉 타이머/카운터1의 CTC 모드 동작

(3) 고속 PWM모드

고속 PWM모드(Fast PWM Mode)는 타이머/카운터 레지스터 TCCR1x에서 파형발생 모드(WGM13~WGM10)를 '5', '6', '7', '14', '15'로 설정하여 높은 주파수의 PWM 출력 파형을 발생시킨다. 타이머/카운터 레지스터 TCNT1의 카운트 동작이 0x0000에서 0xFFFF까지 반복적으로 수행되며, 이 값은 출력비교 레지스터 OCR1x의 값과 비교되어 일치하면 OC1x 출력신호가 '0'이되고 오버플로우가 발생되면 OC1x 출력신호는 '1'이 된다.

OC1x단자를 통해 출력되는 PWM 출력신호의 주파수는 다음과 같다.

$$f_{OC1xPWM} = \frac{f_{clk_{I/O}}}{N \cdot (1 + TOP)}$$

여기서, N은 타이머/카운터1의 프리스케일러 분주비(1, 8, 64, 256, 1024)이고, TOP값은 파형발생 모드가 '5'인 경우에는 0x00FF, '6'인 경우에는 0x01FF, '7'인 경우에는 0x03FF, '14'인 경우에는 ICR1값, '15'인 경우에는 OCR1A값이다.

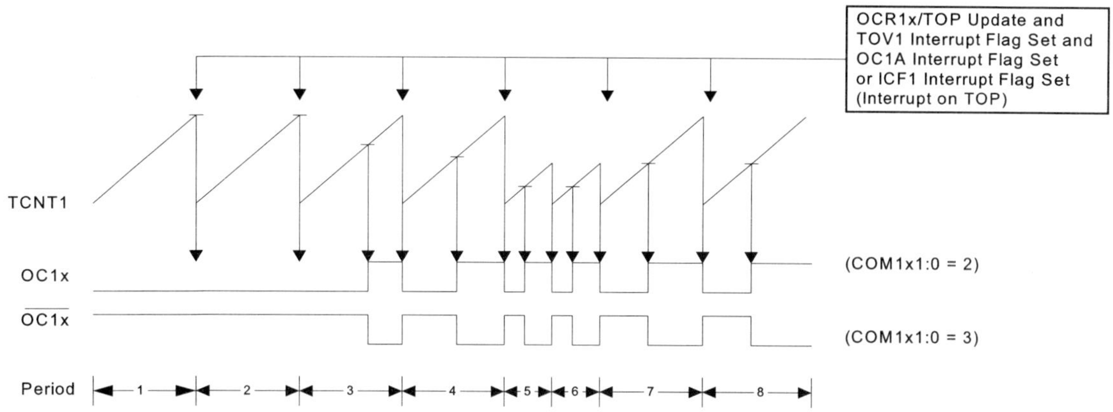

〈그림 1.4.22〉 타이머/카운터1의 고속 PWM 동작 모드

(4) 위상 보정 PWM모드

위상 보정 PWM모드(Phase Correct PWM Mode)는 타이머/카운터 레지스터 TCCR1x의 파형발생모드(WGM13~WGM10)를 '1', '2', '3', '10', '11'로 설정하여 높은 분해능의 PWM 출력 파형을 발생시킨다. 위상 보정 PWM모드에서는 타이머/카운터 레지스터 TCNT1의 카운트 동작이 0x0000에서 0xFFFF로 증가했다가, 다시 0xFFFF에서 0x0000

으로 감소하는 동작을 반복하며, TCNT1의 값은 출력비교 레지스터 OCR1x의 값과 비교하여 0xFFFF로 증가하는 도중에 일치하면 OC1x 출력신호는 '0'이 되고 0x0000으로 감소하는 도중에 일치하면 OC1x 출력신호는 '1'이 된다.

위상 보정 PWM모드는 고속 PWM 모드에 비해 주파수는 약 1/2로 낮아지지만, 고속 PWM 모드의 듀티비 분해능 보다 2배 정도 높아진다. OC1x단자를 통해 출력되는 PWM 출력신호의 주파수는 다음과 같다.

$$f_{\mathrm{OC1xPCPWM}} = \frac{f_{\mathrm{clk_{I/O}}}}{2 \cdot N \cdot TOP}$$

여기서, N은 타이머/카운터1의 프리스케일러 분주비(1, 8, 64, 256, 1024)이고, TOP값은 파형발생 모드가 1인 경우에는 0x00FF, '2'인 경우에는 0x01FF, '3'인 경우에는 0x03FF, '10'인 경우에는 ICR1값, '11'인 경우에는 OCR1A값이다.

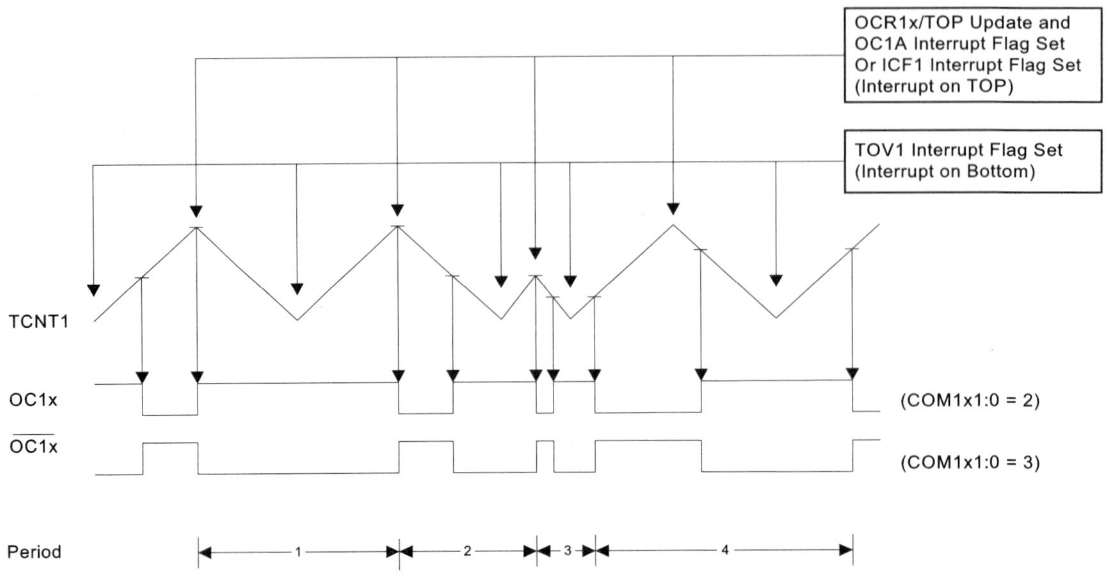

〈그림 1.4.23〉 타이머/카운터1의 위상 보정 PWM 동작 모드

(5) 위상 및 주파수 보정 PWM모드

위상 및 주파수 보정 PWM모드(Phase and Frequency Correct PWM Mode)는 타이머/카운터 레지스터 TCCR1x의 파형발생모드(WGM13~WGM10)를 '8' 또는 '9'로 설정하여

높은 분해능의 위상 및 주파수 보정 PWM출력 파형을 발생시킨다. 위상 보정 PWM모드에서는 타이머/카운터 레지스터 TCNT1의 카운트 동작이 0x0000에서 0xFFFF로 증가했다가, 다시 0xFFFF에서 0x0000으로 감소하는 동작을 반복하며, TCNT1의 값은 출력비교 레지스터 OCR1x의 값과 비교하여 0xFFFF로 증가하는 도중에 일치하면 OC1x 출력신호는 '0'이 되고 0x0000으로 감소하는 도중에 일치하면 OC1x 출력신호는 '1'이 된다.

위상 및 주파수 보정 PWM모드는 고속 PWM 모드에 비해 주파수는 약 1/2로 낮아지지만, 고속 PWM 모드의 듀티비 분해능 보다 2배 정도 높아진다. OC1x단자를 통해 출력되는 PWM 출력신호의 주파수는 다음과 같다.

$$f_{\text{OC1xPFCPWM}} = \frac{f_{\text{clk}_{\text{I/O}}}}{2 \cdot N \cdot TOP}$$

여기서, N은 타이머/카운터1의 프리스케일러 분주비(1, 8, 64, 256, 1024)이고, TOP값은 파형발생 모드가 '8'인 경우에는 ICR1값, '9'인 경우에는 OCR1A값이다.

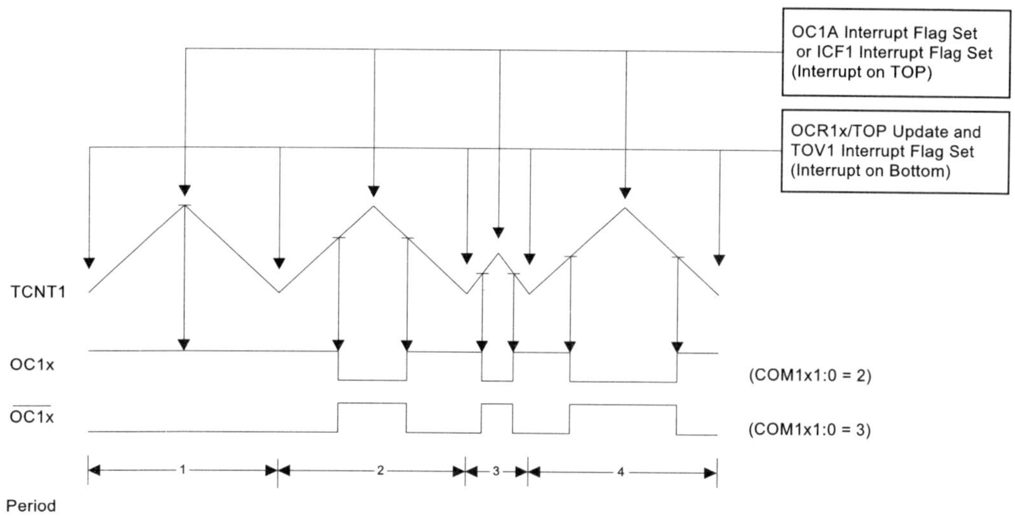

〈그림 1.4.24〉 타이머/카운터1의 위상 및 주파수 보정 PWM 동작 모드

6. 타이머/카운터1의 레지스터

(1) 타이머/카운터1 제어 레지스터(TCCR1x)

TCCR1x 레지스터는 타이머/카운터1의 동작모드를 설정하고 프리스케일러의 분주비를 설정한다.

비트	7	6	5	4	3	2	1	0	
0x2F(0x4F)	COM1A1	COM1A0	COM1B1	COM1B0	-	-	WGM11	WGM10	TCCR1A
읽기 / 쓰기	R/W	R/W	R/W	R/W	R	R	R/W	R/W	

<그림 1.4.25> 타이머/카운터1 제어 레지스터A(TCCR1A)

<그림 1.4.25>에서 비교 매치 출력 x 모드(Compare Match Output x Mode)의 COM1x1과 COM1x0비트는 OC1x 핀의 동작을 설정하며, 파형발생모드(Waveform Generation Mode)의 WGM11과 WGM10비트는 타이머/카운터1 제어 레지스터B의 WGM13 비트와 WGM12 비트를 조합하여 타이머/카운터1의 동작 모드를 설정한다.

비트	7	6	5	4	3	2	1	0	
0x2E(0x4E)	ICNC1	ICES1	-	WGM13	WGM12	CS12	CS11	CS10	TCCR1B
읽기 / 쓰기	R/W	R/W	R	R/W	R/W	R/W	R/W	R/W	

<그림 1.4.26> 타이머/카운터1 제어 레지스터B(TCCR1B)

<그림 1.4.26>에서 ICNC1(Input Capture Noise Canceler)비트는 입력캡쳐 단자 ICP로 입력되는 신호에 대한 노이즈 제거기의 동작을 설정하며, 노이즈 제거기가 동작하면 입력 캡쳐신호는 4개의 시스템 클록 만큼 지연된다. ICES1(Input Capture Edge Select)비트는 입력캡쳐 단자 ICP로 입력되는 신호가 상승에지에서 캡쳐하려면 '1'로 하강에지에서 캡쳐하려면 '0'으로 설정한다. 캡쳐 신호는 입력캡쳐 레지스터(ICR1)에 저장되며, 타이머/카운터 인터럽트 플래그 레지스터의 입력캡쳐 플랙(ICF1)이 '1'로 되면 입력캡쳐 인터럽트가 발생한다. 입력캡쳐 레지스터가 파형발생 모드의 TOP으로 사용되면 입력캡쳐 기능은 정지된다.

클록 선택(Clock Select)의 CS12~CS10비트는 내부 클록을 사용할 것인지, 외부 클록을 사용할 것인지를 선택하거나 내부 클록의 경우 클록의 분주비를 설정한다.

비트	7	6	5	4	3	2	1	0	
0x22(0x42)	FOC1A	FOC1B	-	-	-	-	-	-	TCCR1C
읽기 / 쓰기	W	W	R	R	R	R	R	R	

〈그림 1.4.27〉 타이머/카운터1 제어 레지스터C(TCCR1C)

<표 1.4.27>에서 강제출력 비교 x(Force Output Compare x)의 FOC1x 비트는 PWM 모드가 아닌 경우에만 유효하며, TCCR1B 레지스터가 PWM모드로 동작 중일 때는 FOC1x비트를 '1'로 해야 한다. FOC1x가 '1'로 설정되면, OC1x 단자에 출력비교 매치된 값을 출력으로 내보내며, 출력신호의 동작은 COM1x1~COM1x0비트로 설정한다. FOC1x는 인터럽트를 발생시키지 않으며, CTC모드에서 OCR1A의 값이 0xFFFF가 되더라도 '0'으로 되지 않는다. 그러므로 특별한 경우가 아니면 FOC1x비트는 항상 '0'으로 설정한다.

파형발생모드(WGM12~WGM10)비트에 의한 동작모드는 <표 1.4.7>과 같이 설정하며, 비교출력모드(COM1x1~COM1x0)비트에 의한 OC1x핀 기능은 <표 1.4.8>과 같이 설정한다. 또한, 타이머/카운터1의 클록소스 선택 비트는 <표 1.4.9>와 같이 설정한다.

〈표 1.4.7〉 WGM13~WGM10 비트에 의한 동작모드 설정

모드	WGM13	WGM12 (CTC1)	WGM11 (PWM11)	WGM10 (WPM10)	동작모드	최대값	OCR1x 업데이트	TOV1플랙
0	0	0	0	0	일반	0xFFFF	설정즉시	0xFFFF
1	0	0	0	1	PWM,위상보정	0x00FF	0x00FF	0x0000
2	0	0	1	0	PWM,위상보정	0x01FF	0x01FF	0x0000
3	0	0	1	1	PWM,위상보정	0x03FF	0x03FF	0x0000
4	0	1	0	0	CTC	OCR1A	설정즉시	0xFFFF
5	0	1	0	1	고속PWM	0x00FF	0x00FF	0x00FF
6	0	1	1	0	고속PWM	0x01FF	0x01FF	0x01FF
7	0	1	1	1	고속PWM	0x03FF	0x03FF	0x03FF
8	1	0	0	0	PWM,PF보정	ICR1	0x0000	0x0000
9	1	0	0	1	PWM,PF보정	OCR1A	0x0000	0x0000
10	1	0	1	0	PWM,PF보정	ICR1	ICR1	0x0000
11	1	0	1	1	PWM,위상보정	OCR1A	OCR1A	0x0000
12	1	1	0	0	CTC	ICR1	설정즉시	0xFFFF
13	1	1	0	1	-	-	-	-
14	1	1	1	0	고속PWM	ICR1	ICR1	ICR1
15	1	1	1	1	고속PWM	OCR1A	OCR1A	OCR1A

※ PF보정은 '위상 및 주파수 보정 PWM'임.

〈표 1.4.8〉 COM1x1~COM1x0비트에 의한 OC1x핀 기능 설정

모드	COM1x1	COM1x0	OC1x핀의 기능
PWM모드가 아닌 경우	0	0	정상적인 I/O포트로 동작, OC1x 출력차단
	0	1	비교 매치에서 OC1x 출력을 토글
	1	0	비교 매치에서 OC1x = 0
	1	1	비교 매치에서 OC1x = 1
고속 PWM 모드	0	0	정상적인 I/O포트로 동작, OC1x 출력차단
	0	1	WGM13=0, 정상적인I/O포트로 동작, OC1x 출력차단 WGM13=1, 비교 매치에서 OC1A 출력을 토글 (OC1B 사용안함)
	1	0	비교 매치에서 OC1x=0, '최대값'에서 OC1x=1
	1	1	비교 매치에서 OC1x=1, '최대값'에서 OC1x=0
위상보정PWM 모드/위상 및 주파수 보정 PWM 모드	0	0	정상적인 I/O포트로 동작, OC1x 출력차단
	0	1	WGM13=0, 정상적인I/O포트로 동작, OC1x 출력차단 WGM13=1, 비교 매치에서 OC1A 출력을 토글 (OC1B 사용안함)
	1	0	상향 카운터 비교 매치에서 OC1x=0, 하향 카운터 비교 매치에서 OC1x=1
	1	1	상향 카운터 비교 매치에서 OC1x=1, 하향 카운터 비교 매치에서 OC1x=0

〈표 1.4.9〉 타이머/카운터1의 클록소스 선택 비트 설정

CS12	CS11	CS10	클록 소스
0	0	0	클록소스 없음(타이머/카운터 정지)
0	0	1	$clk_{I/O}$ / 1
0	1	0	$clk_{I/O}$ / 8
0	1	1	$clk_{I/O}$ / 64
1	0	0	$clk_{I/O}$ / 256
1	0	1	$clk_{I/O}$ / 1024
1	1	0	T_1핀에 외부 클록소스(하강에지)
1	1	1	T_1핀에 외부 클록소스(상승에지)

(2) 타이머/카운터1 레지스터(TCNT1)

타이머/카운터1 레지스터 TCNT1(Timer/Counter Register1)은 타이머/카운터1의 16비트 카운터값을 저장하고 있으며, 읽기와 쓰기 동작을 할 수 있지만 카운터로 동작하고 있

는 동안에 값을 수정하면, TCNT1값과 OCR1x레지스터 사이의 비교 매치에 오류가 발생할 수 있다.

비트	7	6	5	4	3	2	1	0	
0x2D(0x4D)	TCNT1 [15:8]								TCNT1H
0x2C(0x4C)	TCNT1 [7:0]								TCNT1L
읽기 / 쓰기	R/W	R/W	R/W	R/W	R/W	R/W	R/W	R/W	

〈그림 1.4.28〉 타이머/카운터1 레지스터B(TCNT1)

(3) 타이머/카운터1 출력비교 레지스터(OCR1x)

타이머/카운터1 출력비교 레지스터 OCR1x(Output Compare Register x)는 타이머/카운터 레지스터 TCNT1값과 비교하여 OC1x단자에 출력신호를 내보내기 위한 값을 저장하고 있다.

비트	7	6	5	4	3	2	1	0	
0x2B(0x4B)	OCR1A [15:8]								OCR1AH
0x2A(0x4A)	OCR1A [7:0]								OCR1AL
읽기 / 쓰기	R/W	R/W	R/W	R/W	R/W	R/W	R/W	R/W	

〈그림 1.4.29〉 타이머/카운터1 출력비교 레지스터(OCR1A)

비트	7	6	5	4	3	2	1	0	
0x29(0x49)	OCR1B [15:8]								OCR1BH
0x28(0x48)	OCR1B [7:0]								OCR1BL
읽기 / 쓰기	R/W	R/W	R/W	R/W	R/W	R/W	R/W	R/W	

〈그림 1.4.30〉 타이머/카운터1 출력비교 레지스터(OCR1B)

(4) 타이머/카운터1 입력 캡쳐 레지스터(ICR1)

타이머/카운터1 입력 캡쳐 레지스터(Timer/Counter Input Capture Register)레지스터는 입력캡쳐 신호 ICP에 의해 타이머/카운터 TCNT1의 값을 캡쳐하여 저장한다.

비트	7	6	5	4	3	2	1	0	
0x25(0x45)	ICR1H [15:8]								ICR1H
0x24(0x44)	ICR1L [7:0]								ICR1L
읽기 / 쓰기	R/W	R/W	R/W	R/W	R/W	R/W	R/W	R/W	

〈그림 1.4.31〉 타이머/카운터1 입력 캡쳐 레지스터(ICR)

(5) 타이머/카운터 인터럽트 마스크 레지스터(TIMSK)

타이머/카운터 인터럽트 마스크 레지스터(Timer/Counter Interrupt Mask Register)는 타이머/카운터1이 발생하는 인터럽트를 개별적으로 허용한다.

비트	7	6	5	4	3	2	1	0	
0x39(0x59)	TOIE1	OCIE1A	OCIE1B	-	ICIE1	OCIE0B	TOIE0	OCIE0A	TIMSK
읽기 / 쓰기	R/W	R/W	R/W	R	R/W	R/W	R/W	R/W	

〈그림 1.4.32〉 타이머/카운터 인터럽트 마스크 레지스터(TIMSK)

〈표 1.4.10〉 타이머/카운터 인터럽트 마스크 레지스터(TIMSK) 기능

비트	비트명	기 능
Bit 7	TOIE1	· Timer/Counter1 Overflow Interrupt Enable : TOIE1=1이고, 상태 레지스터 SREG의 I=1 일때, 타이머/카운터1 오버플로우 인터럽트 허용. TIFR 레지스터의 TOV1=1 이면, 대응하는 인터럽트 벡터가 처리됨.
Bit 6	OCIE1A	· Timer/Counter1 Output Compare Match A Interrupt Enable : OCIE1A=1이고, 상태 레지스터 SREG의 I=1 일때, 타이머/카운터1 비교 매치 A 인터럽트 허용. TIFR레지스터의 OCF1A=1이면, 대응하는 인터럽트 벡터가 처리됨.
Bit 5	OCIE1B	· Timer/Counter1 Output Compare B Interrupt Enbale : OCIE1B=1이고, 상태 레지스터 SREG의 I=1 일때, 타이머/카운터1 비교 매치 B 인터럽트 허용. TIFR 레지스터의 OCF1B=1이면, 대응하는 인터럽트 벡터가 처리됨.
Bit 3	ICIE1	· Timer/Counter1 Input Capture Interrupt Enable : ICIE1=1이고, 상태 레지스터 SREG의 I=1 일때, 타이머/카운터1 입력 캡처 인터럽트 허용. TIFR레지스터의 ICF1=1이면, 대응하는 인터럽트벡터가 처리됨.

(6) 타이머/카운터 인터럽트 플랙 레지스터(TIFR)

타이머/카운터 인터럽트 플랙 레지스터(Timer/Counter Interrupt Flag Register)는 타이머/카운터1이 발생하는 인터럽트 플랙을 저장한다.

비트	7	6	5	4	3	2	1	0	
0x38(0x58)	TOV1	OCF1A	OCF1B	-	ICF1	OCF0B	TOV0	OCF0A	TIFR
읽기 / 쓰기	R/W	R/W	R/W	R	R/W	R/W	R/W	R/W	

〈그림 1.4.33〉 타이머/카운터 인터럽트 플랙 레지스터(TIFR)

〈표 1.4.11〉 타이머/카운터 인터럽트 플랙 레지스터(TIFR) 기능

비트	비트명	기　　능
Bit 7	TOV1	· Timer/Counter1 Overflow Flag : WGM13~WGM10에 따라 세팅됨. 일반모드와 CTC모드에서, 타이머 오버플로우 일때 TOV1=1. 타이머/카운터1에 오버플로우가 인터럽트 벡터가 실행되면 TOV1=0.
Bit 6	OCF1A	· Timer/Counter1 Output Compare A Match Flag : 카운터(TCNT1)값이 출력 비교 레지스터 A(OCR1A)와 매치된 후 OCF1A=1. 출력 비교 매치 A 인터럽트 벡터가 실행되면 OCF1A=0.
Bit 5	OCF1B	· Timer/Counter1 Output Compare B Match Flag : 카운터(TCNT1)값이 출력 비교 레지스터 B(OCR1B)와 매치된 후 OCF1B=1. 출력 비교 매치 B인터럽트 벡터가 실행되면 OCF1B=0.
Bit 3	ICF1	· Timer/Counter1 Input Capture Flag : ICP핀에 캡쳐가 발생하면 ICF1=1. 입력 캡쳐 레지스터(ICR1)가 WGM13~WGM10의 TOP값으로 사용될 때, 카운터 값이 TOP이 되었을 때 ICF1=1. 입력 캡쳐 인터럽트 벡터가 실행되면 ICF1=0.

1.5 ATtiny2313의 직렬통신

1. ATtiny2313 직렬 통신의 특징

ATtiny2313은 동기 및 비동기 전송모드에서 전이중(Full Duplex)통신이 가능하며, 높은 정밀도의 보레이트 발생기를 내장하고 있다. 전송 데이터 비트는 5~9비트로 설정하고, 정지비트는 1~2비트로 설정할 수 있다. 데이터를 전송하는 동안 패리티 비트를 사용하지 않을 수도 있고, 홀수 또는 짝수 패리티 비트로 설정할 수도 있다. 데이터를 수신하는 동안에는 패리티 에러, 데이터 오버런에러, 프레임 에러 등을 검출할 수 있다.

ATtiny2313의 직렬 통신포트에서는 송신완료, 송신 데이터 레지스터 준비완료, 수신완료 등을 인터럽트 소스로 사용할 수 있다.

(1) USART의 구조

<그림 1.5.1>은 ATtiny2313의 USART의 블록도로 클록 발생부, 송신부, 수신부 등으로 구성된다.

클록 발생부(Clock generator)는 보레이트 발생기와 동기 모드에서 클록과 동기시키는 동기회로 등으로 구성된다. 송신부(Transmitter)는 송신버퍼, 송신 시프트 레지스터, 패리

티 발생기 등으로 구성되며, 수신부(Receiver)는 수신버퍼, 수신 시프트 레지스터, 패리티 검사기 등으로 구성된다.

ATtiny2313의 USART는 비동기 모드와 동기 모드로 나뉘며, 비동기 모드에는 일반 모드와 2배속 모드가 있고 동기 모드에는 마스터 모드와 슬레이브 모드가 있다.

USART를 비동기 모드로 동작시킬 것인지 또는 동기 모드로 동작시킬 것인지는 USART 제어 및 상태 레지스터C인 UCSRC 레지스터의 USART 모드 선택 비트인 'UMSEL'비트로 선택한다. UMSEL=0으로 설정한 비동기 모드의 경우, USART 제어 및 상태 레지스터A인 UCSRA의 U2X=0이면, 일반모드이고, U2X=1이면, 2배속 모드이다.

UMSEL=1로 설정한 동기 모드의 경우, 클록 소스 내부이면 마스터 모드이고, 외부이면 슬레이브 모드이며, 클록 소스가 내부가 될 것인지 외부가 될 것인지는 XCK핀에 대한 데이터 방향 레지스터에 의해서 결정된다. XCK핀은 동기 모드에서만 사용된다.

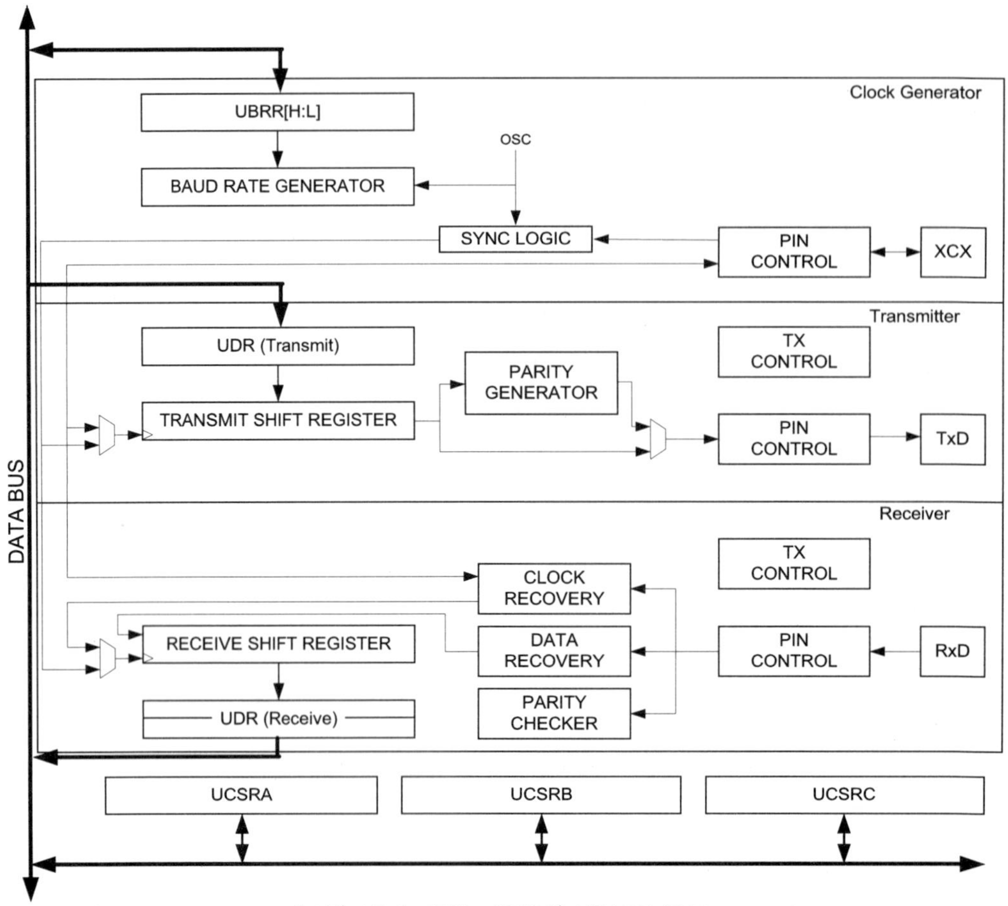

〈그림 1.5.1〉 ATtiny2313의 USART 구조

(2) 전송 데이터 형식

USART에 의한 직렬 전송 데이터 형식은 1 시작 비트, 5~9 데이터 비트, 1 패리티 비트, 1~2 정지 비트로 구성된다. 전송 데이터 형식은 USART 제어 및 상태 레지스터B와 C의 캐릭터 크기 비트 USCZ2~USCZ0, 패리티 모드 비트 UPM1~UPM0, 정지 비트 선택 비트 USBS 등을 사용한다. 캐릭터 크기 비트인 USCZ2~USCZ0은 데이터 형식의 데이터 비트 수를 선택하고, 패리티 모드 비트 UPM1~UPM0은 패리티 비트를 허용하며, 형식을 지정한다. 정지 비트 USBS에 의해서 1개 또는 2개의 정지 비트를 선택한다. 수신부 에서는 두번째 정지비트를 무시한다. 그러므로, 데이터 형식 에러는 첫번째 정지비트가 '0'인 경우에만 발생한다.

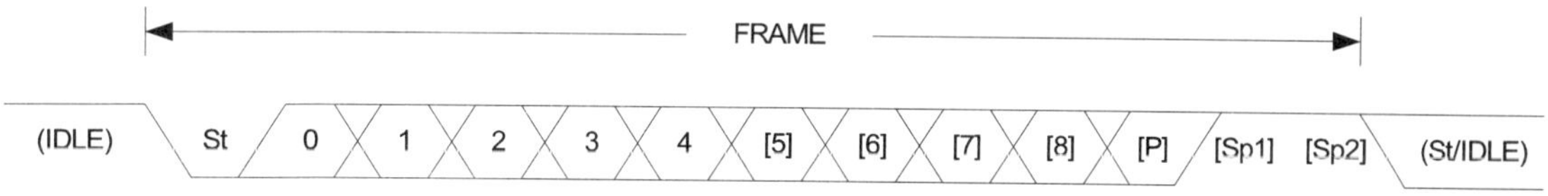

〈그림 1.5.2〉 ATtiny2313의 직렬 통신 전송 데이터 형식

<그림 1.5.2>에서 St, (n), P, Sp, IDLE 등의 의미는 다음과 같다.

St　: 시작비트, 항상 low.
(n)　: 데이터 비트(0~8).
P　: 패리티 비트 (홀수 또는 짝수)
Sp　: 정지 비트, 항상 high.
IDLE : 통신선에 데이터 전송이 없는 휴지기간, 항상 high.

전송 데이터가 n개의 비트일 경우 패리티 비트는 모든 데이터 비트의 배타적-OR로 계산된다. 홀수 패리티 비트는 P_{odd}이고, 짝수 패리티 비트는 P_{even}으로 표시한다.

$$P_{odd} = d_{n-1} \oplus \cdots \oplus d_3 \oplus d_2 \oplus d_1 \oplus d_0 \oplus 1$$
$$P_{even} = d_{n-1} \oplus \cdots \oplus d_3 \oplus d_2 \oplus d_1 \oplus d_0 \oplus 0$$

(3) USART 초기화

USART는 통신을 시작하기 전에 초기화해야 한다. 초기화 과정은 일반적으로 보우레이트 설정, 데이터 형식 설정과 송신부와 수신부의 사용 허용으로 구성된다. 인터럽트에 의해서 USART를 동작시키려면, 초기화 과정에서 글로벌 인터럽트 플랙을 '0'으로 한다.

TXC 플랙은 송신부가 전송을 완료했는지를 확인하는 데 사용하고, RXC 플랙은 수신 버퍼에 읽지 않은 데이터가 남아 있는지를 확인하는 데 사용한다. TXC 플랙은 전송전에

'0'으로 해야 한다.

1) USART 송신부의 데이터 전송

USART의 송신부는 USART 제어 및 상태 레지스터B (UCSRB)의 송신허용 비트를 TXEN=1로 설정하면 송신 동작이 허용된다. USART 제어 및 상태 레지스터A (UCSRA)의 데이터 준비 레지스터(USART Data Register Empty)비트가 UDRE=1이면, 인터럽트가 발생되어 MCU는 송신할 문자를 송신 버퍼에 적재하고, 적재가 끝나면 UDRE=0으로 된다.

2) USART 수신부의 데이터 수신

USART의 수신부는 USART 제어 및 상태 레지스터B (UCSRB)의 수신허용 비트를 RXEN=1로 설정하면 수신 동작이 허용된다. USART 제어 및 상태 레지스터A (UCSRA)의 수신 완료 레지스터(USART Receive Complete)비트가 RXC=1이면, 인터럽트가 발생되어 수신 버퍼에 수신된 문자가 있다는 것을 MCU에 알리고 USART 제어 및 상태 레지스터 A(UCSRA)에서 데이터 형식 오류, 오버런 오류, 패리티 오류를 확인하고, MCU가 수신 버퍼의 데이터를 읽으면 RXC=0으로 된다.

2. USART의 레지스터

(1) USART I/O 데이터 레지스터(UDR)

<그림 1.5.3>과 같이 USART 송신 데이터 버퍼 레지스터와 수신 데이터 버퍼 레지스터는 USART 데이터 레지스터(UDR)이라고 하는 I/O 주소를 공유하여 사용한다. 송신할 데이터를 데이터 레지스터(UDR)에 쓰면 송신 데이터 버퍼 레지스터(TXB)에 저장되고, 수신할 데이터를 데이터 레지스터(UDR)에서 읽으면 수신 데이터 버퍼(RXB)에 수신된 값이 읽혀진다. 전송 데이터가 5~7비트로 설정되면, 사용하지 않는 상위 비트에 대해 송신부에서는 무시되고, 수신부에서는 0으로 처리된다.

비트	7	6	5	4	3	2	1	0	
0x0C(0x2C)	RXB [7:0]								UDR(Read)
	TXB [7:0]								UDR(Write)
읽기 / 쓰기	R/W	R/W	R/W	R/W	R/W	R/W	R/W	R/W	

〈그림 1.5.3〉 USART I/O 데이터 레지스터(UDR)

송신 버퍼는 USART 제어 및 상태 레지스터A(UCSRA)의 데이터 확인 레지스터가 UDRE=1 일때 만 쓰기(write)가 가능하고, UDRE=0일 때는 쓰기를 하더라도 무시된다. 송신할 데이터가 송신 버퍼에 저장되고, 송신부가 허용상태이면, 시프트 레지스터가 비어 있는 것을 확인한 다음 데이터를 시프트 레지스터로 보내서 TxD핀을 통해 직렬로 전송한다.

(2) USART 제어 및 상태 레지스터A(UCSRA)

UCSRA레지스터는 직렬 통신 포트의 송수신 동작을 제어하거나 송수신 상태를 저장하는 기능을 한다.

비트	7	6	5	4	3	2	1	0	
0x0B(0x2B)	RXC	TXC	UDRE	FE	DOR	UPE	U2X	MPCM	UCSRA
읽기 / 쓰기	R	R/W	R	R	R	R	R/W	R/W	

〈그림 1.5.4〉 USART 제어 및 상태 레지스터A(UCSRA)

〈표 1.5.1〉 USART 제어 및 상태 레지스터A(UCSRA)

비트	비트명	기 능
Bit 7	RXC	· USART Receive Complete : 수신 버퍼에 데이터가 있을 때 RXC=1, 수신 버퍼가 데이터가 없을 때 RXC=0. 수신부가 허용상대가 아니면 수신 버퍼를 비우고 RXC=0으로 됨. RXC 플랙은 수신완료 인터럽트 발생에 사용할 수 있음.
Bit 6	TXC	· USART Transmit Complete : 송신 시프트 레지스터가 데이터 전송을 완료하면, TXC=1이고, 송신완료 인터럽트가 발생하면 TXC=0이됨. TXC 플랙은 송신 완료 인터럽트 발생에 사용할 수 있음.
Bit 5	UDRE	· USART Data Register Empty : 송신버퍼가 새로운 송신 데이터를 받을 준비가 되어있으면, UDRE=1이고 송신버퍼에 새로운 데이터가 들어오면 UDRE=0이 됨. UDRE 플랙은 송신 데이터를 받을 준비가 되면 인터럽트 발생에 사용할 수 있음.
Bit 4	FE	· Frame Error : 수신버퍼의 첫번째 정지비트가 '0'일때, FE=1이고 수신 버퍼를 읽을 때까지 유효함. 수신된 데이터의 정지비트가 '1'일때, FE=0이 됨.
Bit 3	DOR	· Data OverRun : 수신버퍼가 가득차면 데이터 오버런이 발생하며, DOR=1이고, 수신버퍼를 읽을 때까지 유효함.
Bit 2	UPE	· USART Parity Error : UCSRC레지스터의 UPM1=1인 패리티 비트를 사용한 경우 UPE=1이고, 수신버퍼 UDR을 읽을 때까지 유효함.
Bit 1	U2X	· Double the USART Transmission Speed : 비동기 모드에서 U2X=1, 동기 모드에서 U2X=0.
Bit 0	MPCM	· Multi-processor Communication Mode : 멀티프로세서 통신 모드 MPCM=1이고, 주소정보 없이 수신되는 데이터는 모두 무시됨.

(3) USART 제어 및 상태 레지스터B(UCSRB)

UCSRB레지스터는 직렬 통신 포트의 송수신 동작을 제어하거나, 전송 데이터의 9번째 비트를 저장하는 기능을 한다.

비트	7	6	5	4	3	2	1	0	
0x0A(0x2A)	RXCIE	TXCIE	UDRIE	RXEN	TXEN	UCSZ2	RXB8	TXB8	UCSRB
읽기 / 쓰기	R/W	R/W	R/W	R/W	R/W	R/W	R	R/W	

〈그림 1.5.5〉 USART 제어 및 상태 레지스터B(UCSRB)

〈표 1.5.2〉 USART 제어 및 상태 레지스터B(UCSRB)

비트	비트명	기 능
Bit 7	RXCIE	· RX Complete Interrupt Enbale : RXCIE=1이고 SREG의 글로벌 인터럽트 플랙 I=1, UCSRA의 RXC=1일때 만 수신완료 인터럽트 발생.
Bit 6	TXCIE	· TX Complete Interrupt Enbale : TXCIE=1이고 SREG의 글로벌 인터럽트 플랙 I=1, UCSRA의 TXC=1일때 만 송신완료 인터럽트 발생.
Bit 5	UDRIE	· USART Data Register Empty Interrupt Enable : UDRIE=1이고 SREG의 글로벌 인터럽트 플랙 I=1 UCSRA의 UDRE=1일때 만 데이터 레지스터 준비 인터럽트 발생.
Bit 4	RXEN	· Receiver Enable : RXEN=1이면 RxD핀을 수신부로 동작. RXEN=0이면, 수신버퍼 값을 없애고 FE, DOR, UPE플랙도 유효하지 않게됨.
Bit 3	TXEN	· Transmitter Enable : TXEN=1이면 TxD핀을 송신부로 동작. RXEN=0이면, 송신 시프트 레지스터에 데이터가 남아 있을 경우 전송이 완료될 때까지 RXEN=0은 유효하지 않음.
Bit 2	UCSZ2	· Character Size : UCSRC의 UCSZ1~UCSZ0와 함께 송수신부의 데이터 비트의 데이터 형식을 설정함.
Bit 1	RXB8	· Receive Data Bit 8 : RXB8=1이면, 수신된 데이터의 9번째 비트를 저장.
Bit 0	TXB8	· Transmit Data Bit 8 : TXB8=1이면, 송신할 데이터의 9번째 비트를 저장.

(4) USART 제어 및 상태 레지스터C(UCSRC)

UCSRC레지스터는 직렬 통신 포트의 송수신 동작을 제어하는 기능을 한다.

비트	7	6	5	4	3	2	1	0	
0x03(0x23)	-	UMSEL	UPM1	UPM0	USBS	UCSZ1	UCSZ0	UCPOL	UCSRC
읽기 / 쓰기	R	R/W	R/W	R/W	R/W	R/W	R/W	R/W	

〈그림 1.5.6〉 USART 제어 및 상태 레지스터B(UCSRC)

〈표 1.5.3〉 USART 제어 및 상태 레지스터B(UCSRC)

비트	비트명	기　능
Bit 6	UMSEL	· USART Mode Select : UMSEL=0이면 비동기모드, UMSEL=1이면 동기모드.
Bit 5	UPM1	· Parity Mode : 패리티 비트 설정 - UPM1=1, UPM0=0이면, 짝수 패리티 비트 사용. - UPM1=1, UPM0=1이며, 홀수 패리티 비트 사용.
Bit 4	UPM0	
Bit 3	USBS	· Stop Bit Select : 정지비트 설정 - USBS=0이면, 정지비트 '1' - USBS=1이면, 정지비트 '2'
Bit 2	UCSZ1	
Bit 1	UCSZ0	· Character Size : 데이터비트 설정 - UCSZ2=0, UCSZ1=0, UCSZ0=0이면, '5비트' - UCSZ2=0, UCSZ1=0, UCSZ0=1이면, '6비트' - UCSZ2=0, UCSZ1=1, UCSZ0=0이면, '7비트' - UCSZ2=0, UCSZ1=1, UCSZ0=1이면, '8비트' - UCSZ2=1, UCSZ1=1, UCSZ0=1이면, '9비트'
Bit 0	UCPOL	· Clock Polarity : 동기모드에서만 사용. - UCPOL=0이면, · XCK클록 상승에지에서 TxD단자의 송신데이터 출력. · XCK클록 하강에지에서 RxD단자의 수신데이터 입력. - UCPOL=1이면, · XCK클록 하강에지에서 TxD단자의 송신데이터 출력. · XCK클록 상승에지에서 RxD단자의 수신데이터 입력.

(5) USART 보우레이트 레지스터(UBRRH, UBRRL)

UBRR레지스터는 USART 포트의 송수신 속도를 설정하는 레지스터 이다. UBRR레지스터 값은 시스템 클록의 분주비로 사용되어 보우레이트를 결정한다.

비트	15	14	13	12	11	10	9	8	
0x02(0x22)	-	-	-	-	UBRR [11:8]				UBRRH
0x09(0x29)	UBRR [7:0]								UBRRL
비트	7	6	5	4	3	2	1	0	
읽기 / 쓰기	R	R	R	R	R/W	R/W	R/W	R/W	
	R/W	R/W	R/W	R/W	R/W	R/W	R/W	R/W	

〈그림 1.5.7〉 USART 보우레이트 레지스터(UBBR)

〈표 1.5.4〉 오실레이터 주파수에 대한 UBRR값

보우 레이트	11.0592 MHz				16 MHz			
	U2X=0 (비동기 일반)		U2X=1 (비동기 2배속)		U2X=0 (비동기 일반)		U2X=1 (비동기 2배속)	
	UBRR	에러[%]	UBRR	에러[%]	UBRR	에러[%]	UBRR	에러[%]
2,400	287	0.0	575	0.0	416	-0.1	832	0.0
4,800	143	0.0	287	0.0	207	0.2	416	-0.1
9,600	**71**	0.0	143	0.0	**103**	0.2	207	0.2
14,400	47	0.0	95	0.0	68	0.6	138	-0.1
19,200	**35**	0.0	71	0.0	**51**	0.2	103	0.2
28,800	23	0.0	47	0.0	34	-0.8	68	0.6
38,400	17	0.0	35	0.0	25	0.2	51	0.2
57,600	11	0.0	23	0.0	16	2.1	34	-0.8

1.6 AVR Studio 및 WinAVR 설치

1. AVR Studio 프로그램 구하기

AVR Studio는 AVR 프로그래밍을 지원하기 위해 Atmel사에서 무료로 제공하는 통합 개발환경(IDE)소프트웨어 이다. AVR Studio는 Atmel사에서 제공하는 매크로 어셈블러 만을 포함하고 있었기 때문에, C언어를 이용하여 프로그램을 하고자 했던 사용자들은 주로 코드비전(Code Vision) C컴파일러나, IAR C컴파일러 등과 같은 상업용 C컴파일러를 사용해야 했다.

AVR Studio는 새롭게 기능을 향상시키면서, 리눅스에서 사용하고 있는 GNU GCC컴파일러를 AVR에 포팅한 AVR-GCC컴파일러를 플러그-인 하여 사용할 수 있도록 하면서 AVR 사용자들로부터 큰 호응을 받고 있다.

AVR Studio는 Atmel사의 홈페이지를 방문하면 무료로 다운로드 받아 설치할 수 있다. Atmel사의 홈페이지는 http://www.atmel.com이며, 홈페이지 상단의 'PRODUCTS' 탭을 클릭하면 <그림 1.6.1>과 같이 되고, 좌측의 상품 메뉴 중에서 'Microcontrollers'를 클릭하고, 'AVR ®8-bit RISC'로 들어가면 <그림 1.6.2>와 같이 AVR 페이지가 나온다.

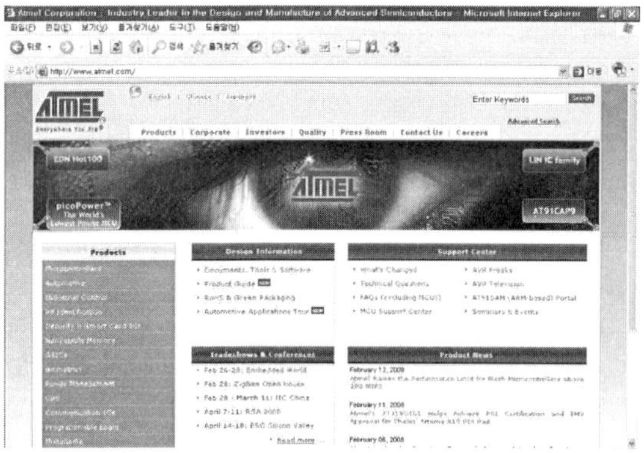

〈그림 1.6.1 Atmel사의 PRODUCTS 페이지〉

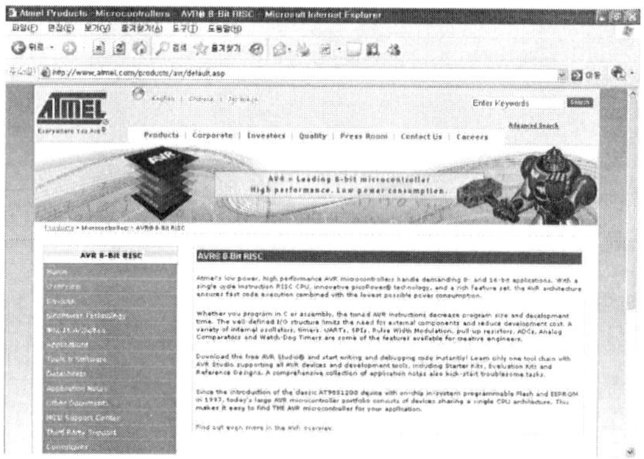

〈그림 1.6.2〉 Atmel사의 AVR 페이지〉

<그림 1.6.2>의 좌측 메뉴 중 'Tools and Software'를 클릭하여 <그림 1.6.3> 'Design Software' 중 'AVR Studio4'를 선택하면 <그림 1.6.4>와 같은 AVR Studio 4 페이지가 나온다.

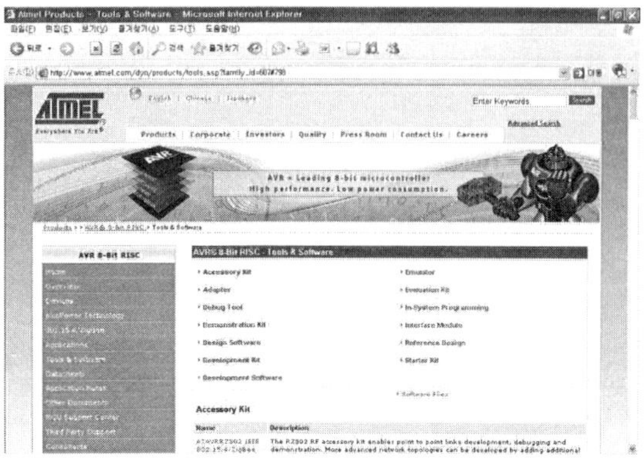

〈그림 1.6.3〉 Atmel사의 Tools & Software 페이지

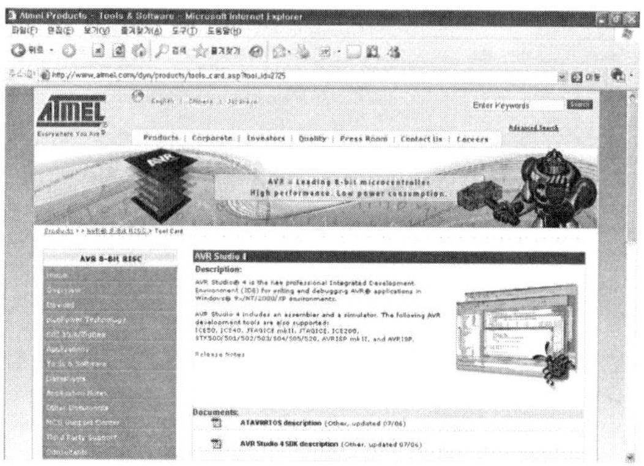

〈그림 1.6.4〉 AVR Studio 4 페이지

AVR Studio 4.13(build 528)로 들어가서 사용자 성명, 주소, 직업등의 정보를 입력하면 <그림 1.6.5>와 같은 소프트웨어 다운로드 페이지에서 프로그램을 다운로드 받을 수 있다.

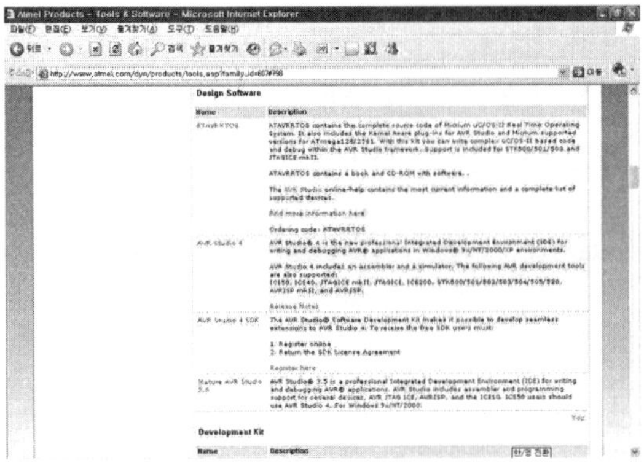

〈그림 1.6.5〉 소프트웨어 다운로드 페이지

〈그림 1.6.6〉 AVR Studio 4.13 다운로드

AVR Studio 프로그램은 Atmel사의 홈페이지에서만 제공하고 있는 것은 아니다. AVR Studio 프로그램의 새로운 버전이 출시되면, AVR Tools Beta Site(http://www.atmel.no/beta_ware)를 통해 베타 테스트를 한 다음 Atmel사의 홈페이지를 통해 제공하므로, AVR Studio의 새로운 버전에 대한 정보를 얻으려면 AVR Tools Beta Site에서 찾는 것이 훨씬 빠르다. Atmel사 홈페이지와는 달리 특별한 사용자 등록 없이 프로그램을 바로 다운로드 받을 수 있다. 국내에서는 AVR Tools Beta Site에서 새로운 버전이 발표되면 '윤교수의 마이크로프로세서 월드 홈페이지'(http://cpu.kongju.ac.kr)의 기술 자료실 AVR MCU에 등록 되므로 AVR Studio의 새로운 버전을 쉽게 구할 수 있다.

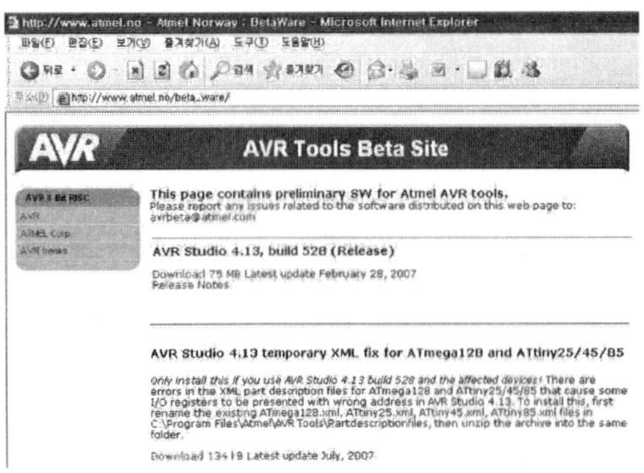

〈그림 1.6.7〉 AVR Tools Beta Site

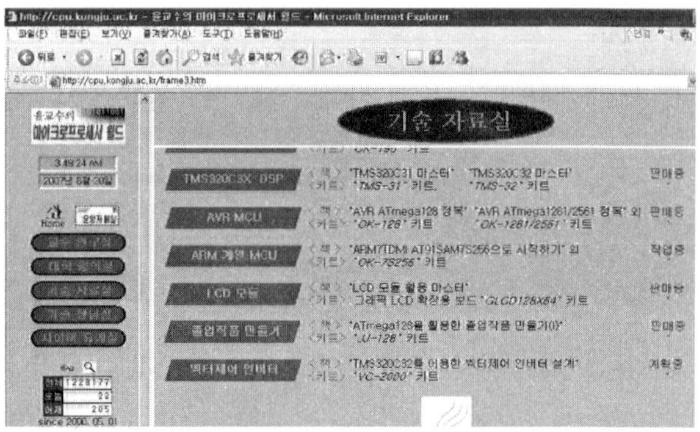

〈그림 1.6.8〉 윤교수의 마이크로프로세서 월드

2. AVR Studio 프로그램 설치

AVR Studio 4.13 버전은 윈도98, 윈도ME, 윈도2000, 윈도XP, 윈도Vista (32bit버전) 등을 지원한다. 윈도Vista(64bit버전)에 대해서는 AVR Studio 4.13 버전의 서비스 팩을 통해 지원할 것으로 계획되어 있다. AVR 4.12 서비스 팩3 부터는 윈도95를 지원하지 않고 있으므로 윈도95 사용자는 AVR Studio 4.13을 설치할 수 없다.

AVR Studio 4.13(aStudio4b528)을 <그림 1.6.9>와 같이 실행하고, <그림 1.6.11>에서 윗쪽에 있는 체크박스에 라이센스 동의를 하면 <그림 1.6.12>의 프로그램 설치 폴더 위치를 지정할 수 있는 화면으로 넘어간다.

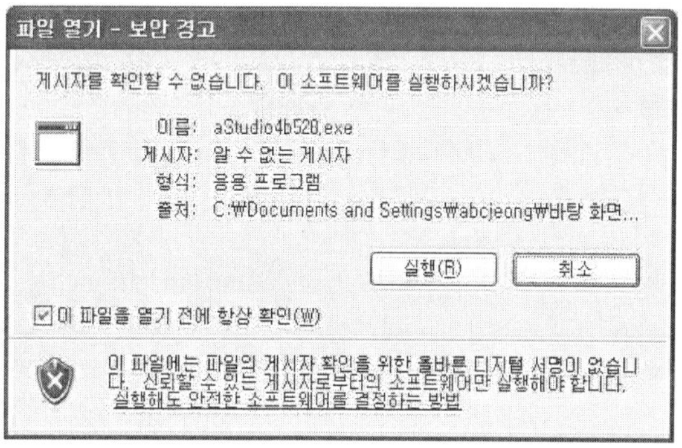

〈그림 1.6.9〉 AVR Studio 설치 실행

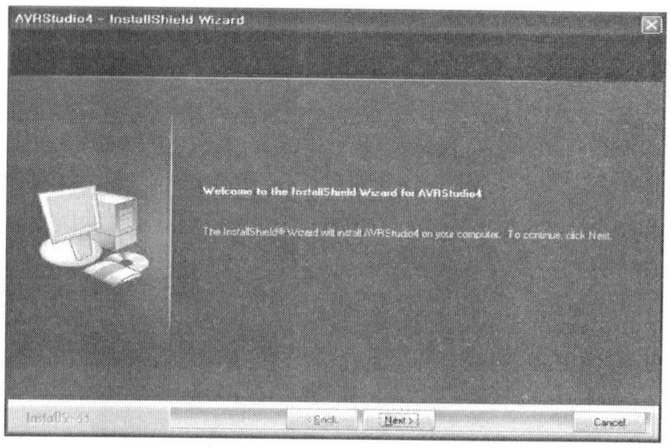

〈그림 1.6.10〉 AVR Studio를 컴퓨터에 설치

AVR Studio 4.13의 기본 설치 폴더는 Program Files 폴더로 되어 있지만, 파일 관리를 편리하게 하기 위해서 C:\Program Files\Atmel\AVR Tools 를 C:\Atmel\AVR Tools 로 변경하고, Next 버튼을 클릭한다.

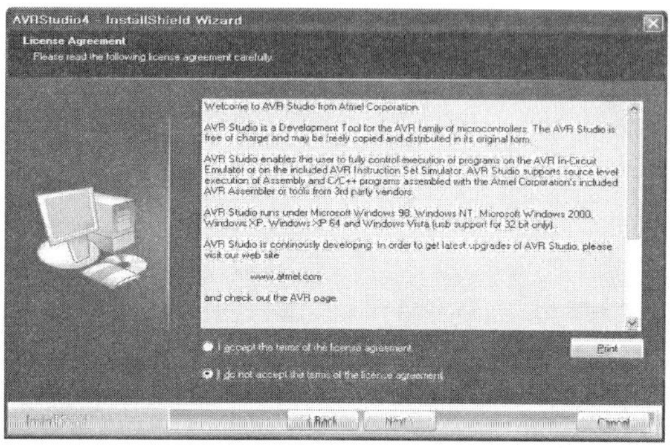

〈그림 1.6.11〉 AVR Studio 라이센스 확인

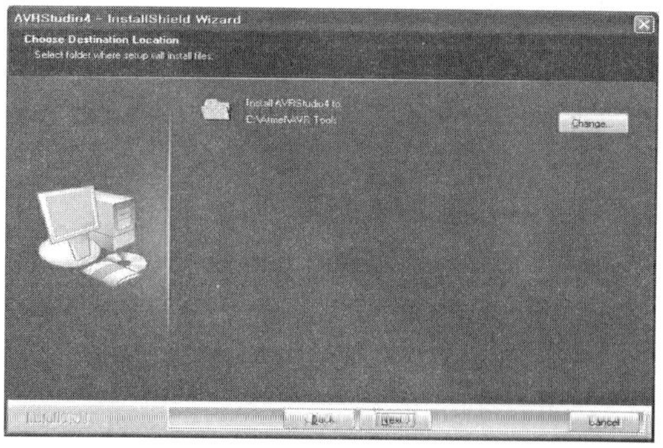

〈그림 1.6.12〉 AVR Studio 설치폴더 선택

<그림 1.6.13>은 Atmel사의 협력업체가 제공하는 ICE40, ICE50, AVRISP mkII, JTAGICE mkII등을 지원하는 USB 드라이버를 설치할 것인가를 선택하는 것이다. Next 버튼을 클릭하면 프로그램이 설치되고, <그림 1.6.14>의 화면에서 Finish 버튼을 클릭하면 AVR Studio 4.13 프로그램 설치가 완료된다.

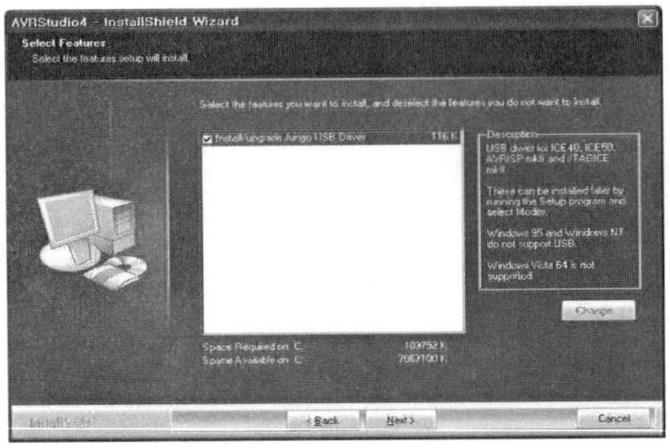

〈그림 1.6.13〉 AVR Studio USB 드라이버

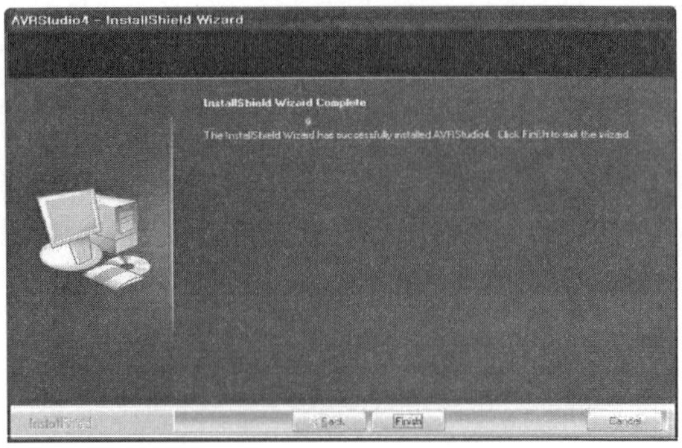

〈그림 1.6.14〉 AVR Studio 설치 완료

3. WinAVR 프로그램 구하기

WinAVR은 윈도의 환경에서 Atmel AVR 시리즈에 대한 오픈 소스 소프트웨어 개발 도구로 GNU GCC 컴파일러를 포함하고 있다. WinAVR의 최신 버전은 <그림 1.6.15>와 같이 SOURCEFORGE.NET의 WinAVR 프로젝트 홈페이지(http://sourceforge.net/projects/winavr/)를 방문하면 최근의 여러가지 버전을 확인하고 원하는 버전을 선택하여 다운로드 받을 수 있다. 2008년 2월 현재 WinAVR은 2007년 12월21일 버전(WinAVR-20071221-install.exe)이며 파일 용량은 약18MB정도이다.

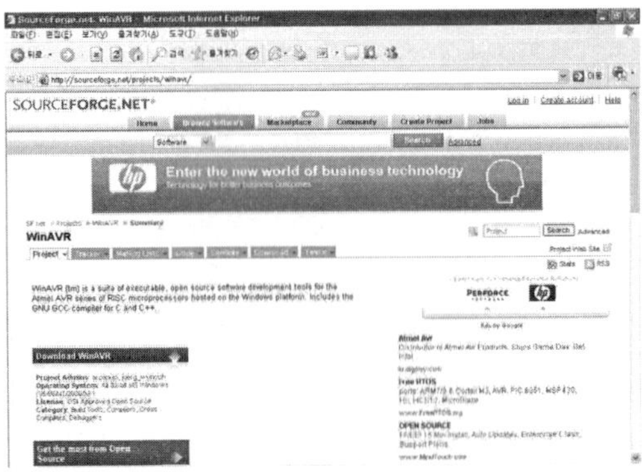

〈그림 1.6.15〉 WinAVR 홈페이지

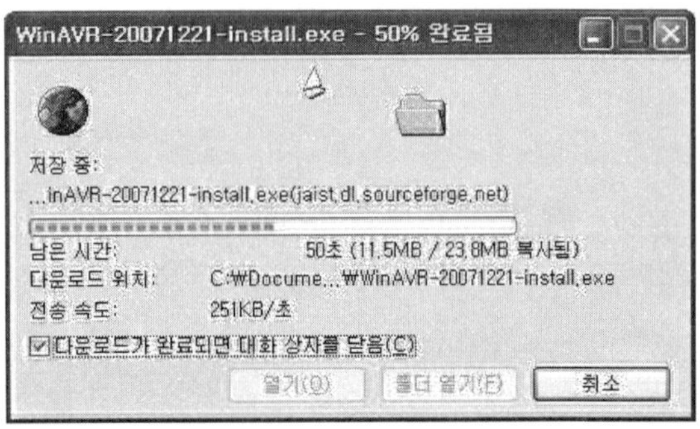

〈그림 1.6.16〉 WinAVR 다운로드

4. WinAVR 프로그램 설치

WinAVR-20071221-install 버전은 윈도95, 윈도98, 윈도 2000, 윈도XP를 지원하고 있으나, AVR Studio 4.13이 윈도95를 지원하지 않으므로 함께 사용하는 것은 불가능하다. 또한, 경로환경 변수를 자동으로 설치하려면 윈도2000과 윈도XP에서는 반드시 관리자 권한으로 설치해야 한다.

WinAVR-20071221-install을 실행하고 <그림 1.6.18>에서 언어를 'Korean'으로 선택한 다음 'OK'버튼을 클릭한다.

〈그림 1.6.17〉 WinAVR-20071221-install설치

〈그림 1.6.18〉 언어 선택

<그림 1.6.19>의 화면에서 '다음'을 클릭하면, 라이센스 동의 여부를 확인하는 <그림 1.6.20>에서 '동의함'을 클릭한다.

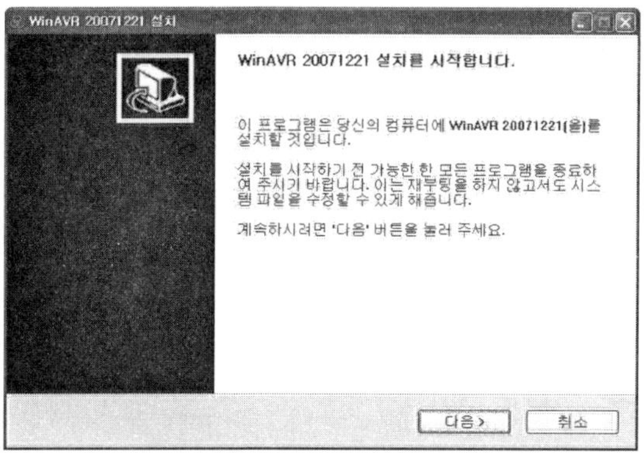

〈그림 1.6.19〉 설치 시작

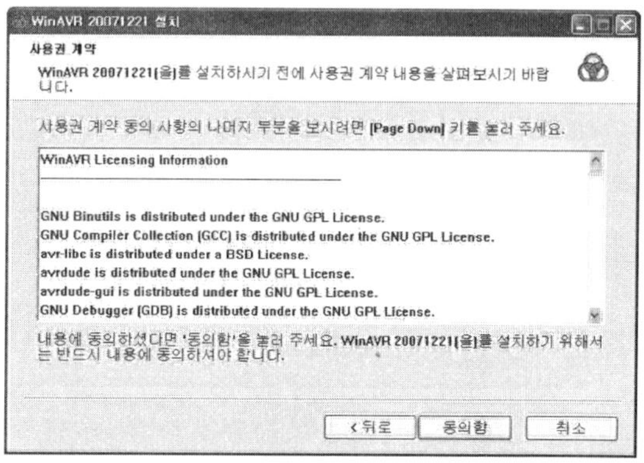

〈그림 1.6.20〉 라이센스 동의

<그림 1.6.21>과 같은 화면에서 이미 설정되어 있는 폴더를 변경하지 않고 '다음'을 클릭한다.

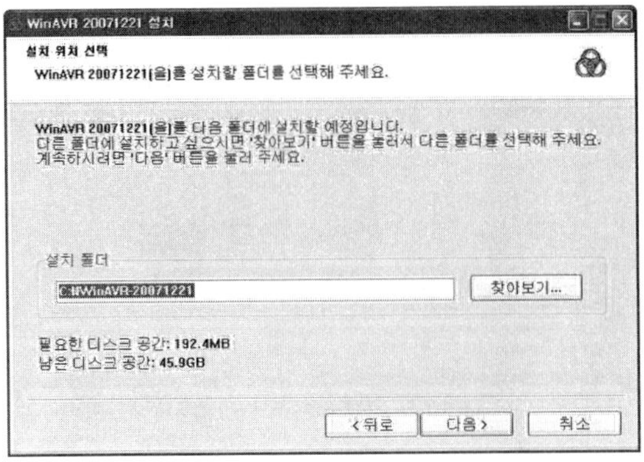

〈그림 1.6.21〉 설치 폴더 선택

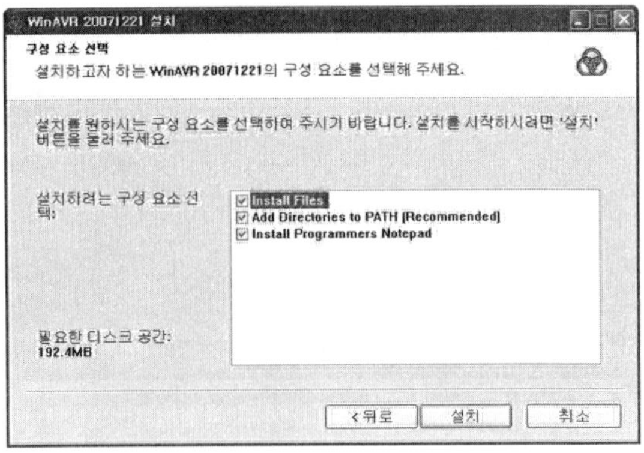

〈그림 1.6.22〉 설치할 구성요소 선택

<그림 1.6.22>에서 설치할 구성요소는 WinAVR에서 요구하는 기본값으로 설치하여 <그림 1.6.24>와 같이 설치를 마친다.

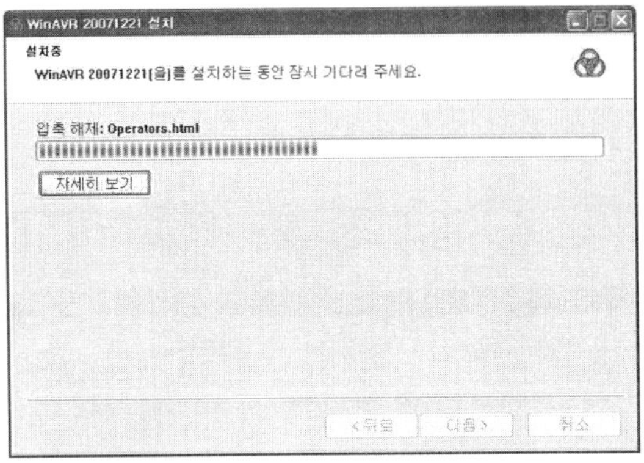

〈그림 1.6.23〉 설치

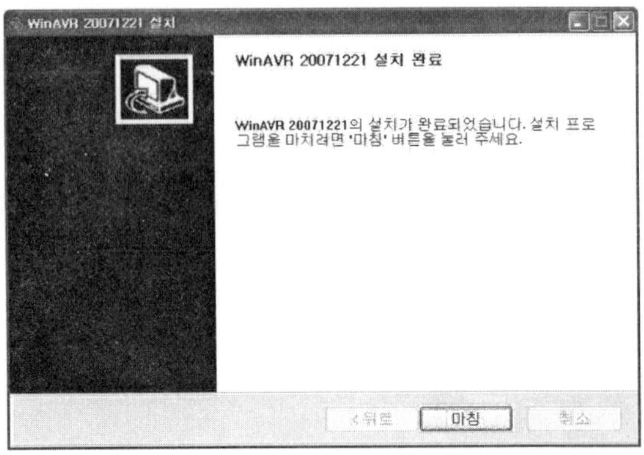

〈그림 1.6.24〉 설치 완료

1.7 AVR Studio에서 WinAVR을 이용한 C언어 프로그램 작성

1. WinAVR을 이용한 C언어 프로그램 개발

AVR은 C언어에 의한 프로그램 개발이 용이한 하드웨어 구조를 가지도록 개발된 마이크로콘트롤러이다. C언어에 의한 프로그램 개발은 <그림 1.7.1>과 같이AVR Studio에서 WinAVR의 C컴파일러 AVR-GCC를 사용하여 프로그램을 작성하고 인텔 HEX형식의 실행 파일을 생성하여 ATtiny2313의 마이크로콘트롤러의 메모리에 다운로드 하여 실행하는 과정을 거친다.

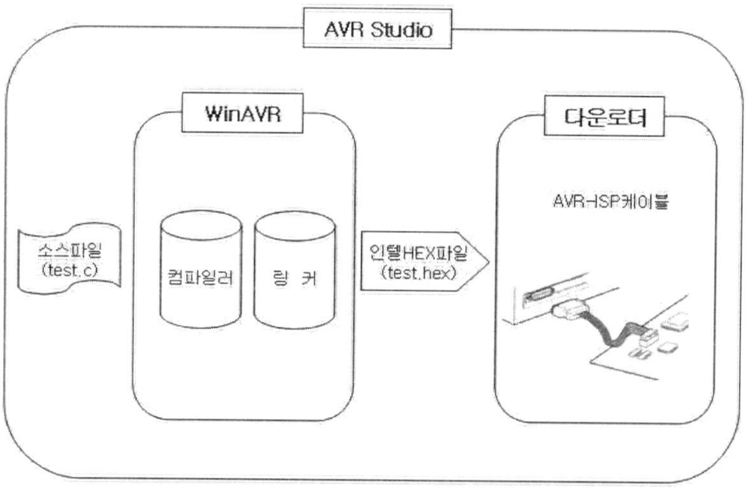

〈그림 1.7.1〉 WinAVR을 이용한 C언어 프로그램 개발

2. AVR-GCC 컴파일러의 주요기능

(1) ATtiny2313의 메모리에서의 데이터 표현 및 읽기

ATtiny2313의 메모리는 데이터 메모리인 SRAM, 프로그램 메모리인 플래시 메모리로 나눌 수 있다. AVR-GCC 컴파일러 사용시 이들 메모리에서의 데이터 표현 방법과 읽는 방법에 대해서 설명한다.

1) SRAM에서의 데이터 표현

ATtiny2313에서 SRAM은 다른 메모리에 비해 액세스 속도가 빠르며, AVR-GCC에서 속성을 지정하지 않은 변수는 SRAM 영역에 저장된다. 데이터를 표현하기 위해서 <io.h>를 인클루드해야 한다.

<표 1.7.1>은 AVR-GCC에서 데이터를 표현하는 방법이다.

〈표 1.7.1〉 AVR-GCC의 데이터 표현

C언어 표준	AVR-GCC의 표현	바이트수	표현범위
signed char	int8_t	1	-128~+127
unsigned char	uint8_t	1	0~255
signed int	int16_t	2	-32,768~+32,768
unsigned int	uint16_t	2	0~65,535
signed long	int32_t	4	-2,147,483,648~+2,147,483,648
unsigned long	uint32_t	4	0~4,294,967,295
singed long long	int64_t	8	-9.22×10^18~+9.22×10^18
unsigned long long	uint64_t	8	0~1.844×10^19

2) 플래시 메모리에서의 상수표현

ATtiny2313의 프로그램 메모리인 플래시 메모리에는 프로그램이나 상수를 저장할 수 있다. SRAM의 경우에는 읽기와 쓰기가 모두 가능하지만, 플래시 메모리의 경우는 읽기만 가능하다. 플래시 메모리에서 상수를 표현하기 위해서는 <pgmspace.h>를 인클루드해야 한다.

<표 1.7.2>는 AVR-GCC에서 플래시 메모리에 상수를 표현하는 방법이다.

〈표 1.7.2〉 AVR-GCC에서 플래시 메모리의 상수 표현

C언어 표준	AVR-GCC의 표현	바이트수	표현범위
signed char	prog_char prog_int8_t	1	-128~+127
unsigned char	prog_uchar prog_uint8_t	1	0~255
signed int	prog_int16_t	2	-32,768~+32,768
unsigned int	prog_uint16_t	2	0~65,535
signed long	prog_int32_t	4	-2,147,483,648~+2,147,483,648
unsigned long	prog_uint32_t	4	0~4,294,967,295
singed long long	prog_int64_t	8	-9.22×10^18~+9.22×10^18
unsigned long long	prog_uint64_t	8	0~1.844×10^19

ATtiny2313의 플래시 프로그램 메모리에는 8비트, 16비트, 32비트 등의 상수 데이터를 표현할 수 있으며 이러한 프로그램 메모리 상수 데이터를 다음과 같은 방법으로 읽는다.

① signed char 형의 정의와 읽기

```
prog_char_t data ={5};                  // 정의

signed char candy;
candy = pgm_read_byte(&data);           // 읽기
```

② signed char 형 배열의 정의와 읽기

```
prog_char data1[5] = {0,1,2,3,4};       // 정의

signed char candy;
candy = pgm_read_byte(&data1[2]);       // 읽기
```

(2) ATtiny2313의 I/O 포트 액세스

AVR-GCC에서 ATtiny2313의 I/O 포트를 액세스 하는 방법을 요약하면 <표 1.7.3>과 같다. I/O 포트 액세스를 위해서는 <io.h>를 인클루드해야 한다.

〈표 1.7.3〉 AVR-GCC에서 I/O 액세스 방법

액세스 방법	avr-libc v1.2.3이전	기 능
PORTB = PORTB | _BV(0);	sbi(PORTB,0);	특정 비트 set
PORTB = PORTB & ~_BV(1);	cbi(PORTB,1);	특정 비트 reset
PORTB = 0xFF;	outp(0xFF,PORTB);	포트로 0xFF 출력
DDRB = 0xFF;	outp(0xFF,DDRB);	포트를 출력으로 설정
DDRB = 0x00;	outp(0x00,DDRB);	포트를 입력으로 설정
unsigned char data; data = PINB;	unsigned char data; data = inp(PINB);	포트로 데이터 읽기
bit_is_set(PINB,3);		특정비트가 set되었는지 조사
bit_is_clear(PINB,3);		특정비트가 reset되었는지 조사

(3) 인터럽트 처리

AVR-GCC에서 인터럽트 서비스 루틴을 처리하기 위해서는 지정된 형식을 지켜야 하며, 이를 위해서는 <interrupt.h>를 인클루드해야 한다.

```
#include <avr/interrupt.h>
    ISR(vector)
    {
        // Interrupt service routine
    }
```

ATtiny2313에서 인터럽트가 발생하면 SREG의 글로벌 인터럽트 플랙 I=0이 되므로 인터럽트 함수가 실행되는 동안에는 인터럽트 발생이 금지된다. 이때 인터럽트를 허용하려면 인터럽트 함수의 서두에 sei() 함수를 실행하고, 인터럽트를 금지하려면 cli() 함수를 실행하면된다.

ATtiny2313의 인터럽트 벡터는 <표 1.7.4>와 같다.

〈표 1.7.4〉 ATtiny2313의 인터럽트 벡터

번호	vector	old vector	설 명
1	ANA_COMP_vect	SIG_COMPARATOR	아날로그 비교기
2	EEPROM_READY_vect	SIG_EEPROM_READY, SIG_EE_READY	EEPROM 준비
3	INT0_vect	SIG_INTERRUPT0	외부 인터럽트0
4	INT1_vect	SIG_INTERRUPT1	외부 인터럽트1
5	PCINT_vect	SIG_PIN_CHANGE, SIG_PCINT	핀 변화 인터럽트
6	TIMER0_COMPA_vect	SIG_OUTPUT_COMPARE0A	타이머/카운터0 비교 매치A
7	TIMER0_COMPB_vect	SIG_OUTPUT_COMPARE0B, SIG_OUTPUT_COMPARE0_B	타이머/카운터0 비교 매치B
8	TIMER0_OVF_vect	SIG_OVERFLOW0	타이머/카운터0 오버플로우
9	TIMER0_CAPT_vect	SIG_INPUT_CAPTURE1	타이머/카운터 캡처
10	TIMER1_COMPA_vect	SIG_OUTPUT_COMPARE1A	타이머/카운터1 비교 매치A
11	TIMER1_COMPB_vect	SIG_OUTPUT_COMPARE1B	타이머/카운터1 비교 매치B
12	TIMER1_OVF_vect	SIG_OVERFLOW1	타이머/카운터1 오버플로우
13	USART_RX_vect	SIG_USART_RECV, SIG_UART_RECV	USART Rx 완료
14	USART_TX_vect	SIG_USART_TRANS, SIG_UART_TRANS	USART Tx 완료
15	USART_UDRE_vect	SIG_USART_DATA, SIG_UART_DATA	USART 데이터 레지스터준비
16	USI_OVERFLOW_vect	SIG_USI_OVERFLOW	USI 오버플로우
17	USI_START_vect	SIG_USI_START	USI 시작 조건
18	WDT_OVERFLOW_vect	SIG_WATCHDOG_TIMEOUT, SIG_WDT_OVERFLOW	워치독 타이머 오버플로우

(4) 인라인 어셈블

AVR-GCC에서는 어셈블리 명령을 사용하여(인라인 어셈블) C언어의 소스에 포함시킬 수 있다. 인라인 어셈블 명령을 사용하여 시간지연 함수를 만드는 예를 보면 다음과 같다.

```
void Delay_us(unsigned char time_us)
{ register unsigned char i;
  for( i = 0; i < time_us; i++)          // 4 cycles
    { asm volatile(" PUSH R0 ");          // 2 cycles
      asm volatile(" POP   R0 ");         // 2 cycles
      asm volatile(" PUSH R0 ");          // 2 cycles
      asm volatile(" POP   R0 ");         // 2 cycles
      asm volatile(" PUSH R0 ");          // 2 cycles
      asm volatile(" POP   R0 ");         // 2 cycles = 16cycles = 1us
    }
  }
```

3. AVR Studio에서 WinAVR을 이용한 C언어 프로그램 개발 과정

(1) AVR Studio의 프로젝트 파일 생성

ATtiny2313의 프로그램을 C언어로 작성하기 위해서 AVR Studio와 WinAVR을 컴퓨터에 설치하였다. AVR Studio에서 WinAVR을 이용하여 C언어 프로그램 작성과정을 설명한다.

윈도 XP에 AVR Studio와 WinAVR이 설치된 것으로 가정하고 설명한다. 윈도 XP의 시작 메뉴에서 모든 프로그램의 'Atmel AVR Tools'항목의 'AVR Studio 4' 단축 메뉴를 클릭하여 프로그램을 실행하면, <그림 1.7.2>와 같이 된다. <그림 1.7.2>의 New Project 버튼을 클릭하면 <그림 1.7.3>과 같은 화면된다. C언어로 작성된 프로그램을 저장할 작업 폴더인 Location을 C:\Atmel\ATtiny2313C\ 폴더로 변경하기 위해 우측의 [...] 버튼을 클릭한다.

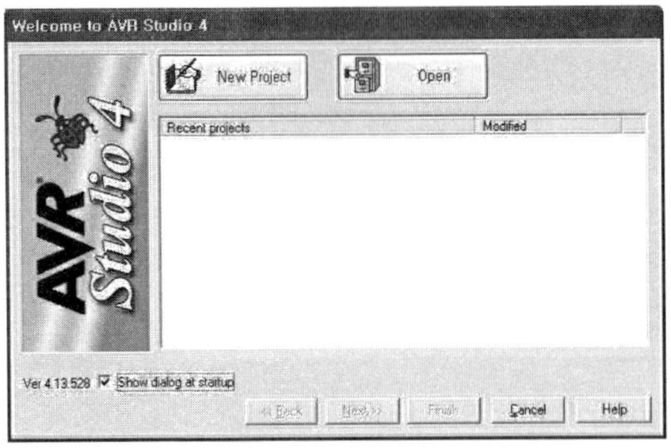

〈그림 1.7.2〉 AVR Studio 4 실행

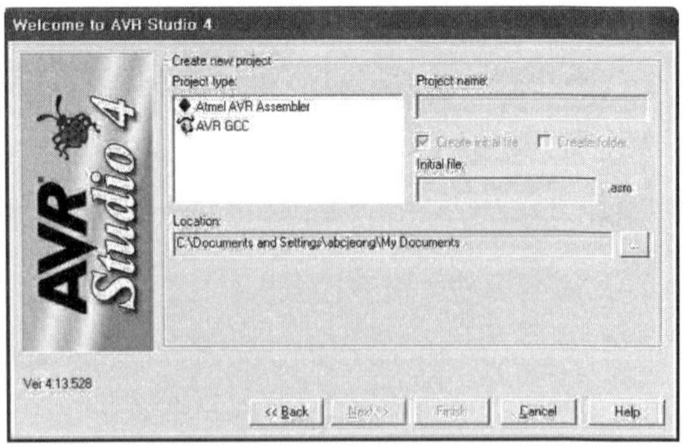

〈그림 1.7.3〉 프로젝트 만들기

<그림 1.7.4>와 같이 C:\Atmel 폴더 아래에 폴더 만들기 버튼을 클릭하여 ATtiny2313C 폴더를 생성하고 생성된 폴더를 클릭하면 <그림 1.7.5>와 같이 Folder name이 C:\Atmel\ATtiny2313C로 작업 폴더가 변경된다.

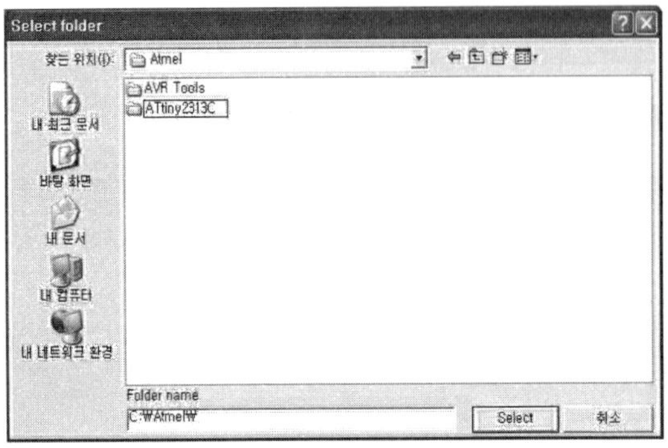

〈그림 1.7.4〉 작업 폴더 만들기

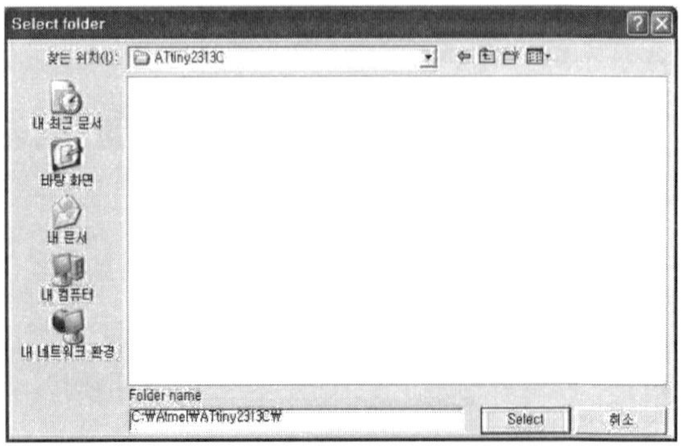

〈그림 1.7.5〉 작업 폴더 변경

<그림 1.7.6>에서 AVR GCC컴파일러를 이용하기 위해 AVR GCC를 클릭하면 Project name과 Initial file이 활성화 된다. Create initial file의 체크 표시를 해제하고, <그림 1.7.7>과 같이 'AVRcfile'이라고 프로젝트명을 입력한다. 프로그램을 작성할 때 마다 프로젝트를 생성할 수도 있지만 동일한 디바이스를 사용하는 경우, 프로젝트 환경설정을 다시 해야 하는 번거로움이 따른다.

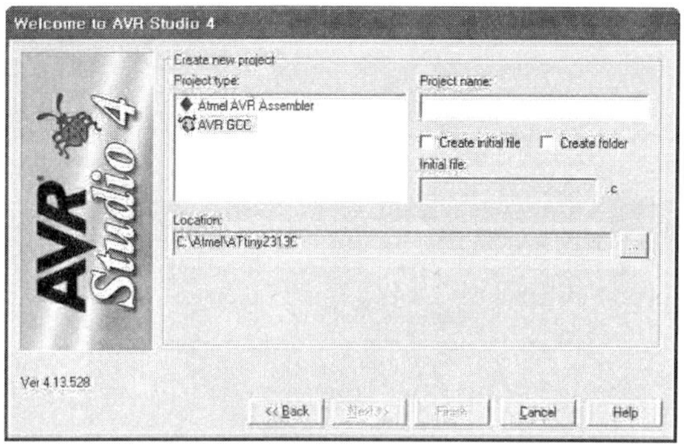

〈그림 1.7.6〉 AVR GCC 컴파일러 선택

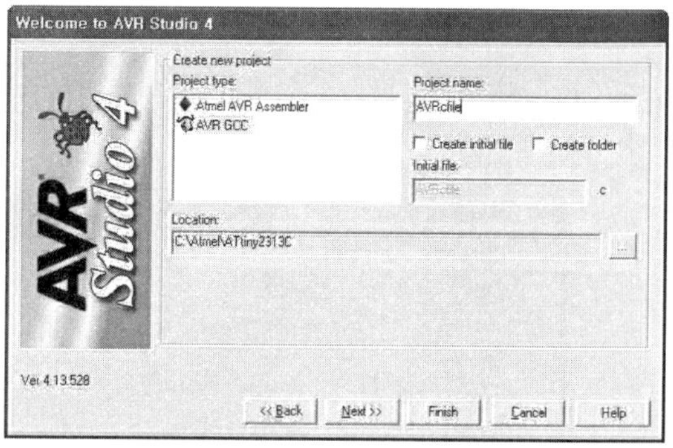

〈그림 1.7.7〉 프로젝트명 입력

<그림 1.7.8>에서 Debug platform은 'AVR Simulator'를 선택하고, Device는 'ATtiny2313'을 선택한다. <그림 1.7.8>에서 Finish 버튼을 클릭하면 <그림 1.7.9>와 같은 전체 프로젝트 창이 열린다.

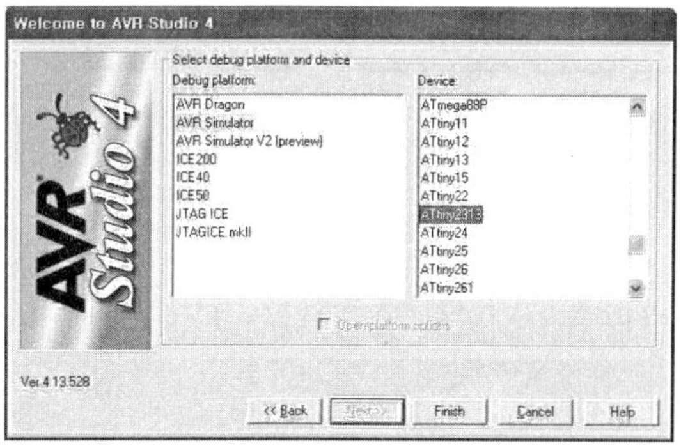

〈그림 1.7.8〉 Debug platform과 Device 선택

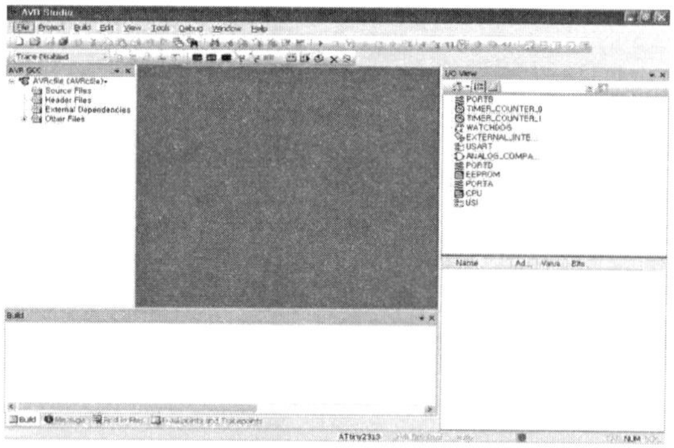

〈그림 1.7.9〉 전체 프로젝트 창

(2) AVR Studio의 프로젝트 옵션

AVR Studio의 Project 메뉴에서 하단의 'Configuration Options'을 클릭하면 <그림 1.7.10>과 같은 창이 열린다. Device는 사용하고자 하는 AVR칩을 의미하며, Frequency는 AVR에 사용하는 클록 주파수이고, Optimization은 최적화 옵션으로 각각 다음과 같이 설정하고 '확인'버튼을 선택한다.

Device : attiny2313, Frequency : 16000000, Optimization : -Os

위와 같이 프로젝트 옵션을 설정하면, 사용하는 디바이스는 ATtiny2313이고, 클록 주파수는 16MHz, 최적화 옵션은 'Os'로 설정된다.

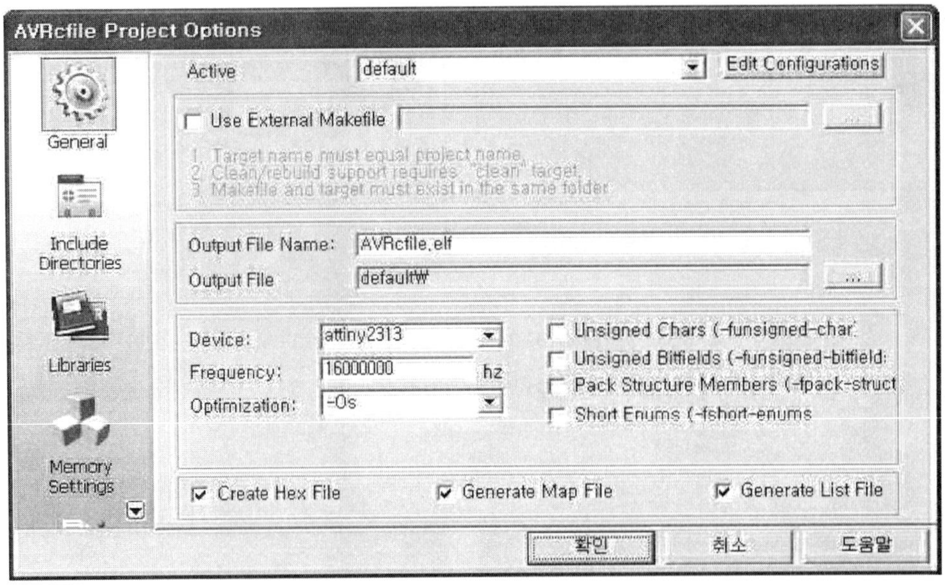

〈그림 1.7.10〉 프로젝트의 환경 설정

(3) AVR Studio를 이용한 프로그램 작성 및 컴파일

윈도 XP의 시작 메뉴에서 모든 프로그램의 'Atmel AVR Tools'항목의 'AVR Studio 4' 단축 메뉴(AVR Studio 4)를 클릭하여 프로그램을 실행시킨다.

1) 프로젝트 파일 열기

AVR Studio를 실행 하면 <그림 1.7.11>과 같이 최근 수행한 프로젝트 파일 창이 나타난다. <그림 1.7.11>의 최근 프로젝트 창에서 C:\Atmel\ATtiny2313C\AVRcfile 을 클릭하고 <그림 1.7.12>와 같이 활성화 된 Load 버튼을 클릭하여 'AVRcfile' 프로젝트 파일을 연다.

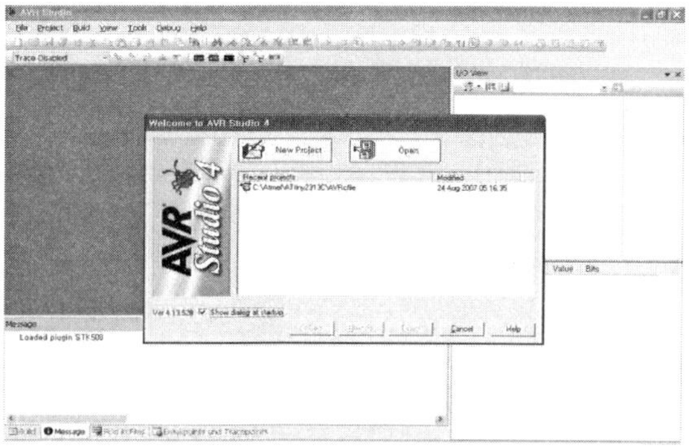

〈그림 1.7.11〉 프로젝트 파일 선택

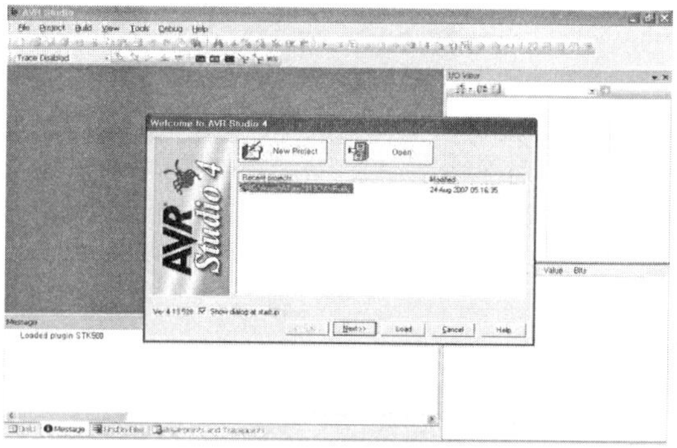

〈그림 1.7.12〉 프로젝트 파일 열기

2) 새 파일(소스파일) 생성

AVR Studio의 단축아이콘(Ctrl+N)나, File메뉴의 New File을 클릭하면 <그림 1.7.13>과 같은 새 파일 창이 생성된다. 새 파일을 생성한 다음 파일을 <그림 1.7.24>와 같이 'C:\Atmel\ATtiny2313C\' 폴더를 선택한 후 파일명(소스 파일명)을 'test.c'로 입력하고 저장 버튼을 클릭한다.

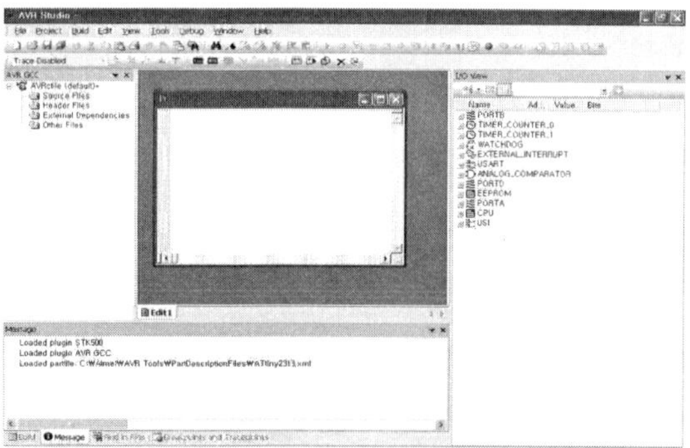

〈그림 1.7.13〉 새 파일 만들기

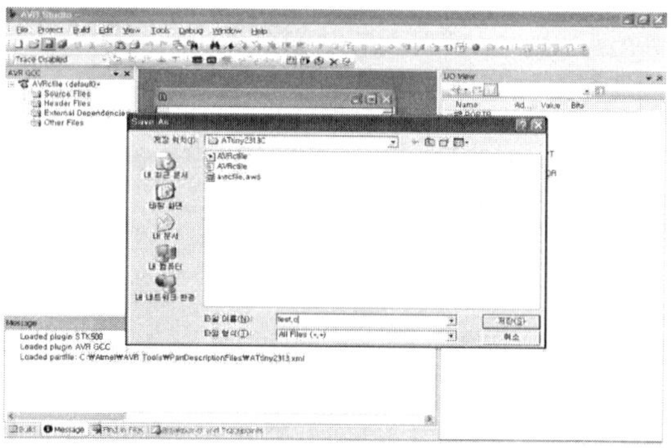

〈그림 1.7.14〉 새 파일 저장

3) 프로젝트에 소스 파일 추가

프로젝트에 'C:\Atmel\ATtiny2313C\'폴더의 'test.c'파일을 추가하기 위해서, <그림 1.7.15>와 같이 좌측 화면에 위치한 AVR-GCC 탐색창의 Source Files에 마우스 포인터를 위치시켜 우측 마우스 버튼을 클릭하여 '팝업 메뉴'에서 파일 추가 메뉴 Add Existing Source File(s)... 를 클릭하면, 소스 파일 추가 창이 나타난다. 소스 파일 추가 창에서 'test.c'를 클릭하여 열면 <그림 1.7.16>과 같이 AVR-GCC 탐색창의 Source Files 트리 아래에 '📄 test.c'가 추가되어 있는 것을 확인할 수 있다.

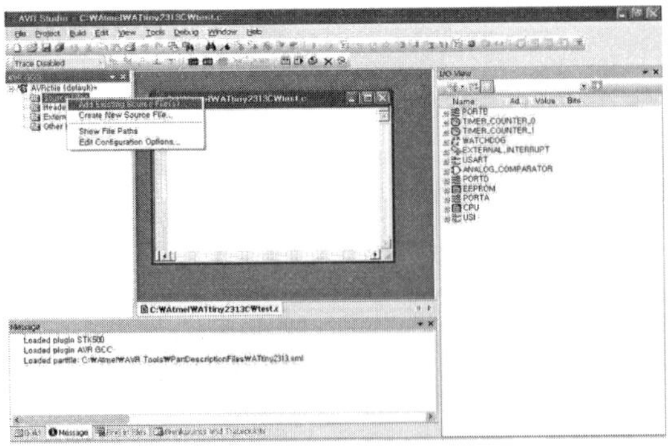

〈그림 1.7.15〉 프로젝트에 소스파일 추가

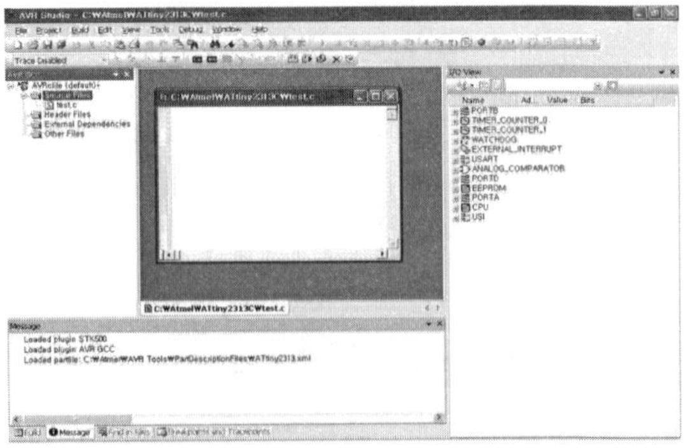

〈그림 1.7.16〉 프로젝트에 소스파일 추가 후

4) 프로그램 작성 및 프로그램 컴파일

프로젝트에 소스 파일이 추가 되었으면, <그림 1.7.17>과 같이 프로그램을 작성한 다음 단축아이콘 을 클릭하거나 키보드의 'F7'을 눌러 컴파일을 수행한다. 오류없이 컴파일이 완료되면, <그림 1.7.18>과 같이 하단의 Build창에 'Build succeeded with 0 Warnings...' 메시지가 나타난다.

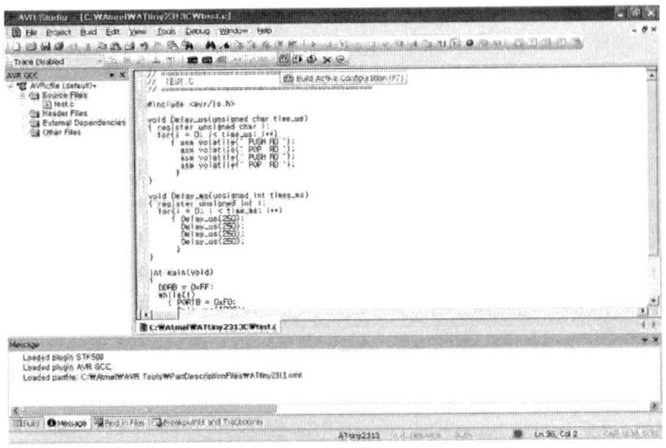

〈그림 1.7.17〉 프로그램 작성

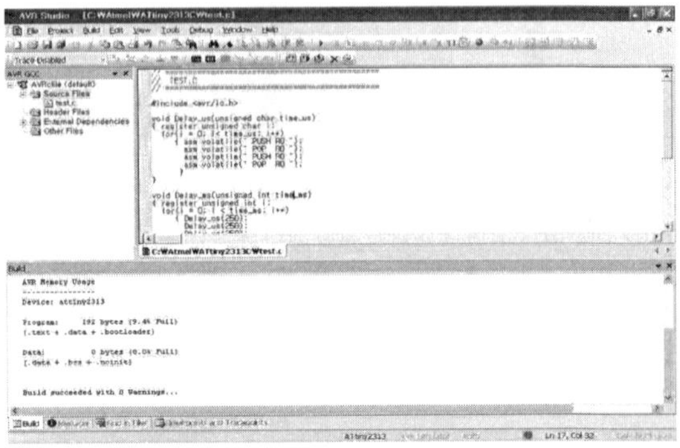

〈그림 1.7.18〉 프로그램 컴파일

5) 컴파일 결과

소스 프로그램에 오류 없이 컴파일이 완료되면, <그림 1.7.19>와 같이 'C:\Atmel\ATtiny2313C\default\' 폴더에 'AVRcfile.hex' 파일이 생성된다.

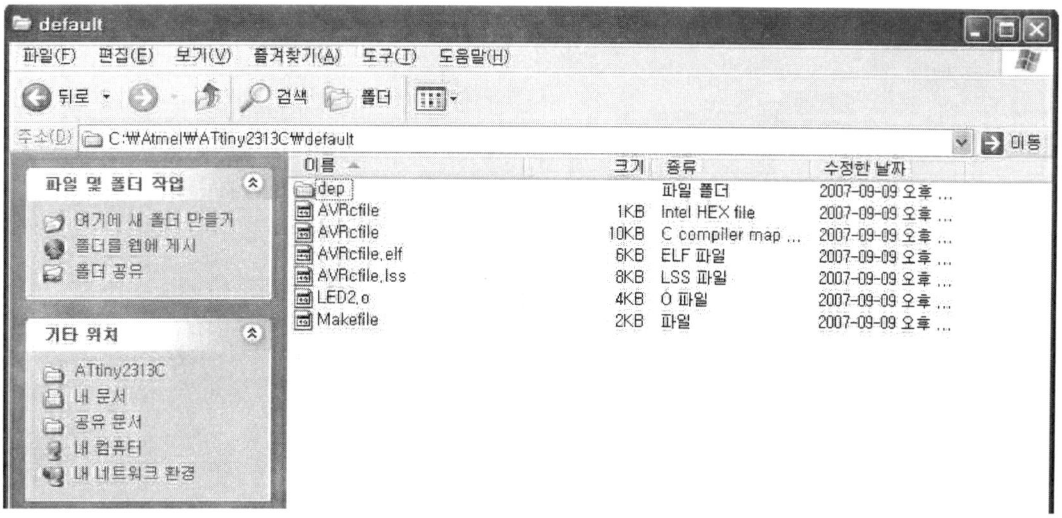

〈그림 1.7.19〉 컴파일 후 생성된 HEX파일

4. ToastProg2005를 사용한 HEX파일 다운로드

AVR Studio에서 컴파일된 HEX파일을 ATtiny2313의 플래시 프로그램 메모리에 다운로드 하기 위해서는 ISP 다운로드 프로그램인 'ToastPorg2005'와 다운로드 케이블이 필요하다.

(1) ToastProg2005 ISP 다운로드 프로그램 설치

ToastProg2005는 (주)시니어컴(www.seniorcom.co.kr)의 안도랑님이 개발한 무료 ISP 다운로드 프로그램이다. 이 프로그램은 다음 카페 http://cafe.daum.net/avr8051 에 가면 무료로 다운로드 받아 설치할 수 있다.

ToastProg2005_Setup_1.1b를 <그림 1.7.20>과 같이 실행하고, <그림 1.7.21>에서 다음 버튼을 클릭한다.

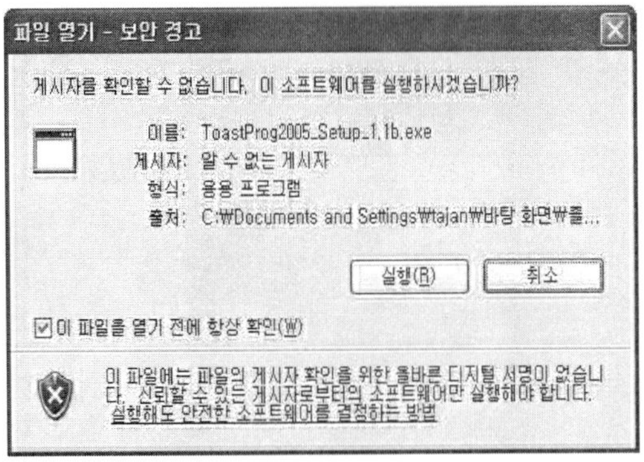

〈그림 1.7.20〉 ToastProg2005 설치 실행

〈그림 1.7.21〉 ToastProg2005 설치 시작

<그림 1.7.22>의 프로그램 라이센스에 동의함 버튼을 클릭하고 <그림 1.7.23>의 설치 폴더를 확인한 다음 설치시작 버튼을 클릭하면 ToastProg2005 프로그램이 C:\Program Files\Seniorcom\ToastProg2005\ 폴더에 설치 된다.

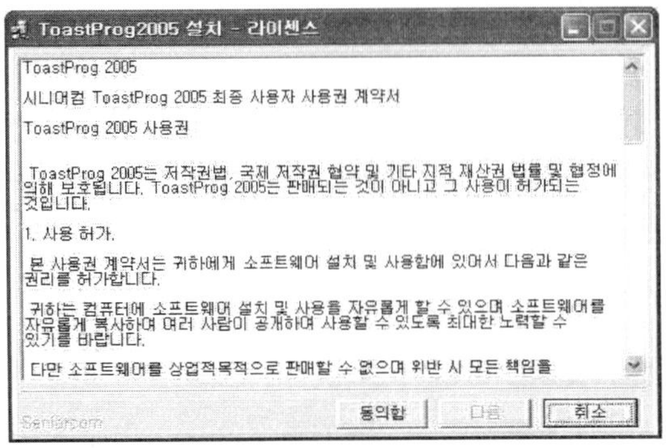

〈그림 1.7.22〉 ToastProg2005 라이센스 확인

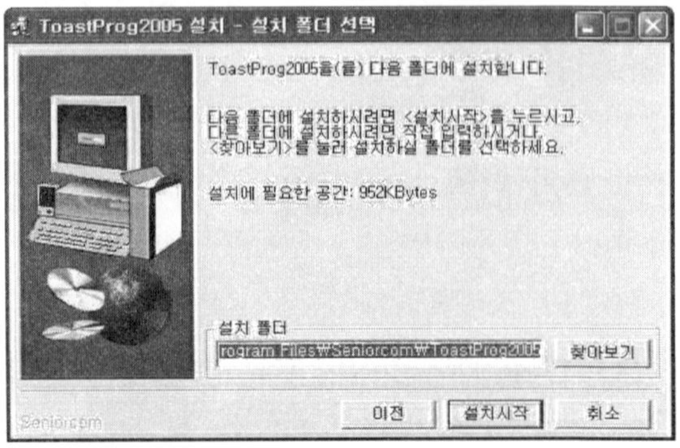

〈그림 1.7.23〉 ToastProg2005 설치 폴더 선택

ToastProg2005 프로그램 설치가 완료되면 <그림 1.7.24>와 같은 화면이 나타나며, 확인 버튼을 클릭하면 <그림 1.7.25>와 같이 ToastProg2005 프로그램 바로가기 폴더가 열린다.

〈그림 1.7.24〉 ToastProg2005 설치 완료

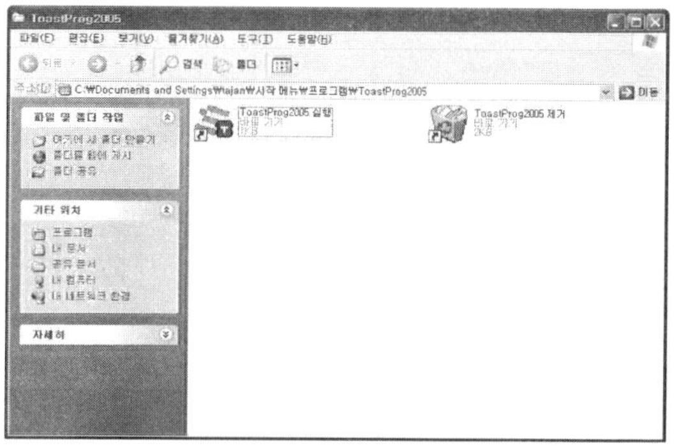

〈그림 1.7.25〉 ToastProg2005 바로가기 폴더

<그림 1.7.25>에서 'ToastProg2005 실행'을 더블클릭하여 실행시키면, <그림 1.7.26>과 같은 처음 화면이 나타난다. <그림 1.7.27>과 같이 디바이스 종류를 ATmega[AVR]에서 ATtiny[AVR]로 바꾸고, 디바이스도 ATtiny2313으로 바꾼다.

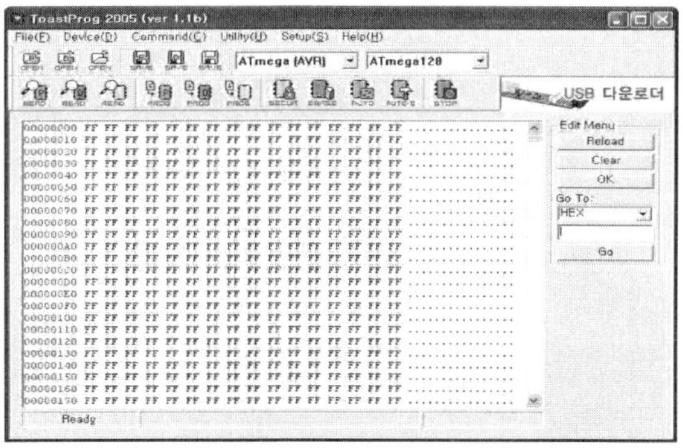

〈그림 1.7.26〉 ToastProg2005 실행 처음 화면

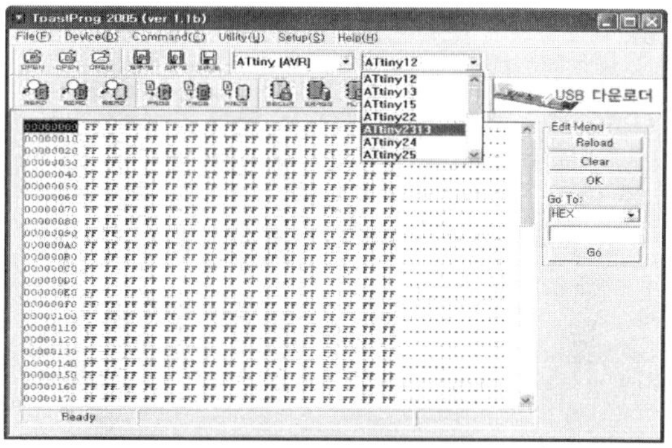

〈그림 1.7.27〉 디바이스 변경

ATtiny2313을 처음 사용할 때는 반드시 퓨즈비트를 라이트(write)해 주어야 한다. 퓨즈비트는 한번만 라이트해 주면 되며, 필요에 따라 변경 시킬 수도 있다. 퓨즈비트를 설정하기 위해서 'SECUR'라고 씌여 있는 아이콘을 클릭하면 <그림 1.7.28>과 같은 화면이 나온다. CKDIV8, SUT0, CKSEL3, CKSEL1, CKSEL0 등에는 ☑표시가 되어 있다. 'Clear All'버튼을 클릭하여 <그림 1.7.28>의 모든 ☑표시를 <그림 1.7.29>와 같이 해제하고 'Write'버튼을 클릭하여 퓨즈비트를 설정해 준다.

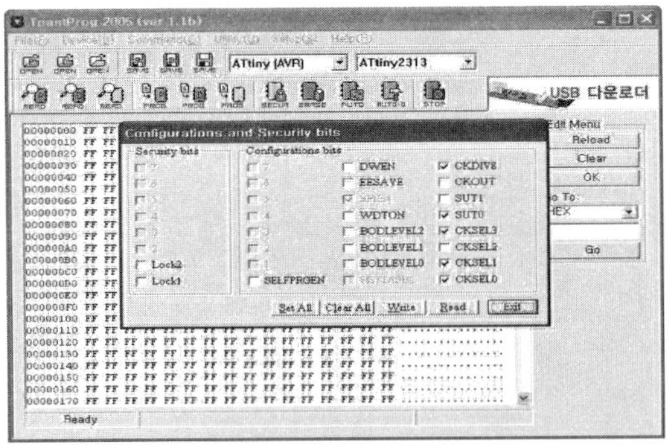

〈그림 1.7.28〉 퓨즈비트 아이콘 선택

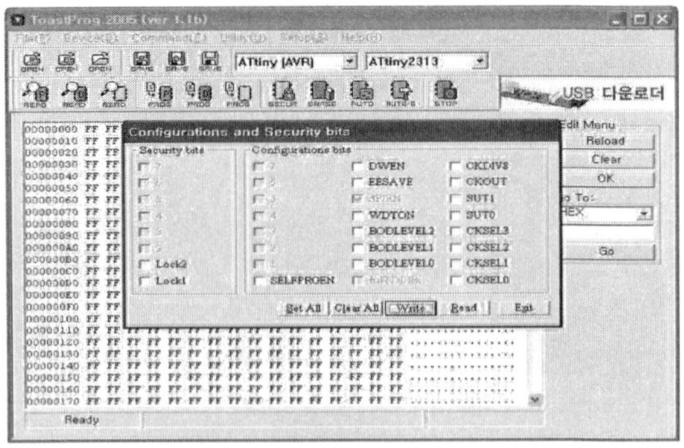

〈그림 1.7.29〉 ATtiny2313 퓨즈비트 설정

ToastProg2005 프로그램으로 ATtiny2313의 플래시 메모리에 HEX 파일을 다운로드 하려면, 'C:\Atmel\ATtiny2313C\default\' 폴더의 HEX 파일을 OPEN 아이콘을 클릭하여 연다. HEX파일 이외에 ROM파일이나 EEP파일도 선택하여 열 수 있다. <그림 1.7.30>은 OPEN 아이콘을 클릭한 화면이고, <그림 1.7.31>은 OPEN 아이콘을 클릭한 화면이다.

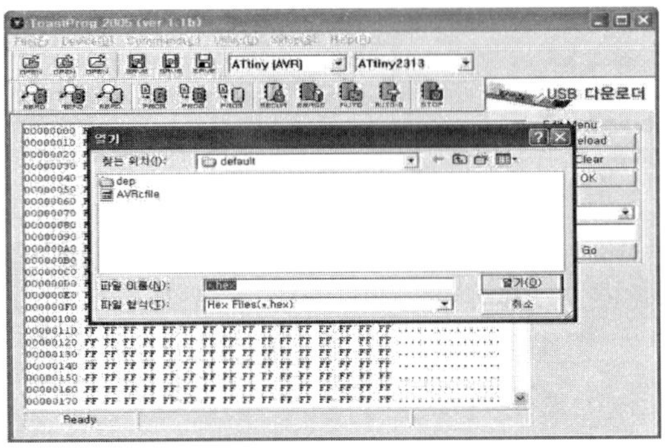

〈그림 1.7.30〉 Open Flash 아이콘 선택

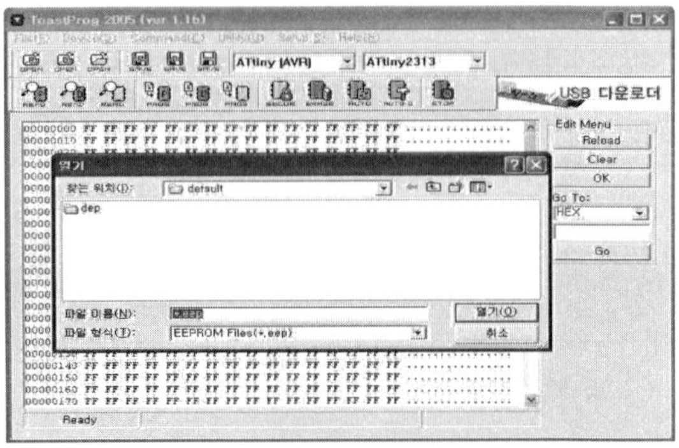

〈그림 1.7.31〉 Open Eeprom 아이콘 선택

'C:\Atmel\ATtiny2313C\default\'폴더의 AVRcfile.hex파일을 <그림 1.7.32>와 같이 열면, <그림 1.7.33>과 같이 된다.

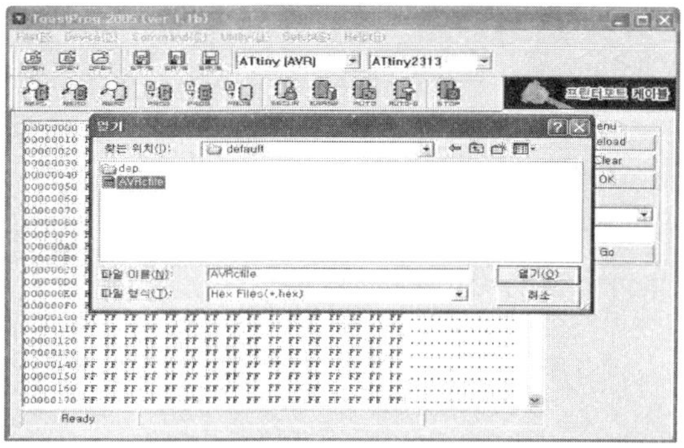

〈그림 1.7.32〉 HEX파일 열기

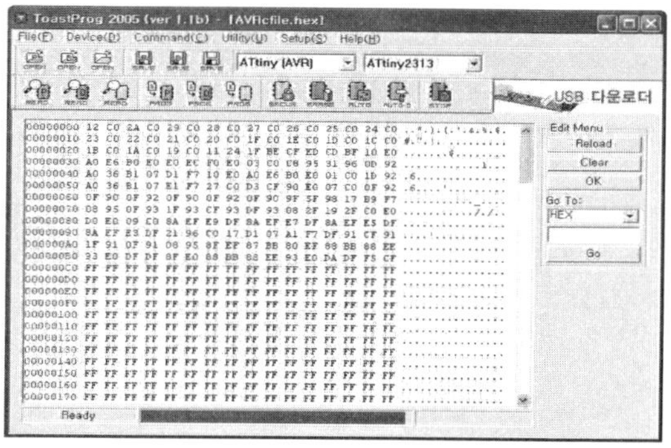

〈그림 1.7.33〉 HEX파일 열기 완료

HEX파일을 ISP 다운로드 케이블을 통해 다운로드 하려면, <그림 1.7.34>와 같이 'PROG'라고 씌여있는 아이콘을 클릭한다. ATtiny2313의 플래시 프로그램 메모리에서 HEX파일을 삭제하려면, <그림 1.7.35>와 같이 'ERASE'라고 씌여 있는 아이콘을 클릭한다.

〈그림 1.7.34〉 HEX파일 다운로도 완료

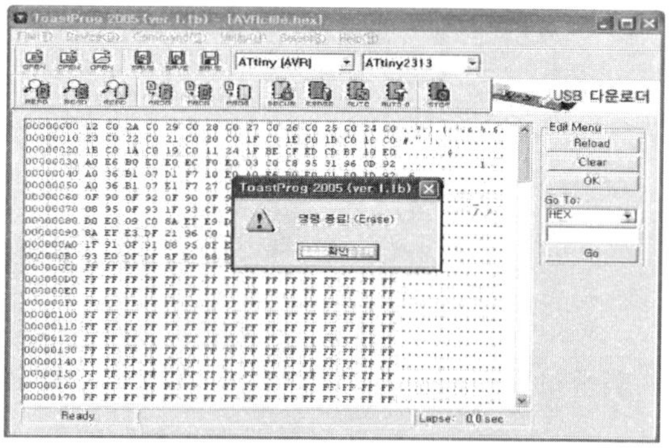

〈그림 1.7.35〉 HEX파일 지우기 완료

1.8 병렬포트형 AVR-ISP 다운로드 케이블 제작

ISP 다운로드 케이블은 AVR Studio에서 컴파일 된 HEX파일을 AVR의 프로그램 메모리로 전송해주는 기능을 가진다. 병렬포트형 AVR-ISP 다운로드 케이블은 컴퓨터의 프린터 포트를 통해 HEX 파일을 다운로드 한다. AVR Studio는 직렬포트형 ISP만을 지원하므로 ToastAProg2005나 PonyProg2000과 같은 별도의 다운로드 프로그램이 필요하다.

병렬포트형 AVR-ISP 다운로드 케이블은 Kanda System사의 STK200/300 호환인 병렬포트형 AVR-ISP 다운로드 케이블이 주류를 이루었으나, 공주대학교 전기전자제어공학부 윤덕용 교수가 <그림 1.8.1>과 같이 회로에 사용되는 버퍼소자 74HC244를 74HC125로 바꿈으로써 기능적으로 호환성을 가지면서도 회로를 더욱 간단하게 개선하였다.

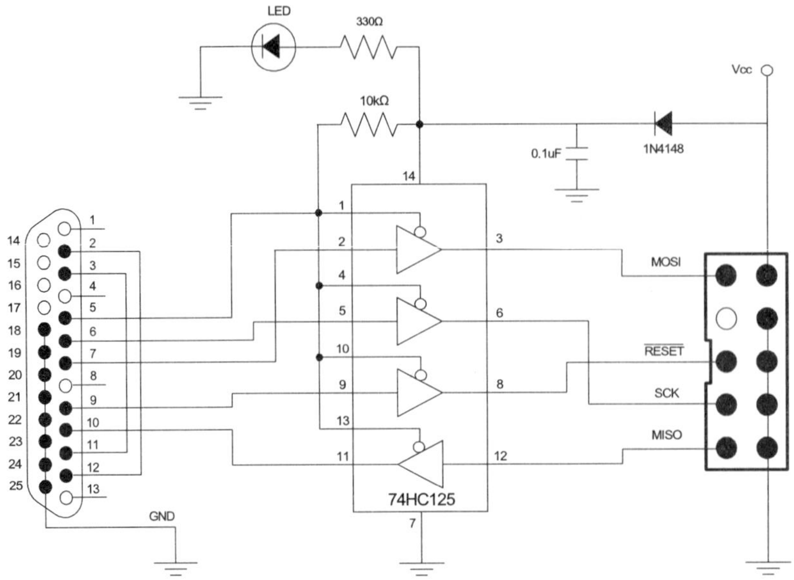

〈그림 1.8.1〉 병렬포트형 AVR-ISP 다운로드 케이블

다운로드 프로그램 ToastProg2005를 사용하여 HEX파일을 다운로드할 때는 PC의 프린터 포트에 접속된 병렬포트형 AVR-ISP 다운로드 케이블과 ATtiny2313를 사용하여 구성한 시스템을 연결하고 전원이 켜져 있어야 한다.

(1) 만능기판을 이용한 병렬포트형 AVR-ISP 다운로드 케이블 제작

만능기판에 <그림 1.8.1>의 회로를 제작하기 위해서는 <표 1.8.1>과 같은 부품이 필요하다. 프린터 포트에 연결될 25핀 콘넥터 부분을 먼저 제작하고 나머지 부분은 만능기판에 부품을 배치하고 납땜하여 제작하도록 한다.

<표 1.8.1>의 부품표에는 납땜에 필요한 인두나 땜납, 부품과 부품 사이를 연결하는 리드선 등은 표시하지 않았다.

〈표 1.8.1〉 병렬포트형 AVR-ISP 다운로드 케이블 부품

부품	수량	부품	수량
74HC125	1개	14핀 IC 소켓	1개
1N4148	1개	DS1033-25M	1개
10kΩ	1개	330Ω	1개
0.1μF	1개	만능기판 (28홀×28홀)	1개
LED(적색)	1개	10핀 박스형 콘넥터	1개
25핀 콘넥터 후드	1개	5046-06(M)	1개
5051-06(F)	1개	몰렉스전선	6개
서포터	4개	나사	4개
IDC1016-10	1개	플렛 케이블 (10줄)	25cm

1) 25핀 콘넥터 제작

프린터 포트에 접속할 25핀 콘넥터는 제작할 때에는 콘넥터의 그라운드 처리를 해야 하는 18~25번핀를 먼저 납땜하고 회로기판으로 접속될 몰렉스 전선을 <그림 1.8.2>의 (a) 회로도와 같이 5번핀 부터 GND핀까지 차례대로 납땜한다. <그림 1.8.2>의 (b)는 납땜한 후 25핀 콘넥터 후드에 넣은 실물이다.

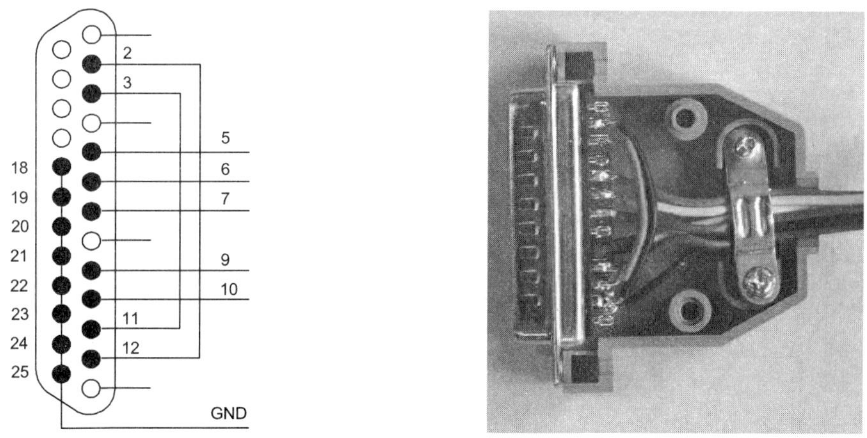

(a) 회로도 (b) 실물

〈그림 1.8.2〉 25핀 콘넥터 부분

<그림 1.8.2>와 같이 25핀 콘넥터 부분을 완성했으면, 몰렉스 핀을 몰렉스 소켓에 <그림 1.8.3>과 같이 접속한다. 몰렉스 소켓 부분이 전선을 수축튜브를 이용하여 정리해 주면

편리하게 사용할 수 있다.

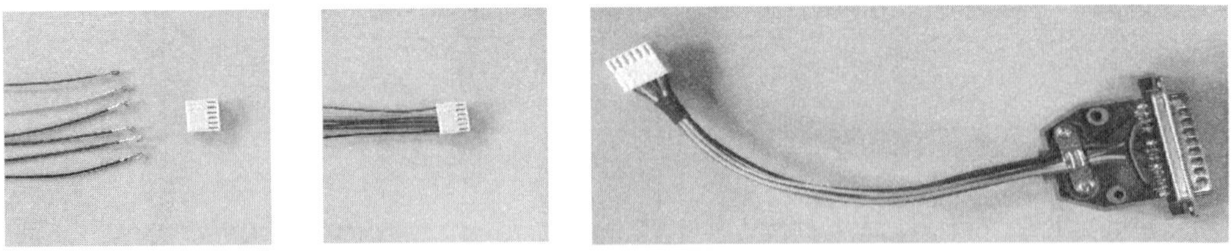

〈그림 1.8.3〉 25핀 콘넥터와 몰렉스 콘넥터의 접속

2) 만능기판에 제작

만능기판(28×28)에 <그림 1.8.4>와 같이 부품을 배치하고 리드선으로 각 부품을 납땜하여 회로를 구성한다. 리드선과 리드선이 겹치는 부분에 납땜표시(●)가 없으면, 리드선에 피복을 입힌 점프선으로 납땜을 해야 한다. <그림 1.8.4>는 부품면을 기준으로 한 것이기 때문에 납땜을 하는 동판면 쪽에서는 좌우가 바뀐다는 것에 유의해야 한다.

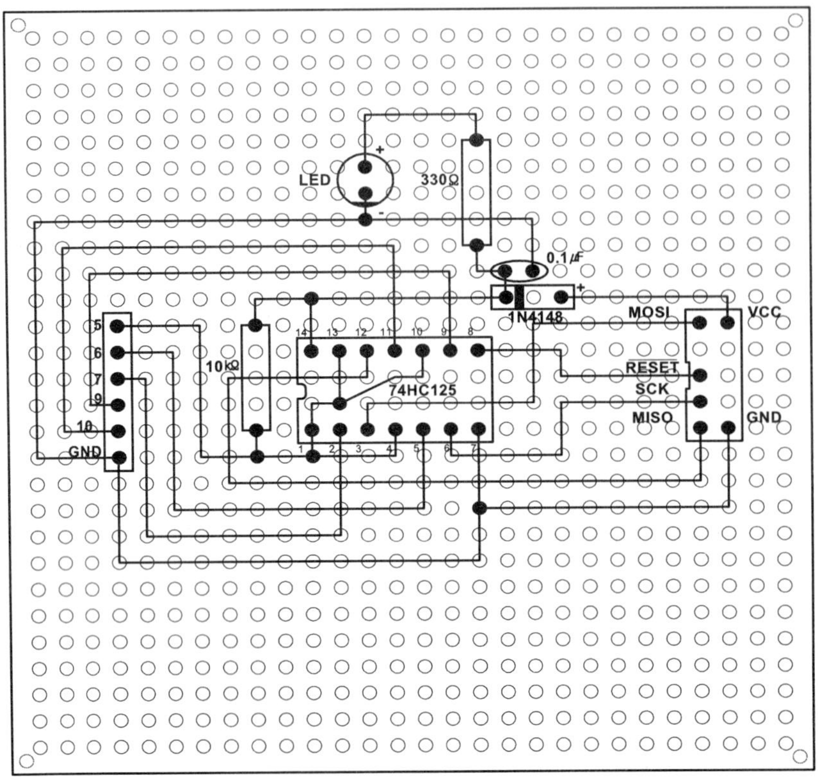

〈그림 1.8.4〉 병렬포트형 AVR-ISP의 부품 배치도

<그림 1.8.4>와 같이 부품을 배치하였다 하더라도 리드선으로 배선하여 납땜하는 방법은 다를 수 있으며, 부품 배치도 다르게 할 수 있다. <그림 1.8.5>는 <그림 1.8.4>의 부품 배치도와 같이 만능기판에 회로를 구성한 것이다.

〈그림 1.8.5〉 병렬포트형 AVR-ISP의 만능기판 배치

3) 플랫 케이블 제작

병렬포트형 AVR-ISP의 10핀 박스형 콘넥터를 타겟 보드(ATtiny2313 소자가 있는 쪽의 회로)에 접속하려면, 플랫 케이블과 10핀 DIP콘넥터를 <그림 1.8.6>의 순서에 따라 제작한다. 플랫 케이블에 적색으로 표시되어 있는 쪽이 1번 핀에 접속되도록 해야 하며, DIP콘넥터를 압착시킬 때는 힘을 균일하게 가해야 플랫 케이블과 DIP콘넥터가 견고하게 접속된다. 압착시킨 후에는 플랫 케이블을 반대방향으로 접은 후 DIP콘넥터의 캡을 끼워서 고정한다.

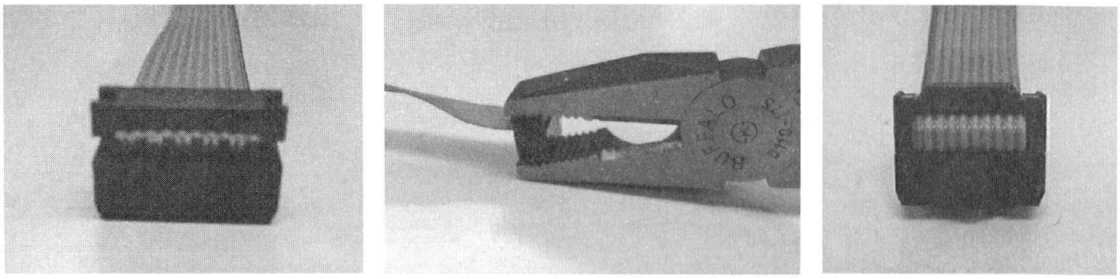

〈그림 1.8.6〉 플랫 케이블 제작

병렬포트형 AVR-ISP가 <그림 1.8.7>과 같이 완성되었다. 병렬포트형 AVR-ISP를 사용할 때는 컴퓨터의 프린터 포트에 직접 접속하는 것 보다 프린터 포트 연장 케이블을 이용하는 것이 편리하다.

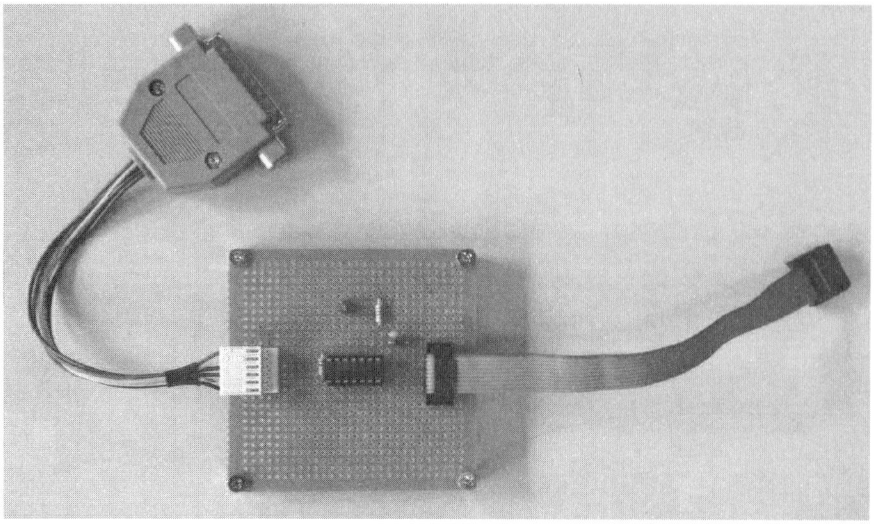

〈그림 1.8.7〉 병렬포트형 AVR-ISP 다운로드 케이블

(2) PCB를 이용한 병렬포트형 AVR-ISP 다운로드 케이블 제작

<그림 1.8.1>의 회로를 25핀 콘넥터 후드 안에 들어가도록 설계된 PCB를 이용한 병렬포트형 AVR-ISP 다운로드 케이블은 <표 1.8.2>의 부품을 이용하여 <그림 1.8.8>과 같이 간단히 제작할 수 있다.

<그림 1.8.8>의 PCB는 도서출판 ohm사 홈페이지(http://www.ohm.co.kr)에서 온라인으로 구입할 수 있다.

〈표 1.8.2〉 PCB를 이용한 병렬포트형 AVR-ISP 다운로드 케이블 부품

부품	수량	부품	수량
74HC125	1개	0.1μF	1개
1N4148	1개	DS1033-25M	1개
10kΩ	1개	10핀 박스형 콘넥터	1개
25핀 콘넥터 후드	1개	병렬포트형 AVR-ISP PCB	1개

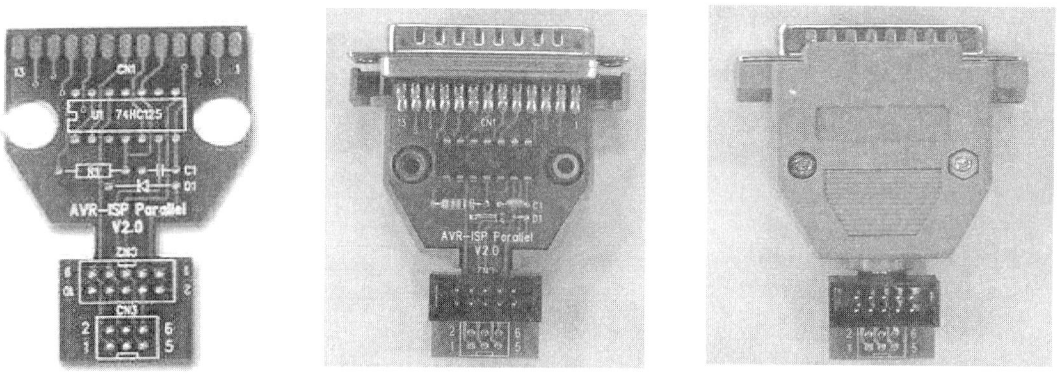

〈그림 1.8.8〉 PCB를 이용한 병렬포트형 AVR-ISP 다운로드 케이블

제2편

작품 만들기

작품 1 LED ON-OFF

ATtiny2313의 포트B(PB0~PB7)에 8개의 LED를 접속하고, 포트D(PD0~PD3)에 4개의 스위치 입력을 접속한 'LED ON-OFF'를 이용하여 프로그램 작성법을 익힌다.

Hardware LED ON-OFF 제작

'LED ON-OFF'는 <그림 2.1.1>의 회로를 <표 2.1.1>에 제시된 부품을 이용하여 <그림 2.1.2>와 같이 만능기판에 제작한다.

〈표 2.1.1〉 'LED ON-OFF' 부품목록

부품	규격	수량	부품	규격	수량
IC	ATtiny2313-20PU	1	저항	10kΩ	1
크리스탈	16MHz ATS형	1	저항	1kΩ	1
LED	적색 5ϕ	4	저항	4.7kΩ	1
LED	녹색 5ϕ	4	어레이저항	330Ω (9핀)	1
LED	적색 3ϕ	1	어레이저항	10kΩ (5핀)	1
트랜지스터	2SC1815	1	세라믹콘덴서	22pF	2
세라믹콘덴서	0.1uF	2	전해콘덴서	22uF	2
택트스위치	4핀	5	부저	ALP1205S	1
만능기판	28×28	1	박스형콘넥터	3FB-10P-S/T	1
IC소켓	20핀	1	SIP 헤더	2핀	1
서포터	F-10(10mm)볼트포함	4			

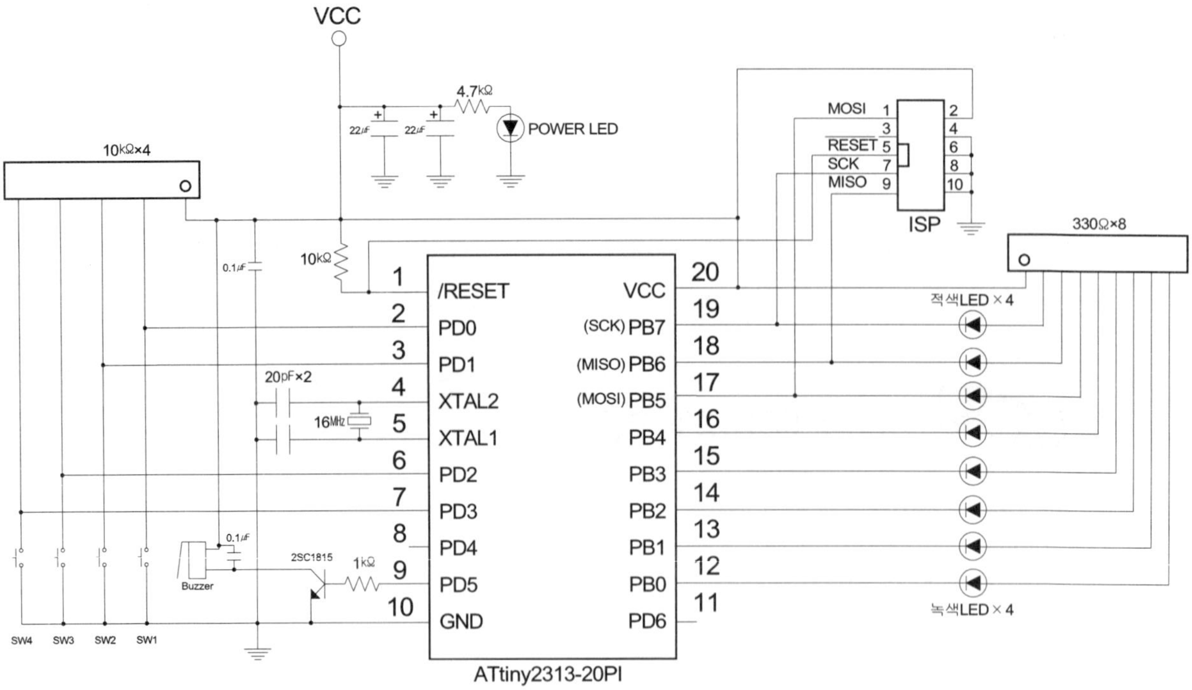

〈그림 2.1.1〉 'LED ON-OFF' 회로

(1) 만능기판에 제작

<그림 2.1.2>와 같이 만능기판(28×28)에 부품을 배치하고 리드선으로 각 부품을 납땜하여 회로를 구성한다. 리드선과 리드선이 겹치는 부분에 납땜표시(●)가 없으면, 리드선에 피복을 입힌 점프선으로 납땜을 해야 한다. <그림 2.1.2>는 부품면을 기준으로 한 것이기 때문에 납땜을 하는 동판면 쪽에서는 좌우가 바뀌며, 전원 Vcc는 (+5V)인 것에 유의해야 한다.

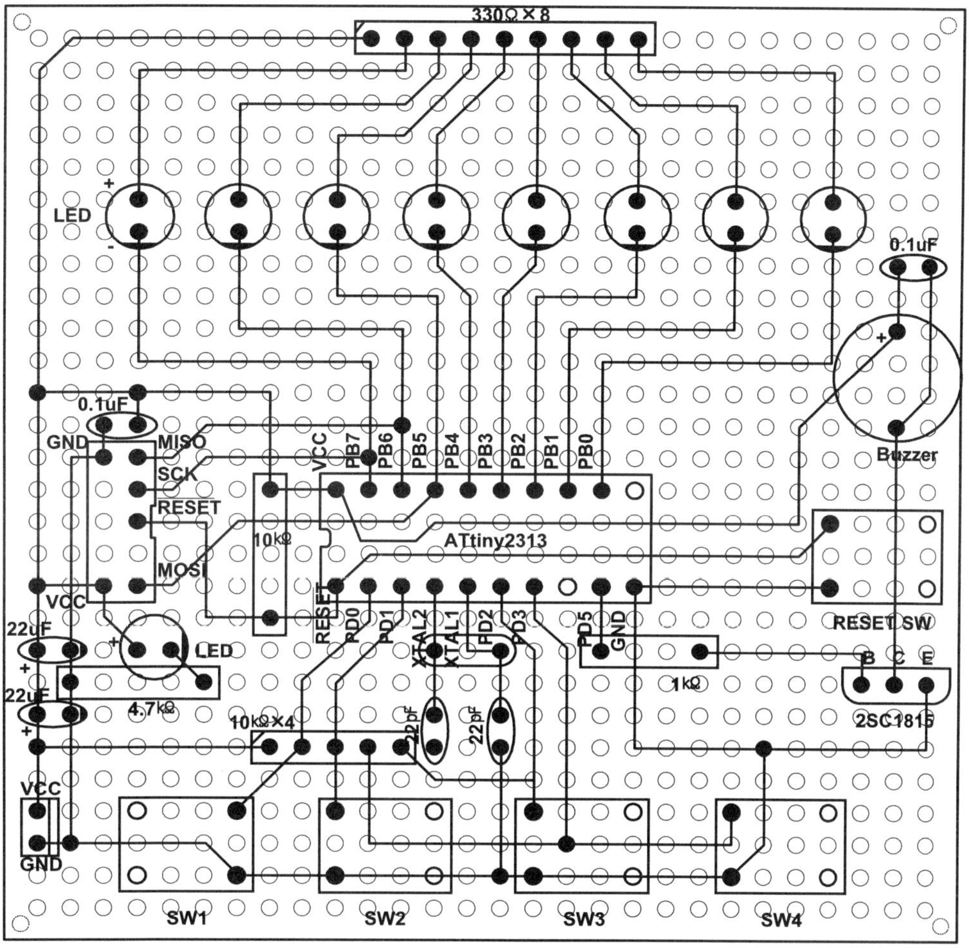

〈그림 2.1.2〉 'LED ON-OFF' 회로의 부품 배치도

<그림 2.1.2>와 같이 부품을 배치하였다 하더라도 리드선으로 배선하여 납땜하는 방법은 다를 수 있으며, 부품 배치도도 다르게 할 수 있다. <그림 2.1.3>은 <그림 2.1.2>와 같이 부품을 배치하여 완성한 'LED ON-OFF'하드웨어이다.

〈그림 2.1.3〉 'LED ON-OFF' 회로를 완성한 모습

(2) ATtiny2313 주변 회로

ATtiny2313이 동작하기 위한 주변 회로는 리셋 회로, 클록 발생회로, 전원회로 등과 같은 기본적인 주변회로와 입력/출력 회로로 구성된다.

1) 리셋 회로

ATtiny2313은 내부에 전원-ON 리셋(Power-On Reset)회로를 내장하고 있으므로 <그림 2.1.4> (a)의 회로와 같이 ATtiny2313의 리셋 단자인 1번 핀에 10[kΩ]의 저항을 VCC 전원에 풀업 시켜준다. <그림 2.1.4> (b)와 같이 리셋회로를 구성하여 리셋 스위치를 누르면 시스템을 리셋 시킬 수 있다.

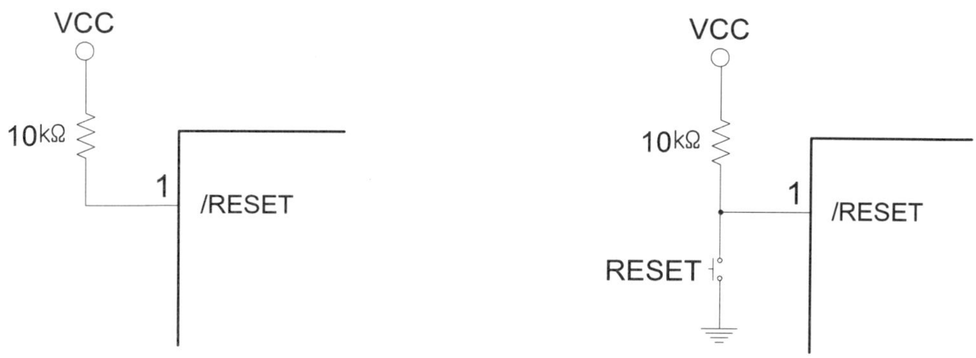

(a) 전원-ON 리셋회로 (b) 리셋 스위치가 있는 리셋회로

〈그림 2.1.4〉 리셋 회로

2) 클록 발생회로

ATtiny2313-20PI/PU는 최고 20MHz의 시스템 클록을 사용할 수 있다. LED ON-OFF에는 16MHz 수정 발진자를 XTAL1과 XTAL2의 단자에 연결하고 각 단자와 접지 사이에는 12pF~22pF 범위의 세라믹 커패시터를 연결한다.

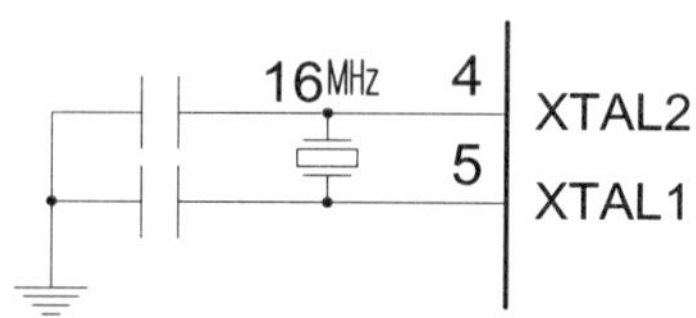

〈그림 2.1.5〉 클록 발생회로

클록 발생회로가 <그림 2.1.5>와 같이 정해지면, <표 1.2.7>에 의해서 CKSEL3~CKSEL1을 설정한다. 클록 주파수가 16MHz이므로 <표 2.1.2>와 같이 설정한다.

〈표 2.1.2〉 클록소스 퓨즈비트 및 커패시터 값

CKSEL3 ~ 1	주파수범위(MHz)	크리스탈에 대한 C1, C2 권장값
111	8.0 ~	12 ~ 22pF

CKSEL0 비트와 SUT1~SUT0 비트는 <표 2.1.3>과 같이 설정해야 하므로, 퓨즈비트 설정은 <그림 1.2.2>와 같이 퓨즈비트 설정에서 모든 항목에 ☑ 표시를 하지 않고 라이트

(Write)한다. 퓨즈비트 설정을 한번하면 HEX파일을 다운로드 할 때 마다 할 필요는 없다.

〈표 2.1.3〉 기동시간 설정

CKSEL0	SUT1~ SUT0	기동시간	리셋에 대한 추가 지연시간(Vcc=5.0V)	권장되는 사용법
1	11	16K 클록	14CK + 65ms	크리스탈 (slowly rising power)

3) 전원 회로

ATtiny2313-20PI/PU의 동작전압은 4.5~5.5V 범위이다. 'LED ON-OFF' 회로는 여러개의 LED가 ON, OFF되는 데 따른 전류소비의 변동 폭이 크므로 5V의 전원을 안정적으로 공급 하기 위해서 전원 공급 입구에 필터 커패시터로 22uF 커패시터를 <그림 2.1.6>과 같이 병렬로 접속한다.

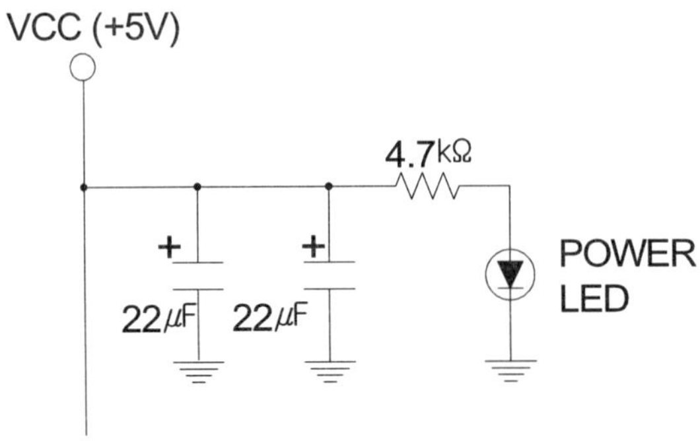

〈그림 2.1.6〉 필터 커패시터

4) 입력 회로

ATtiny2313의 PD0~PD3포트에 <그림 2.1.7>과 같이 풀업 저항을 통해 입력 스위치(SW1~SW4)의 4개가 접속되어 있다. 스위치를 누르지 않는 동안에는 PD0~PD3에 하이(high)신호(+5V)가 입력되며, 스위치를 누르면 로우(low)신호(GND)가 입력된다.

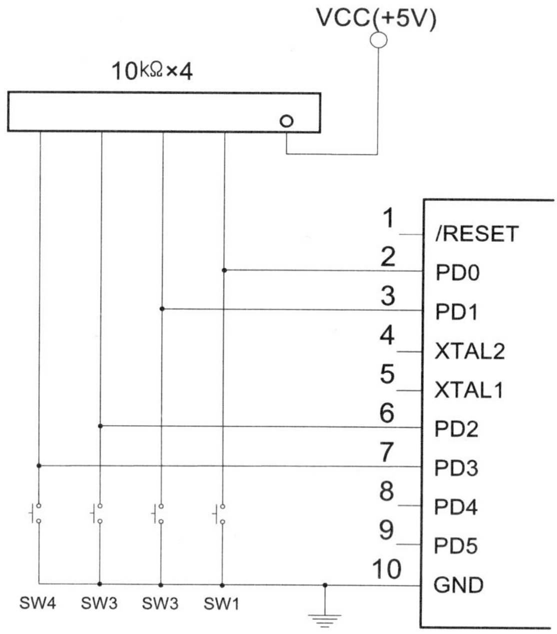

〈그림 2.1.7〉 입력 회로

5) LED 출력 회로

ATtiny2313의 포트 B에 <그림 2.1.8>과 같이 330[Ω]의 전류제한 저항과 8개의 LED가 접속되어 있다. 상위 4비트(PB4~PB7)는 적색 LED를 사용하고, 하위 4비트(PB0~PB3)는 녹색 LED를 사용한다.

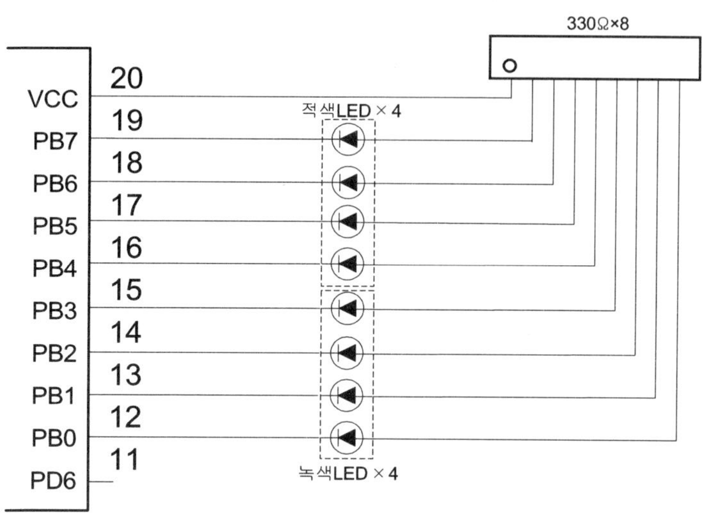

〈그림 2.1.8〉 LED 출력 회로

LED는 약 15mA~20mA에 정도에서 동작하므로 전류를 제한하는 저항을 직렬로 접속해 주어야 한다. Vcc전압이 +5V이므로 옴의 법칙에 의해서 다음과 같이 전류 제한 저항을 구할 수 있다.

$$R = Vcc/I_{LED} = 5V/(15 \sim 20mA) = 333 \sim 250\Omega$$

전류 제한 저항 범위에 사용할 수 있는 333~250Ω사이의 저항은(1/4W, ±5%일 경우) 270Ω, 300Ω, 330Ω 등이 있다.

6) 부저 출력 회로

ATtiny2313의 PD5에 <그림 2.1.9>와 같이 NPN형 트랜지스터(2SC1815)로 스위칭 회로를 구성한다. PD5비트의 출력이 0V(low)이면, 트랜지스터의 베이스 전류(I_B)가 흐르지 않으므로 트랜지스터는 OFF되어 부저가 울리지 않고, PD5비트의 출력이 5V(high)이면, 트랜지스터의 베이스 전류가 흐르므로 트랜지스터는 ON되어 부저가 울린다.

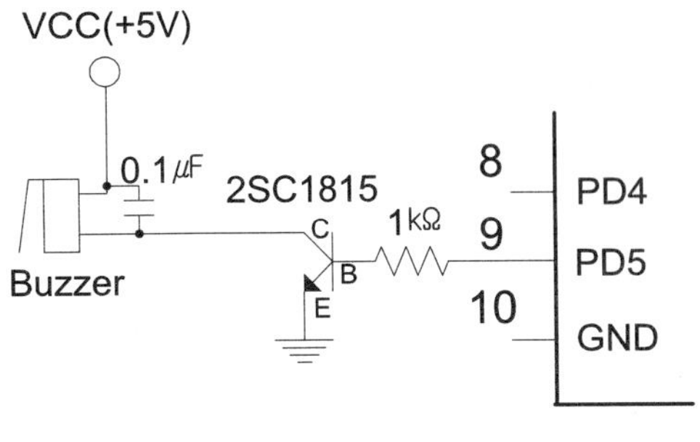

(a) 부저 출력 회로

(b) 2SC1815 핀 배치

〈그림 2.1.9〉 부저 출력

C Software

LED ON-OFF 프로그램

LED ON-OFF 프로그램을 작성하기 위해서는 1.7절의 '3. AVR Sudio에서 WinAVR을 이용한 C언어 프로그램 개발 과정'에 대해서 설명한 바와 같이 C:\Atmel\ATtiny2313C\ 폴더에 프로젝트 파일(AVRcfile.asp)을 생성한다.

(1) 기본 프로그램 작성

<그림 1.7.11>과 같이 'AVRcfile' 프로젝트 파일을 연 다음, <그림 1.7.13>과 같이 새 파일 만들기를 하고 저장 아이콘 을 클릭하여 파일명을 'LED1-1.C'로 한 다음 저장 버튼을 클릭한다.

<그림 1.7.15>와 같이 'LED1-1.C'파일을 프로젝트에 추가한 다음 <프로그램 LED1-1.C>와 같이 프로그램을 작성한다.

〈프로그램 LED1-1.C〉 LED ON-OFF 프로그램

```
// ==========================================
//  LED1-1.C
// ==========================================
#include <avr/io.h>

void Delay_us(unsigned char time_us)  // delay for us
{ register unsigned char i;
  for(i = 0; i < time_us; i++)        // 4 cycle +
    { asm volatile(" PUSH R0");       // 2 cycle +
      asm volatile(" POP  R0");       // 2 cycle +
      asm volatile(" PUSH R0");       // 2 cycle +
      asm volatile(" POP  R0");       // 2 cycle +
      asm volatile(" PUSH R0");       // 2 cycle +
      asm volatile(" POP  R0");       // 2 cycle = 16 cycle = 1us for 16MHz
    }
}

void Delay_ms(unsigned int time_ms)   // delay for ms
{ register unsigned int i;
  for(i = 0; i < time_ms; i++)
    { Dealy_us(250);
      Dealy_us(250);
      Dealy_us(250);
      Dealy_us(250);
    }
```

```
}

int main(void)
{
  DDRB = 0xFF;                              // PORTB = output

  while(1)
    { PORTB = 0xF0;                         // lower 4bit LED ON
      Delay_ms(1000);
      PORTB = 0x0F;                         // upper 4bit LED ON
      Delay_ms(1000);
    }
}
```

1) #include <avr/io.h>

C:\WinAVR-20071221\avr\include\avr 폴더에 위치한 <avr/io.h> 헤더 파일을 #include <avr/io.h>으로 프로그램에 포함시킨다. <avr/io.h> 헤더 파일을 인클루드 하면, <그림 1.7.10>과 같이 AVR Studio의 프로젝트에서 환경설정 한 ATtiny2313에 대한 헤더 파일인 iotn2313.h를 인클루드해 준다.

2) 시간지연 함수

마이크로콘트롤러의 프로그램을 작성하는 데 있어서, 정확한 시간지연 함수는 필수적이다. 이는 마이크로콘트롤러가 빠르게 동작하기 때문에 포트를 통해 데이터를 출력하는 사이에 시간지연을 두지 않으면 포트B에 접속되어 있는 LED의 ON-OFF를 식별할 수 없다. 따라서, <프로그램 LED1-1.C>와 같이 PORTB = 0xF0로 데이터를 내보낸 다음 시간지연 함수 Delay_ms(1000)을 사용하여 1,000ms 동안 시간을 지연시켜 LED 동작 상태를 유지해 준다.

<프로그램 LED1-1.C>에는 시간지연 함수를 Delay_us()와 Delay_ms()를 사용하고 있다. 시간지연 함수 Delay_us()는 us단위로 시간을 지연시키고, Delay_ms()는 ms단위로 시간을 지연시킨다. 정확한 시간지연을 얻기 위해서 시간지연 함수 Delay_us()는 '인라인 어셈블'을 이용한다. AVR Studio에서 WinAVR을 사용하여 C:\Atmel\ATtiny2313c\default 폴더에 생성된 Delay_us()함수의 소스 리스트 파일 AVRcfile.lss파일을 보면, <그림 2.1.10>과 같다. for루프는 rjmp, subi, cp, brne 로 번역되어 약 4사이클 이고, push와 pop은 각각 2 사이클이다. 시스템 클록이 16MHz인 경우에 16 사이클이 1us이므로 정확한 시간지연이 얻어진다는 것을 알 수 있다.

```
   void Delay_us(unsigned char time_us)          // time delay for us
   5a: 90 e0          ldi     r25, 0x00          ;        0
   5c: 07 c0          rjmp    .+14               ; 2사이클 0x6c <_Z8Delay_ush+0x12>
{ register unsigned char i;

   for(i = 0; i < time_us; i++)                  // 4 cycle +
     { asm volatile(" PUSH R0 ");                // 2 cycle +
   5e: 0f 92          push    r0                 ; 2사이클
     asm volatile(" POP  R0 ");                  // 2 cycle +
   60: 0f 90          pop     r0                 ; 2사이클
     asm volatile(" PUSH R0 ");                  // 2 cycle +
   62: 0f 92          push    r0                 ; 2사이클
     asm volatile(" POP  R0 ");                  // 2 cycle +
   64: 0f 90          pop     r0                 ; 2사이클
     asm volatile(" PUSH R0 ");                  // 2 cycle +
   66: 0f 92          push    r0                 ; 2사이클
     asm volatile(" POP  R0 ");                  // 2 cycle  = 16cycle = 1us
   68: 0f 90          pop     r0                 ; 2사이클
   6a: 9f 5f          subi    r25, 0xFF          ; 1사이클   255
   6c: 98 17          cp      r25, r24           ; 1사이클
   6e: b9 f7          brne    .-18               ; 1/2사이클 0x5e <_Z8Delay_ush+0x4>
   70: 08 95          ret

00000072 <_Z8Delay_msj>:
     }
}
```

〈그림 2.1.10〉 시간지연함수에 대한 AVRcfile.lss

Delay_ms()함수는 Delay_us()를 기초로하여 for루프에서 원하는 시간 만큼 돌려서 얻을 수 있다. Delay_us()함수에서는 for루프의 변수형이 'unsigned char'이지만 Delay_ms()의 경우에는 'unsigned int'라는 것에 주의해야 한다. <표 1.7.2>에서와 같이 unsigned char의 표현 범위는 (0~255)이고, unsigned int의 표현 범위는 (0~65,535)이다.

3) 메인 함수

WinAVR 컴파일러에서는 메인함수의 형을 반드시 int main(void)로 지정해 주어야 한다. 또한, main()함수에서는 PORTB로 데이터를 출력하기 전에 PORTB의 출력방향을 설정해주어야 한다. DDRB는 포트B의 데이터 방향을 설정하는 레지스터이다. '0'일 경우에는 입력이고, '1'일 경우에는 출력이다. LED를 ON-OFF하는 데이터를 출력하기 위해서는 포트B를 모두 '1'로 설정해 주어야 한다.

DDRB 레지스터 값의 설정은 2진수 또는 16진수로 할 수 있다. 2진수로 표현하는 경우에는 DDRB = 0b11111111로 나다내며, 16진수로 표현하는 경우에는 DDRB = 0xFF로 나

타낸다.

포트B를 통해 PORTB = 0xF0와 PORTB = 0x0F값을 출력한다면, <그림 2.1.11>과 같이 2진수 형태, 16진수 형태, 전압관계, LED ON-OFF를 정리할 수 있다. 8비트로 되어 있는 포트B의 PB4~PB7의 4비트를 상위 비트라고 하고, PB0~PB3의 4비트를 하위 비트라고 한다.

PORTB = 0xF0인 경우								
회 로	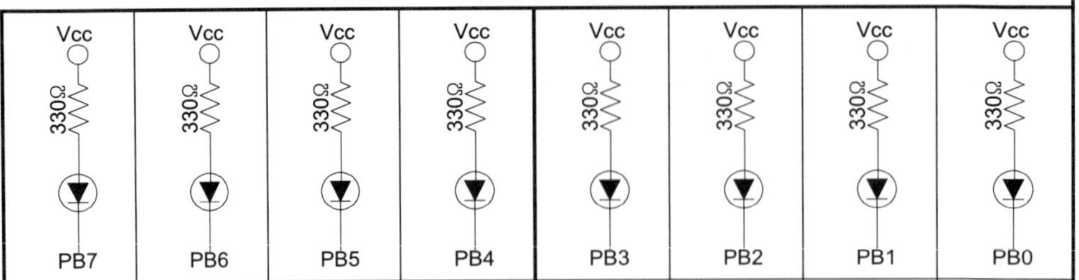							
2 진수	1	1	1	1	0	0	0	0
16진수	F				0			
전 압	5V	5V	5V	5V	0V	0V	0V	0V
LED ON/OFF	OFF	OFF	OFF	OFF	ON	ON	ON	ON

PORTB = 0x0F인 경우								
회 로	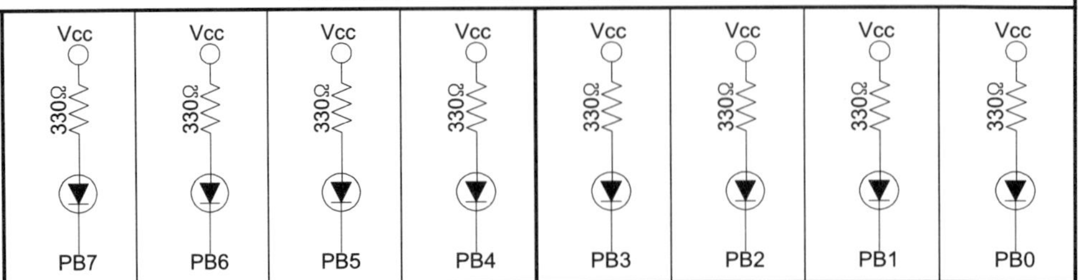							
2 진수	0	0	0	0	1	1	1	1
16진수	0				F			
전 압	0V	0V	0V	0V	5V	5V	5V	5V
LED ON/OFF	ON	ON	ON	ON	OFF	OFF	OFF	OFF

〈그림 2.1.11〉 포트B 출력에 따른 표기법 및 결과

PORTB = 0xF0의 경우, 2진수로 표시하면 상위 4비트는 '1'이고, 하위 4비트는 '0'이다. 데이터 출력에 따른 전압관계를 보면 상위 4비트는 5V 출력이고, 하위 4비트는 0V출력이

므로 LED는 하위 4비트에 접속되어 있는 것만 ON된다. 상위 4비트는 저항과 LED가 직렬로 연결된 양단의 전압이 Vcc(=5V)와 PB4~PB7(=5V)이 같으므로 LED에 전류가 흐르지 않으므로 OFF상태 이지만, 하위 4비트는 저항과 LED가 직렬로 연결된 양단의 전압이 Vcc(=5V)와 PB0~PB3(=0V) 사이에 차이가 있으므로 LED에 전류가 흘러 ON상태로 된다.

PORTB = 0x0F의 경우, 2진수로 표시하면 상위 4비트는 '0'이고, 하위 4비트는 '1'이다. 데이터 출력에 따른 전압관계를 보면 상위 4비트는 0V 출력이고, 하위 4비트는 5V 출력이므로 LED는 하위 4비트에 접속되어 있는 것만 OFF된다. 상위 4비트는 저항과 LED가 직렬로 연결된 양단의 전압이 Vcc(=5V)와 PB4~PB7(=0V) 사이에 차이가 나므로 LED에 전류가 흘러 ON상태 이지만, 하위 4비트는 저항과 LED가 직렬로 연결된 양단의 전압이 Vcc(=5V)와 PB0~PB3(=5V)이 같으므로 LED에 전류가 흐르지 않아 OFF이다.

(2) 컴파일 및 HEX 파일 다운로드

<프로그램 LED1-1.C>의 프로그램 작성하였으면, 단축아이콘 이나 키보드의 'F7'을 눌러 컴파일을 수행한다. 오류없이 컴파일이 완료되면 하단의 Build창에 'Build succeeded with 0 Warnings...' 메시지가 나타난다.

에러 메시지가 나타나면 오류가 발생한 부분을 찾아 오류를 수정해 주어야 한다. 프로그램 작성시 범하기 쉬운 대표적인 오류를 정리하면 다음과 같다.

- ·문장 끝에 ; 을 하지 않은 경우.
- ·대문자와 소문자를 구별하여 사용하지 않은 경우.
- ·선언한 변수명과 사용한 변수명이 다른 경우.
- ·영문자 'O'와 숫자 '0', 영문자 'l'과 숫자 '1'등을 바꾸어 쓴 경우.
- ·함수의 시작과 끝에 { 또는 }을 생략한 경우.

컴파일이 오류없이 완료되었으면, LED ON-FF 하드웨어의 ISP 소켓에 ISP 다운로드 케이블을 접속하고 LED ON-OFF 하드웨어에 전원을 공급한다. HEX 파일 다운로드 프로그램인 ToastProg2005를 실행하고 <그림 1.7.27>과 같이 사용할 디바이스가 ATtiny2313으로 정확히 설정되어 있는지 확인한다. ATtiny2313을 처음 사용하는 경우에는 <그림 1.7.29>와 같이 퓨즈비트를 설정한 다음 C:\Atmel\ATtiny2313c\default 폴더에 생성된 'AVRcfile.hex'파일을 <그림 1.7.32>와 같이 열고, <그림 1.7.34>와 같이 HEX파일을 다운로드 한다.

HEX파일을 다운로드 하였으면 LED ON-OFF 하드웨어가 <그림 2.1.11>과 같이 동작하는지 확인한다.

1) 무한 루프

마이크로콘트롤러는 무한루프로 동작하도록 프로그램을 구성해야 한다. 무한루프를 구성하지 않은 경우에는 원하지 않는 결과가 나타날 수 있다. 예를 들어, <프로그램 LED1-1.C>의 메인 함수를 한번만 실행하는 프로그램을 작성하기 위해서 메인함수 부분을 다음과 같이 작성하고, 컴파일을 수행 해보면 Build창에 'Build succeeded with 1 Warnings...' 이라는 메시지가 뜨고, Warning이 발생한 원인을 보면 'control reaches end of non-void function'이라고 되어 있다. 생성된 HEX파일을 다운로드 하여 동작을 확인하면, 메인 프로그램을 한번만 수행하고 끝내지 않고 계속 반복한다는 것을 알 수 있다.

```
int main(void)
{
  DDRB = 0xFF;                    // PORTB = output

  PORTB = 0xF0;                   // lower 4bit LED ON
  Delay_ms(1000);
  PORTB = 0x0F;                   // upper 4bit LED ON
  Delay_ms(1000);
}
```

결과적으로 <프로그램 LED1-1.C>의 메인 함수를 수정하기 전과 같은 동작을 하고 있는 것이다. 하지만, 수정하기 전의 <프로그램 LED1-1.C>를 컴파일 할 경우에는 Warning이 발생하지 않는다. 메인 함수를 한번 만 수행하고자 하는 경우에는 다음과 같이 수정한다.

```
int main(void)
{
  DDRB = 0xFF;                    // PORTB = output

  PORTB = 0xF0;                   // lower 4bit LED ON
  Delay_ms(1000);
  PORTB = 0x0F;                   // upper 4bit LED ON
  Delay_ms(1000);

  while(1);
```

```
}
```

메인 함수 끝에 무한루프로 들어가도록 하는 while(1)을 두면 Warning도 발생하지 않고 프로그램을 한번 만 수행하고 마친다. 무한루프를 만들기 위해서 while(1) 대신에 for(;;)를 사용하여도 마찬가지 결과를 얻을 수 있다.

2) 사용자 헤더 파일

<그림 2.1.1>과 같이 하드웨어가 결정되면 포트의 입출력 방향 레지스터 설정과 포트를 초기화 하는 MCU 초기화 함수나 시간지연 함수 등을 별도의 헤더 파일로 작성하여 두고 프로그램 내에서 인클루드 시켜 사용하는 것이 편리하다.

<그림 2.1.1>의 회로에서 포트의 입출력 방향 레지스터를 PD0~PD3는 입력, PD5는 부저 출력, PB0~PB7은 출력으로 설정하는 MCU 초기화 함수와 시간지연 함수를 포함하는 사용자 헤더 파일은 <헤더 파일 ATtiny2313.h>와 같다.

〈헤더 파일 ATtiny2313.h〉 LED ON-OFF 하드웨어의 사용자 헤더 파일

```
  // ==========================================
  //  ATtiny2313.h  for LED ON-OFF
  // ==========================================

void MCU_initialize(void)                   // initialize for ATtiny2313
{ DDRB = 0xFF;                              // PORTB = output (LED1-8)
  PORTB = 0x00;
  DDRD = 0xF0;                              // PORTD = input  (SW1-SW4)
  PORTD = 0x00;
}

void Delay_us(unsigned char time_us)        // delay for us
{ register unsigned char i;

  for(i = 0; i < time_us; i++)              // 4 cycle +
    { asm volatile(" PUSH  R0 ");           // 2 cycle +
      asm volatile(" POP   R0 ");           // 2 cycle +
      asm volatile(" PUSH  R0 ");           // 2 cycle +
      asm volatile(" POP   R0 ");           // 2 cycle +
      asm volatile(" PUSH  R0 ");           // 2 cycle +
      asm volatile(" POP   R0 ");           // 2 cycle = 16 cycle = 1 us for 16MHz
    }
}

void Delay_ms(unsigned int time_ms)         // delay for ms
{ register unsigned int i;

  for(i = 0; i < time_ms; i++)
```

```
    { Delay_us(250);
      Delay_us(250);
      Delay_us(250);
      Delay_us(250);
    }
}

void Beep(void)
{
  PORTD |= _BV(5);                          // buzzer on

  Delay_ms(50);
  PORTD &= ~_BV(5);                         // buzzer off
}
```

<헤더 파일 ATtiny2313.h>를 작성하고 파일명을 'ATtiny2313.h'로 하여 저장한다. ATtiny2313.h는 반드시 LED1-1.C와 같은 폴더에 있어야 한다. ATtiny2313.h를 <프로그램 LED1.C>에 인클루드 시키면 <프로그램 LED1-2.C>와 같이 간단해 진다.

〈프로그램 LED1-2.C〉 사용자 헤더를 사용한 LED ON-OFF 프로그램

```
// ==========================================
//  LED1-2.C
// ==========================================
#include <avr/io.h>
#include "ATtiny2313.h"

int main(void)
{
  MCU_initialize();                         // initialize for ATtiny2313
  Delay_ms(50);                             // wait for system stabilization

  while(1)
    { PORTB = 0xF0;                         // lower 4bit LED ON
      Delay_ms(1000);
      Beep();                               // beep

      PORTB = 0x0F;                         // upper 4bit LED ON
      Delay_ms(1000);
      Beep();                               // beep
    }
}
```

<프로그램 LED1-2.C>에서 MCU_initialize()함수로 ATtiny2313을 입출력 포트를 초기화 한 다음 50ms 정도 시간지연을 둠으로써 시스템의 전원이 충분히 안정화된 다음 프로그램을 실행하도록 한다.

3) Beep 함수

부저는 포트D의 PD5 비트에 접속되어 있다. 부저 소리를 내기 위해서는 PD5비트 만을 세트(set) 또는 리셋(reset)을 해주어야 한다. <표 1.7.3>에서 설명한 바와 같이 포트D의 PD5 비트를 세트 또는 리셋 하기 위해서는 다음과 같이 처리한다.

```
PORTD = PORTD | _BV(5);              // PD5 bit set
또는
PORTD |= _BV(5);

PORTD = PORTD & ~_BV(5);             // PD5 bit reset
또는
PORTD &= ~_BV(5);
```

Beep 함수에서 처럼 LED가 접속되어 있는 포트 B의 PB0 비트를 세트 또는 리셋하는 프로그램은 다음과 같다.

〈프로그램 LED1-3.C〉 PB0 비트를 세트와 리셋한 LED ON-OFF 프로그램

```
// ==========================================
//  LED1-3.C
// ==========================================
#include <avr/io.h>
#include "ATtiny2313.h"

int main(void)
{
  MCU_initialize();                   // initialize for ATtiny2313
  Delay_ms(50);                       // wait for system stabilization

  PORTB = 0xFF;

  while(1)
    {
      PORTB = PORTB | _BV(0);         // PB0 bit set
      Delay_ms (1000);
      Beep();                         // beep

      PORTB = PORTB & ~_BV(0);        // PB0 bit reset
      Delay_ms (1000);
      Beep();                         // beep
    }
}
```

포트B의 PB0비트에 접속된 LED가 세트와 리셋이 될 때 마다 ON-OFF 된다. while(1) 루프 앞에 있는 'PORTB = 0xFF;' 행을 '// PORTB = 0xFF;'로 주석문 처리하여 프로그램을 다운로드 하여 결과를 관찰하면, 주석문 처리하기 전에는 PORTB에 접속된 LED가

모두 OFF된 상태에서 PB0비트가 ON-OFF 되었으나, 주석문 처리를 한 후에는 PORTB에 접속된 LED가 모두 ON된 상태에서 PB0비트가 ON-OFF 된다. 이는 ATtiny2313.h의 사용자 헤더 파일의 ATtiny2313 초기화 함수인 MCU_initialize()에서 PORTB = 0x00으로 초기화 하였기 때문이다. 따라서, 프로그램을 작성할 경우에는 프로그램 실행결과가 처음에 계획하고 프로그램을 작성한 것과 일치하는 지를 항상 확인해야 한다. 그리고 실행결과가 처음에 의도했던 것과 다를 경우에는 그 원인을 정확하게 찾아내는 습관을 가져야 한다.

비트 처리 연산자에 의한 LED ON-OFF 프로그램

비트 처리 연산자(bitwise operator)는 이동 연산자와 비트 논리 연산자가 있으며 이것을 정리하면 <표 2.1.4>와 같다.

〈표 2.1.4〉 비트 처리 연산자

연산자 기호	연산자명	예	설 명
<<	비트를 왼쪽으로 이동	x << 2	x의 비트를 왼쪽으로 2비트 이동
>>	비트를 오른쪽으로 이동	x >> 3	x의 비트를 오른쪽으로 3비트 이동
&	AND(비트 논리곱)	x & y	x와 y를 비트별 AND 연산
		OR(비트 논리합)	x	y	x와 y를 비트별 OR 연산
^	XOR(배타적 비트 논리합)	x ^ y	x와 y를 비트별 XOR 연산
~	비트의 반전(1의 보수)	~x	x를 비트별로 반전

비트 처리 연산자의 비트 논리곱인 &와 비트 논리합인 |은 Beep()함수에서 PD5비트를 세트와 리셋 하는 데 이미 사용한 것 처럼 프로그램 작성에 매우 유용하게 사용된다.

(1) 이동 연산자

〈프로그램 LED1-4.C〉 이동 연산에 의한 비트 이동 LED ON-OFF 프로그램

```
// ==========================================
//  LED1-4.C
// ==========================================
#include <avr/io.h>
#include "ATtiny2313.h"
```

```
int main(void)
{ unsigned char led;

  MCU_initialize();                         // initialize for ATtiny2313
  Delay_ms(50);                             // wait for system stabilization

  led = 0xFF;
  Beep();
  PORTB = led << 4;                         // lower 4bit LED ON
  Delay_ms(500);

  led = 0xFF;
  Beep();
  PORTB = led >> 4;                         // upper 4bit LED ON
  Delay_ms(500);

  PORTB = 0xFF;                             // all LED OFF

  while(1);
}
```

<프로그램 LED1-4.C>는 왼쪽 이동 연산자 (<<)와 오른쪽 이동 연산자 (>>)에 의해 비트를 4비트씩 이동시키는 프로그램이다. 왼쪽 이동 연산자는 led 변수 값을 하위 4비트에서 상위 4비트로 이동시키고, 오른쪽 이동 연산자는 상위 4비트를 하위 4비트로 이동시킨다. 이것은 '작품 7'에서 취급하게 될 문자형 LCD의 4비트 인터페이스에서 8비트 데이터를 4비트씩 끊어서 전송하고자 할 때 유용하게 사용할 수 있다.

〈프로그램 LED1-4a.C〉 이동 연산에 의한 비트 이동 LED ON-OFF 프로그램

```
// ============================================
//  LED1-4a.C
// ============================================
#include <avr/io.h>
#include "ATtiny2313.h"

int main(void)
{
  MCU_initialize();                        // initialize for ATtiny2313
  Delay_ms(50);                            // wait for system stabilization

  Beep();                                  // beep

  PORTB = 1 << 0;                          // PB0 bit LED OFF
  Delay_ms(500);
  PORTB = 1 << 1;                          // PB1 bit LED OFF
  Delay_ms(500);
  PORTB = 1 << 2;                          // PB2 bit LED OFF
  Delay_ms(500);
  PORTB = 1 << 3;                          // PB3 bit LED OFF
```

```
    Delay_ms(500);
    PORTB = (1 << PB4);                    // PB4 bit LED OFF
    Delay_ms(500);
    PORTB = (1 << PB5);                    // PB5 bit LED OFF
    Delay_ms(500);
    PORTB = (1 << PB6);                    // PB6 bit LED OFF
    Delay_ms(500);
    PORTB = (1 << PB7);                    // PB7 bit LED OFF
    Delay_ms(500);
    PORTB = 0xFF;                          // all LED OFF

    while(1);
}
```

<프로그램 LED1-4a.C>는 왼쪽 이동 연산자(<<)의 왼쪽에 위치한 '1'은 '00000001'값이므로 왼쪽 이동 연산자(<<)의 오른쪽에 위치한 값의 비트만큼 이동한다. 따라서, 1<<1은 '00000010'이고, 1<<2는 '00000100', 1<<3은 '00001000'이 된다. (1<<PB4)에서 PB4는 C:\WinAVR-20071221\avr\include\avr\ 폴더의 iotn2313.h 파일에 다음과 같이 정의 되어 있다.

```
/* Data Register, Port B PORTB[7:0] */
#define PORTB    _SFR_IO8(0x18)

#define PB7      7
#define PB6      6
#define PB5      5
#define PB4      4
#define PB3      3
#define PB2      2
#define PB1      1
#define PB0      0
```

따라서, (1<<PB4)는 (1<<4)와 같다. 즉, '00010000'의 값이 된다. (1<<PB5)는 '0010000'이 되며, (1<<PB6)은 '01000000'이 되고, (1<<PB7)은 '10000000'이 된다. 이와 같이 왼쪽 이동 연산자를 이용하면 레지스터 값을 설정하는 데 유용하게 사용할 수 있다.

(2) 비트 논리 연산자

〈프로그램 LED1-5.C〉 비트 논리 연산 LED ON-OFF 프로그램

```
// ==========================================
//  LED1-5.C
// ==========================================

#include <avr/io.h>
#include "ATtiny2313.h"

int main(void)
{
  MCU_initialize();                         // initialize for ATtiny2313
  Delay_ms(50);                             // wait for system stabilization

  unsigned char led;

  while(1)
    {
      led = 0b11001100;
      PORTB = led;                          //          0b11001100
      Delay_ms(1000);                       //      AND 0b11110000
      Beep();                               //        ------------
      PORTB = led & 0b11110000;             // PORTB = 0b11000000
      Delay_ms(2000);
      PORTB = 0xFF;
      Delay_ms(1000);

      led = 0b11001100;
      PORTB = led;                          //          0b11001100
      Delay_ms(1000);                       //       OR 0b11110000
      Beep();                               //        ------------
      PORTB = led | 0b11110000;             // PORTB = 0b11111100
      Delay_ms(2000);
      PORTB = 0xFF;
      Delay_ms(1000);

      led = 0b11001100;
      PORTB = led;                          //          0b11001100
      Delay_ms(1000);                       //      XOR 0b11110000
      Beep();                               //        ------------
      PORTB = led ^ 0b11110000;             // PORTB = 0b00111100
      Delay_ms(2000);
      PORTB = 0xFF;
      Delay_ms(1000);

      led = 0b11001100;
      PORTB = led;
      Delay_ms(1000);                       //      NOT 0b11001100
      Beep();                               //        ------------
      PORTB = ~led;                         // PORTB = 0b00110011
      Delay_ms(2000);
      PORTB = 0xFF;
      Delay_ms(1000);
    }
}
```

<프로그램 LED1-5.C>는 <표 2.1.5>의 비트 논리 연산자에 의한 LED ON-OFF 프로그램이다. 각각의 비트연산이 이루어지는 과정을 쉽게 이해할 수 있도록 데이터 표현을 2진수로 처리하였다. led변수의 데이터는 0b11001100으로 하고 대응하는 데이터 값은 0b11110000으로 하고, AND, OR, XOR, NOT의 비트 논리 연산이 처리된 결과와 함께 부저가 울린다.

스위치 입력에 의한 LED ON-OFF 프로그램

〈프로그램 LED1-6.C〉 스위치 입력에 의한 LED ON-OFF프로그램

```
// ==========================================
//  LED1-6.C
// ==========================================

#include <avr/io.h>
#include "ATtiny2313.h"

int main(void)
{ unsigned char key;

  MCU_initialize();                        // initialize for ATtiny2313
  Delay_ms(50);                            // wait for system stabilization
  Beep();                                  // beep

  while(1)
    {
      key = PIND & 0b00001111;
      switch(key)
      { case 0x0E: PORTB = 0b11111110;      // Pressed SW1
                   break;
        case 0x0D: PORTB = 0b11111101;      // Pressed SW2
                   break;
        case 0x0B: PORTB = 0b11111011;      // Pressed SW3
                   break;
          case 0x07: PORTB = 0b11110111;    // Pressed SW4
                   break;
          default: break;
          }
    }
}
```

<프로그램 LED1-6.C>를 컴파일하여 'LED ON-OFF' 시스템에 다운로드하여 스위치 SW1~SW4를 누르면 PORTB의 하위 4비트 LED가 ON된다. key변수에는 누른 스위치

값이 저장되고, switch{}문에서 key에 저장된 값과 일치하는 case문을 실행한다.

'LED ON-OFF'시스템의 스위치는 <그림 2.1.7>과 같이 풀업 저항을 통해 Vcc에 접속되어 있으므로, 스위치를 누르면 포트D의 PD0~PD3 비트에 로우(low) 신호가 입력되고, 누르지 않은 비트는 하이(high)신호가 입력된다. 스위치를 누르면 PIND레지스터의 PIND0~PIND3의 각 비트의 값은 '0'이 된다. 즉, SW1을 누르면 PIND0의 값은 '0'이 되고, 이 값을 0b00001111과 비트 논리 연산자 AND(&)로 비트 논리곱을 하여 key변수에 넣어주면, swith문에서 key변수와 같은 값을 갖는 case문을 실행 한다. 스위치 SW1~SW4을 눌렀을 경우 PIND값과 비트 논리곱을 수행한 key값을 정리하면 <표 2.1.5>와 같다.

〈표 2.1.5〉 SW1~SW4에 대한 key값

		SW1을 누른 경우	SW2를 누른 경우	SW3을 누른 경우	SW4를 누른 경우
PIND		1 1 1 1 ⁞ 1 1 1 0	1 1 1 1 ⁞ 1 1 0 1	1 1 1 1 ⁞ 1 0 1 1	1 1 1 1 ⁞ 0 1 1 1
		& 0 0 0 0 ⁞ 1 1 1 1	& 0 0 0 0 ⁞ 1 1 1 1	& 0 0 0 0 ⁞ 1 1 1 1	& 0 0 0 0 ⁞ 1 1 1 1
key값	2진수	0 0 0 0 ⁞ 1 1 1 0	0 0 0 0 ⁞ 1 1 0 1	0 0 0 0 ⁞ 1 0 1 1	0 0 0 0 ⁞ 0 1 1 1
	16진수	**0 E**	**0 D**	**0 B**	**0 7**

(1) switch문

<프로그램 LED1-6.C>와 같이 스위치 입력을 받아 여러 가지 기능 중 원하는 기능의 프로그램을 수행하고자 할 때 switch문을 사용한다. <프로그램 LED1-7.C>는 switch문에 의해 여러 가지 형태로 LED가 점등되는 프로그램의 예이다.

〈프로그램 LED1-7.C〉 switch문에 의한 LED ON-OFF프로그램

```
// ========================================
//  LED1-7.C
// ========================================

#include <avr/io.h>
#include "ATtiny2313.h"

int main(void)
{ unsigned char key,i,led;

  MCU_initialize();                          // initialize for ATtiny2313
  Delay_ms(50);                              // wait for system stabilization
  Beep();                                    // beep

  while(1)
    {
```

```
      key = PIND & 0b00001111;
      switch(key)
      { case 0x0E: led = 0b11111110;              // Pressed SW1
                     for(i = 0; i < 8; i++)
                      { PORTB = led;
                        Delay_ms(200);
                        led = led << 1;
                      }
                     Beep();
                   break;
        case 0x0D: led = 0b01111111;              // Pressed SW2
                     for(i = 0; i < 8; i++)
                      { PORTB = led;
                        Delay_ms(200);
                        led = led >> 1;
                      }
                     Beep();
                   break;
        case 0x0B: led = 0b11111110;              // Pressed SW3
                     for(i = 0; i < 8; i++)
                      { PORTB = led;
                        Delay_ms(200);
                        led = led << 1;
                      }
                     led = 0b01111111;
                     for(i = 0; i < 8; i++)
                      { PORTB = led;
                        Delay_ms(200);
                        led = led >> 1;
                      }
                     Beep();
                   break;
           case 0x07: PORTB = 0b00000000;         // Pressed SW4
                      Delay_ms(200);
                      PORTB = 0b11111111;
                      Delay_ms(200);
                      PORTB = 0b00000000;
                      Delay_ms(200);
                      PORTB = 0b11111111;
                      Delay_ms(200);
                      Beep();
                    break;
           default:   break;
        }
    }
}
```

(2) 함수 만들기

<프로그램 LED1-7.C>의 case문에서 실행할 프로그램이 복잡하고 길어지는 경우 또는 반복 사용되는 경우에는 함수로 만들어 두고 호출하여 사용하는 것이 효율적이다.

〈프로그램 LED1-8.C〉 switch문에 의한 LED ON-OFF프로그램

```
// ============================================
//  LED1-8.C
// ============================================

#include <avr/io.h>
#include "ATtiny2313.h"

void no1_led(void)                           // LED ON(PB0 -> PB7)
{ unsigned char i,led;
  led = 0xFE;

  for(i = 0; i < 8; i++)
   { PORTB = led;
     Delay_ms(200);
     led = led << 1;
   }
}

void no2_led(void)                           // LED ON(PB7 -> PB0)
{ unsigned char i,led;
  led = 0x7F;

  for(i = 0; i < 8; i++)
   { PORTB = led;
     Delay_ms(200);
     led = led >> 1;
   }
}

void no3_led(void)                           // LED ON-OFF
{ PORTB = 0x00;
  Delay_ms(200);
  PORTB = 0xFF;
  Delay_ms(200);
  PORTB = 0x00;
  Delay_ms(200);
  PORTB = 0xFF;
  Delay_ms(200);
}

int main(void)
{ unsigned char key;

  MCU_initialize();                          // initialize for ATtiny2313
  Delay_ms(50);                              // wait for system stabilization
  Beep();
```

```
  while(1)
     {
       key = PIND & 0x0F;
       switch(key)
       { case 0x0E: no1_led();            // Pressed SW1
                      Beep();
                    break;
         case 0x0D: no2_led();            // Pressed SW2
                      Beep();
                    break;
         case 0x0B: no1_led();            // Pressed SW3
                      no2_led();
                      Beep();
                    break;
         case 0x07: no3_led();            // Pressed SW4
                      Beep();
                    break;
           default:   break;
       }
     }
}
```

인터럽트에 의한 LED ON-OFF 프로그램

타이머/카운터1을 이용하여 1초 간격으로 포트B의 PB0비트의 LED를 ON-OFF하는 프로그램을 작성한다. 타이머/타운터1은 1초 간격으로 인터럽트를 발생시키고, 인터럽트 서비스 루틴 ISR(Timer1_COMPA_vect)에서는 2초 간격으로 포트B의 LED를 ON-OFF하고 인터럽트가 발생하는 1초 간격으로 부저가 울린다.

〈프로그램 LED1-9.C〉 타이머/카운터1의 인터럽트에 의한 LED ON-OFF

```
// ========================================
//  LED1-9.C
// ========================================

#include <avr/io.h>
#include <avr/interrupt.h>
#include "ATtiny2313.h"

ISR(TIMER1_COMPA_vect)
{
   PORTB = PORTB ^ 0xFF ;                // PortB LED ON-OFF
   Beep();
}
```

```
int main(void)
{
   MCU_initialize();                    // initialize for ATtiny2313
   Delay_ms(50);                        // wait for system stabilization

   TCCR1A = 0x00;                       // CTC mode(4), don't output OC1A
   TCCR1B = 0x0C;                       // 16MHz/256/(1+62499) = 1Hz
   TCCR1C = 0x00;
   OCR1A  = 62499;
   TCNT1  = 0x0000;                     // clear Timer/Counter1

   TIMSK = 0x40;                        // enable OC1A interrupt
   TIFR  = 0xE8;                        // clear all interrupt flags

   sei();                               // interrupt enable

   while(1);
}
```

(1) 타이머/카운터1의 CTC 모드 4 설정

OC1A핀으로 파형을 출력하지 않는 CTC 모드 4는 타이머/카운터1 제어 레지스터 TCCR1A와 TCCR1B의 파형 발생비트 WGM13~WGM10으로 설정한다.

```
TCCR1A = 0x00;                       // CTC mode(4), don't output OC1A
TCCR1B = 0x0C;                       // 16MHz/256/(1+62499) = 1Hz
TCCR1C = 0x00;
OCR1A  = 62499;
TCNT1  = 0x0000;                     // clear Timer/Counter1
```

CTC 모드 4를 선택하려면, <표 1.4.7>의 WGM13~WGM10 비트에 의한 동작모드 설정은 <표 2.1.6>과 같이 TCCR1A의 WGM11과 WGM10은 각각 '0'이고, TCCR1B의 WGM13과 WGM12는 각각 '0'과 '1'로 설정한다.

〈표 2.1.6〉 WGM13~WGM10 비트에 의한 CTC 모드4 설정

모드	WGM13	WGM12 (CTC1)	WGM11 (PWM11)	WGM10 (WPM10)	동작모드	최대값	OCR1x 업데이트	TOV1플랙
4	0	1	0	0	CTC	OCR1A	설정즉시	0xFFFF

<표 1.4.8>의 OC1x핀 기능 설정에서 OC1A핀으로 파형을 출력하지 않으므로 <표 2.1.7>과 같이 COM1A1, COM1A0, COM1B1, COM1B0는 '0000'으로 설정한다. TCCR1A

의 COM1A1~COM1B0비트에 이 값을 대입하면 <그림 2.1.12>와 같이 TCCR1A = 0x00 이 된다.

〈표 2.1.7〉 COM1x1~COM1x0 비트에 의한 OC1x핀 출력 차단 기능 설정

모드	COM1x1	COM1x0	OC1x핀의 기능
PWM모드가 아닌 경우	**0**	**0**	**정상적인 I/O포트로 동작, OC1x 출력차단**
	0	1	비교 매치에서 OC1x 출력을 토글
	1	0	비교 매치에서 OC1x = 0
	1	1	비교 매치에서 OC1x = 1

(2) 타이머/카운터1의 분주비 설정

<표 1.4.9>의 클록소스 선택비트 설정에서 프리스케일러의 분주비를 256으로 선택하면 CS12, CS11, CS10은 '100'이다. 이 값을 TCCR1B의 CS12, CS11, CS10비트와 WGM13, WGM12 비트에 대입하면 <그림 2.1.13>과 같이 TCCR1B = 0x0C가 된다.

〈표 2.1.8〉 타이머/카운터1의 클록소스의 프리스케일러 분주비 256으로 설정

CS12	CS11	CS10	클록 소스
1	0	0	$clk_{I/O}$ / 256

프리스케일러의 분주비가 정해지면, OC1A의 출력 파형 주파수를 얻기 위한 타이머/카운터1의 출력 비교 레지스터(OCR1A)의 값이 정해진다. CTC 모드에서 출력비교 인터럽트가 2번 발생하여 1주기의 출력파형을 만든다. 이때 최대값(TOP)인 OCR1A 값은 다음과 같은 식으로 구한다.

$$f_{OC_x} = \frac{f_{CPU_{clock}}}{N \cdot (1 + TOP)} \quad \Rightarrow \quad TOP = \frac{16,000,000}{(256 \cdot f_{OC_x})} - 1$$

f_{OC_x}가 1Hz이므로 OCR1A의 값은 (16,000,000/256) - 1 = 62,499이다.

비 트	7	6	5	4	3	2	1	0
TCCR1A	**COM1A1**	**COM1A0**	**COM1B1**	**COM1B0**	-	-	**WGM11**	**WGM10**
설정값(2진수)	0	0	0	0	0	0	0	0
설정값(16진수)	0				0			

〈그림 2.1.12〉 타이머/카운터 1 제어 레지스터A (TCCR1A) 설정

비 트	7	6	5	4	3	2	1	0
TCCR1B	ICNC1	ICES1	-	**WGM13**	**WGM12**	**CS12**	**CS11**	**CS10**
설정값(2진수)	0	0	0	0	1	1	0	0
설정값(16진수)	0				C			

〈그림 2.1.13〉 타이머/카운터 1 제어 레지스터B (TCCR1B) 설정

(3) 타이머/카운터1의 타이머 인터럽트 설정

타이머/카운터1의 타이머 인터럽트는 타이머 인터럽트 마스크 레지스터(TIMSK)와 타이머 인터럽트 플랙 레지스터(TIFR)로 설정한다.

```
TIMSK = 0x40;                    // enable OC1A interrupt
TIFR  = 0xE8;                    // clear all interrupt flags
```

OC1A의 인터럽트를 허용하려면, 타이머/카운터1의 타이머 인터럽트 마스크 레지스터 TIMSK의 OCIE1A=1로 한다.

비 트	7	6	5	4	3	2	1	0
TIMSK	TOIE1	**OCIE1A**	OCIE1B	-	ICIE1	OCIE0B	TOIE0	OCIE0A
설정값(2진수)	0	1	0	0	0	0	0	0
설정값(16진수)	4				0			

〈그림 2.1.14〉 타이머/카운터1의 OC1A 인터럽트 허용 (TIMSK)설정

타이머/카운터1의 모든 인터럽트 플랙을 클리어(clear) 하려면, 타이머/카운터1의 타이머 인터럽트 플랙 레지스터 TIFR의 TOV1=1, OCF1A=1, OCF1B=1, ICF1=1로 설정한다.

비 트	7	6	5	4	3	2	1	0
TIFR	**TOV1**	**OCF1A**	**OCF1B**	-	**ICF1**	OCF0B	TOV0	OCF0A
설정값(2진수)	1	1	1	0	1	0	0	0
설정값(16진수)	E				8			

〈그림 2.1.15〉 타이머/카운터1의 인터럽트 플랙 클리어 (TIFR)설정

(4) 인터럽트 서비스 루틴

타이머/카운터1의 CTC 모드4와 프리스케일러의 분주비, 타이머 인터럽트 등을 모두 설정하였으면, 글로벌 인터럽트 인에이블하는 함수 sei()에 의해 인터럽트가 허용된다. 인터럽트가 발생했을 때 실행해야 할 프로그램은 인터럽트 서비스 루틴에 작성해 준다. 인터럽트 서비스 루틴은 1.7절 "AVR Studio에서 WinAVR을 이용한 C언어 프로그램 작성"에서 설명한 바와 같이 프로그램의 서두에 인터럽트 헤더 파일 <avr/interrupt.h>을 인클루드 시켜야 하고, 인터럽트 서비스 루틴은 다음과 같은 형식을 지켜야 한다.

```
ISR(vect)
{
    // interrupt service routine
}
```

인터럽트 벡터는 <표 1.7.4>의 ATtiny2313의 인터럽트 처리를 위한 vector를 사용한다. 타이머/카운터1의 비교 매치A의 벡터를 사용하므로 'TIMER1_COMPA_vect' 벡터를 사용한다.

```
ISR(TIMER1_COMPA_vect)
{
  PORTB = PORTB ^ 0xFF ;                // PortB LED ON-OFF
  Beep();
}
```

인터럽트 서비스 루틴에서 처리되는 내용은 포트B로 PORTB의 초기값과 0xFF의 값을 XOR하여 출력하고, 부저를 울리는 것이다.

작품 2 LED 하트(♡) 디스플레이

ATtiny2313에서 리셋($\overline{\text{RESET}}$)단자와 전원단자를 제외한 모든 단자를 출력 단자로 사용하여 16개의 LED로 하트(♡) 모양을 구성하고, 포트B의 PB3비트에 부저 1개를 접속한 하드웨어를 이용하여 프로그램 작성법을 익힌다.

Hardware LED 하트(♡) 디스플레이 제작

'LED 하트(♡) 디스플레이'는 <그림 2.2.1>의 회로를 <표2.2.1>에 제시된 부품을 이용하여 <그림 2.2.2>와 같이 만능기판에 제작한다.

〈표 2.2.1〉 'LED 하트(♡) 디스플레이' 부품목록

부품	규격	수량	부품	규격	수량
IC	ATtiny2313-20PU	1	저항	10kΩ	1
트랜지스터	2SC1815	1	저항	1kΩ	1
LED	적색 3φ	17	저항	4.7kΩ	1
세라믹콘덴서	0.1uF	2	어레이저항	330Ω (9핀)	2
부저	ALP1205S	1	전해콘덴서	22uF	2
IC소켓	20핀	1	박스형콘넥터	3FB-10P-S/T	1
만능기판	28×28	1	SIP 헤더	2핀	1
서포터	F-10(10mm)볼트포함	4			

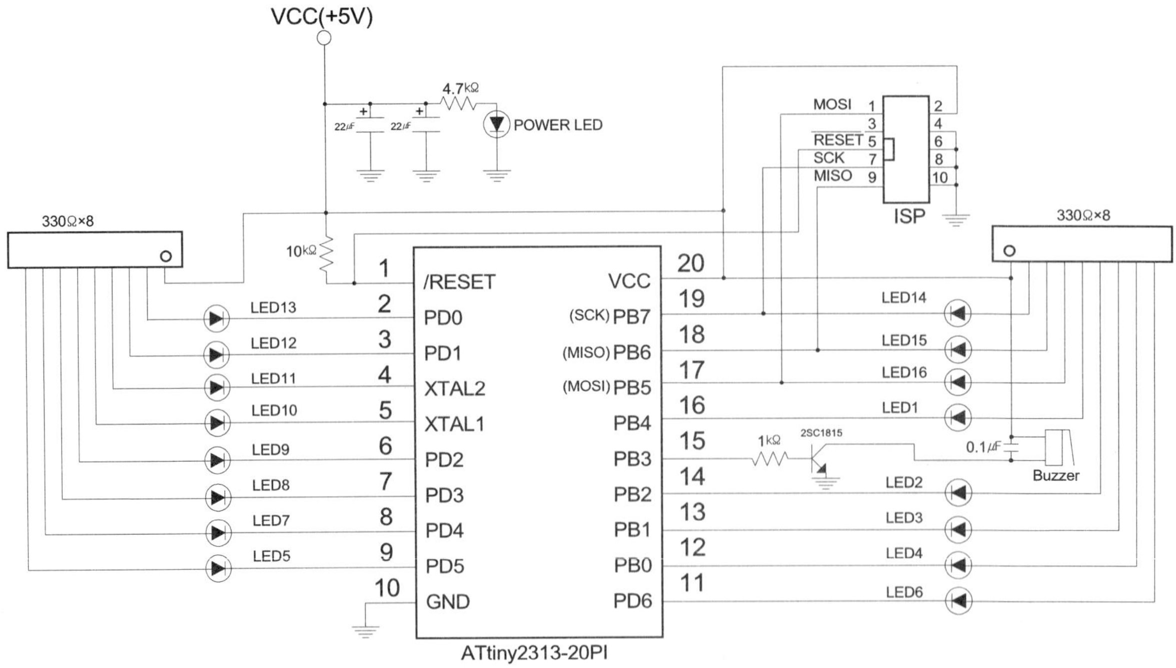

〈그림 2.2.1〉 'LED 하트(♡) 디스플레이' 회로도

(1) 만능기판에 제작

<그림 2.2.2>와 같이 만능기판(28×28)에 부품을 배치하고 리드선으로 각 부품을 납땜하여 회로를 구성한다. 리드선과 리드선이 겹치는 부분에 납땜 표시(●)가 없으면, 리드선에 피복을 입힌 점프선으로 납땜을 해야 한다. <그림 2.2.2>는 부품면을 기준으로 한 것이기 때문에 납땜을 하는 동판면 쪽에서는 좌우가 바뀌며, 전원 Vcc는 (+5V)인 것에 유의해야 한다.

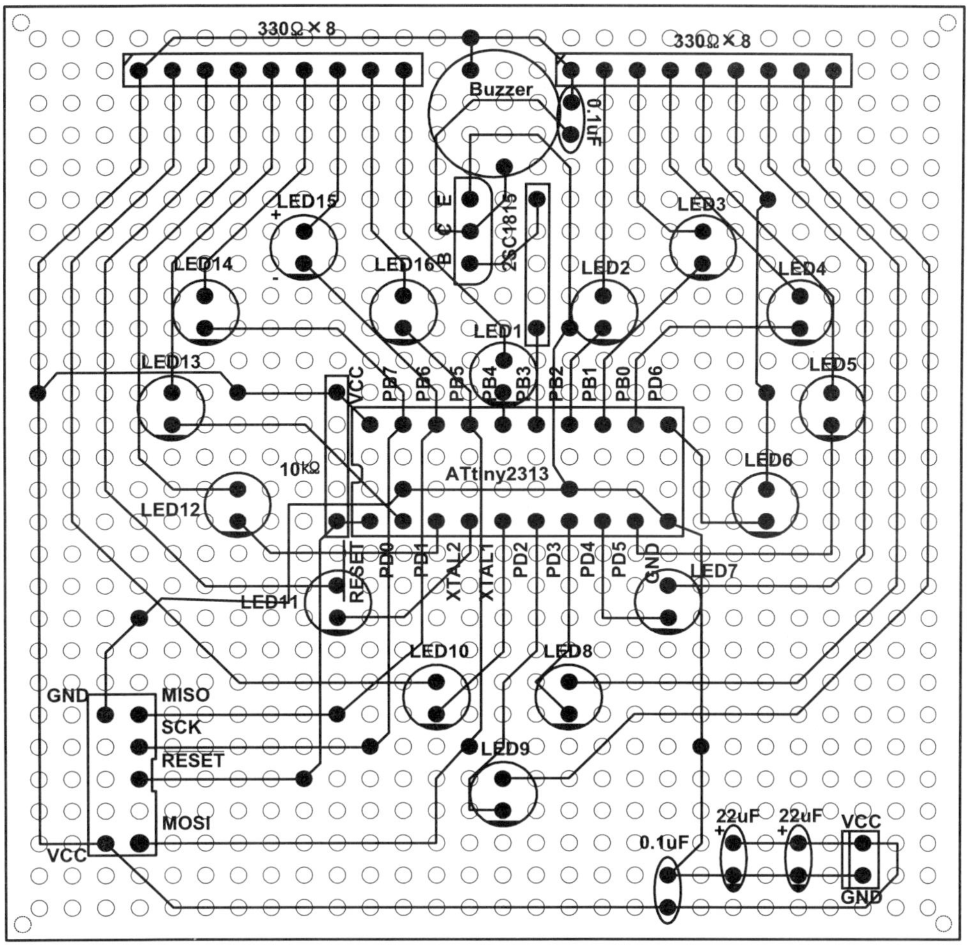

〈그림 2.2.2〉 'LED 하트(♡) 디스플레이' 회로의 부품 배치도

<그림 2.2.2>와 같이 부품을 배치하였다 하더라도 리드선으로 배선하여 납땜하는 방법은 다를 수 있으며, 부품 배치도도 다르게 할 수 있다. <그림 2.2.3>은 <그림 2.2.2>와 같이 부품을 배치하여 완성한 'LED 하트(♡) 디스플레이' 하드웨어 이다.

〈그림 2.2.3〉 'LED 하트(♡)디스플레이' 회로를 완성한 모습

(2) ATtiny2313의 포트 A의 병렬포트 사용법

ATtiny2313의 각 포트에 LED를 접속하여 LED 하트(♡)모양을 만들려면 LED 16개를 접속해야 한다. 그러나, ATtiny2313은 포트B가 8비트의 병렬포트를 가지며, 포트D가 7비트의 병렬포트를 가지므로 LED를 접속할 1비트가 부족하다.

그러나, ATtiny2313은 리셋($\overline{\text{RESET}}$)단자를 포트A의 PA2, XTAL1단자를 포트A의 PA0, XTAL2 단자를 포트A의 PA1로 사용할 수 있다. 레셋단자는 ISP 프로그래밍을 위해서 필요한 단자 이므로 이것을 PA2로 사용하려면 퓨즈비트에서 리셋을 비활성화 시키는 RSTDISBL비트를 ☑해주어야 하지만, ToastProg2005에서는 이 비트를 처리할 수 없도록 비활성으로 되어 있다. 리셋단자를 사용할 수 없게 해 놓으면 ISP 케이블을 통해 HEX파일을 다운로드 할 수없으므로 ISP 다운로드 프로그램에서는 이를 비활성화 시켜 놓았다. AVR Studio의 AVR 프로그래머를 사용하면 RSTDISBL비트를 ☑하여 리셋단자를 PA2로 사용할 수 있으나, ISP 다운로드 기능을 사용할 수 없게 되는 문제가 발생한다.

즉, HEX파일을 프로그램 메모리에 다운로드 하려면, 롬라이터를 사용해야 한다.

XTAL1단자와 XTAL2단자를 PA1과 PA0로 사용하려면, 퓨즈비트에서 시스템 클록을 내부 RC 오실레이터를 사용하도록 설정하면 된다. ATtiny2313은 내부 RC 오실레이터로 4.0MHz나 8.0MHz를 선택할 수 있다. 내부 RC 오실레이터 8.0MHz를 선택하기 위한 퓨즈비트는 <그림 2.2.4>와 같이 설정하고 라이트(write)하면 된다.

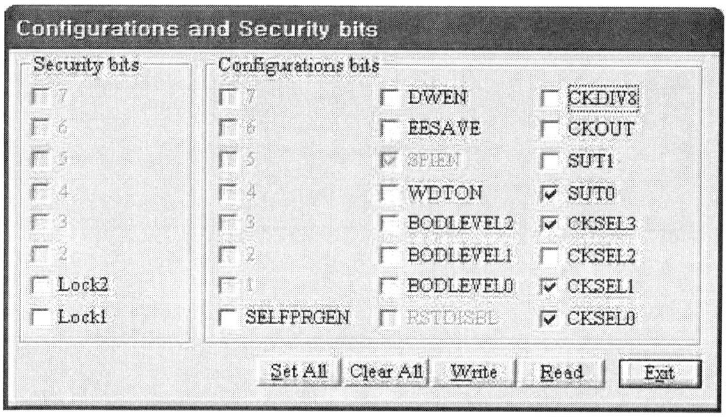

〈그림 2.2.4〉 내부 RC오실레이터 8.0MHz 퓨즈비트

LED 하트(♡) 디스플레이 프로그램

LED 하트(♡) 디스플레이 프로그램을 작성하기 위해서는 1.7절의 '3. AVR Studio에서 WinAVR을 이용한 C언어 프로그램 개발과정'에 대해서 설명한 바와 같은 과정을 거쳐 프로그램을 작성하고 컴파일 한 결과를 다운로드하여 동작을 확인한다.

<그림 1.7.10>의 프로젝트의 환경설정에서 주의할 점은 LED 하트(♡) 하드웨이는 외부 크리스탈에 의해서 시스템 클록이 공급되지 않고 내부 RC 오실레이터에 의해서 8.0MHz로 동작되도록 구성하였으므로, 주파수(Frequency)를 <그림 2.2.5>와 같이 프로젝트의 환경설정을 변경한다.

Device : attiny2313, Frequency : 8000000, Optimization : -Os

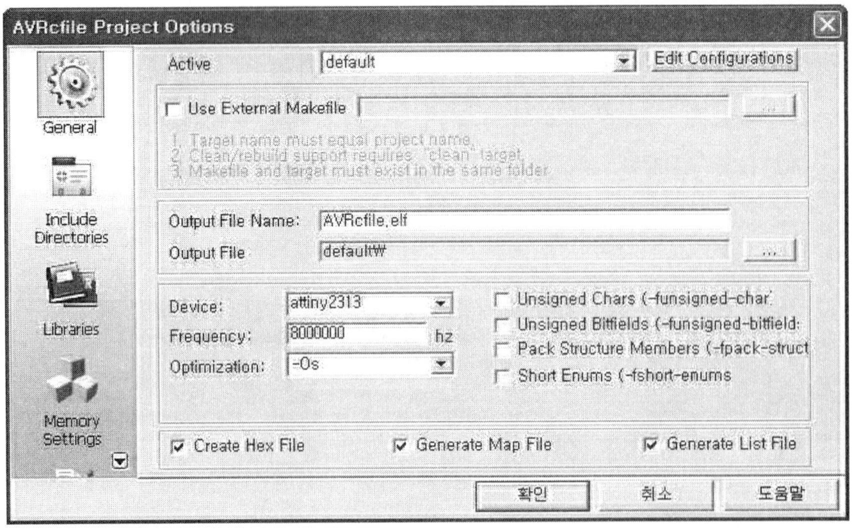

〈그림 2.2.5〉 LED 하트(♡) 및 뮤직박스 프로젝트 환경설정

(1) 기본 프로그램 작성

<그림 1.7.11>과 같이 'AVRcfile' 프로젝트 파일을 연 다음, <그림 1.7.13>과 같이 새파일 만들기를 하고 저장 아이콘 을 클릭하여 파일명을 'heart2-1.C'로 하여 프로젝트에 추가한 다음 <프로그램 heart2-1.C>와 같이 프로그램을 작성한다.

〈프로그램 heart2-1.C〉 LED 하트(♡) ON-OFF

```
// ===========================================
//  heart2-1.C
// ===========================================

#include <avr/io.h>
#include "ATtiny2313a.h"

int main(void)
{
  MCU_initialize();                       // initialize for ATtiny2313
  Delay_ms(50);                           // wait for system stabilization
  Beep();                                 // beep

  PORTA = 0xFF;
  PORTB = 0xF7;
  PORTD = 0xFF;

  while(1)
    {
      PORTA = 0x00;                       // LED ON
      PORTB = 0x00;                       // LED ON
```

```
        PORTD = 0x00;                        // LED ON
        Delay_ms(500);

        PORTA = 0xFF;                        // LED OFF
        PORTB = 0xF7;                        // LED OFF
        PORTD = 0xFF;                        // LED OFF
        Delay_ms(500);
    }
}
```

<프로그램 heart2-1.C>는 LED 하트(♡)를 500ms 간격으로 ON-OFF하는 프로그램이다. 포트A, B, D를 통해 데이터가 로우(low)로 출력될 때, LED가 ON되고, 하이(high)로 출력될 때 LED가 OFF된다. 주의할 점은 포트B의 PB3비트는 부저가 접속되어 있으므로 하이 출력을 내보 낼때 PB3비트는 로우값을 내보내야 한다. PB3비트가 하이로 출력되면 부저가 ON되어 울리게 된다. 각 포트에 접속된 LED는 <표 2.2.2>와 같다.

〈표 2.2.2〉 LED 하트(♡)의 각 포트에 접속된 LED 순서

LED	LED1	LED2	LED3	LED4	LED5	LED6	LED7	LED8
포트	PB4	PB2	PB1	PB0	PD5	PD6	PD4	PD3
LED	**LED9**	**LED10**	**LED11**	**LED12**	**LED13**	**LED14**	**LED15**	**LED16**
포트	PD2	XTAL1	XTAL2	PD1	PD0	PB7	PB6	PB5

(2) 컴파일 및 HEX 파일 다운로드

<프로그램 heart2-1.C>의 프로그램을 작성하였으면, 단축아이콘 이나 키보드의 'F7'을 눌러 컴파일을 수행한다. 오류없이 컴파일이 완료되면 하단의 Build창에 'Build succeeded with 0 Warnings...' 메시지가 나타난다.

컴파일이 오류없이 완료되었으면, 초간단 LED 하트(♡) 디스플레이 하드웨어의 ISP 소켓에 ISP 다운로드 케이블을 접속하고 초간단 LED 하트(♡) 디스플레이 하드웨어에 전원을 공급한다. HEX 파일 다운로드 프로그램인 ToastProg2005를 실행하고 <그림 1.7.27>과 같이 사용할 디바이스가 ATtiny2313으로 정확히 설정되어 있는지 확인한다. ATtiny2313을 처음 사용하는 경우에는 <그림 1.7.29>와 같이 퓨즈비트를 설정한 다음 C:\Atmel\ ATtiny2313c\default 폴더에 생성된 'AVRcfile.hex'파일을 <그림 1.7.32>와 같이 열고, <그림 1.7.34>와 같이 HEX파일을 다운로드 한다.

(3) LED 하트(♡) 순차 ON-OFF

LED 하트(♡)를 구성하는 LED 16개가 ON-OFF 되어 1초에 한 바퀴씩 회전하는 프로그램을 작성한다. LED1부터 LED16까지 차례로 1초 동안 ON-OFF 되도록 하기 위해서 LED 1개가 ON되는 지연시간을 62ms 로 하면 992ms가 되므로 LED 16개 중 중간 부분인 LED8과 마지막 부분인 LED16 다음에 4ms씩 지연시켜 LED 하트(♡)가 ON-OFF되는 데 걸리는 시간을 1,000ms로 맞춘다.

LED 하트(♡)를 ON-OFF 시킬 때 LED가 잔상 처럼 켜져 있는 경우에는 해당 LED를 강제로 OFF시켜 준다. <프로그램 heart2-2.C>는 LED 하트(♡)의 LED가 순차적으로 ON-OFF되는 루틴을 heart()함수로 만들어 두고 메인함수에서 호출하도록 하였다. 메인함수가 시작하기 전에 모든 LED가 OFF되도록 하이(high)출력을 내보낸다. 포트B의 경우에는 모든 비트를 하이로 출력하면, PB3비트에 접속되어 있는 부저에서 소리가 날 수 있으므로 PB3비트는 로우(low)로 출력한다.

〈프로그램 heart2-2.C〉 LED 하트(♡) 순차 ON-OFF

```
// ==========================================
//  heart2-2.C
// ==========================================

#include <avr/io.h>
#include "ATtiny2313a.h"

void heart(void)
{ unsigned char time=62;

  PORTB = 0xE7;                           // LED1
  Delay_ms(time);
  PORTB = 0xF3;                           // LED2
  Delay_ms(time);
  PORTB = 0xF5;                           // LED3
  Delay_ms(time);
  PORTB = 0xF6;                           // LED4
  Delay_ms(time);
  PORTD = 0xDF;                           // LED5
  Delay_ms(time);
  PORTD = 0xBF;                           // LED6
  Delay_ms(time);
  PORTD = 0xEF;                           // LED7
  Delay_ms(time);
  PORTD = 0xF7;                           // LED8
  Delay_ms(time);

  PORTA = 0xFF;
  PORTB = 0xF7;
  PORTD = 0xFF;
```

```
    Delay_ms(8);

    PORTD = 0xFB;                          // LED9
    Delay_ms(time);
    PORTA = 0xFE;                          // LED10
    Delay_ms(time);
    PORTA = 0xFD;                          // LED11
    Delay_ms(time);
    PORTD = 0xFD;                          // LED12
    Delay_ms(time);
    PORTD = 0xFE;                          // LED13
    Delay_ms(time);
    PORTB = 0x77;                          // LED14
    Delay_ms(time);
    PORTB = 0xB7;                          // LED15
    Delay_ms(time);
    PORTB = 0xD7;                          // LED16
    Delay_ms(time);

    PORTA = 0xFF;
    PORTB = 0xF7;
    PORTD = 0xFF;
    Delay_ms(8);
    Beep();
}

int main(void)
{
    MCU_initialize();                      // initialize for ATtiny2313
    Delay_ms(50);                          // wait for system stabilization
    Beep();                                // beep

    PORTA = 0xFF;
    PORTB = 0xF7;
    PORTD = 0xFF;

    while(1){ heart();
      }
 }
```

1) 사용자 헤더 <ATtiny2313a.h>

〈사용자 헤더 ATtiny2313a.h〉

```
// ==============================================
//  ATtiny2313a.h  for LED heart
// ==============================================

void MCU_initialize(void)      // initialize for ATtiny2313
{ DDRA = 0x03;                 // PORTA = output(LED10-11)
  PORTA = 0x00;
  DDRB = 0xFF;                 // PORTB = output (LED1-4, LED14-16, Buzzer)
  PORTB = 0x00;
```

```
  DDRD = 0xFF;                               // PORTD = output (LED5-9, LED12-13)
  PORTD = 0x00;
}

void Delay_us(unsigned char time_us)  // delay for us
{ register unsigned char i;

  for(i = 0; i < time_us; i++)          // 4 cycle +
    { asm volatile(" PUSH  R0 ");        // 2 cycle +
      asm volatile(" POP   R0 ");        // 2 cycle = 8 cycle = 1us for 8MHz
    }
}

void Delay_ms(unsigned int time_ms)   // delay for ms
{ register unsigned int i;

  for(i = 0; i < time_ms; i++)
    { Delay_us(250);
      Delay_us(250);
      Delay_us(250);
      Delay_us(250);
    }
}

void Beep(void)
{
  PORTB |= _BV(3);                          // buzzer on

  Delay_ms(50);
  PORTB &= ~_BV(3);                         // buzzer off
}
```

포트A를 사용하기 위해서는 다른 양방향 병렬 포트와 마찬가지로 포트A의 데이터 방향 레지스터 DDRA를 출력으로 설정해 주어야 한다. 시간지연 함수Delay_us()는 내부 RC 오실레이터 8MHz를 사용하므로 8사이클(cycles)이 1us이므로 <ATtiny2313a.h>의 Delay_us()함수와 같이 수정한다.

부저음을 사용하기 위해서 <ATtiny2313.h>에서 사용했던 것과 같이 PB3 비트 만을 세트(Set) 또는 리셋(Reset)을 해주는 Beep()함수를 만든다.

2) LED 하트(♡) 순차 ON-OFF 응용

<프로그램 heart2-2.C>에서 LED 하트(♡)가 1회전할 때 마다 부저가 울리도록 하려면 메인함수의 heart()함수 다음에 Beep()함수를 추가한다.

```
int main(void)
{
  MCU_initialize();                    // initialize for ATtiny2313
  Delay_ms(50);                        // wait for system stabilization
  Beep();                              // beep

  PORTA = 0xFF;
  PORTB = 0xF7;
  PORTD = 0xFF;

  while(1)
    { heart();
      Beep();
    }
}
```

<프로그램 heart2-2.C>에서 LED 하트(♡)가 10회전할 때 마다 부저가 울리도록 하려면 메인함수에서 heart()함수를 10회 반복한 후 부저가 울리도록 한다.

```
int main(void)
{
  MCU_initialize();                    // initialize for ATtiny2313
  Delay_ms(50);                        // wait for system stabilization
  Beep();                              // beep

  PORTA = 0xFF;
  PORTB = 0xF7;
  PORTD = 0xFF;

  while(1)
    { unsigned char i;
      for(i = 0; i < 10; i++)
        { heart();
        }
        Beep();
    }
}
```

작품 3 초간단 뮤직박스 만들기

ATtiny2313의 포트B에 부가기능인 타이머/카운터1의 출력비교 매치 A출력(OC1A)인 PB3 비트에 스피커를 접속하는 "초간단 뮤직박스"를 제작하고, 타이머/카운터1의 CTC모드를 사용하여 스피커를 통해 음악을 연주하는 프로그램을 작성한다.

Hardware 초간단 뮤직박스 제작

'초간단 뮤직박스' 하드웨어는 <그림 2.3.1>의 회로를 <표2.3.1>에 제시된 부품을 이용하여 <그림 2.3.2>와 같이 만능기판에 제작한다.

〈표 2.3.1〉 '초간단 뮤직박스' 부품목록

부품	규격	수량	부품	규격	수량
IC	ATtiny2313-20PU	1	저항	10kΩ	1
트랜지스터	2SC1815	1	저항	1kΩ	1
다이오드	1N4001	1	저항	4.7kΩ	1
LED	적색 3 ϕ	1	저항	33Ω	1
세라믹콘덴서	0.1uF	3	전해콘덴서	22uF	2
IC소켓	20핀	1	박스형콘넥터	3FB-10P-S/T	1
스피커	0.5W 8Ω	1	택트스위치	4핀	4
만능기판	28×28	1	서포터	F-10(10mm)볼트포함	
SIP 헤더	2핀	1			

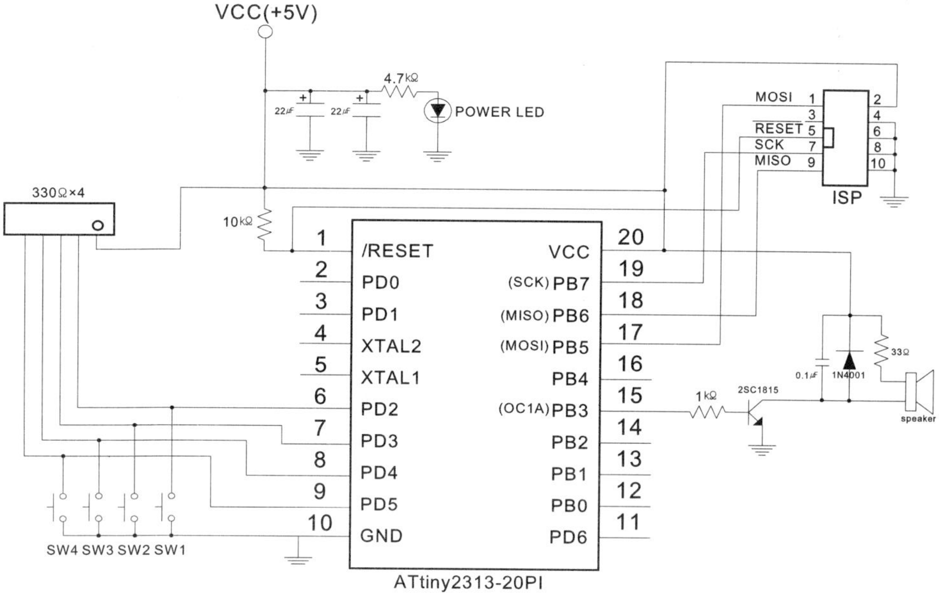

〈그림 2.3.1〉 '초간단 뮤직박스' 회로도

(1) 만능기판에 제작

<그림 2.3.2>와 같이 만능기판(28×28)에 부품을 배치하고 리드선으로 각 부품을 납땜하여 회로를 구성한다. 리드선과 리드선이 겹치는 부분에 납땜 표시(●)가 없으면, 리드선에 피복을 입힌 점프선으로 납땜을 해야 한다. <그림 2.3.2>는 부품면을 기준으로 한 것이기 때문에 납땜을 하는 동판면 쪽에서는 좌우가 바뀌며, 전원 Vcc는 (+5V)인 것에 유의해야 한다.

만능기판의 중앙에 스피커를 배치하기 위해서 구멍을 뚫어야 한다. 구멍을 깨끗하게 뚫기 위해서 전용공구를 사용할 수도 있겠으나, 니퍼와 같은 공구를 사용하여 뚫을 수도 있다. <그림 2.3.3>의 사진과 같이 스피커가 만능기판의 구멍에 충분히 들어갈 정도로 뚫은 후 우드락을 잘라서 양면테이프로 고정시켜 스피커 받침대를 만든다. 완전히 고정하고자 할 때는 순간접착제로 우드락을 만능기판에 붙이고, 만능기판에 우드락이 단단히 부착되었으면 스피커를 우드락 받침대 위에 <그림 2.3.4>와 같이 올리고, 우드락과 스피커도 순간 접착제로 고정시키면 '초간단 뮤직박스' 하드웨어가 완성된다.

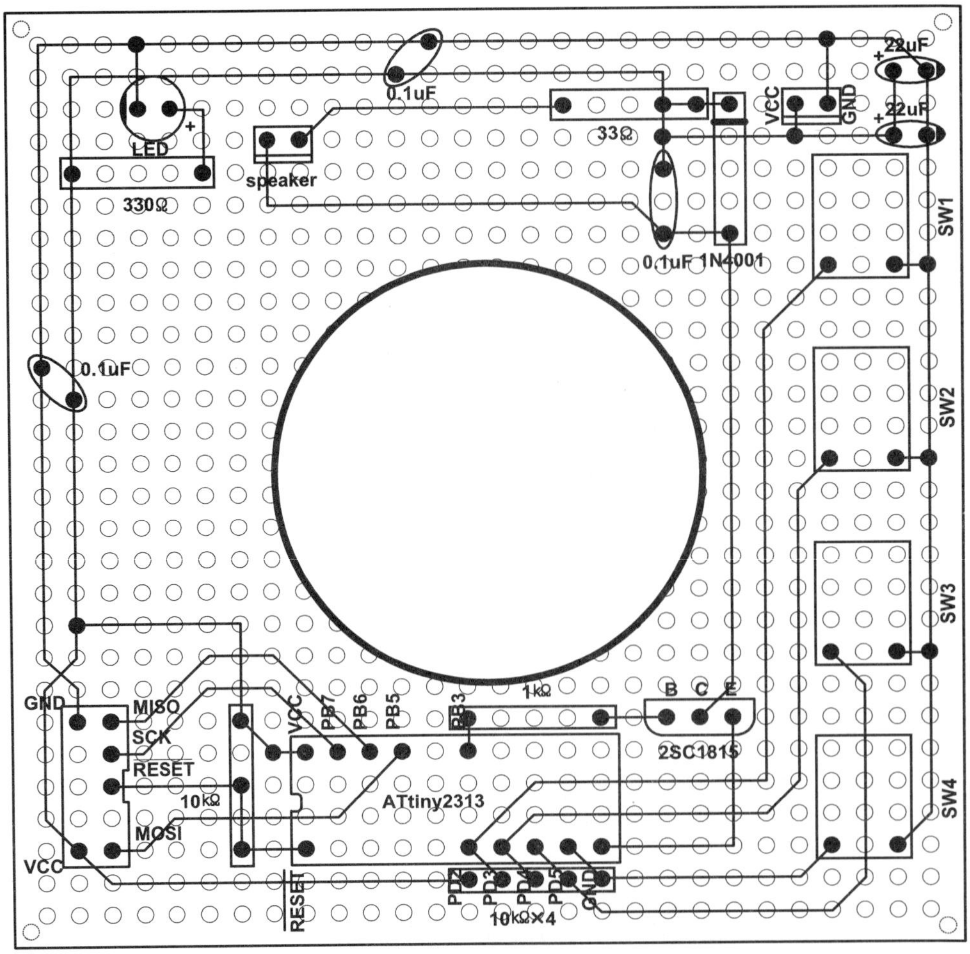

〈그림 2.3.2〉 '초간단 뮤직박스' 회로의 부품 배치도

〈그림 2.3.3〉 초간단 뮤직박스 스피커 미부착

〈그림 2.3.4〉 초간단 뮤직박스 스피커 부착

(2) 타이머/카운터1의 출력비교 단자 OC1A에 의한 스피커 구동

스피커를 구동하여 음악을 연주하는 '초간단 뮤직박스'를 만들기 위해서 ATtiny2313의 타이머/카운터1의 타이머 분주 기능을 사용한다. 스피커를 구동하는 파형의 듀티비를 50%에 가깝게 하기 위해 타이머/카운터1의 CTC 모드 12를 사용한다. 입력 캡쳐 레지스터 ICR1이 CTC 모드 12에서 최대값으로 동작하므로 OC1A의 출력 주파수는 다음과 같다.

$$f_{OC1A} = \frac{f_{clk\,I/O}}{2 \cdot N \cdot (1 + ICR1)} \quad [Hz]$$

타이머/카운터 프리스케일러의 분주비 N을 8로하고, ATtiny2313의 내부 RC 오실레이터 8.0MHz를 시스템 주파수로 사용하면, 타이머/카운터1에 의해 <표 2.3.2>와 같은 옥타브 및 음계별 표준주파수에 대한 입력 캡쳐 레지스터 ICR1의 값은 다음식으로 구할 수 있다.

$$ICR1 = \frac{8000000}{2 \cdot 8 \cdot f_{OC1A}} - 1$$

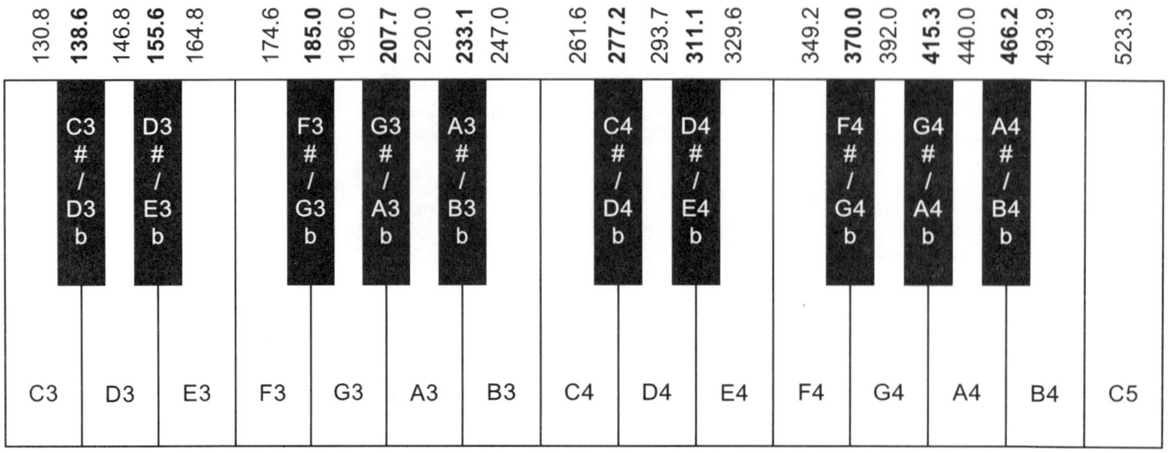

〈그림 2.3.5〉 피아노 건반과 표준 주파수

〈표 2.3.2〉 옥타브 및 음계별 표준 주파수 [단위 : Hz]

음계		1옥타브	2옥타브	3옥타브	4옥타브	5옥타브	6옥타브	7옥타브	8옥타브
도	C	32.703	65.404	130.812	261.625	523.251	1046.502	2093.005	4186.009
	C#	34.647	69.295	138.591	277.182	554.365	1108.731	2217.461	4434.922
레	D	36.708	73.416	146.832	293.664	587.329	1174.659	2349.318	4698.636

	D#	38.890	77.781	155.563	311.127	622.254	1244.508	2489.016	4978.032
미	E	41.203	82.406	164.813	329.627	659.255	1318.510	2637.020	5274.041
파	F	43.653	87.307	174.614	349.228	698.456	1396.913	2793.826	5587.652
	F#	46.249	92.498	184.997	369.994	739.988	1479.978	2959.955	5919.911
솔	G	48.999	97.998	195.997	391.995	783.990	1567.982	3135.963	6271.927
	G#	51.913	103.826	207.652	415.304	830.609	1661.219	3322.438	6644.875
라	A	55.000	110.000	220.000	440.000	880.000	1760.000	3520.000	7040.000
	A#	58.270	116.540	233.081	466.163	932.327	1864.655	3729.310	7458.620
시	B	61.735	123.470	246.941	493.883	987.766	1975.533	3951.066	7902.133

<표 2.3.2>의 옥타브 및 음계에 대한 표준 주파수를 나타낸 것이다. 피아노 건반에서 옥타브에 대한 음계는 <그림 2.3.5>와 같으며 일반적으로 중간인 4옥타브를 중심으로 상하로 한 옥타브씩을 취하여 3옥타브~5옥타브에 대한 음역으로 대부분의 음악을 연주할 수 있다. <표 2.3.2>의 표준 주파수에서 ICR1값은 <그림 2.3.6>과 같이 스프레드 시트 프로그램을 이용하여 구하면 <표 2.3.3>과 같다.

	A	B	C	D	E	F	G	H	I
4				1옥타브	ICR1값	4옥타브	ICR1값	7옥타브	ICR1값
5		도	C	32.7032	15,288	261.6256	1,910	2093.005	238
6			C#	34.6478	14,430	277.1826	1,803	2217.461	224
7		레	D	36.7081	13,620	293.6648	1,702	2349.318	212
8			D#	38.8909	12,855	311.127	1,606	2489.016	200
9		미	E	41.2034	12,134	329.6276	1,516	2637.02	189
10		파	F	43.6535	11,453	349.2282	1,431	2793.826	178
11			F#	46.2493	10,810	369.9944	1,350	2959.955	168

〈그림 2.3.6〉 표준 주파수에 대한 ICR1값을 구하는 예

〈표 2.3.3〉 음계의 표준 주파수에 대한 타이머/카운터1의 입력 캡쳐 레지스터의 ICR1값

옥타브	음계		표준주파수	8MHz에 대한 ICR1값
	음계명	음계정의		
3	C(도)	LC	130.812	3,821
	C#	LCX	138.182	3,607
	D(레)	LD	146.832	3,404
	D#	LDX	155.563	3,213
	E(미)	LE	164.813	3,033
	F(파)	LF	174.614	2,862
	F#	LFX	184.997	2,702
	G(솔)	LG	195.997	2,550
	G#	LGX	207.652	2,407
	A(라)	LA	220.000	2,272
	A#	LAX	233.081	2,144
	B(시)	LB	246.941	2,024
4	C(도)	MC	261.625	1,910
	C#	MCX	277.182	1,803
	D(레)	MD	293.664	1,702
	D#	MDX	311.127	1,606
	E(미)	ME	329.228	1,516
	F(파)	MF	349.228	1,431
	F#	MFX	369.994	1,350
	G(솔)	MG	391.995	1,275
	G#	MGX	415.304	1,203
	A(라)	MA	440.000	1,135
	A#	MAX	466.163	1,072
	B(시)	MB	493.883	1,011
5	C(도)	HC	523.251	955
	C#	HCX	554.365	901
	D(레)	HD	587.329	850
	D#	HDX	622.254	803
	E(미)	HE	659.255	757
	F(파)	HF	698.456	715
	F#	HFX	739.988	675
	G(솔)	HG	783.990	637
	G#	HGX	830.609	601
	A(라)	HA	880.000	567
	A#	HAX	932.327	535
	B(시)	HB	987.766	505

초간단 뮤직박스 프로그램

초간단 뮤직박스 프로그램을 작성하기 위해서는 1.7절의 '3. AVR Studio에서 WinAVR을 이용한 C언어 프로그램 개발과정'에 대해서 설명한 바와 같은 과정을 거쳐 프로그램을 작성하고 컴파일 한 결과를 다운로드하여 동작을 확인하면 된다.

<그림 1.7.10>의 프로젝트의 환경설정에서 주의할 점은 초간단 뮤직박스 하드웨어는 외부 크리스탈에 의해서 시스템 클록이 공급되지 않고 내부 RC 오실레이터에 의해서 8.0MHz로 동작되도록 구성하였으므로, 주파수(Frequency)를 <그림 2.3.7>과 같이 프로젝트의 환경설정을 변경해야 한다.

Device : attiny2313, Frequency : 8000000, Optimization : -Os

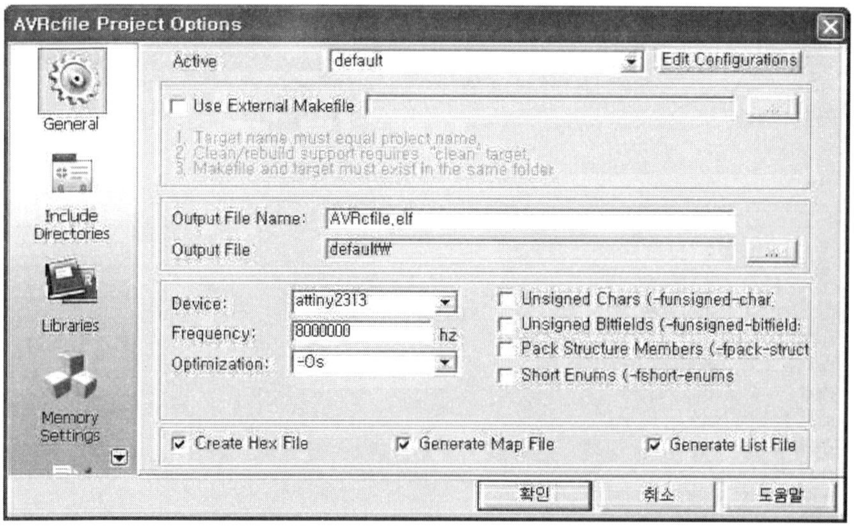

〈그림 2.3.7〉 초간단 뮤직박스 프로젝트 환경설정

(1) 기본 프로그램 작성

<그림 1.7.11>과 같이 'AVRcfile' 프로젝트 파일을 연 다음, <그림 1.7.13>과 같이 새파일 만들기를 하고 저장 아이콘을 클릭하여 파일명을 'music3-1.C'로 하여 프로젝트에

추가한 다음 <프로그램 music3-1.C>와 같이 프로그램을 작성한다.

〈프로그램 music3-1.C〉 초간단 뮤직박스 '생일축하'

```
// ================================================
//  music3-1.C
// ================================================

#include <avr/io.h>
#include "ATtiny2313c.h"

unsigned char tempo;

void Play_note(unsigned int sound, unsigned int note)
{
  ICR1= sound;                          // set ICR1
  TCNT1 = 0x0000;                       // clear Timer/Counter1
  TCCR1B = 0x1A;                        // start CTC mode(prescaler = 8)

  Delay_ms(note * tempo * 7);           // note play time

  TCCR1B = 0x18;                        // speaker off
}

int main(void)
{
  MCU_initialize();                     // initialize for ATtiny2313
  Delay_ms(50);                         // wait for system stabilization

  TCCR1A = 0x40;                        // Toggle output OC1A
  TCCR1B = 0x18;                        // CTC mode (12), No clock source(speaker off)

  tempo = 4;                            // Set tempo

  Play_note(LG,N8);                     // Line 1
  Play_note(LG,N8);
  Play_note(LA,N4);
  Play_note(LG,N4);
  Play_note(MC,N8);
  Play_note(MC,N8);
  Play_note(LB,N2);
  Play_note(LG,N8);
  Play_note(LG,N8);
  Play_note(LA,N4);
  Play_note(LG,N4);
  Play_note(MD,N8);
  Play_note(MD,N8);
  Play_note(MC,N2);
  Play_note(LG,N8);
  Play_note(LG,N8);

  Play_note(MG,N4);                     // Line 2
  Play_note(ME,N4);
  Play_note(MC,N4);
```

```
    Play_note(LB,N4);
    Play_note(LA,N4);
    Play_note(MF,N8);
    Play_note(MF,N8);
    Play_note(ME,N4);
    Play_note(MC,N4);
    Play_note(MD,N8);
    Play_note(MD,N8);
    Play_note(MC,N2);

    Delay_ms(1000);

    while(1);
}
```

1) 템포 설정

'파형 출력 하지 않는 CTC 모드 4'에 대해서 'LED ON-OFF'하드웨어의 인터럽트에 의한 LED ON-OFF 프로그램에서 설명한 바 있다. OC1A핀으로 파형을 출력하는 CTC 모드 12는 타이머/카운터1 제어 레지스터 TCCR1A와 TCCR1B의 파형 발생비트 WGM13~WGM10으로 설정한다.

```
    TCCR1A = 0x40;                 // Toggle output OC1A
    TCCR1B = 0x18;                 // CTC mode (12), No clock source(speaker off)
```

CTC mode 12를 선택하려면, <표 1.4.7>의 WGM13~WGM10 비트에 의한 동작모드 설정에서 TCCR1A의 WGM11과 WGM10은 각각 '0'이고, TCCR1B의 WGM13과 WGM12는 각각 '1'로 설정되어야 한다.

비트	7	6	5	4	3	2	1	0	
0x2F(0x4F)	COM1A1	**COM1A0**	COM1B1	COM1B0	-	-	WGM11	WGM10	TCCR1A
읽기 / 쓰기	R/W	R/W	R/W	R/W	R	R	R/W	R/W	

〈그림 2.3.8〉 타이머/카운터 1 제어 레지스터A (TCCR1A) 설정

비트	7	6	5	4	3	2	1	0	
0x2E(0x4E)	ICNC1	ICES1	-	**WGM13**	**WGM12**	CS12	CS11	CS10	TCCR1B
읽기 / 쓰기	R/W	R/W	R	R/W	R/W	R/W	R/W	R/W	

〈그림 2.3.9〉 타이머/카운터 1 제어 레지스터B (TCCR1B) 설정

〈표 2.3.4〉 WGM13~WGM10 비트에 의한 CTC 모드12 설정

모드	WGM13	WGM12 (CTC1)	WGM11 (PWM11)	WGM10 (WPM10)	동작모드	최대값	OCR1x 업데이트	TOV1플랙
12	1	1	0	0	CTC	ICR1	설정즉시	0xFFFF

<표 1.4.8>의 OC1x핀 기능 설정에서 OC1A핀으로 비교 매치하여 OC1A 출력을 토글하므로 COM1A1, COM1A0, COM1B1, COM1B0는 '0100'으로 설정한다. TCCR1A의 COM1A1~COM1B0비트에 이 값을 대입하면 TCCR1A = 0x40이 된다.

〈표 2.3.5〉 COM1x1~COM1x0 비트에 의한 OC1x핀 토글 출력

모드	COM1x1	COM1x0	OC1x핀의 기능
PWM모드가 아닌 경우	0	0	정상적인 I/O포트로 동작, OC1x 출력차단
	0	1	**비교 매치에서 OC1x 출력을 토글**
	1	0	비교 매치에서 OC1x = 0
	1	1	비교 매치에서 OC1x = 1

<표 1.4.9>의 클록소스 선택비트 설정에서 스피커 음을 끊을 때는 클록 소스 없음을 선택해야 하므로 CS12, CS11, CS10은 '000'이다. 이 값을 TCCR1B의 CS12, CS11, CS10비트와 WGM13, WGM12 비트에 대입하면 TCCR1B = 0x18이 된다.

〈표 2.3.6〉 타이머/카운터1의 클록소스 설정

CS12	CS11	CS10	클록 소스
0	0	0	클록소스 없음(타이머/카운터 정지)

타이머/카운터1 제어 레지스터A(TCCR1A)와 타이머/카운터1 제어 레지스터B (TCCR1B)는 C:\WinAVR-20071221\avr\include\avr\폴더의 iotn2313.h파일에 다음과 같이 정의되어 있다.

```
/* ATtiny Timer/Counter 1 Control Register TCCR1A */
#define TCCR1A   _SFR_IO8(0x2F)

#define COM1A1   7
#define COM1A0   6
#define COM1B1   5
#define COM1B0   4
#define WGM11    1 /* Was PWM11 in AT90S2313 */
#define WGM10    0 /* Was PWM10 in AT90S2313 */

/* ATtiny Timer/Counter 1 Control and Status Register TCCR1B */
#define TCCR1B   _SFR_IO8(0x2E)

#define ICNC1    7
#define ICES1    6
#define WGM13    4
#define WGM12    3 /* Was CTC1 in AT90S2313 */
#define CS12     2
#define CS11     1
#define CS10     0
```

OC1A 단자로 토글 출력하려면, 타이머/카운터1 제어 레지스터A(TCCR1A)의 COM1A0 비트를 세트(set)해주고, CTC 모드 12로 설정하고 클록 소스가 없는 것으로 설정하려면, 타이머/카운터1 제어 레지스터B(TCCR1B)의 WGM13비트와 WGM12비트를 세트(set)해준다. 이것을 <프로그램 LED1-4a.C>의 이동연산에 의한 비트 이동 LED ON-OFF 프로그램에서와 같이 타이머/카운터1 제어 레지스터A(TCCR1A)와 타이머/카운터1 제어 레지스터B(TCCR1B)를 각 레지스터의 비트명을 이용하여 설정하면 다음과 같다.

```
TCCR1A = (1<<COM1A0);                 // Toggle output OC1A
TCCR1B = (1<<WGM13) | (1<<WGM12);     // CTC mode (12), No clock source(speaker off)
```

TCCR1A = (1<<COM1A0)는 TCCR1A = (1<<6)과 같으므로 '00000001'을 왼쪽으로 6번 이동시켰다는 뜻이므로 '01000000'이 된다. 즉, TCCR1A = 0b01000000과 같다. 이것을 16진수로 표시하면, TCCR1A = 0x40이다.

TCCR1B = (1<<WGM13) | (1<<WGM12)는 TCCR1B = (1<<4) | (1<<3)과 같으므로 '00000001'을 왼쪽으로 4번 이동시킨 '00010000'과 왼쪽으로 3번 이동시킨 '00001000'을 OR연산한 것이므로 '00011000'이 된다. 즉, TCCR1B = 0b00011000과 같다. 이것을 16진수로 표시하면, TCCR1B = 0x18이다.

레지스터를 이와 같이 비트명을 사용하여 설정하면, 프로그램의 소스가 길어지지만 프로그램의 의미를 바로 알아 볼 수 있는 이점이 있다.

2) 음표 함수와 쉼표함수

템포함수에서는 OC1A핀을 통해 CTC 모드 12로 옥타브 및 음계의 주파수를 발생시키도록 타이머/카운터1의 제어 레지스터 TCCR1x를 설정하였다. 음표함수에서는 <표 2.3.3>의 ICR1의 값으로 음표를 연주하도록 한다.

```
void Play_note(unsigned int sound, unsigned int note)
{ ICR1 = sound;                  // set ICR1
  TCNT1 = 0x0000;                // clear Timer/Counter1
  TCCR1B = 0x1A;                 // start CTC mode(prescaler = 8)

  Delay_ms(note * tempo * 7);

  TCCR1B = 0x18;                 // CTC mode (12), No clock source(speaker off)
}
```

음표를 연주하기 위해서 타이머/카운터1 제어 레지스터 TCCR1B를 CTC 모드 12로 설정하고, 클록소스는 프리스케일러의 분주비를 <표 2.3.8>과 같이 8분주 하는 것으로 설정한다. 음표길이와 템포 만큼 연주하도록 시간지연을 주고 스피커 음을 끊는다.

비트	7	6	5	4	3	2	1	0	
0x2E(0x4E)	ICNC1	ICES1	–	**WGM13**	**WGM12**	CS12	**CS11**	CS10	TCCR1B
읽기 / 쓰기	R/W	R/W	R	R/W	R/W	R/W	R/W	R/W	

〈그림 2.3.10〉 타이머/카운터 1 제어 레지스터B (TCCR1B) 설정

〈표 2.3.7〉 WGM13~WGM10 비트에 의한 CTC 모드12 설정

모드	WGM13	WGM12 (CTC1)	WGM11 (PWM11)	WGM10 (WPM10)	동작모드	최대값	OCR1x 업데이트	TOV1플랙
12	1	1	0	0	CTC	ICR1	설정즉시	0xFFFF

〈표 2.3.8〉 타이머/카운터1의 클록소스 설정

CS12	CS11	CS10	클록 소스
0	1	0	$clk_{I/O}$ / 8

레지스터의 비트명을 이용하여 레지스터를 설정하면 다음과 같다.

```
void Play_note(unsigned int sound, unsigned int note)
{ ICR1 = sound;                          // set ICR1
  TCNT1 = 0x0000;                        // clear Timer/Counter1
  TCCR1B = (1<<WGM13) | (1<<WGM12) | (1<<CS11); // start CTC mode(prescaler = 8)

  Delay_ms(note * tempo * 7);

  TCCR1B = (1<<WGM13) | (1<<WGM12); // CTC mode (12), No clock source(speaker off)
}
```

쉼표함수에서는 스피커음이 없는 상태에서 쉼표 길이와 템포 만큼 시간지연을 둔다.

```
void Play_rest(unsigned int rest)
{
  Delay_ms(rest * tempo * 7);
}
```

3) 옥타브에 따른 음계와 음표, 쉼표 표현

옥타브에 따른 음계는 <표 2.3.3>과 같이 음계정의와 ICR1값으로 다음과 같이 정의한다.

```
#define LC      3821
#define LCX     3607
#define LD      3404
#define LDX     3213
#define LE      3033
#define LF      2862
#define LFX     2702
#define LG      2550
#define LGX     2407
#define LA      2272
#define LAX     2144
#define LB      2024
#define MC      1910
#define MCX     1803
#define MD      1702
#define MDX     1606
#define ME      1516
#define MF      1431
#define MFX     1350
#define MG      1275
#define MGX     1203
#define MA      1135
```

```
#define MAX         1072
#define MB          1011
#define HC          955
#define HCX         901
#define HD          850
#define HDX         803
#define HE          757
#define HF          715
#define HFX         675
#define HG          637
#define HGX         601
#define HA          567
#define HAX         535
#define HB          505
```

음표는 <표 2.3.9>와 같이 32분 음표를 기본시간으로 하여 상대길이와 템포 값을 곱하여 실제 음표의 연주시간을 정한다.

〈표 2.3.9〉 32분 음표를 기준으로 한 연주시간

음표 종류	음 표		연주시간
	음표기호	음표정의	
32분	𝅘𝅥𝅰	N32	1
16분	𝅘𝅥𝅯	N16	2
점16분	𝅘𝅥𝅯.	ND16	3
8분	𝅘𝅥𝅮	N8	4
점8분	𝅘𝅥𝅮.	ND8	6
4분	𝅘𝅥	N4	8
점4분	𝅘𝅥.	ND4	12
2분	𝅗𝅥	N2	16
점2분	𝅗𝅥.	ND2	24
온	𝅝	N1	32

<표 2.3.9>에서와 같이 32분 음표를 기본시간으로 하여 온 음표까지 2의 배수로 연주시간이 길어지며, 점16분 음표, 점8분 음표, 점4분 음표, 점2분 음표는 각 음표 연주의 중간값으로 정한다. 연주시간에 조정 계수 3을 곱해준다.

```
#define N32         1*3
#define N16         2*3
#define ND16        3*3
#define N8          4*3
#define ND8         6*3
#define N4          8*3
#define ND4         12*3
#define N2          16*3
#define ND2         24*3
#define N1          32*3
```

쉼표는 음표의 연주시간 만큼 쉼표 길이 만큼 시간지연을 시켜준다. 쉬는 시간의 길이나 점이 붙은 쉼표에 대한 처리 방법은 음표와 같다. 연주시간에 조정계수 3을 곱해준 것과 마찬가지로 쉬는 시간에도 조정계수 3을 곱해준다.

〈표 2.3.10〉 32분 쉼표를 기준으로 한 쉬는 시간

쉼표 종류	쉼표		쉬는 시간
	쉼표기호	쉼표정의	
32분		R32	1
16분		R16	2
점16분		RD16	3
8분		R8	4
점8분		RD8	6
4분		R4	8
점4분		RD4	12
2분		R2	16
점2분		RD2	24
온		R1	32

```
#define R32         1*3
#define R16         2*3
#define RD16        3*3
#define R8          4*3
#define RD8         6*3
#define R4          8*3
#define RD4         12*3
#define R2          16*3
#define RD2         24*3
#define R1          32*3
```

4) 사용자 헤더 파일 ATtiny2313c.h

```
// ============================================
//  ATtiny2313c.h  for Music play
// ============================================

#define LC          3821
#define LCX         3607
#define LD          3404
#define LDX         3213
#define LE          3033
#define LF          2862
#define LFX         2702
#define LG          2550
#define LGX         2407
#define LA          2272
#define LAX         2144
#define LB          2024
#define MC          1910
#define MCX         1803
#define MD          1702
#define MDX         1606
#define ME          1516
#define MF          1431
#define MFX         1350
#define MG          1275
#define MGX         1203
#define MA          1135
#define MAX         1072
#define MB          1011
#define HC          955
#define HCX         901
#define HD          850
#define HDX         803
#define HE          757
#define HF          715
#define HFX         675
#define HG          637
#define HGX         601
#define HA          567
#define HAX         535
#define HB          505

#define N32         1*3
```

```
#define N16          2*3
#define ND16         3*3
#define N8           4*3
#define ND8          6*3
#define N4           8*3
#define ND4          12*3
#define N2           16*3
#define ND2          24*3
#define N1           32*3

#define R32          1*3
#define R16          2*3
#define RD16         3*3
#define R8           4*3
#define RD8          6*3
#define R4           8*3
#define RD4          12*3
#define R2           16*3
#define RD2          24*3
#define R1           32*3

void MCU_initialize(void)                 // initialize for ATtiny2313
{ DDRA = 0xFF;                            // No connect
  PORTA = 0x00;
  DDRB = 0xFF;                            // PB3(OC1A) speaker out
  PORTB = 0x00;
  DDRD = 0xC3;                            // PD2-5 = input (SW1-4)
  PORTD = 0x00;
}

void Delay_us(unsigned char time_us)     // delay for us
{ register unsigned char i;

  for(i = 0; i < time_us; i++)           // 4 cycle +
    { asm volatile(" PUSH  R0 ");        // 2 cycle +
      asm volatile(" POP   R0 ");        // 2 cycle  = 8 cycle = 1us for 8MHz
    }
}

void Delay_ms(unsigned int time_ms)      // delay for ms
{ register unsigned int i;

  for(i = 0; i < time_ms; i++)
    { Delay_us(250);
      Delay_us(250);
      Delay_us(250);
      Delay_us(250);
    }
}
```

5) 악보 옮기기

'생일 축하 노래' 악보와 음계 및 음표를 옮기면 <그림 2.3.11>과 같다.

〈그림 2.3.11〉 '생일 축하 노래' 악보 옮기기

(2) 컴파일 및 HEX 파일 다운로드

<프로그램 music3-1.C>의 프로그램을 작성하였으면, 단축아이콘 이나 키보드의 'F7'을 눌러 컴파일을 수행한다. 오류없이 컴파일이 완료되면 하단의 Build창에 'Build succeeded with 0 Warnings...' 메시지가 나타난다.

컴파일이 오류없이 완료되었으면, '초간단 뮤직박스' 하드웨어의 ISP 소켓에 ISP 다운로드 케이블을 접속하고 '초간단 뮤직박스' 하드웨어에 전원을 공급한다. HEX 파일 다운로드 프로그램인 ToastProg2005를 실행하고 <그림 1.7.27>과 같이 사용할 디바이스가 ATtiny2313으로 정확히 설정되어 있는지 확인한다. ATtiny2313을 처음 사용하는 경우에는 <그림 1.7.29>와 같이 퓨즈비트를 설정한 다음 C:\Atmel\ ATtiny2313c\default 폴더에 생성된 'AVRcfile.hex'파일을 <그림 1.7.32>와 같이 열고, <그림 1.7.34>와 같이 HEX 파일을 다운로드 한다. '생일 축하 노래'가 정상적으로 연주되는지 확인한다.

(3) SW1-SW4로 선곡하는 뮤직박스 프로그램

switch문을 이용하여 포트 D의 PD2~PD5 비트에 접속되어 있는 스위치 SW1~SW4로 선곡이 가능한 뮤직박스 프로그램은 <프로그램 music3-2.C>와 같다.

〈프로그램 music3-2.C〉 SW1~SW4로 선곡하는 뮤직박스

```
// ================================================
//  music3-2.C
// ================================================

#include <avr/io.h>
#include "ATtiny2313c.h"

unsigned char tempo;

void Play_note(unsigned int sound, unsigned int note)
{
  ICR1= sound;                        // set ICR1
  TCNT1 = 0x0000;                     // clear Timer/Counter1
  TCCR1B = 0x1A;                      // start CTC mode(prescaler = 8)

  Delay_ms(note * tempo * 7);         // note play time

  TCCR1B = 0x18;                      // speaker off
}

void Play_rest(unsigned int rest)
{
  Delay_ms(rest * tempo * 7);         // rest play time
}

void play1(void)
{ tempo = 6;                          // set tempo

  Play_note(MG,N4);                   // Line 1 (반달)
  Play_note(MA,N8);
  Play_note(MG,N4);
  Play_note(ME,N8);
  Play_note(MG,N8);
  Play_note(ME,N8);
  Play_note(MC,N8);
  Play_note(LG,ND4);

  Play_note(LA,N4);
  Play_note(MC,N8);
  Play_note(MD,N4);
  Play_note(MG,N8);
  Play_note(ME,ND4);
  Play_rest(R4);
}

void play2(void)
{ tempo = 4;                          // set tempo

  Play_note(LG,N8);                   // Line 1 (생일 축하 노래)
  Play_note(LG,N8);
  Play_note(LA,N4);
  Play_note(LG,N4);
  Play_note(MC,N8);
  Play_note(MC,N8);
```

```
    Play_note(LB,N2);
    Play_note(LG,N8);
    Play_note(LG,N8);
    Play_note(LA,N4);
    Play_note(LG,N4);
    Play_note(MD,N8);
    Play_note(MD,N8);
    Play_note(MC,N2);
    Play_note(LG,N8);
    Play_note(LG,N8);

    Play_note(MG,N4);                    // Line 2
    Play_note(ME,N4);
    Play_note(MC,N4);
    Play_note(LB,N4);
    Play_note(LA,N4);
    Play_note(MF,N8);
    Play_note(MF,N8);
    Play_note(ME,N4);
    Play_note(MC,N4);
    Play_note(MD,N8);
    Play_note(MD,N8);
    Play_note(MC,N2);
}

void play3(void)
{
    tempo = 3;                           // set tempo

    Play_note(ME,N8);                    // Line 1 (독도는 우리땅)
    Play_note(ME,N8);
    Play_note(ME,N8);
    Play_note(ME,N8);
    Play_note(ME,N8);
    Play_note(ME,N8);
    Play_note(ME,N4);
    Play_note(ME,N8);
    Play_note(ME,N8);
    Play_note(ME,N8);
    Play_note(ME,N8);
    Play_note(MC,N8);
    Play_note(LB,N8);
    Play_note(LA,N4);
    Play_note(MA,N8);
    Play_note(MA,N8);
    Play_note(MA,N8);
    Play_note(MA,N8);
    Play_note(MA,N8);
    Play_note(MA,N8);
    Play_note(MA,N4);
    Play_note(MA,N8);
    Play_note(MA,N8);
    Play_note(MG,N8);
    Play_note(MF,N8);
    Play_note(ME,N2);
```

```
    Play_note(ME,N8);                       // Line 2
    Play_note(ME,N8);
    Play_note(ME,N8);
    Play_note(ME,N8);
    Play_note(ME,N8);
    Play_note(ME,N8);
    Play_note(ME,N4);
    Play_note(ME,N8);
    Play_note(ME,N16);
    Play_note(ME,N16);
    Play_note(ME,N16);
    Play_note(ME,N16);
    Play_note(ME,N16);
    Play_note(ME,N16);
    Play_note(MC,N8);
    Play_note(LB,N8);
    Play_note(LA,N4);
    Play_note(LB,N4);
    Play_note(LB,N8);
    Play_note(MC,N8);
    Play_note(ME,N4);
    Play_note(MC,N8);
    Play_note(LB,N8);
    Play_note(LA,N2);
    Play_rest(R4);
}

void play4(void)
{   tempo = 4;                              // set tempo

     Play_note(MC,N8);                      // line 1  (퐁당퐁당)
     Play_note(MD,N8);
     Play_note(ME,N8);
     Play_note(ME,N8);
     Play_note(MC,N8);
     Play_note(ME,N8);
     Play_note(MG,N16);
     Play_note(MA,N16);
     Play_note(MG,N8);
     Play_note(MC,N8);
     Play_note(MD,N8);
     Play_note(ME,N8);
     Play_note(ME,N8);
     Play_note(MC,N8);
     Play_note(ME,N8);
     Play_note(MG,N16);
     Play_note(MA,N16);
     Play_note(MG,N8);

     Play_note(MA,N4);                      // line 2
     Play_note(MG,N8);
     Play_note(ME,N8);
     Play_note(MA,N4);
     Play_note(MG,N8);
     Play_note(ME,N8);
     Play_note(MD,N8);
```

```
    Play_note(MD,N8);
    Play_note(MC,N8);
    Play_note(MD,N8);
    Play_note(ME,N8);
    Play_note(MG,N8);
    Play_note(MG,N4);
}

int main(void)
{ unsigned char key;

  MCU_initialize();                 // initialize for ATtiny2313
  Delay_ms(50);                     // wait for system stabilization

  TCCR1A = 0x40;                    // Toggle output OC1A
  TCCR1B = 0x18;                    // CTC mode (12), No clock source(speaker off)

  while(1)
    { key = PIND & 0b00111100;
      switch(key)
        { case 0x38: play1();      // Pressed SW1
                     break;
          case 0x34: play2();      // Pressed SW2
                     break;
          case 0x2C: play3();      // Pressed SW3
                     break;
          case 0x1C: play4();      // Pressed SW4
                     break;
          default:   break;
        }
    }
}
```

타이머/카운터1의 레지스터를 비트명을 이용하여 설정하면 <프로그램 music3-2a.C>와 같다.

〈프로그램 music3-2a.C〉 SW1~SW4로 선곡하는 뮤직박스

```
// ==================================================
//  music3-2a.C
// ==================================================

#include <avr/io.h>
#include "ATtiny2313c.h"

unsigned char tempo;

/*void Play_note(unsigned int sound, unsigned int note)
{
   ICR1= sound;                          // set ICR1
   TCNT1 = 0x0000;                       // clear Timer/Counter1
   TCCR1B = 0x1A;                        // start CTC mode(prescaler = 8)
```

```
  Delay_ms(note * tempo * 7);         // note play time

  TCCR1B = 0x18;                      // speaker off
}*/

void Play_note(unsigned int sound, unsigned int note)
{ ICR1 = sound;                       // set ICR1
  TCNT1 = 0x0000;                     // clear Timer/Counter1
  TCCR1B = (1<<WGM13) | (1<<WGM12) | (1<<CS11); // start CTC mode(prescaler = 8)

  Delay_ms(note * tempo * 7);

  TCCR1B = (1<<WGM13) | (1<<WGM12); // CTC mode (12), No clock source(speaker off)
}

void Play_rest(unsigned int rest)
{
  Delay_ms(rest * tempo * 7);         // rest play time
}

void play1(void)
{ tempo = 6;                          // set tempo

  Play_note(MG,N4);                   // Line 1 (반달)
  Play_note(MA,N8);
  Play_note(MG,N4);
  Play_note(ME,N8);
      ·
      ·<프로그램 music3-2.C>와 같은 부분 이므로 중략 !!!
      ·
   Play_note(MA,N4);                  // line 2 (퐁당퐁당)
   Play_note(MG,N8);
   Play_note(ME,N8);
   Play_note(MA,N4);
   Play_note(MG,N8);
   Play_note(ME,N8);
   Play_note(MD,N8);
   Play_note(MD,N8);
   Play_note(MC,N8);
   Play_note(MD,N8);
   Play_note(ME,N8);
   Play_note(MG,N8);
   Play_note(MG,N4);

}

int main(void)
{ unsigned char key;

  MCU_initialize();                   // initialize for ATtiny2313
  Delay_ms(50);                       // wait for system stabilization

  /*
  TCCR1A = 0x40;                      // Toggle output OC1A
```

```
  TCCR1B = 0x18;                         // CTC mode (12), No clock source(speaker off)
  */

  TCCR1A = (1<<COM1A0);                   // Toggle output OC1A
  TCCR1B = (1<<WGM13) | (1<<WGM12); // CTC mode (12), No clock source(speaker off)

  while(1)
    { key = PIND & 0b00111100;
      switch(key)
        { case 0x38: play1();          // Pressed SW1
                     break;
          case 0x34: play2();          // Pressed SW2
                     break;
          case 0x2C: play3();          // Pressed SW3
                     break;
          case 0x1C: play4();          // Pressed SW4
                     break;
          default:   break;
        }
    }
}
```

작품 4 초간단 7-세그먼트 LED 시계 만들기

ATtiny2313의 포트 B(PB0~PB7)와 포트D(PD3~PD6)에 4자리 7-세그먼트 LED를 접속하여 '초간단 7-세그먼트 LED시계'를 제작한다. 제작한 초간단 7-세그먼트 LED시계 하드웨어를 대상으로 7-세그먼트에 숫자를 표현하는 방법과 12시간/24시간을 표시할 수 있는 7-세그먼트 LED 시계 프로그램을 작성하는 방법에 대해 설명한다.

Hardware 초간단 7-세그먼트 LED 시계 제작

'초간단 7-세그먼트 LED 시계' 하드웨어는 <그림 3.1.1>의 회로를 <표 3.1.1>에 제시된 부품을 이용하여 <그림 3.1.2>와 같이 만능기판에 제작한다.

〈표 3.1.1〉 '초간단 7-세그먼트 LED 시계' 부품목록

부품	규격	수량	부품	규격	수량
IC	ATtiny2313-20PU	1	저항	10 kΩ	3
크리스탈	16MHz ATS형	1	저항	1 kΩ	1
LED	적색 5 ϕ	1	저항	100 Ω	12
7-세그먼트 LED	SND-547A(공통애노드)	1	저항	4.7 kΩ	1
트랜지스터	2SC1815	1	트랜지스터	2SA1015	4
세라믹콘덴서	0.1uF	2	세라믹콘덴서	22pF	2
택트스위치	4핀	2	전해콘덴서	22uF	2
만능기판	28×28	1	부저	ALP1205S	1
IC소켓	20핀	1	박스형콘넥터	3FB-10P-S/T	1
서포터	F-10(10mm)볼트포함	4	SIP 헤더	2핀	1

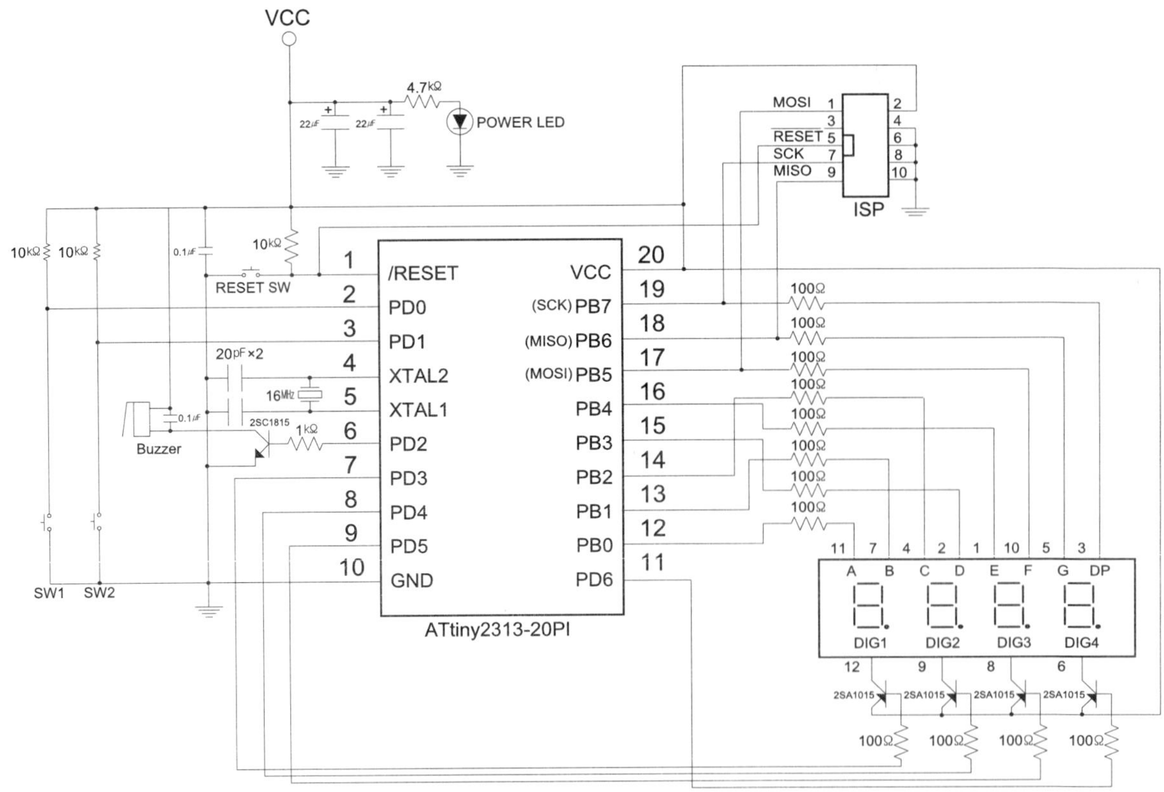

〈그림 3.1.1〉 '초간단 7-세그먼트 LED 시계' 회로도

(1) 만능기판에 제작

<그림 3.1.2>와 같이 만능기판(28×28)에 부품을 배치하고 리드선으로 각 부품을 납땜하여 회로를 구성한다. 리드선과 리드선이 겹치는 부분에 납땜표시(●)가 없으면, 리드선에 피복을 입힌 점프선으로 납땜을 해야 한다. <그림 3.1.2>는 부품면을 기준으로 한 것이기 때문에 납땜을 하는 동판면 쪽에서는 좌우가 바뀌며, 전원 Vcc는 (+5V)인 것에 유의해야 한다. <그림 3.1.1>의 회로도에서 리셋 스위치(RESET SW)는 <그림 3.1.2>와 <그림 3.1.3>에는 생략되어 있으며, 이 책의 부록에 포함된 PCB에는 적용되어 있다.

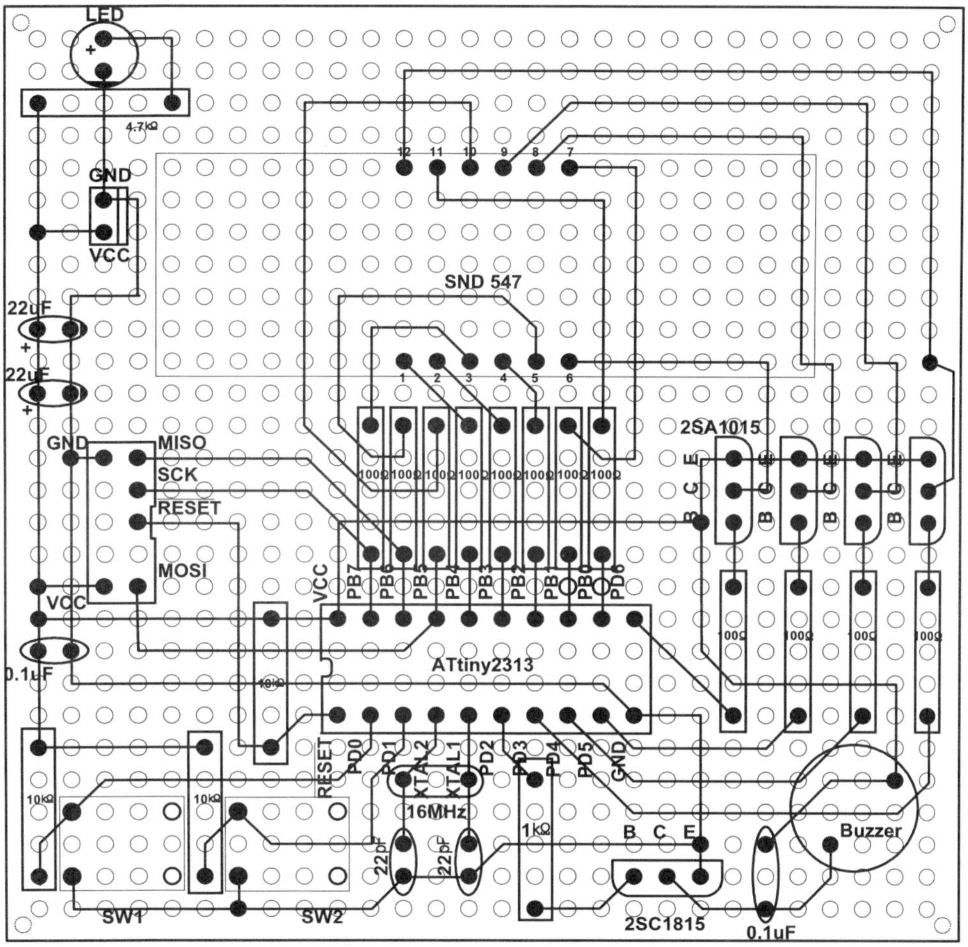

〈그림 3.1.2〉 '초간단 7-세그먼트 LED 시계' 회로의 부품 배치도

<그림 3.1.2>와 같이 부품을 배치하였다 하더라도 리드선으로 배선하여 납땜하는 방법은 다를 수 있으며, 부품 배치도도 다르게 할 수 있다. <그림 3.1.3>은 <그림 3.1.2>와 같이 부품을 배치하여 완성한 '초간단 7-세그먼트 LED 시계'이다.

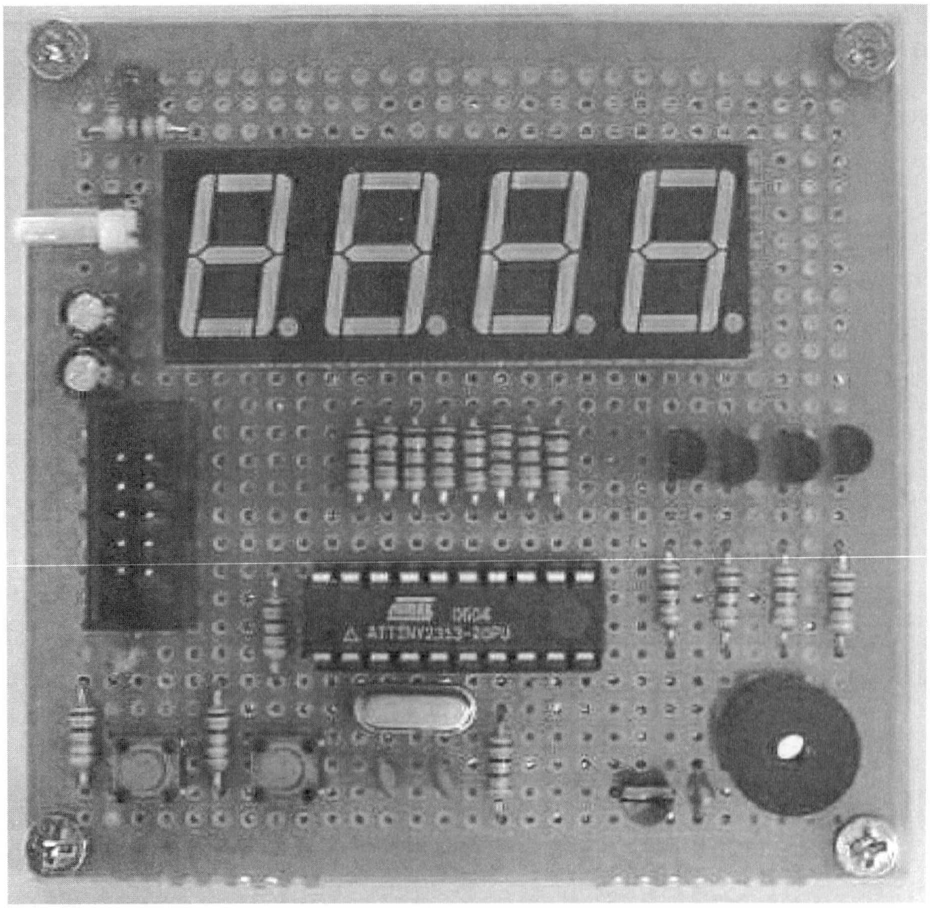

〈그림 3.1.3〉 초간단 7-세그먼트 LED 시계를 만능기판에 완성한 모습

(2) PCB에 제작

<그림 3.1.4>와 같이 PCB를 이용하면, 만능기판에 제작하는 것에 훨씬 간편하다. <표 3.1.2>의 부품표와 같이 부품을 배치하고 납땜하면 된다.

〈표 3.1.2〉 '초간단 7-세그먼트 LED 시계' PCB 부품목록

부품	규격	수량	부품	규격	수량
U1	ATtiny2313-20PU	1	R2,R11,R12	10kΩ	3
Y1	16MHz ATS형	1	R1	1kΩ	1
D1	적색 5φ	1	R3~R10, R13~R16	100Ω	12
FND	SND-3647 (공통애노드)	1	R17	4.7kΩ	1
Q5	2SC1815	1	Q1~Q4	2SA1015	4
C2,C3,C6	0.1uF	3	C4,C5	22pF	2
SW1~SW3	택트 스위치(4핀)	3	C1	22uF	1
U1	20핀	1	Buzzer	ALP1205S	1
J1	2핀	1	J2	3FB-10P-S/T	1

※ SND-3647은 SND-547A와 크기만 작고 핀 구조는 같다.

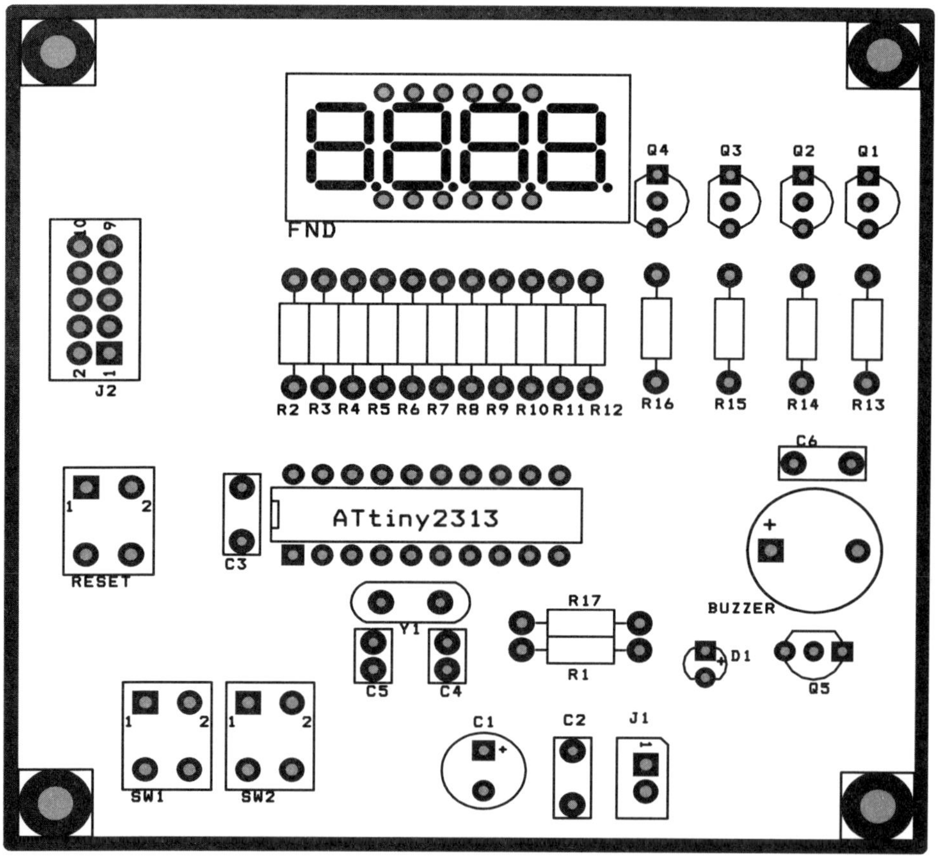

〈그림 3.1.4〉 초간단 7-세그먼트 LED 시계 PCB

■ PCB 납땜시 유의사항 (반드시 먼저 읽어 보고 조립하시오)

1. PCB에 부품실크가 ■로 되어 있는 것이 +극성이고, IC는 1번 핀을 의미한다.
2. 전원 단자, 전해콘덴서, LED, 트랜지스터의 극성이 바뀌지 않도록 유의한다.
3. ISP 박스소켓의 1번 핀에는 ▼마크가 있으므로 부품실크의 ■로 되어 있는 것과 맞추어 조립한다.
4. ATtiny2313을 조립할 때는 20핀 IC소켓을 사용한다.
5. J1에 전원을 연결할 때는 ■으로 표시되어 있는 쪽이 (+)극성이라는 것에 유의해야 하며 전원은 +5V를 공급해야 한다.

(3) 7-세그먼트 LED

초간단 7-세그먼트 LED 시계 만들기에 사용되는 7-세그먼트 LED의 구조와 구동방법을 설명한다.

1) 7-세그먼트 LED의 구조

7-세그먼트 LED는 <그림 3.1.5>와 같이 한개의 숫자를 표시할 수 있는 것도 있고 여러 개의 숫자를 표시할 수 있는 것도 있다.

(a) 1자리 (b) 2자리 (c) 3자리 (d) 4자리

〈그림 3.1.5〉 7-세그먼트 LED의 외형

한 자리 숫자를 표시할 수 있는 7-세그먼트 LED는 <그림 3.1.6>과 같이 LED의 (+)극을 모두 연결하여 공통으로 하고 나머지 (-)극 단자를 10개의 핀으로 배치한 공통 단자가 (+)극인 공통 애노드형(CA, Common Anode)과 LED의 (-)극을 모두 연결하여 공통으로 하고 나머지 (+)극 단자를 10개의 핀으로 배치한 공통 단자가 (-)인 공통 캐소드형(CC, Common Cathode)이 있다.

7-세그먼트 LED의 규격은 숫자의 높이(인치 또는 mm)와 표시할 수 있는 숫자의 개수, 공통 극성, LED의 색깔에 따라 정해진다. 숫자의 높이가 0.5인치(12.7mm)이고 숫자를 1

자리 표시할 수 있는 공통 애노드형은 SND-517로 표시하고, LED색이 적색이면 SND-517R, 녹색이면, SND-517G, 주황색이면, SND-517SR 등으로 표시한다. 공통 캐소드형은 SND-510으로 표시하며, 공통 애노드형과 마찬가지로 LED색이 적색이면 SND-510R, 녹색이면, SND-517G, 주황색이면, SND-510SR 등으로 표시한다.

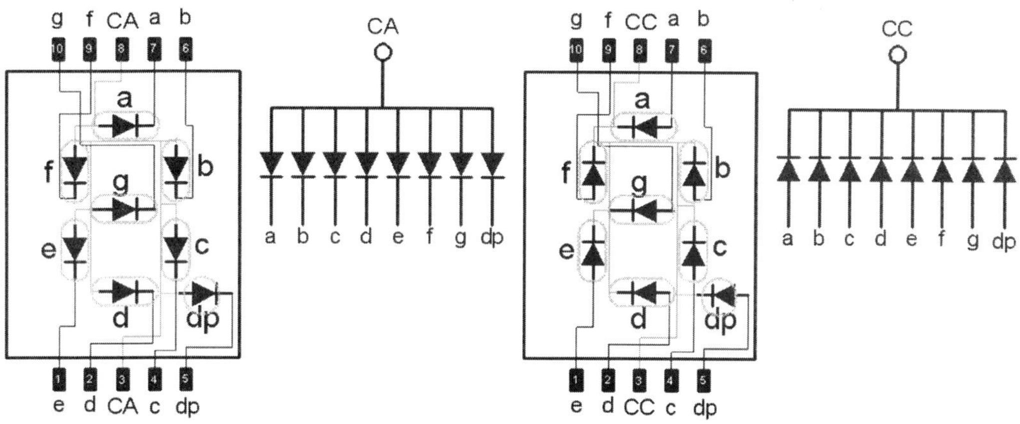

(a) 공통 애노드(CA)형　　　　(b) 공통 캐소드(CC)형

〈그림 3.1.6〉 공통 애노드(CA)형과 공통 캐소드(CC)형 7-세그먼트 LED

<그림 3.1.7>은 두 자리 숫자를 표시할 수 있는 공통 애노드형 7-세그먼트 LED의 구조 및 핀배치를 나타낸 것이다. 숫자를 표시하는 세그먼트도 공통으로 접속되어 있으므로 핀수가 적어지는 장점은 있지만, 서로 다른 숫자를 동시에 표시할 수 없다는 단점이 있다. 공통 캐소드형 7-세그먼트 LED는 공통 애노드형 7-세그먼트 LED와 극성만 반대이고 핀배치는 같다.

두 자리 7-세그먼트 LED의 규격은 <그림 3.1.8>과 같이 세그먼트가 공통으로 되어 있지 않은 경우에는 숫자의 높이가 0.5인치(12.7mm)이고 숫자를 2자리 표시할 수 있는 공통 애노드형은 SND-527로 표시하고, <그림 3.1.7>과 같이 세그먼트 공통인 경우에는 A를 붙여 SND-527A로 표시한다. LED색에 따라 적색이면 R을 붙이고, 녹색이면 G, 주황색이면 SR을 붙이는 것은 한 자리 7-세그먼트 LED와 같다.

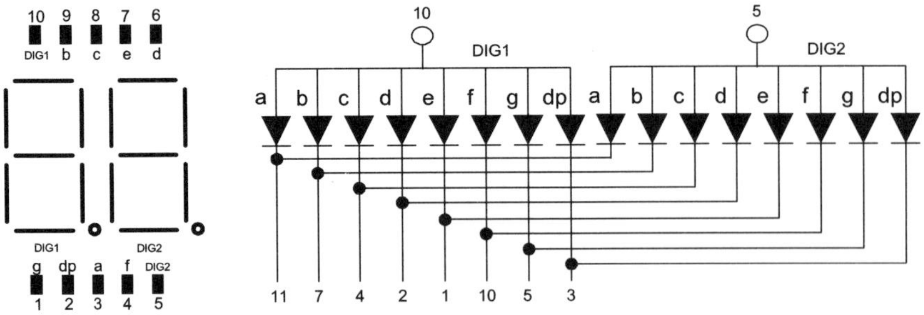

〈그림 3.1.7〉 2자리 공통 애노드(CA)형 7-세그먼트 LED

<그림 3.1.8>은 <그림 3.1.7>에 비해서 핀 수가 많아 회로가 복잡해지지만 두 자리 숫자를 동시에 다르게 표시할 수 있다는 장점이 있다. 7-세그먼트 LED를 마이크로콘트롤러와 함께 사용할 경우, 세그먼트가 공통으로 되어 있어 회로가 간단해지므로 <그림 3.1.7>의 7-세그먼트 LED를 사용하는 것이 좋다.

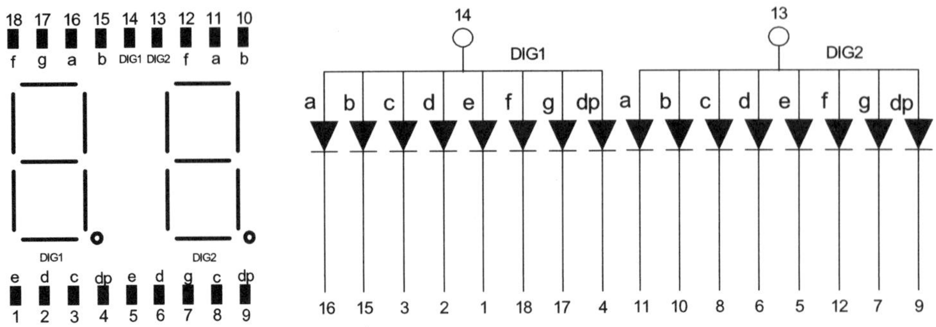

〈그림 3.1.8〉 2자리 공통 애노드(CA)형 7-세그먼트 LED

공통 애노드형 네 자리 숫자를 표시 할 수 있는 7-세그먼트 LED의 핀배열은 <그림 3.1.9>와 같다. 네 자리 7-세그먼트 LED의 규격은 <그림 3.1.8>과 같이 세그먼트가 공통인 경우 숫자의 높이가 0.5인치(12.7mm)이고 숫자를 4자리 표시할 수 있는 공통 애노드형은 SND-547A로 표시한다. LED색에 따라 적색이면 R을 붙이고, 녹색이면 G, 주황색이면 SR을 붙인다.

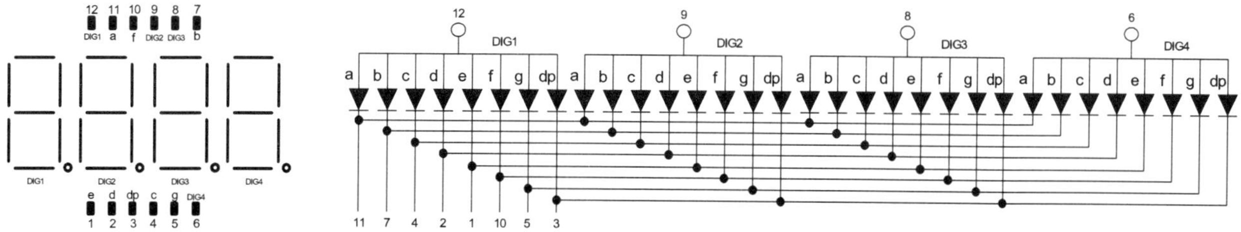

〈그림 3.1.9〉 공통 애노드(CA)형 4자리 7-세그먼트 LED

2) 7-세그먼트 LED의 구동 방법

7-세그먼트 LED의 구동은 2장의 <그림 2.1.9> LED 출력 회로의 구동방법과 유사하다. <그림 3.1.10>은 공통 애노드형 7-세그먼트 LED 한 개를 ATtiny2313의 포트B와 포트D에 접속한 것이다.

7-세그먼트 LED의 숫자가 증가하면 세그먼트 LED의 단자를 접속할 포트 수도 증가하게 되므로 마이크로콘트롤러에 사용되는 7-세그먼트 LED는 세그먼트가 공통으로 되어 있는 것을 사용한다. 공통 단자에는 PNP형 트랜지스터로 전원을 ON, OFF할 수 있도록 스위칭 회로를 구성하여, 7-세그먼트 LED가 두 자리 이상일때, 연속적인 스위칭을 통해서 7-세그먼트 LED의 숫자 자리에 서로 다른 숫자가 보이도록 할 수 있으며, 7-세그먼트 LED에 흐르는 전류의 양을 적게 할 수 있다.

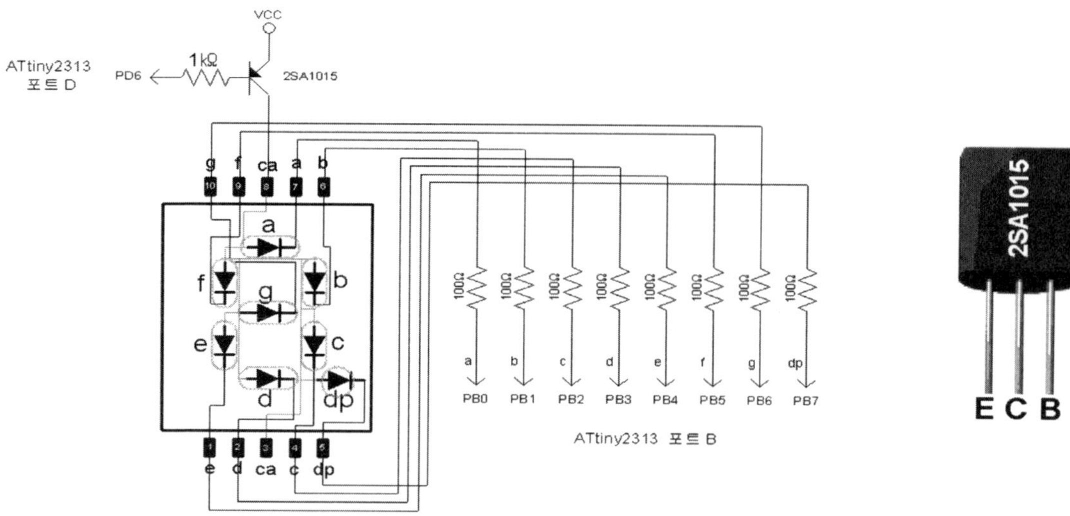

(a) 공통 애노드형 7-세그먼트 LED 구동회로 (b) 2SA1015 핀 배치

〈그림 3.1.10〉 공통 애노드(CA)형 7-세그먼트 LED 구동방법

7-세그먼트 LED의 숫자 표시는 ATtiny2313의 포트B를 통해 표시할 숫자의 패턴을 출력하여 해당 LED를 점등하여 구현한다. LED는 포트B를 통해 로우(low)신호가 출력될 때 ON되므로 7-세그먼트 LED의 숫자 패턴은 <표 3.1.3>과 같다.

〈표 3.1.3〉 7-세그먼트 LED에 숫자를 표시하기 위한 숫자 패턴

세그먼트 및 포트 / 숫자	DP	G	F	E	D	C	B	A	16진수
	PB7	PB6	PB5	PB4	PB3	PB2	PB1	PB0	
0	1	1	0	0	0	0	0	0	C0
1	1	1	1	1	1	0	0	1	F9
2	1	0	1	0	0	1	0	0	A4
3	1	0	1	1	0	0	0	0	B0
4	1	0	0	1	1	0	0	1	99
5	1	0	0	1	0	0	1	0	92
6	1	0	0	0	0	0	1	0	82
7	1	1	0	1	1	0	0	0	D8
8	1	0	0	0	0	0	0	0	80
9	1	0	0	1	0	0	0	0	90
.	0	1	1	1	1	1	1	1	7F

7-세그먼트 LED에 표시한 숫자의 자리수가 <그림 3.1.1>과 같이 4자리인 경우에는 <그림 3.1.10>과 같이 PNP형 트랜지스터로 각각의 공통 애노드 단자에 스위칭회로를 구성하여 <표 3.1.4>와 같이 ATtiny2313의 포트D를 통해 숫자의 자리를 선택하는 데이터를 출력한다. 숫자 자리는 로우(low)신호로 스위칭할 때 선택된다.

〈표 3.1.4〉 7-세그먼트 LED의 숫자 자리를 선택하기 위한 데이터

숫자자리 및 포트 / 숫자자리	DIG4	DIG3	DIG2	DIG1	Buzzer	SW2	SW1	16진수
	PD6	PD5	PD4	PD3	PD2	PD1	PD0	
DIG1	1	1	1	0	0	0	0	F0
DIG2	1	1	0	1	0	0	0	68
DIG3	1	0	1	1	0	0	0	58
DIG4	0	1	1	1	0	0	0	38

C Software 7-세그먼트 LED 구동 프로그램

7-세그먼트 LED 구동 프로그램을 작성하기 위해서는 1.7절의 '3. AVR Studio에서 WinAVR을 이용한 C언어 프로그램 개발 과정'에 대해서 설명한 바와 같이 C:\Atmel\ATtiny2313C\ 폴더의 프로젝트 파일(AVRcfile.asp)을 연다.

(1) 기본 프로그램 작성

<그림 1.7.11>과 같이 'AVRcfile' 프로젝트 파일을 연 다음, <그림 1.7.13>과 같이 새 파일 만들기를 하고 저장 아이콘을 클릭하여 파일명을 'Seg4-1.C'로 한 다음 저장 버튼을 클릭한다.

<그림 1.7.15>와 같이'Seg4-1.C'파일을 프로젝트에 추가한 다음 <프로그램 Seg4-1.C>와 같이 프로그램을 작성한다.

〈프로그램 Seg4-1.C〉 4자리 7-세그먼트 LED에 숫자 자리이동 프로그램

```
// ==========================================
//  Seg4-1.C
// ==========================================
#include <avr/io.h>
#include "attiny2313d.h"

void Dig_select(void)
{
  PORTD = 0x38;                         // DIG 4
  Delay_ms(200);
  PORTD = 0x58;                         // DIG 3
  Delay_ms(200);
  PORTD = 0x68;                         // DIG 2
  Delay_ms(200);
  PORTD = 0xF3;                         // DIG 1
  Delay_ms(200);
}

int main(void)
{
  MCU_initialize();                     // initialize for ATtiny2313
  Delay_ms(50);                         // wait for system stabilization

  while(1)
    { PORTB = 0xC0;                     // 0 display
```

```
        Dig_select();

        PORTB = 0xF9;                    // 1 display
        Dig_select();

        PORTB = 0xA4;                    // 2 display
        Dig_select();

        PORTB = 0xB0;                    // 3 display
        Dig_select();

        PORTB = 0x99;                    // 4 display
        Dig_select();

        PORTB = 0x92;                    // 5 display
        Dig_select();

        PORTB = 0x82;                    // 6 display
        Dig_select();

        PORTB = 0xD8;                    // 7 display
        Dig_select();

        PORTB = 0x80;                    // 8 display
        Dig_select();

        PORTB = 0x90;                    // 9 display
        Dig_select();

        Beep();                          // beep

    }
}
```

<프로그램 Seg4-1.C>는 표시하고자 하는 숫자 패턴을 <표 3.1.3>과 같이 포트B로 출력하고, <표 3.1.4>와 같이 숫자 자리를 선택하도록 하여 0부터 9까지의 숫자가 <그림 3.1.11>과 같이 오른쪽의 DIG4에서 DIG1으로 한 자리씩 이동하면서 같은 숫자가 표시되도록 하는 프로그램이다.

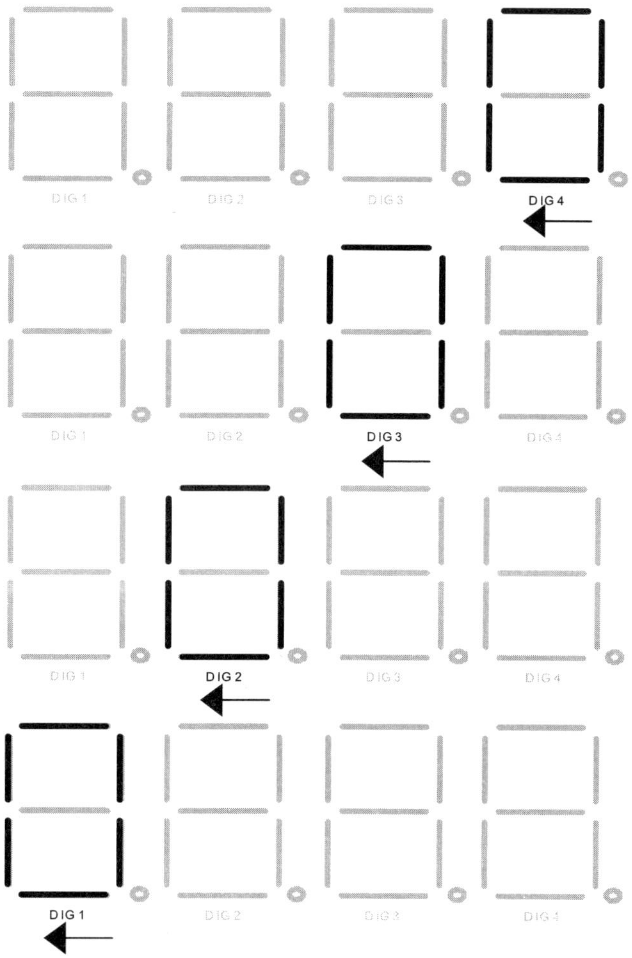

〈그림 3.1.11〉 7-세그먼트 LED 숫자 자리이동

〈사용자 헤더 ATtiny2313d.h〉

```
// ====================================================
//  ATtiny2313d.h  for Ultra simple 7-segment clock
// ====================================================

void MCU_initialize(void)                  // initialize for ATtiny2313
{ DDRB = 0xFF;                             // PORTB = output (Numeric pattern)
  PORTB = 0x00;
  DDRD = 0xFC;                             // PORTD = input  (SW1-SW2)
  PORTD = 0x00;                            // PORTD = output (Digit select, Buzzer)
}

void Delay_us(unsigned char time_us)  // delay for us
{ register unsigned char i;
```

```
  for(i = 0; i < time_us; i++)          // 4 cycle +
    { asm volatile(" PUSH  R0 ");       // 2 cycle +
      asm volatile(" POP   R0 ");       // 2 cycle +
      asm volatile(" PUSH  R0 ");       // 2 cycle +
      asm volatile(" POP   R0 ");       // 2 cycle +
      asm volatile(" PUSH  R0 ");       // 2 cycle +
      asm volatile(" POP   R0 ");       // 2 cycle = 16 cycle = 1 us for 16MHz
    }
}

void Delay_ms(unsigned int time_ms)     // delay for ms
{ register unsigned int i;

  for(i = 0; i < time_ms; i++)
    { Delay_us(250);
      Delay_us(250);
      Delay_us(250);
      Delay_us(250);
    }
}

void Beep(void)
{
  PORTD |= _BV(2);                      // buzzer on
  Delay_ms(50);
  PORTD &= ~_BV(2);                     // buzzer off
}
```

(2) 컴파일 및 HEX 파일 다운로드

<프로그램 Seg4-1.C>의 프로그램 작성하였으면, 단축아이콘 이나 키보드의 'F7'을 눌러 컴파일을 수행한다. 오류없이 컴파일이 완료되면 하단의 Build창에 'Build succeeded with 0 Warnings...' 메시지가 나타난다.

컴파일이 오류없이 완료되었으면, 초간단 7-세그먼트 LED 시계 하드웨어의 ISP 소켓에 ISP 다운로드 케이블을 접속하고 초간단 7-세그먼트 LED 시계 하드웨어에 전원을 공급한다. HEX 파일 다운로드 프로그램인 ToastProg2005를 실행하고 <그림 1.7.27>과 같이 사용할 디바이스가 ATtiny2313으로 정확히 설정되어 있는지 확인한다. ATtiny2313을 처음 사용하는 경우에는 <그림 1.7.29>와 같이 퓨즈비트를 설정한 다음 C:\Atmel\ATtiny2313c\default 폴더에 생성된 'AVRcfile.hex'파일을 <그림 1.7.32>와 같이 열고, <그림 1.7.34>와 같이 HEX파일을 다운로드 한다.

HEX파일을 다운로드 하였으면 초간단 7-세그먼트 LED 시계 하드웨어가 <그림 3.1.11>과 같이 동작하는지 확인한다.

4자리 7-세그먼트 LED에 같은 숫자가 표시되는 프로그램은 <프로그램 Seg4-2.C>와 같다. 포트B로 숫자 패턴과 함께 DIG1~DIG4를 모두 선택하도록 PORTD=0x03을 출력한다.

〈프로그램 Seg4-2.C〉 4자리 7-세그먼트 LED에 같은 숫자 표시 프로그램

```
// ==========================================
//  Seg4-2.C
// ==========================================
#include <avr/io.h>
#include "attiny2313d.h"

int main(void)
{
  MCU_initialize();                    // initialize for ATtiny2313
  Delay_ms(50);                        // wait for system stabilization

  while(1)
    { PORTB = 0xC0;                    // 0 display
      PORTD = 0x03;
      Delay_ms(500);

      PORTB = 0xF9;                    // 1 display
      PORTD = 0x03;
      Delay_ms(500);

      PORTB = 0xA4;                    // 2 display
      PORTD = 0x03;
      Delay_ms(500);

      PORTB = 0xB0;                    // 3 display
      PORTD = 0x03;
      Delay_ms(500);

      PORTB = 0x99;                    // 4 display
      PORTD = 0x03;
      Delay_ms(500);

      PORTB = 0x92;                    // 5 display
      PORTD = 0x03;
      Delay_ms(500);

      PORTB = 0x82;                    // 6 display
      PORTD = 0x03;
      Delay_ms(500);

      PORTB = 0xD8;                    // 7 display
      PORTD = 0x03;
      Delay_ms(500);

      PORTB = 0x80;                    // 8 display
      PORTD = 0x03;
      Delay_ms(500);

      PORTB = 0x90;                    // 9 display
```

```
        PORTD = 0x03;
        Delay_ms(500);

        Beep();                             // beep

    }
}
```

1) 숫자 패턴 함수

7-세그먼트 LED에 표시하고자 하는 숫자를 넘겨주면 <표 3.1.2>의 숫자패턴과 매칭시켜주는 숫자 패턴함수를 만들어 사용하는 것이 편리하다.

```
unsigned char Num2Seg(unsigned char number)
{  if(number == 0)       return 0xC0;
   else if(number == 1) return 0xF9;
   else if(number == 2) return 0xA4;
   else if(number == 3) return 0xB0;
   else if(number == 4) return 0x99;
   else if(number == 5) return 0x92;
   else if(number == 6) return 0x82;
   else if(number == 7) return 0xD8;
   else if(number == 8) return 0x80;
   else if(number == 9) return 0x90;
   else if(number == '.') return 0x7F;
   else return 0xFF;
}
```

<프로그램 Seg4-2.C>에 숫자 패턴 함수를 사용하면 <프로그램 Seg4-2a.C>와 같다.

〈프로그램 Seg4-2a.C〉 숫자 패턴 함수를 사용한 같은 숫자 표시 프로그램

```
 // ==========================================
 //  Seg4-2a.C
 // ==========================================
#include <avr/io.h>
#include "attiny2313d.h"

unsigned char Num2Seg(unsigned char number)   // Number to 7-Segment Pattern
{  if(number == 0)       return 0xC0;
   else if(number == 1) return 0xF9;
   else if(number == 2) return 0xA4;
   else if(number == 3) return 0xB0;
   else if(number == 4) return 0x99;
   else if(number == 5) return 0x92;
   else if(number == 6) return 0x82;
   else if(number == 7) return 0xD8;
   else if(number == 8) return 0x80;
   else if(number == 9) return 0x90;
   else if(number == '.') return 0x7F;
   else return 0xFF;
```

```
}

int main(void)
{ unsigned char i;

  MCU_initialize();                          // initialize for ATtiny2313
  Delay_ms(50);                              // wait for system stabilization

  while(1)
    { PORTD = 0x03;
      for(i=0; i<=9; i++)
        { PORTB = Num2Seg(i);
          Delay_ms(500);
        }
      Beep();                                // beep
    }
}
```

2) 4자리 10진 함수

4자리 7-세그먼트 LED에 같은 숫자를 표시할 때는 숫자 패턴 함수만으로 가능하지만, 서로 다른 숫자를 표시할 때는 각 자리의 숫자를 구분하여 표시해 주는 함수가 필요하다. 4자리 숫자를 10진수로 표시할 것이므로 '4자리 10진 함수'라고 부르기로 한다. 4자리 7-세그먼트는 9999까지 숫자를 표시할 수 있기 때문에 1000의 자리, 100의 자리, 10의 자리, 1의 자리를 구분하고, 각 자리의 숫자를 변수에 저장한 다음 숫자 패턴 함수로 4자리 7-세그먼트 LED에 숫자를 표시한다.

```
unsigned char dig1, dig2, dig3, dig4;

void Seg4d(unsigned int number)
{
   dig1 = number/1000;                      // Dig1 = 1000

   number = number % 1000;                  // Dig2 = 100
   dig2 = number/100;

   number = number % 100;                   // Dig3 = 10
   dig3 = number/10;

   dig4 = number % 10;                      // Dig4 = 1
}
```

예를 들어, <그림 3.1.12>와 같이 1234의 1000자리는 1000으로 1234를 나눈 몫이고, 100의 자리는 1000으로 나눈 나머지를 다시 100으로 나눈 몫이된다. 또한, 10의 자리는 100으로 나눈 나머지를 다시 10으로 나눈 몫이고, 1의 자리는 10으로 나눈 나머지가 된다.

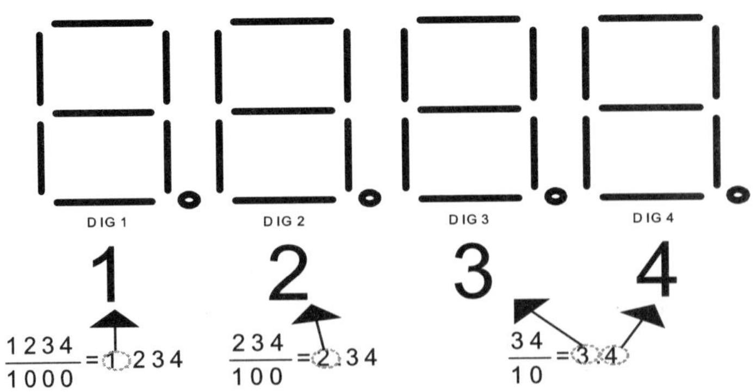

〈그림 3.1.12〉 4자리 10진 함수의 자리값 구하기

<그림 3.1.12>를 프로그래밍에 적용하면, 1000의 자리값을 구하기 위해 1234를 1000으로 나눈 값을 0~255범위만 표현할 수 있는 unsigned char로 정의된 변수 dig1에 넣으면, 소숫점 이하는 무시되고 1만 남게 된다. 즉, 1000으로 나눈 몫이 변수 dig1의 값이 된다. 마찬가지로, 100의 자리는 1234를 1000으로 나눈 나머지를 100으로 나눈 몫이 변수 dig2의 값이 되고, 100으로 나눈 나머지를 10으로 나눈 몫이 변수 dig3의 값이 되고, 10으로 나눈 나머지가 변수 dig4의 값이 된다.

숫자 패턴 함수와 4자리 10진 함수를 사용한 9999진 카운터는 <프로그램 Seg4-3.C>과 같다.

〈프로그램 Seg4-3.C〉 9999진 카운터 프로그램

```
// ===========================================
// Seg4-3.C
// ===========================================
#include <avr/io.h>
#include "attiny2313d.h"

unsigned char Num2Seg(unsigned int number)     // Number to 7-Segment Pattern
{  if(number == 0)        return 0xC0;
   else if(number == 1) return 0xF9;
   else if(number == 2) return 0xA4;
   else if(number == 3) return 0xB0;
   else if(number == 4) return 0x99;
   else if(number == 5) return 0x92;
   else if(number == 6) return 0x82;
   else if(number == 7) return 0xD8;
   else if(number == 8) return 0x80;
   else if(number == 9) return 0x90;
   else if(number == '.') return 0x7F;
   else return 0xFF;
}
```

```
unsigned char dig1, dig2, dig3, dig4;

void Seg4d(unsigned int number)                    // Decimal conver to 7-Segment
{
   dig1 = number/1000;                             // Dig1 = 1000

   number = number % 1000;                         // Dig2 = 100
   dig2 = number/100;

   number = number % 100;                          // Dig3 = 10
   dig3 = number/10;

   dig4 = number % 10;                             // Dig4 = 1
}

int main(void)
{ unsigned int i, j;

  MCU_initialize();                                // initialize for ATtiny2313
  Delay_ms(50);                                    // wait for system stabilization

  while(1)
    { for(i=0; i<=9999; i++)
      { Seg4d(i);
          for(j=0; j <25; j++)
          { PORTB = Num2Seg(dig1);                 // 1000 display
            PORTD = 0xF0;
            Delay_ms(1);
            PORTB = Num2Seg(dig2);                 // 100 display
            PORTD = 0x68;
            Delay_ms(1);
            PORTB = Num2Seg(dig3);                 // 10 display
            PORTD = 0x58;
            Delay_ms(1);
            PORTB = Num2Seg(dig4);                 // 1 display
            PORTD = 0x38;
            Delay_ms(1);
          }
        }

        Beep();                                    // beep
    }
}
```

9999진 카운터의 메인함수에는 무한루프 while(1) 속에 2개의 for 반복문이 있다. 바깥쪽 for 반복문은 9999까지 숫자를 증가시키기 위한 것이고, 안쪽 for 반복문은 4자리 숫자를 Num2Seg()함수로 표시한다. 각각의 자리수를 표시하면서 1ms씩 지연시간을 두고 있으며, Num2Seg()함수로 7-세그먼트에 각 자리 숫자를 25번 반복하여 디스플레이 한다. 숫자가 증가하는 데 걸리는 시간은 각 자리를 표시하는 데 1ms씩의 지연시간을 주고 4자리를 표시해야 하므로 4ms이고, 25번 반복하므로 100ms 마다 숫자가 하나씩 증가한다. 1초 마다 숫자가 하나씩 증가하도록 하려면 안쪽 반복문을 250번 반복하면 된다.

```
for(i=0; i<=9999; i++)
  { Seg4d(i);
    for(j=0; j <25; j++)
      { PORTB = Num2Seg(dig1);                    // 1000 display
        PORTD = 0xF0;
      Delay_ms(1);
      PORTB = Num2Seg(dig2);                      // 100 display
      PORTD = 0x68;
      Delay_ms(1);
      PORTB = Num2Seg(dig3);                      // 10 display
      PORTD = 0x58;
      Delay_ms(1);
      PORTB = Num2Seg(dig4);                      // 1 display
      PORTD = 0x38;
      Delay_ms(1);
      }
  }
```

3) 첫 자리에 0이 오지 않는 4자리 10진 함수

9999진 카운터는 0부터 9999까지 카운트를 하므로 4자리가 되기 전에는 앞자리에 0이 오지 않도록 해야 하는 경우에는 앞자리 숫자가 0인지를 판별하여 해당하는 숫자의 7-세그먼트 LED를 모두 OFF시켜 숫자가 표시되지 않게 한다.

```
unsigned char dig1, dig2, dig3, dig4;

void Seg4d(unsigned int number)                  // Decimal conver to 7-Segment
{  unsigned int i;
   unsigned char flag = 0;

   i = number/1000;                              // Dig1 = 1000
   if(i == 0) dig1=0xFF;
   else{ dig1 = i;
         flag = 1;
       }

   number = number % 1000;                       // Dig2 = 100
   i = number/100;
   if((i == 0) && (flag == 0)) dig2=0xFF;
   else{ dig2 = i;
         flag =1;
       }

   number = number % 100;                        // Dig3 = 10
   i = number/10;
   if((i == 0) && (flag == 0)) dig3=0xFF;
```

```
    else{ dig3 = i;
          flag =1;
        }

      dig4 = number % 10;                              // Dig4 = 1
}
```

앞자리에 0이 오지 않게 하는 함수를 이용한 9999진 카운터 프로그램은 다음과 같다.

〈프로그램 Seg4-3a.C〉 9999진 카운터 프로그램

```
// ==========================================
// Seg4-3a.C
// ==========================================
#include <avr/io.h>
#include "attiny2313d.h"

unsigned char Num2Seg(unsigned int number)     // Number to 7-Segment Pattern
{  if(number == 0)        return 0xC0;
   else if(number == 1) return 0xF9;
   else if(number == 2) return 0xA4;
   else if(number == 3) return 0xB0;
   else if(number == 4) return 0x99;
   else if(number == 5) return 0x92;
   else if(number == 6) return 0x82;
   else if(number == 7) return 0xD8;
   else if(number == 8) return 0x80;
   else if(number == 9) return 0x90;
   else if(number == '.') return 0x7F;
   else return 0xFF;
}

unsigned char dig1, dig2, dig3, dig4;

void Seg4d(unsigned int number)                 // Decimal conver to 7-Segment
{  unsigned int i;
   unsigned char flag = 0;

   i = number/1000;                             // Dig1 = 1000
   if(i == 0) dig1=0xFF;
   else{ dig1 = i;
         flag = 1;
       }

   number = number % 1000;                      // Dig2 = 100
   i = number/100;
   if((i == 0) && (flag == 0)) dig2=0xFF;
   else{ dig2 = i;
         flag =1;
       }

   number = number % 100;                       // Dig3 = 10
   i = number/10;
   if((i == 0) && (flag == 0)) dig3=0xFF;
```

```
    else{ dig3 = i;
          flag =1;
        }

     dig4 = number % 10;                         // Dig4 = 1
int main(void)
{ unsigned int i, j;

  MCU_initialize();                              // initialize for ATtiny2313
  Delay_ms(50);                                  // wait for system stabilization

  while(1)
    { for(i=0; i<=9999; i++)
      { Seg4d(i);
          for(j=0; j <25; j++)
          { PORTB = Num2Seg(dig1);               // 1000 display
            PORTD = 0xF0;
            Delay_ms(1);
            PORTB = Num2Seg(dig2);               // 100 display
            PORTD = 0x68;
            Delay_ms(1);
            PORTB = Num2Seg(dig3);               // 10 display
            PORTD = 0x58;
            Delay_ms(1);
            PORTB = Num2Seg(dig4);               // 1 display
            PORTD = 0x38;
            Delay_ms(1);
          }
        }

        Beep();                                  // beep
    }
}
```

C Software

초간단 7-세그먼트 LED 시계 프로그램

2.1절의 '인터럽트에 의한 LED ON-OFF 프로그램'에서 타이머/카운터1을 이용하여 1초 간격으로 인터럽트가 발생하면, PB0비트의 LED가 ON, OFF하는 프로그램을 작성하였다. 초간단 7-세그먼트 LED 시계에서도 타이머/카운터1을 이용하여 1초 간격으로 인터럽트를 발생시키면 인터럽트 서비스 루틴에서 초(second), 분(minute), 시(hour)를 증가시키는 프로그램을 수행하고, 메인 프로그램에서는 7-세그먼트 LED에 시와 분을 표시하도록 한다.

〈프로그램 USC5-1.C〉 초간단 7-세그먼트 LED 시계 프로그램

```
// ==========================================
// USC5-1.C
// ==========================================

#include <avr/io.h>
#include <avr/interrupt.h>
#include "attiny2313d.h"

volatile unsigned char second, minute, hour;

ISR(TIMER1_COMPA_vect)                          // OC1A interrupt function
{

  PORTD = 0xF8;                                 // clear 7-segment LED

  second++;                                     // increment second

  if(second == 60)                              // if second = 60, second = 0
    { second = 0;

      minute++;                                 // increment minute

      if(minute == 60)                          // if minute = 60, minute = 0
        { minute = 0;

          hour++;                               // increment hour

          if(hour == 13)                        // if hour = 13, hour = 1
            hour = 1;
        }
    }
}

unsigned char Num2Seg(unsigned int number)      // Number to 7-Segment Pattern
{  if(number == 0)       return 0xC0;
   else if(number == 1) return 0xF9;
   else if(number == 2) return 0xA4;
   else if(number == 3) return 0xB0;
   else if(number == 4) return 0x99;
   else if(number == 5) return 0x92;
   else if(number == 6) return 0x82;
   else if(number == 7) return 0xD8;
   else if(number == 8) return 0x80;
   else if(number == 9) return 0x90;
   else if(number == '.') return 0x7F;
   else return 0xFF;
}

int main(void)
{
  MCU_initialize();                             // initialize for ATtiny2313
  Delay_ms(50);                                 // wait for system stabilization

  hour = 12;                                    // initial time
```

```
    minute = 0;
    second = 0;

    TCCR1A = 0x00;                          // CTC mode(4), don't output OC1A
    TCCR1B = 0x0C;                          // 16MHz/256/(1+62499) = 1Hz
    TCCR1C = 0x00;
    OCR1A = 62499;
    TCNT1 = 0x0000;                         // clear Timer/Counter1

    TIMSK = 0x40;                           // enable OC1A interrupt
    TIFR = 0xE8;                            // clear all interrupt flags
    sei();                                  // global interrupt enable

    while(1)
      { PORTB = Num2Seg(hour/10);           // display hour
        PORTD = 0xF0;
        Delay_ms(1);
        PORTB = Num2Seg(hour%10);
        PORTD = 0x68;
        Delay_ms(1);

        PORTB = Num2Seg(minute/10);         // display minute
        PORTD = 0x58;
        Delay_ms(1);
        PORTB = Num2Seg(minute%10);
        PORTD = 0x38;
        Delay_ms(1);

        PORTB = Num2Seg('.');               // display "."
        PORTD = 0x68;
        Delay_ms(1);
      }
  }
```

(1) 타이머/카운터1의 CTC 모드 4 설정

타이머/카운터1의 CTC 모드 4의 설정은 2.1절의'인터럽트에 의한 LED ON-OFF 프로그램'에서와 같이 타이머/카운터1 제어 레지스터 TCCR1A와 TCCR1B의 파형 발생비트(WGM13~WGM10)에 의해서 CTC 모드 4를 설정한다.

타이머/카운터1의 CTC 모드 4에서는 <그림 3.1.13>과 같이 타이머/카운터1 레지스터 TCNT1은 항상 0x0000에서 설정값(TOP)까지 반복적으로 증가하며 설정값으로 출력 비교 레지스터 OCR1A가 사용된다. 타이머/카운터1 레지스터 TCNT1의 값이 증가하다가 OCR1A의 값과 일치하면, 다음 클록 사이클에서'0x0000'으로 클리어 되어 다시 OCR1값으로 카운트를 반복한다. CTC 모드에서는 출력 비교 인터럽트가 2번 발생하여 1주기의 출력 파형을 만든다.

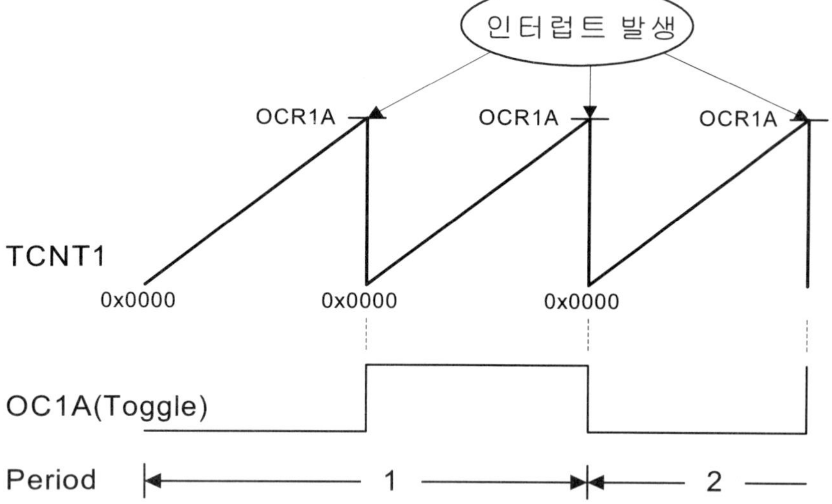

〈그림 3.1.13〉 타이머/카운터1의 CTC 모드 4의 동작

```
TCCR1A = 0x00;                  // CTC mode(4), don't output OC1A
TCCR1B = 0x0C;                  // 16MHz/256/(1+62499) = 1Hz
TCCR1C = 0x00;
OCR1A  = 62499;
TCNT1  = 0x0000;                // clear Timer/Counter1
```

CTC 모드 4를 선택하려면, <표 1.4.7>의 WGM13~WGM10 비트에 의한 동작모드 설정은 <표 3.1.5>와 같이 TCCR1A의 WGM11과 WGM10은 각각 '0'이고, TCCR1B의 WGM13과 WGM12는 각각 '0'과 '1'로 설정한다.

〈표 3.1.5〉 WGM13~WGM10 비트에 의한 CTC 모드4 설정

모드	WGM13	WGM12 (CTC1)	WGM11 (PWM11)	WGM10 (WPM10)	동작모드	최대값	OCR1x 업데이트	TOV1플랙
4	0	1	0	0	CTC	OCR1A	설정즉시	0xFFFF

<표 1.4.9>의 OC1x핀 기능 설정에서 OC1A핀으로 파형을 출력하지 않으므로 <표 3.1.6>과 같이 COM1A1, COM1A0, COM1B1, COM1B0는 '0000'으로 설정한다. TCCR1A의 COM1A1~COM1B0비트에 이 값을 대입하면 <그림 3.1.14>와 같이 TCCR1A = 0x00이 된다.

〈표 3.1.6〉 COM1x1~COM1x0 비트에 의한 OC1x핀 출력 차단 기능 설정

모드	COM1x1	COM1x0	OC1x핀의 기능
PWM모드가 아닌 경우	**0**	**0**	**정상적인 I/O포트로 동작, OC1x 출력차단**
	0	1	비교 매치에서 OC1x 출력을 토글
	1	0	비교 매치에서 OC1x = 0
	1	1	비교 매치에서 OC1x = 1

(2) 타이머/카운터1의 분주비 설정

<표 1.4.9>의 클록소스 선택비트 설정에서 프리스케일러의 분주비를 256으로 선택하면 CS12, CS11, CS10은 '100'이다. 이 값을 TCCR1B의 CS12, CS11, CS10비트와 WGM13, WGM12 비트에 대입하면 <그림 3.1.15>와 같이 TCCR1B = 0x0C가 된다.

〈표 3.1.7〉 타이머/카운터1의 클록소스의 프리스케일러 분주비 256으로 설정

CS12	CS11	CS10	클록 소스
1	0	0	$clk_{I/O}$ / 256

프리스케일러의 분주비가 정해지면, OC1A의 출력 파형 주파수를 얻기 위한 타이머/카운터1의 출력 비교 레지스터OCR1A의 값이 정해진다. CTC 모드에서 출력 비교 인터럽트가 2번 발생하여 1주기의 출력파형을 만든다. 이때 설정값(TOP)인 OCR1A 값은 다음과 같은 식으로 구한다.

$$f_{OC_x} = \frac{f_{CPU_{clock}}}{N \cdot (1+TOP)} \Rightarrow TOP = \frac{16,000,000}{(256 \cdot f_{OC_x})} - 1$$

f_{OC_x}가 1Hz이므로 OCR1A의 값은 (16,000,000/256) - 1 = 62,499이다.

비 트	7	6	5	4	3	2	1	0
TCCR1A	COM1A1	COM1A0	COM1B1	COM1B0	-	-	WGM11	WGM10
설정값(2진수)	0	0	0	0	0	0	0	0
설정값(16진수)	0				0			

〈그림 3.1.14〉 타이머/카운터 1 제어 레지스터A (TCCR1A) 설정

비 트	7	6	5	4	3	2	1	0
TCCR1B	ICNC1	ICES1	-	WGM13	**WGM12**	**CS12**	CS11	CS10
설정값(2진수)	0	0	0	0	1	1	0	0
설정값(16진수)	0				C			

〈그림 3.1.15〉 타이머/카운터 1 제어 레지스터B (TCCR1B) 설정

(3) 타이머/카운터1의 타이머 인터럽트 설정

타이머/카운터1의 타이머 인터럽트는 타이머 인터럽트 마스크 레지스터(TIMSK)와 타이머 인터럽트 플랙 레지스터(TIFR)로 설정한다.

```
TIMSK = 0x40;                               // enable OC1A interrupt
TIFR  = 0xE8;                               // clear all interrupt flags
```

OC1A의 인터럽트를 허용하려면, 타이머/카운터1의 타이머 인터럽트 마스크 레지스터 TIMSK의 OCIE1A=1로 한다.

비 트	7	6	5	4	3	2	1	0
TIMSK	TOIE1	**OCIE1A**	OCIE1B	-	ICIE1	OCIE0B	TOIE0	OCIE0A
설정값(2진수)	0	1	0	0	0	0	0	0
설정값(16진수)	4				0			

〈그림 3.1.16〉 타이머/카운터1의 OC1A 인터럽트 허용 (TIMSK)설정

타이머/카운터1의 모든 인터럽트 플랙을 클리어(clear) 하려면, 타이머/카운터1의 타이머 인터럽트 플랙 레지스터 TIFR의 TOV1=1, OCF1A=1, OCF1B=1, ICF1=1으로 설정한다.

비 트	7	6	5	4	3	2	1	0
TIFR	**TOV1**	**OCF1A**	**OCF1B**	-	**ICF1**	OCF0B	TOV0	OCF0A
설정값(2진수)	1	1	1	0	1	0	0	0
설정값(16진수)	E				8			

〈그림 3.1.17〉 타이머/카운터1의 인터럽트 플랙 클리어 (TIFR)설정

(4) 인터럽트 서비스 루틴

타이머/카운터1의 CTC 모드4와 프리스케일러의 분주비, 타이머 인터럽트 등을 모두 설정하였으면, 글로벌 인터럽트를 인에이블하는 함수 sei()에 의해 인터럽트가 허용된다. 인터럽트가 발생했을 때 실행해야 할 프로그램은 인터럽트 서비스 루틴에 작성해 준다. 인

터럽트 서비스 루틴은 1.7절 "AVR Studio에서 WinAVR을 이용한 C언어 프로그램 작성"에서 설명한 바와 같이 프로그램의 서두에 인터럽트 헤더 파일 <avr/interrupt.h>을 인클루드 시켜야 하고, 인터럽트 서비스 루틴은 다음과 같은 형식을 지켜야 한다.

```
ISR(vect)
{
    // interrupt service routine
}
```

인터럽트 벡터는 <표 1.7.4>의 ATtiny2313의 인터럽트 처리를 위한 벡터를 사용한다. 타이머/카운터1의 비교 매치A의 벡터를 사용하므로 'TIMER1_COMPA_vect' 벡터를 사용한다.

〈프로그램 USC5-1.C〉의 인터럽트 서비스 루틴

```
volatile unsigned char second, minute, hour;

ISR(TIMER1_COMPA_vect)                  // OC1A interrupt function
{ PORTD = 0xF8;                         // clear 7-segment LED
  second++;                             // increment second
  if(second == 60)                      // if second = 60, second = 0
    { second = 0;
      minute++;                         // increment minute
      if(minute == 60)                  // if minute = 60, minute = 0
        { minute = 0;
          hour++;                       // increment hour
          if(hour == 13)                // if hour = 13, hour = 1
            hour = 1;
        }
    }
}
```

인터럽트 서비스 루틴에서는 인터럽트가 발생할 때 마다 변수 second를 +1씩 증가시키고, second가 60이 되었는가를 확인하여 일치하면, second를 0으로 클리어 하고, 변수 minute를 +1 증가 시킨다. 변수 minute가 60이 되었는가를 확인하고 일치하면, minute를 0으로 클리어 하고, 변수 hour를 +1 증가시킨다. 변수 hour가 13이 되었는가를 확인하고 일치하면, 1로 놓는다. 변수 hour가 12시를 지나 13시가 되면 1시로 바뀌므로 12시간으로 시간을 표시한다. 24시간으로 시간을 표시하고자 한다면, 변수 hour를 25시가 되면 1시로 바뀌도록 프로그램을 수정하면 된다.

C언어는 어셈블러에 비해 프로그램의 개발시간을 단축시켜주고, 소스 코드를 재사용할 수 있는 장점이 있는 반면에 코드 사이즈가 크고, 실행 속도가 늦어지는 단점이 있다. 프로그램의 코드 사이즈를 줄이고 실행속도를 높이려면, 인터럽트 서비스 루틴을 짧게하고 인터럽트 서비스 루틴 내에서 다른 함수를 호출하지 않는 것이 좋다.

또한, <프로그램 USC5-1.C>와 같이 인터럽트 서비스 루틴과 메인 함수가 공유하는 전역변수는 인터럽트 서비스 루틴에서 전역변수가 수시로 갱신되고 메인 함수가 갱신된 결과를 처리 하므로 반드시 volatile로 선언해 주어야 한다.

(5) 7-세그먼트 LED에 시(hour)와 분(minute) 표시

7-세그먼트 LED에 시(hour)와 분(minute)의 표시는 10의 자리까지 표시해야 하므로 10의 자리는 hour변수와 minute변수를 10으로 나눈 몫을 7-세그먼트 LED에 표시하도록 하고, 1의 자리는 나머지를 표시하도록 한다. 시간의 10자리는 7-세그먼트LED의 Dig1에 표시되고, 1의 자리는 Dig2에 표시된다. 분의 10자리는 7-세그먼트 LED의 Dig3에 표시되고, 1의 자리는 Dig4에 표시된다.

〈프로그램 USC5-1.C〉의 메인 함수에서 시(hour)와 분(minute)표시

```
while(1)
  { PORTB = Num2Seg(hour/10);                    // display hour
    PORTD = 0xF0;
    Delay_ms(1);
    PORTB = Num2Seg(hour%10);
    PORTD = 0x68;
    Delay_ms(1);

    PORTB = Num2Seg(minute/10);                  // display minute
    PORTD = 0x58;
    Delay_ms(1);
    PORTB = Num2Seg(minute%10);
    PORTD = 0x38;
    Delay_ms(1);

    PORTB = Num2Seg('.');                        // display "."
    PORTD = 0x68;
    Delay_ms(1);
  }
}
```

(6) 시(hour), 분(minute), 초(second) 초기화

ATtiny2313의 데이터 방향 레지스터와 포트를 초기화 하고, 시스템을 안정화 시키기위

한 지연시간을 둔 다음 7-세그먼트 LED에 표시할 변수인 시(hour), 분(minute), 초(second)를 다음과 같이 초기화 한다.

〈프로그램 USC5-1.C〉의 시(hour)와 분(minute), 초(second) 초기화

```
hour = 12;                              // initial time
minute = 0;
second = 0;
```

시각을 수정할 수 있는 초간단 7-세그먼트 LED 시계 프로그램

앞에서 제시한 초간단 7-세그먼트 LED 시계는 시, 분, 초를 초기화하여 시각을 수정할 수 있기 때문에 불편하다. <그림 3.1.1>과 같이 포트D의 PD0와 PD1에 접속되어 있는 스위치SW1과 스위치 SW2를 이용하여 시(hour)와 분(minute)을 수정할 수 있는 프로그램을 작성한다.

〈프로그램 USC5-2.C〉 초간단 7-세그먼트 LED 시계 프로그램

```
// ==========================================
// USC5-2.C
// ==========================================

#include <avr/io.h>
#include <avr/interrupt.h>
#include "attiny2313d.h"

volatile unsigned char second, minute, hour;

ISR(TIMER1_COMPA_vect)                  // OC1A interrupt function
{

  PORTD = 0xF8;                         // clear 7-segment LED

  second++;                             // increment second

  if(second == 60)                      // if second = 60, second = 0
    { second = 0;

      minute++;                         // increment minute

      if(minute == 60)                  // if minute = 60, minute = 0
        { minute = 0;

          hour++;                       // increment hour
          Beep();
```

```
          if(hour == 13)                        // if hour = 13, hour = 1
            hour = 1;
        }
    }
}

unsigned char Num2Seg(unsigned int number)      // Number to 7-Segment Pattern
{  if(number == 0)       return 0xC0;
   else if(number == 1) return 0xF9;
   else if(number == 2) return 0xA4;
   else if(number == 3) return 0xB0;
   else if(number == 4) return 0x99;
   else if(number == 5) return 0x92;
   else if(number == 6) return 0x82;
   else if(number == 7) return 0xD8;
   else if(number == 8) return 0x80;
   else if(number == 9) return 0x90;
   else if(number == '.') return 0x7F;
   else return 0xFF;
}

int main(void)
{ unsigned char key;
  MCU_initialize();                             // initialize for ATtiny2313
  Delay_ms(50);                                 // wait for system stabilization

  hour = 12;                                    // initial time
  minute = 00;
  second = 0;

  TCCR1A = 0x00;                                // CTC mode(4), don't output OC1A
  TCCR1B = 0x0C;                                // 16MHz/256/(1+62499) = 1Hz
  TCCR1C = 0x00;
  OCR1A = 62499;
  TCNT1 = 0x0000;                               // clear Timer/Counter1

  TIMSK = 0x40;                                 // enable OC1A interrupt
  TIFR = 0xE8;                                  // clear all interrupt flags
  sei();                                        // global interrupt enable

  while(1)
    { key = PIND & 0b00000011;

      PORTB = Num2Seg(hour/10);                 // display hour
      PORTD = 0xF0;
      Delay_ms(1);
      PORTB = Num2Seg(hour%10);
      PORTD = 0x68;
      Delay_ms(1);

      PORTB = Num2Seg(minute/10);               // display minute
      PORTD = 0x58;
      Delay_ms(1);
      PORTB = Num2Seg(minute%10);
      PORTD = 0x38;
      Delay_ms(1);
```

```
        PORTB = Num2Seg('.');                        // display "."
        PORTD = 0x68;
        Delay_ms(1);

        switch(key)
         { case 0x02: if(hour != 12) hour++;         // Pressed SW1
                      else           hour = 1;
                      break;
           case 0x01: if(minute != 59) minute++;// Pressed SW2
                      else           minute = 0;
                      break;
           default:   break;
         }
      }
}
```

(1) 소프트웨어적인 디바운싱 루틴

<프로그램 USC5-2.C>를 컴파일한 후, 다운로드 하여 시각을 수정하기 위해 스위치 SW1과 SW2를 눌러 보면 상당히 당황 스럽다. 스위치를 한 번만 눌렀지만 순식간에 값이 수십번씩 바뀐다. 이것은 스위치를 눌러서 로우(low)상태로 하여도 일정 기간동안 기계적인 접점에서 채터링이 발생하기 때문이다. <그림 3.1.18>과 같이 접점에서 발생하는 채터링(chattering)을 바운싱(bouncing)이라고 하며, 바운싱을 소거하는 회로를 디바운싱 회로 또는 디바운서(debouncer)라고 한다. 바운싱을 하드웨어적으로 처리하려면 <그림 3.1.19(a)>와 같이 NAND게이트를 이용한 SR 래치 디바운싱 회로나 <그림 3.1.19(b)>와 같이 RC회로를 이용한 디바운싱 회로를 구성할 수 있으며, MC14490과 같은 전용 IC를 사용할 수 도 있다.

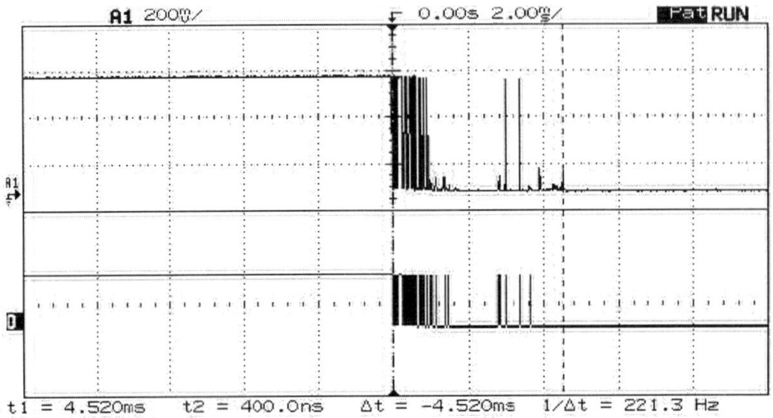

〈그림 3.1.18〉 스위치를 로우(low)로 했을 때 바운싱 현상

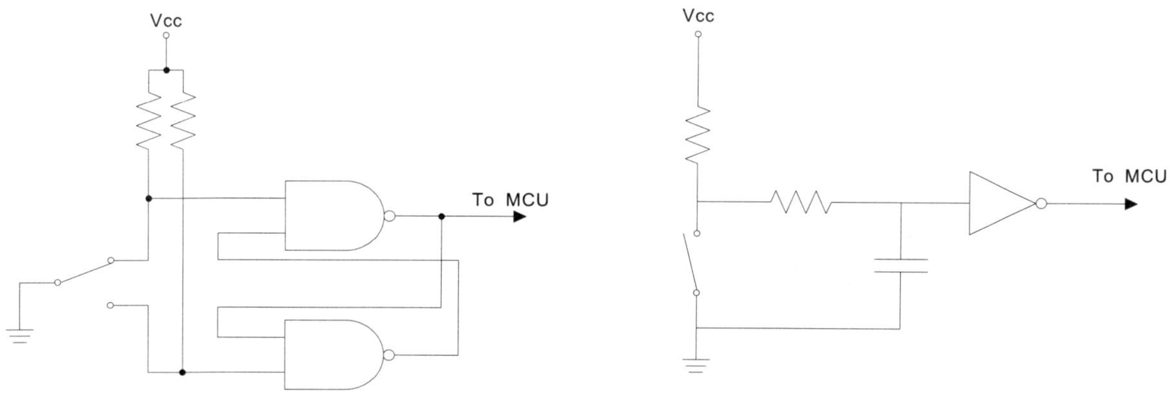

(a) SR 래치 디바운싱 회로 (b) RC 디바운싱 회로

〈그림 3.1.19〉 디바운싱 회로

바운싱 현상을 하드웨어로 처리 하려면 회로가 복잡해지고 비용도 증가되므로 소프트웨어적으로 처리하는 것이 좋다. 바운싱은 스위치를 ON 또는 OFF할 때, 약 10ms정도 지속되므로 이 보다 20ms 정도 길게 시간지연을 두어, 소프트웨어적으로 바운싱이 끝난 후 스위치가 로우(low)인지 하이(high)인지를 읽어 들이도록 한다. 즉, 스위치를 누를 때 로우(low) 상태가 검출되면 20ms 정도 시간지연을 한 후 다시 로우 상태를 확인하여 로우이면 스위치를 누른 것으로 처리하고, 누른 스위치를 뗄 때도 하이(high) 상태가 검출되면 20ms 정도 시간지연을 한 후 다시 하이 상태를 확인하여 하이이면 스위치를 뗀 것으로 처리한다.

```
unsigned char sw_flag = 0;

unsigned char key(void)                              // debouncing routine
{ unsigned char sw;
  sw = PIND & 0x03;
  if(sw == 0x03)
      { if(sw_flag == 0)
        return sw;
        else
          { Delay_ms(20);
            sw_flag = 0;
            return sw;
          }
      }
   else
     { if(sw_flag != 0)
         return 0x03;
       else
         { Delay_ms(20);
```

```
            sw_flag = 1;
            return sw;
          }
      }
}
```

디바운싱 루틴을 사용자 헤더 파일인 ATtiny2313d.h에 추가한 다음 메인 함수를 <프로그램 USC5-2a>와 같이 수정하여 컴파일 한 후 HEX파일을 다운로드 하여 스위치 SW1과 SW2를 눌러 시(hour)와 분(minute)을 수정하여 동작을 확인한다.

〈사용자 헤더 ATtiny2313d.h〉 디바운싱 루틴 추가

```
// ===================================================
//  ATtiny2313d.h  for Ultra simple 7-segment clock
// ===================================================

void MCU_initialize(void)              // initialize for ATtiny2313
{ DDRB = 0xFF;                         // PORTB = output (Numeric pattern)
  PORTB = 0x00;
  DDRD = 0xFC;                         // PORTD = input  (SW1-SW2)
  PORTD = 0x00;                        // PORTD = output (Digit select, Buzzer)
}

void Delay_us(unsigned char time_us)   // delay for us
{ register unsigned char i;

  for(i = 0; i < time_us; i++)         // 4 cycle +
    { asm volatile(" PUSH  R0 ");      // 2 cycle +
      asm volatile(" POP   R0 ");      // 2 cycle +
      asm volatile(" PUSH  R0 ");      // 2 cycle +
      asm volatile(" POP   R0 ");      // 2 cycle +
      asm volatile(" PUSH  R0 ");      // 2 cycle +
      asm volatile(" POP   R0 ");      // 2 cycle = 16 cycle = 1 us for 16MHz
    }
}

void Delay_ms(unsigned int time_ms)    // delay for ms
{ register unsigned int i;

  for(i = 0; i < time_ms; i++)
    { Delay_us(250);
      Delay_us(250);
      Delay_us(250);
      Delay_us(250);
    }
}
void Beep(void)
{
  PORTD |= _BV(2);                     // buzzer on
  Delay_ms(50);
  PORTD &= ~_BV(2);                    // buzzer off
}
```

```
unsigned char sw_flag = 0;

unsigned char key(void)                              // debouncing routine
{ unsigned char sw;
  sw = PIND & 0x03;
  if(sw == 0x03)
      { if(sw_flag == 0)
        return sw;
        else
          { Delay_ms(20);
            sw_flag = 0;
            return sw;
          }
      }
   else
     { if(sw_flag != 0)
         return 0x03;
       else
         { Delay_ms(20);
           sw_flag = 1;
           return sw;
          }
       }
}
```

<프로그램 USC5-2.C> 초간단 7-세그먼트 LED 시계 프로그램에 디바운싱 루틴이 포함된 사용자 헤더를 사용하여 디바운싱 초간단 7-세그먼트 LED 시계 프로그램은 <프로그램 USC5-2a>와 같으며, <프로그램 USC5-2.C>와 바뀐 부분은 주석문(//)으로 표시하였다.

〈프로그램 USC5-2a.C〉 디바운싱 초간단 7-세그먼트 LED 시계 프로그램

```
// ==========================================
// USC5-2a.C
// ==========================================

#include <avr/io.h>
#include <avr/interrupt.h>
#include "attiny2313d.h"

volatile unsigned char second, minute, hour;

ISR(TIMER1_COMPA_vect)                               // OC1A interrupt function
{

  PORTD = 0xF8;                                      // clear 7-segment LED

  second++;                                          // increment second

  if(second == 60)                                   // if second = 60, second = 0
    { second = 0;
```

```
      minute++;                                   // increment minute

      if(minute == 60)                            // if minute = 60, minute = 0
        { minute = 0;

          hour++;                                 // increment hour
          Beep();
          if(hour == 13)                          // if hour = 13, hour = 1
            hour = 1;
        }
      }
}

unsigned char Num2Seg(unsigned int number)        // Number to 7-Segment Pattern
{  if(number == 0)         return 0xC0;
   else if(number == 1) return 0xF9;
   else if(number == 2) return 0xA4;
   else if(number == 3) return 0xB0;
   else if(number == 4) return 0x99;
   else if(number == 5) return 0x92;
   else if(number == 6) return 0x82;
   else if(number == 7) return 0xD8;
   else if(number == 8) return 0x80;
   else if(number == 9) return 0x90;
   else if(number == '.') return 0x7F;
   else return 0xFF;
}

int main(void)
{ // unsigned char key;
  MCU_initialize();                               // initialize for ATtiny2313
  Delay_ms(50);                                   // wait for system stabilization

  hour = 12;                                      // initial time
  minute = 00;
  second = 0;

  TCCR1A = 0x00;                                  // CTC mode(4), don't output OC1A
  TCCR1B = 0x0C;                                  // 16MHz/256/(1+62499) = 1Hz
  TCCR1C = 0x00;
  OCR1A = 62499;
  TCNT1 = 0x0000;                                 // clear Timer/Counter1

  TIMSK = 0x40;                                   // enable OC1A interrupt
  TIFR = 0xE8;                                    // clear all interrupt flags
  sei();                                          // global interrupt enable

  while(1)
    { // key = PIND & 0b00000011;

      PORTB = Num2Seg(hour/10);                   // display hour
      PORTD = 0xF0;
      Delay_ms(1);
      PORTB = Num2Seg(hour%10);
      PORTD = 0x68;
```

```
        Delay_ms(1);

        PORTB = Num2Seg(minute/10);              // display minute
        PORTD = 0x58;
        Delay_ms(1);
        PORTB = Num2Seg(minute%10);
        PORTD = 0x38;
        Delay_ms(1);

        PORTB = Num2Seg('.');                    // display "."
        PORTD = 0x68;
        Delay_ms(1);

        switch(key())
         { case 0x02: if(hour != 12) hour++;     // Pressed SW1
                      else          hour = 1;
                      break;
           case 0x01: if(minute != 59) minute++;// Pressed SW2
                      else          minute = 0;
                      break;
           default:   break;
         }
     }
}
```

(2) 시(hour), 분(minute), 초(second)를 표시하는 7-세그먼트 LED 시계프로그램

초간단 7-세그먼트 LED 시계는 4자리 7-세그먼트 LED를 사용하고 있으므로 시(hour)와 분(minute)만을 표시할 수 있다. 그러나, 주기적으로 초(second)를 보여줌으로써 시간의 경과를 잘 표현할 수 있고, 정각이 될 때 부저가 3번 울리도록 하여 더 실용적인 시계로서의 기능을 할 수 있다.

〈프로그램 USC-3.C〉 실용적인 초간단 7-세그먼트 LED 시계 프로그램

```
// ============================================
// USC5-3.C
// ============================================

#include <avr/io.h>
#include <avr/interrupt.h>
#include "attiny2313d.h"

volatile unsigned char second, minute, hour;

ISR(TIMER1_COMPA_vect)                          // OC1A interrupt function
{

  PORTD = 0xF8;                                 // clear 7-segment LED

  second++;                                     // increment second
```

```
  if(second == 60)                              // if second = 60, second = 0
    { second = 0;

      minute++;                                 // increment minute

      if(minute == 60)                          // if minute = 60, minute = 0
        { minute = 0;

          hour++;                               // increment hour

          if(hour == 13)                        // if hour = 13, hour = 1
            hour = 1;
        }
    }

   if((minute == 59) && (second == 57))  Beep();// 3 beep for each o'clock
   if((minute == 59) && (second == 58))  Beep();
   if((minute == 59) && (second == 59))  Beep();
   if((minute == 00) && (second == 00))  Beep();
}

unsigned char Num2Seg(unsigned int number)      // Number to 7-Segment Pattern
{  if(number == 0)       return 0xC0;
   else if(number == 1) return 0xF9;
   else if(number == 2) return 0xA4;
   else if(number == 3) return 0xB0;
   else if(number == 4) return 0x99;
   else if(number == 5) return 0x92;
   else if(number == 6) return 0x82;
   else if(number == 7) return 0xD8;
   else if(number == 8) return 0x80;
   else if(number == 9) return 0x90;
   else if(number == '.') return 0x7F;
   else return 0xFF;
}

int main(void)
{
  MCU_initialize();                             // initialize for ATtiny2313
  Delay_ms(50);                                 // wait for system stabilization

  hour = 12;                                    // initial time
  minute = 0;
  second = 0;

  TCCR1A = 0x00;                                // CTC mode(4), don't output OC1A
  TCCR1B = 0x0C;                                // 16MHz/256/(1+62499) = 1Hz
  TCCR1C = 0x00;
  OCR1A = 62499;
  TCNT1 = 0x0000;                               // clear Timer/Counter1

  TIMSK = 0x40;                                 // enable OC1A interrupt
  TIFR = 0xE8;                                  // clear all interrupt flags
  sei();                                        // global interrupt enable

  while(1)
```

```
  { if(((second > 24) && (second < 31)) || ((second > 54) && (second < 59)))
    { PORTB = Num2Seg(minute/10);            // display hour
        PORTD = 0xF0;
        Delay_ms(1);
        PORTB = Num2Seg(minute%10);
        PORTD = 0x68;
        Delay_ms(1);

        PORTB = Num2Seg(second/10);          // display minute
        PORTD = 0x58;
        Delay_ms(1);
        PORTB = Num2Seg(second%10);
        PORTD = 0x38;
        Delay_ms(1);

        PORTB = Num2Seg('.');                // display "."
        PORTD = 0x68;
        Delay_ms(1);
      }
  else{ PORTB = Num2Seg(hour/10);            // display hour
        PORTD = 0xF0;
        Delay_ms(1);
        PORTB = Num2Seg(hour%10);
        PORTD = 0x68;
        Delay_ms(1);

        PORTB = Num2Seg(minute/10);          // display minute
        PORTD = 0x58;
        Delay_ms(1);
        PORTB = Num2Seg(minute%10);
        PORTD = 0x38;
        Delay_ms(1);

        PORTB = Num2Seg('.');                // display "."
        PORTD = 0x68;
        Delay_ms(1);
      }

    switch(key())
     { case 0x02: if(hour != 12) hour++;     // Pressed SW1
                  else         hour = 1;
                  break;
       case 0x01: if(minute != 59) minute++;// Pressed SW2
                  else         minute = 0;
                  break;
       default:   break;
     }
  }
}
```

작품 5 7-세그먼트 LED 시계 만들기 (II)

포트B의 PB4~PB7비트에 74LS47(BCD-7-세그먼트 디코더/드라이버)을 접속하여 7-세그먼트 LED를 구동하는 하드웨어를 제작하고 포트B의 PB1과 PB2비트에 오전/오후를 표시하는 LED를 추가하여 7-세그먼트 LED 시계 프로그램을 작성하는 방법에 대해 설명한다.

Hardware 7-세그먼트 LED 시계(II) 제작

'오전/오후를 표시하는 7-세그먼트 LED 시계'는 <그림 3.2.1>의 회로와 <표 3.2.1>에 제시된 부품을 이용하여 <그림 3.2.2>와 같이 만능기판에 제작한다.

〈표 3.2.1〉 '7-세그먼트 LED 시계(II)' 부품목록

부품	규격	수량	부품	규격	수량
IC	ATtiny2313-20PU	1	저항	10kΩ	3
IC	74LS47	1	저항	1kΩ	1
크리스탈	16MHz ATS형	4	저항	100Ω	14
LED	적색 3 ϕ	3	저항	4.7kΩ	1
7-세그먼트LED	SND-547A(공통애노드)	1	트랜지스터	2SA1015	4
트랜지스터	2SC1815	1	세라믹콘덴서	22pF	2
세라믹콘덴서	0.1uF	3	전해콘덴서	22uF	2
택트스위치	4핀	1	부저	ALP1205S	1
만능기판	28×28	1	박스형콘넥터	3FB-10P-S/T	1
IC소켓	20핀	1	IC소켓	16핀	1
서포터	F-10(10mm)볼트포함	4	SIP 헤더	2핀	1

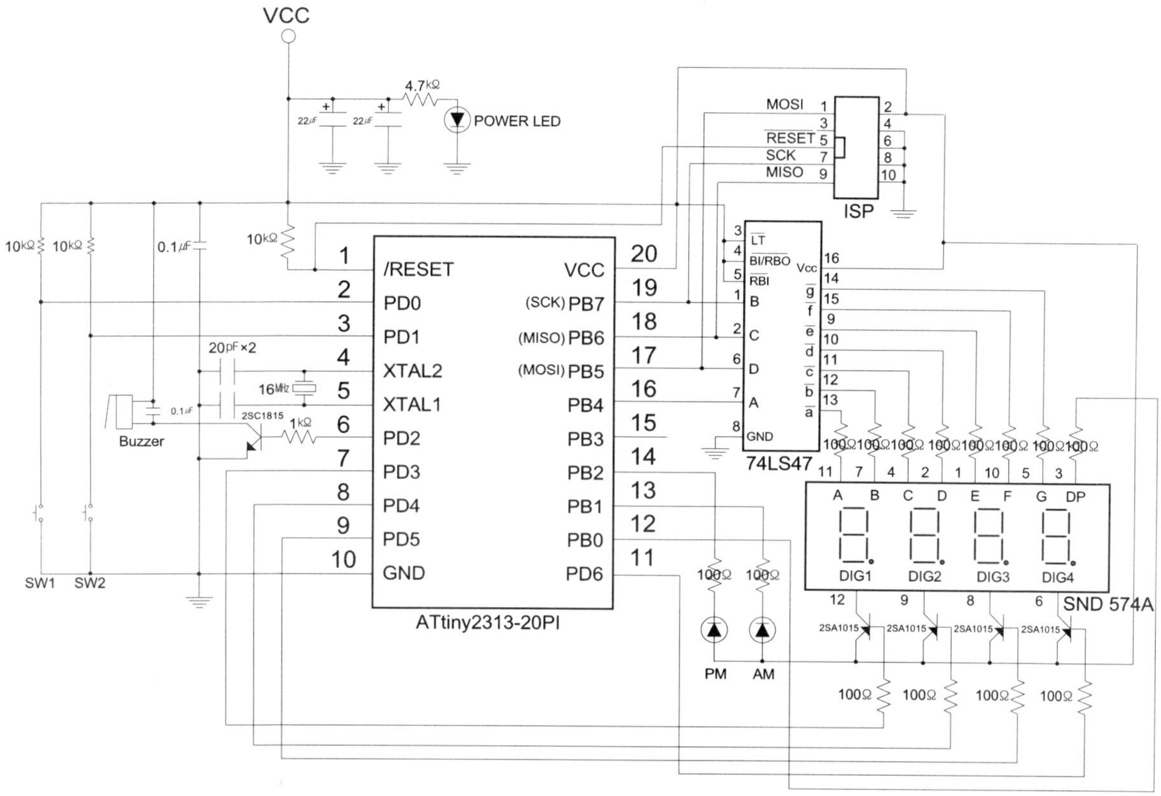

〈그림 3.2.1〉 7-세그먼트 LED 시계(II) 회로도

(1) 만능기판에 제작

<그림 3.2.2>와 같이 만능기판(28×28)에 부품을 배치하고 리드선으로 각 부품을 납땜하여 회로를 구성한다. 리드선과 리드선이 겹치는 부분에 납땜표시(●)가 없으면, 리드선에 피복을 입힌 점프선으로 납땜을 해야 한다. <그림 3.2.2>는 부품면을 기준으로 한 것이기 때문에 납땜을 하는 동판면 쪽에서는 좌우가 바뀌며, 전원 Vcc는 (+5V)인 것에 유의해야 한다.

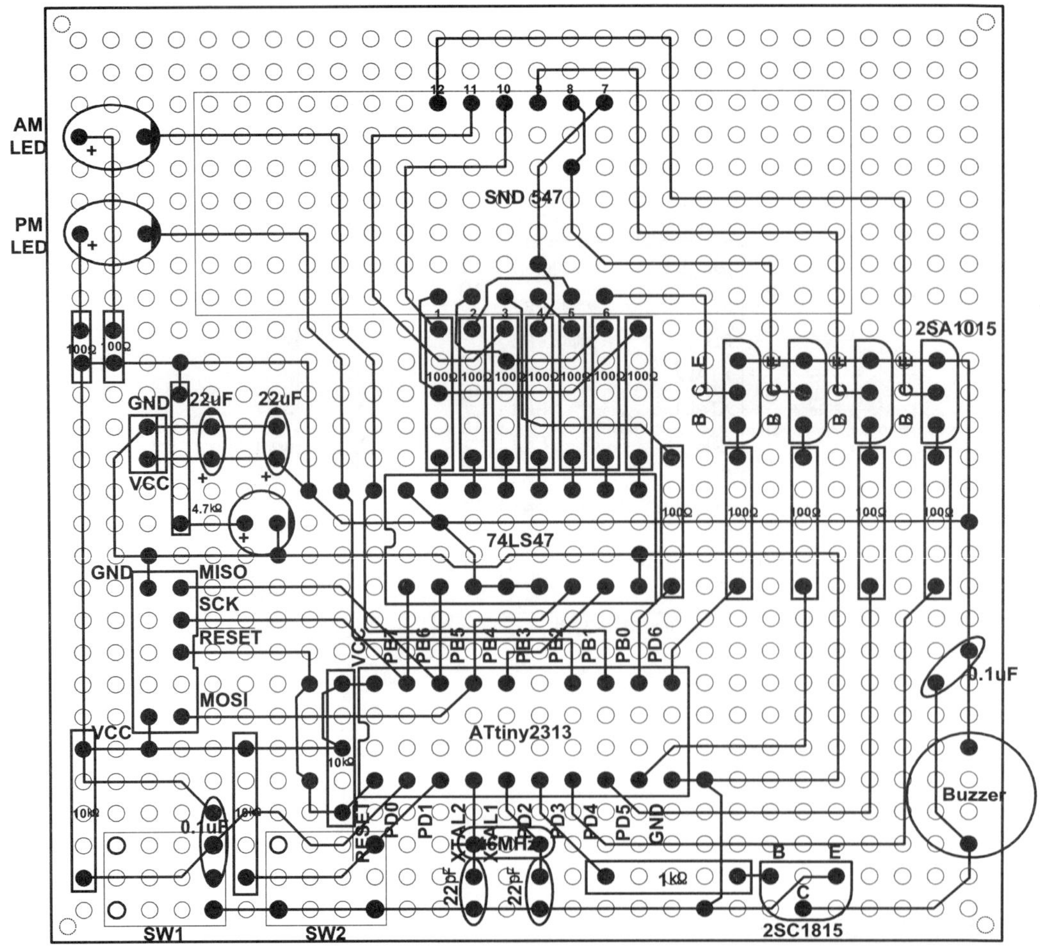

〈그림 3.2.2〉 '7-세그먼트 LED 시계(II)' 회로의 부품 배치도

<그림 3.2.2>와 같이 부품을 배치하였다 하더라도 리드선으로 배선하여 납땜하는 방법은 다를 수 있으며, 부품 배치도도 다르게 할 수 있다. <그림 3.2.3>은 <그림 3.2.2>와 같이 부품을 배치하여 완성한 '오전/오후를 표시하는 7-세그먼트 LED 시계'이다.

〈그림 3.2.3〉 7-세그먼트 LED 시계(II)를 만능기판에 완성한 모습

(2) BCD 7-세그먼트 디코더/드라이버

<그림 3.1.1>의 '초간단 7-세그먼트 LED'시계에서는 ATtiny2313의 포트B와 포트D의 4비트를 4자리 7-세그먼트 LED를 구동하는 데 사용하므로 시계로서 최소한의 기능만을 가지도록 구성하였다. 여기에서는 4비트 BCD(Binary Coded Decimal) 데이터를 받아 7-세그먼트에 0~9까지의 숫자를 표시해주는 BCD 7-세그먼트 디코더/드라이버인 74LS47 소자를 사용한 7-세그먼트 LED 구동법에 대해 설명한다.

1) 74LS47 BCD 7-세그먼트 디코더/드라이버

74LS47 BCD 7-세그먼트 디코더/드라이버는 4비트 BCD 데이터 입력에 따라 7-세그먼트 LED에 숫자를 표시할 수 있도록 액티브 로우(active low)로 출력을 한다. 따라서, 74LS47의 경우에는 공통 애노드인 7-세그먼트를 구동하는 데 사용된다. 공통 캐소드인 7-세그먼트를 구동하려면, 액티브 하이(active high)로 출력하는 74LS48 또는 44LS49를 사용해야 한다. 74LS47의 구조는 <그림 3.2.4>와 같으며, 입출력 진리표는 <표 3.2.2>와 같다.

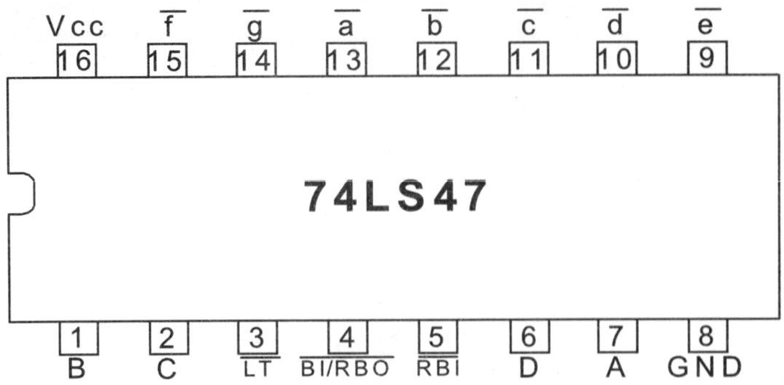

〈그림 3.2.4〉 74LS47의 구조

〈표 3.2.2〉 74LS47의 입출력 진리표

10진수	D	C	B	A	$\overline{a}$	$\overline{b}$	$\overline{c}$	$\overline{d}$	$\overline{e}$	$\overline{f}$	$\overline{g}$
0	L	L	L	L	L	L	L	L	L	L	H
1	L	L	L	H	H	L	L	H	H	H	H
2	L	L	H	L	L	L	H	L	L	H	L
3	L	L	H	H	L	L	L	L	H	H	L
4	L	H	L	L	H	L	L	H	H	L	L
5	L	H	L	H	L	H	L	L	H	L	L
6	L	H	H	L	H	H	L	L	L	L	L
7	L	H	H	H	L	L	L	H	H	H	H
8	H	L	L	L	L	L	L	L	L	L	L
9	H	L	L	H	L	L	L	H	H	L	L

<그림 3.2.4>에서 74LS47 소자의 $\overline{\text{LT}}$(3번핀)는 로우(low)로 입력되었을 때 $\overline{\text{a}}$~ $\overline{\text{g}}$ 출력이 모두 로우(low)로 출력되어 전체 7-세그먼트 LED가 정상적으로 점등되는지를 검사할 때 사용되는 단자 이므로 3번핀은 오픈 시키거나 하이(high)로 처리한다. $\overline{\text{BI/RBO}}$(4번핀)는 로우로 입력되었을 때 $\overline{\text{a}}$~ $\overline{\text{g}}$출력이 모두 하이로 되어 전체 7-세그먼트 LED가 소등 된다. $\overline{\text{RBI}}$(5번핀)가 로우이고, ABCD입력이 모두 로우 일때, $\overline{\text{a}}$~ $\overline{\text{g}}$출력이 모두 하이로 되어 전체 7-세그먼트 LED가 소등 되도록 하여 앞자리에 0이 오지 않게 하는 기능을 하드웨어적으로 처리해 준다. 이것을 소프트웨어적으로 처리하는 방법에 대해서는 <프로그램 Seg4-3a.C>에서 설명하였다.

74LS47소자의 3~5번 핀의 기능은 10진수를 표시하는 데 사용되지 않으므로 <표 3.2.2>에 별도로 표시하지 않았으며, <그림 3.2.1>과 같이 이들 단자를 Vcc에 연결하여 하이로 처리하였다.

'초간단 7-세그먼트 시계 만들기'에서는 7-세그먼트의 a~g 및 dp 단자에 ATtiny2313의 포트B를 접속하여 개별적인 제어가 가능하므로 숫자의 표현이 다소 유연하였으나, 74LS47 소자를 사용하면, 포트의 단자를 줄일 수 있으나 숫자를 표현하는 데는 <그림 3.2.5>와 같이 제한을 받으며 소숫점을 표시할 수 없기 때문에 <그림 3.2.1>의 회로에서와 같이 SND547A의 소숫점을 표시하는 dp(3번핀)단자를 포트B의 PB0비트에 접속하여 구동시킨다.

(a) 포트 B로 직접 제어하는 경우

(b) 74LS47로 제어하는 경우

〈그림 3.2.5〉 7-세그먼트 제어 방법에 따른 숫자 표현

2) 7-세그먼트 LED의 구동 방법

ATtiny2313의 포트B에 접속된 74LS47 소자에 표시할 숫자의 BCD 데이터를 출력하여

7-세그먼트 LED에 숫자가 표시되도록 한다. 포트B의 PB4~PB7비트 출력에 따른 7-세그먼트 LED의 숫자 패턴은 <표 3.2.3>과 같다.

〈표 3.2.3〉 7-세그먼트 LED에 숫자를 출력하기 위한 BCD 데이터

숫자 \ BCD 및 포트	B	C	D	A	×	PM	AM	DP	16진수
	PB7	PB6	PB5	PB4	PB3	PB2	PB1	PB0	
0	0	0	0	0	1	1	1	1	0F
1	0	0	0	1	1	1	1	1	1F
2	1	0	0	0	1	1	1	1	8F
3	1	0	0	1	1	1	1	1	9F
4	0	1	0	0	1	1	1	1	4F
5	0	1	0	1	1	1	1	1	5F
6	1	1	0	0	1	1	1	1	CF
7	1	1	0	1	1	1	1	1	DF
8	0	0	1	0	1	1	1	1	2F
9	0	0	1	1	1	1	1	1	3F
.	1	1	1	1	1	1	1	0	FE

74LS47을 사용하여 남는 PB1비트와 PB2비트에는 오전/오후를 표시할 수 있는 LED를 접속하였다. 7-세그먼트의 숫자를 표시하는 동안에는 오전/오후를 표시하는 LED를 점등할 필요가 없으므로 <표 3.2.3>과 같이 모두 '1'로 놓는다.

4자리 7-세그먼트 LED의 각 자리를 표시하는 데이터는 <표 3.2.4>와 같다.

〈표 3.2.4〉 4자리 7-세그먼트 LED의 자리를 표시하기 위한 데이터

숫자자리 \ 숫자자리 및 포트	DIG4	DIG3	DIG2	DIG1	Buzzer	SW2	SW1	16진수
	PD6	PD5	PD4	PD3	PD2	PD1	PD0	
DIG1	1	1	1	0	0	0	0	F0
DIG2	1	1	0	1	0	0	0	68
DIG3	1	0	1	1	0	0	0	58
DIG4	0	1	1	1	0	0	0	38

7-세그먼트 LED 시계(II) 구동 프로그램

7-세그먼트 LED 시계(II) 구동 프로그램을 작성하기 위해서는 1.7절의 "3. AVR Studio에서 WinAVR을 이용한 C언어 프로그램 개발 과정'에 대해서 설명한 바와 같이 C:\Atmel\ATtiny2313C\ 폴더의 프로젝트 파일(AVRcfile.asp)을 연다.

(1) 프로그램 작성

<그림 1.7.11>과 같이 'AVRcfile' 프로젝트 파일을 연 다음, <그림 1.7.13>과 같이 새 파일 만들기를 하고 저장 아이콘 을 클릭하여 파일명을 'USC5-4.C'로 한 다음 저장 버튼을 클릭한다.

<그림 1.7.15>와 같이'USC5-4.C'파일을 프로젝트에 추가한 다음 <프로그램 USC5-4.C>와 같이 프로그램을 작성한다.

〈프로그램 USC5-4.C〉 7-세그먼트 LED 시계(II) 구동 프로그램

```
// =========================================
// USC5-4.C
// =========================================

#include <avr/io.h>
#include <avr/interrupt.h>
#include "attiny2313d.h"

volatile unsigned char second, minute, hour, ampm;

ISR(TIMER1_COMPA_vect)                        // OC1A interrupt function
{

  PORTD = 0xF8;                               // clear 7-segment LED

  second++;                                   // increment second
  if((hour >11)&& (hour < 24)) ampm = 0xFB;   // PM LED ON
  else  ampm = 0xFD;                          // AM LED ON

  if(second == 60)                            // if second = 60, second = 0
    { second = 0;

      minute++;                               // increment minute

      if(minute == 60)                        // if minute = 60, minute = 0
```

```
        { minute = 0;

          hour++;                               // increment hour

            if(hour == 25)                      // if hour = 24, hour = 1
                    hour = 1;
        }
      }

    if((minute == 59) && (second == 57))  Beep();// beep for each o'clock
    if((minute == 59) && (second == 58))  Beep();
    if((minute == 59) && (second == 59))  Beep();
    if((minute == 00) && (second == 00))  Beep();
}

unsigned char Num2Seg(unsigned int number)     // Number to 7-Segment Pattern
{  if(number == 0)       return 0x0F;
   else if(number == 1) return 0x1F;
   else if(number == 2) return 0x8F;
   else if(number == 3) return 0x9F;
   else if(number == 4) return 0x4F;
   else if(number == 5) return 0x5F;
   else if(number == 6) return 0xCF;
   else if(number == 7) return 0xDF;
   else if(number == 8) return 0x2F;
   else if(number == 9) return 0x3F;
   else if(number == '.') return 0xFE;
   else return 0xFF;
}

int main(void)
{
  MCU_initialize();                            // initialize for ATtiny2313
  Delay_ms(50);                                // wait for system stabilization
  Beep();

  hour = 12;                                   // initial time
  minute = 00;
  second = 0;
  ampm = 0xFD;

  TCCR1A = 0x00;                               // CTC mode(4), don't output OC1A
  TCCR1B = 0x0C;                               // 16MHz/256/(1+62499) = 1Hz
  TCCR1C = 0x00;
  OCR1A = 62499;
  TCNT1 = 0x0000;                              // clear Timer/Counter1

  TIMSK = 0x40;                                // enable OC1A interrupt
  TIFR = 0xE8;                                 // clear all interrupt flags
  sei();                                       // global interrupt enable

  while(1)
    { if(((second > 24) && (second < 31)) || ((second > 54) && (second < 60)))
      {
          PORTB = Num2Seg(minute/10);          // display hour
          PORTD = 0xF0;
```

```
        Delay_ms(1);
        PORTB = Num2Seg(minute%10);
        PORTD = 0x68;
        Delay_ms(1);

        PORTB = Num2Seg(second/10);          // display minute
        PORTD = 0x58;
        Delay_ms(1);
        PORTB = Num2Seg(second%10);
        PORTD = 0x38;
        Delay_ms(1);

        PORTB = Num2Seg('.');                // display "."
        PORTD = 0x68;
        Delay_ms(1);

      PORTB = ampm;
      Delay_ms(1);

      }
    else{ PORTB = Num2Seg(hour/10);          // display hour
        PORTD = 0xF0;
        Delay_ms(1);
        PORTB = Num2Seg(hour%10);
        PORTD = 0x68;
        Delay_ms(1);

        PORTB = Num2Seg(minute/10);          // display minute
        PORTD = 0x58;
        Delay_ms(1);
        PORTB = Num2Seg(minute%10);
        PORTD = 0x38;
        Delay_ms(1);

        PORTB = Num2Seg('.');                // display "."
        PORTD = 0x68;
        Delay_ms(1);

      PORTB = ampm;
      Delay_ms(1);
      }

     switch(key())
      { case 0x02: if(hour != 24) hour++;       // Pressed SW1
                   else           hour = 1;
                   break;
        case 0x01: if(minute != 59) minute++;   // Pressed SW2
                   else           minute = 0;
                   break;
        default:   break;
      }
    }
}
```

<프로그램 USC5-4.C>는 0시에서 11시59분 59초 까지는 오전으로 표시하는 LED가 점등되고, 12시부터 23시 59분 59초까지는 오후로 표시하는 LED가 점등되도록 한다. 인터럽트 서비스 루틴에서 오전/오후를 구분하는 조건에 따라 오전/오후를 표시하는 LED를 점등하는 데이터를 전역변수(ampm)로 전달해 주도록 프로그램 한다.

```
volatile unsigned char second, minute, hour, ampm;

ISR(TIMER1_COMPA_vect)                          // OC1A interrupt function
{

  PORTD = 0xF8;                                 // clear 7-segment LED

  second++;                                     // increment second
  if((hour >11)&& (hour < 24)) ampm = 0xFB;     // PM LED ON
  else  ampm = 0xFD;                            // AM LED ON

  if(second == 60)                              // if second = 60, second = 0
    { second = 0;

      minute++;                                 // increment minute

      if(minute == 60)                          // if minute = 60, minute = 0
        { minute = 0;

          hour++;                               // increment hour

            if(hour == 25)                      // if hour = 24, hour = 1
                    hour = 1;
        }
    }

    if((minute == 59) && (second == 57))  Beep();// beep for each o'clock
    if((minute == 59) && (second == 58))  Beep();
    if((minute == 59) && (second == 59))  Beep();
    if((minute == 00) && (second == 00))  Beep();
}
```

<그림 3.2.6>과 같이 AM/PM LED가 접속되어 있을 때, 오전/오후를 표시하는 데이터는 <표 3.2.5>와 같다. ampm변수는 인터럽트 서비스 루틴에서 수시로 갱신되어 메인함수에서 그 변수값을 LED로 출력하므로 반드시 volatile로 선언해주어야 한다. 타이머/카운터1의 CTC 모드 4 설정은 <프로그램 USC5-1.C>의 설명을 참조 한다.

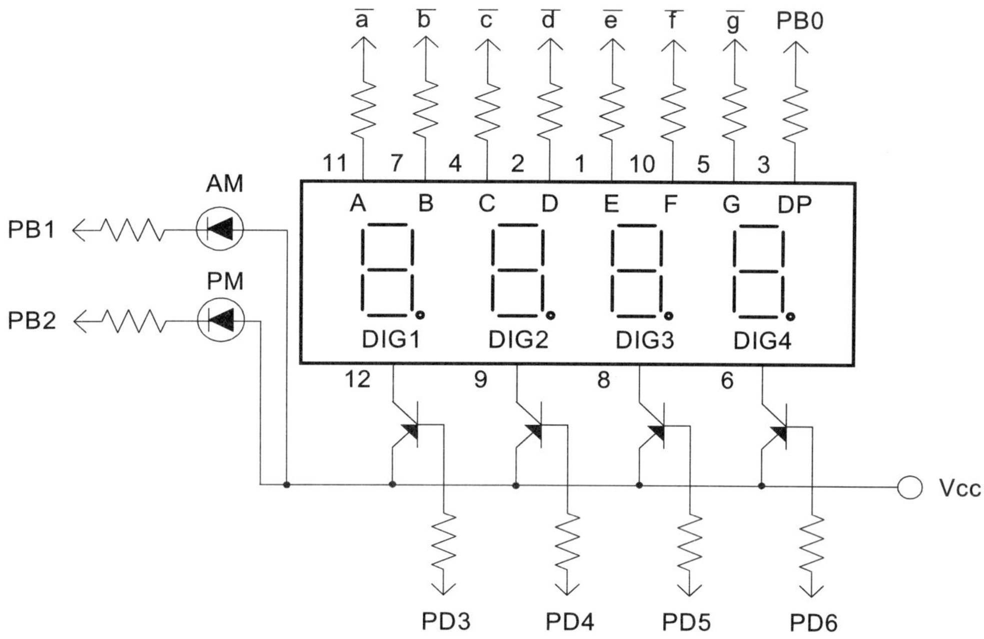

〈그림 3.2.6〉 오전/오후 표시 LED 및 7-세그먼트 LED 구동부분 회로

〈표 3.2.5〉 오전/오후를 표시하는 데이터

BCD 및 포트 / 오전/오후	B	C	D	A	×	PM	AM	DP	16진수
	PB7	PB6	PB5	PB4	PB3	PB2	PB1	PB0	
AM	1	1	1	1	1	1	0	1	FD
PM	1	1	1	1	1	0	1	1	FB

(2) 컴파일 및 HEX 파일 다운로드

<프로그램 USC5-4.C>의 프로그램 작성하였으면, 단축아이콘 이나 키보드의 'F7'을 눌러 컴파일을 수행한다. 오류없이 컴파일이 완료되면 하단의 Build창에 'Build succeeded with 0 Warnings...' 메시지가 나타난다.

컴파일이 오류 없이 완료되었으면, 7-세그먼트 LED 시계(II) 하드웨어의 ISP 소켓에 ISP 다운로드 케이블을 접속하고 오전/오후를 표시하는 7-세그먼트 LED 시계 하드웨어에 전원을 공급한다. HEX 파일 다운로드 프로그램인 ToastProg2005를 실행하고 <그림 1.7.27>과 같이 사용할 디바이스가 ATtiny2313으로 정확히 설정되어 있는지 확인한다.

ATtiny2313을 처음 사용하는 경우에는 <그림 1.7.29>와 같이 퓨즈비트를 설정한 다음 C:\Atmel\ATtiny2313c\default 폴더에 생성된 'AVRcfile.hex'파일을 <그림 1.7.32>와 같이 열고, <그림 1.7.34>와 같이 HEX파일을 다운로드 한다.

HEX파일을 다운로드 하였으면 스위치 SW1을 눌러 시간을 증가시켜 오전/오후를 표시하는 7-세그먼트 LED 시계 하드웨어가 잘 동작하는지 확인한다.

작품 6 시계 디스플레이 LED에 의한 시계 만들기

포트B의 PB4~PB7비트에 74LS47(BCD-7-세그먼트 디코더/드라이버)을 접속하여 시계 디스플레이 LED(SCD-447A)를 구동하는 하드웨어를 제작하여 시계 디스플레이 LED 시계 프로그램을 작성하는 방법에 대해 설명한다.

Hardware 시계 디스플레이 LED에 의한 시계 제작

'시계 디스플레이 LED에 의한 시계' 하드웨어는 <그림 3.3.1>의 회로와 <표 3.3.1>에 제시된 부품을 이용하여 <그림 3.3.2>와 같이 만능기판에 제작한다.

〈표 3.3.1〉 '시계 디스플레이 LED에 의한 시계' 부품목록

부품	규격	수량	부품	규격	수량
IC	ATtiny2313-20PU	1	저항	10kΩ	3
IC	74LS47	1	저항	1kΩ	1
크리스탈	16MHz ATS형	4	저항	100Ω	15
LED	적색 5 ϕ	1	저항	4.7kΩ	1
7-세그먼트 LED	SCD-447A(공통애노드)	1	트랜지스터	2SA1015	4
트랜지스터	2SC1815	1	세라믹콘덴서	22pF	2
세라믹콘덴서	0.1uF	3	전해콘덴서	22uF	2
택트스위치	4핀	2	부저	ALP1205S	1
만능기판	28×28	1	박스형콘넥터	3FB-10P-S/T	1
IC소켓	20핀	1	IC소켓	16핀	1
서포터	F-10(10mm)볼트포함	4	SIP 헤더	2핀	1

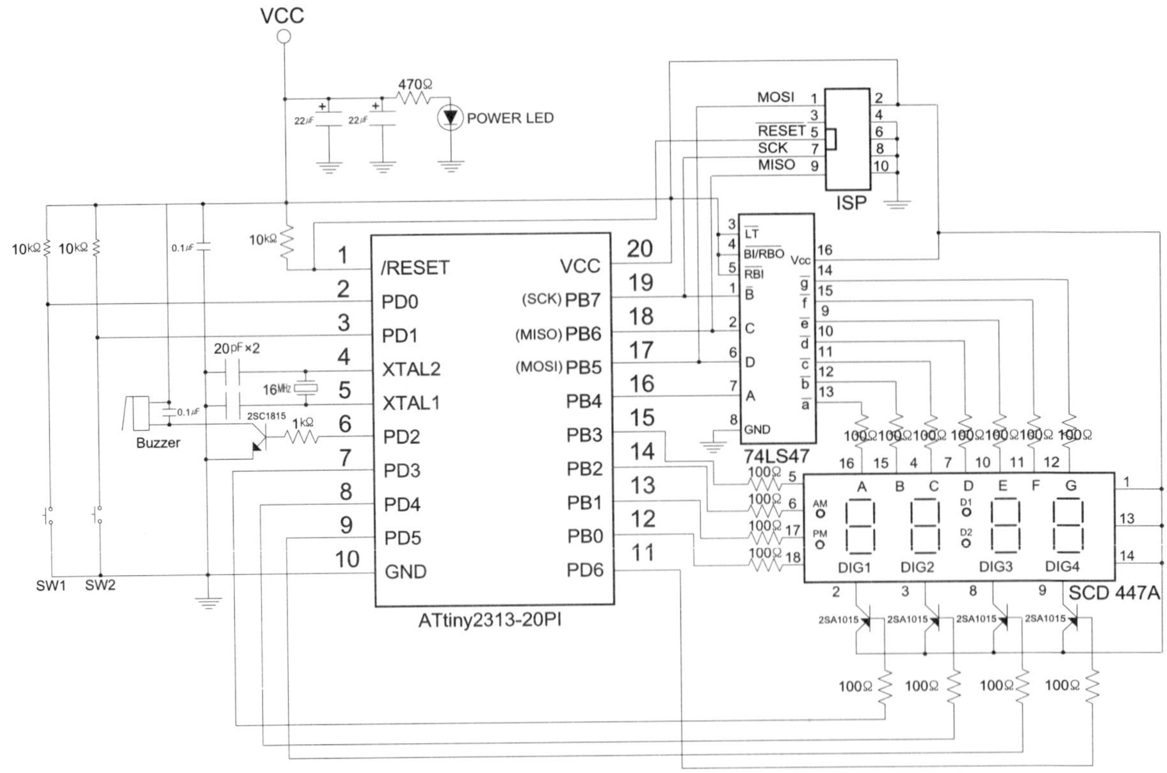

〈그림 3.3.1〉 시계 디스플레이 LED에 의한 시계 회로도

(1) 만능기판에 제작

<그림 3.3.2>와 같이 만능기판(28×28)에 부품을 배치하고 리드선으로 각 부품을 납땜하여 회로를 구성한다. 리드선과 리드선이 겹치는 부분에 납땜표시(●)가 없으면, 리드선에 피복을 입힌 점프선으로 납땜을 해야 한다. <그림 3.3.2>는 부품면을 기준으로 한 것이기 때문에 납땜을 하는 동판면 쪽에서는 좌우가 바뀌며, 전원 Vcc는 (+5V)인 것에 유의해야 한다.

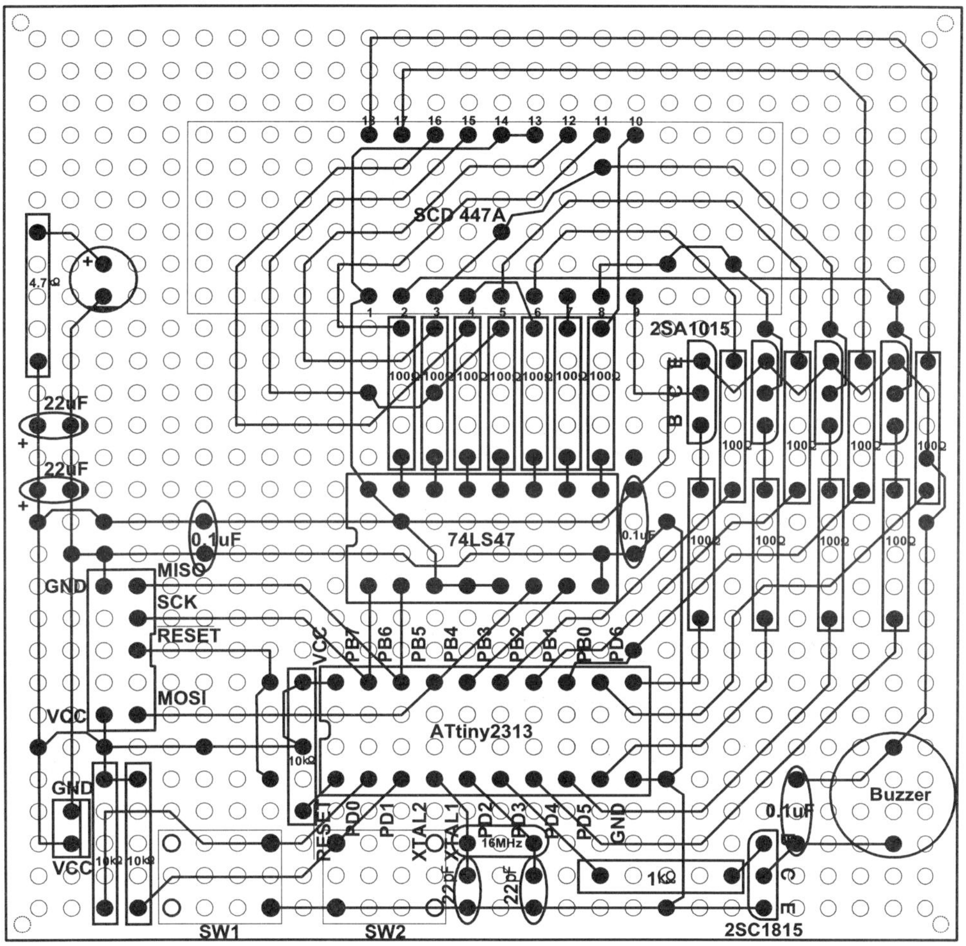

〈그림 3.3.2〉 '시계 디스플레이 LED에 의한 시계' 회로의 부품 배치도

<그림 3.3.2>와 같이 부품을 배치하였다 하더라도 리드선으로 배선하여 납땜하는 방법은 다를 수 있으며, 부품 배치도도 다르게 할 수 있다. <그림 3.3.3>은 <그림 3.3.2>와 같이 부품을 배치하여 완성한 '시계 디스플레이 LED에 의한 시계'이다.

〈그림 3.3.3〉 시계 디스플레이 LED에 의한 시계를 만능기판에 완성한 모습

(2) 시계 디스플레이 LED

시계 디스플레이 LED는 시와 분을 숫자로 표시하고, 오전/오후 및 매초 마다 점멸되는 LED가 일체형으로 되어 있다. 시계 디스플레이 LED의 구조와 구동방법에 대해서 설명한다.

1) SCD-447A의 구조

SCD-447A는 <그림 3.3.4>와 같은 외형을 가지고 있으며, <그림 3.3.5>와 같은 회로로 구성되어 있다.

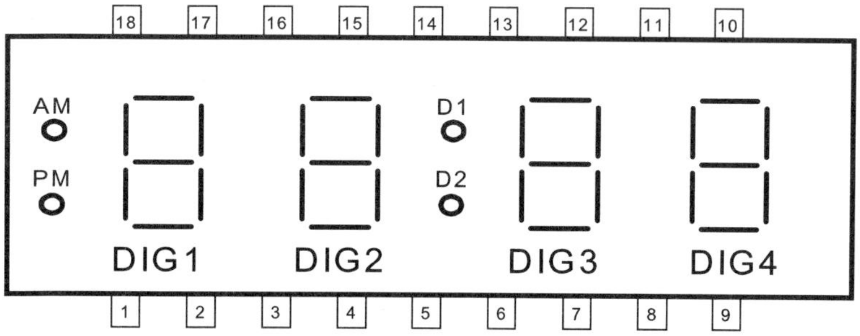

〈그림 3.3.4〉 SCD-447A의 외형

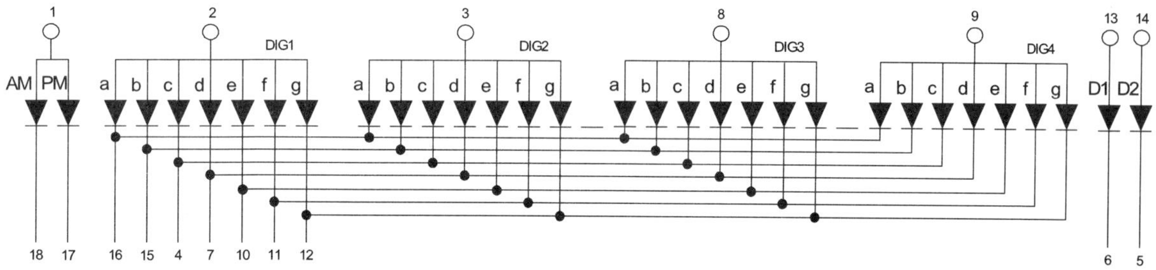

〈그림 3.3.5〉 SCD-447A의 내부 회로도

시계 디스플레이 LED인 SCD-447A의 내부 구조는 4자리 7-세그먼트 LED와 유사하지만, 소숫점을 표시하는 LED인 dp가 각각 오전/오후를 표시하는 AM/PM과 초(second)를 표시하는 D1, D2로 위치가 바뀌어 있고, 4자리 숫자를 표시하는 공통 애노드에 함께 접속되지 않고 별도로 LED를 제어할 수 있도록 구성되어 있는 것이 다르다.

2) SCD-447A의 구동 방법

ATtiny2313의 포트B에 접속된 74LS47 소자에 표시할 숫자의 BCD데이터를 출력하여 시계 디스플레이 LED에 숫자가 표시되도록 한다. 포트B의 PB4~PB7비트 출력에 따른 시계디스플레이 LED의 숫자 패턴 및 AM/PM 표시 데이터는 <표 3.3.2>와 같다.

〈표 3.3.2〉 시계 디스플레이 LED에 숫자를 출력하기 위한 BCD 데이터

BCD 및 포트 / 숫 자	B	C	D	A	D2	D1	PM	AM	16진수
	PB7	PB6	PB5	PB4	PB3	PB2	PB1	PB0	
0	0	0	0	0	1	1	1	1	0F
1	0	0	0	1	1	1	1	1	1F
2	1	0	0	0	1	1	1	1	8F
3	1	0	0	1	1	1	1	1	9F
4	0	1	0	0	1	1	1	1	4F
5	0	1	0	1	1	1	1	1	5F
6	1	1	0	0	1	1	1	1	CF
7	1	1	0	1	1	1	1	1	DF
8	0	0	1	0	1	1	1	1	2F
9	0	0	1	1	1	1	1	1	3F
AM	1	1	1	1	1	1	1	0	FE
PM	1	1	1	1	1	1	0	1	FD
sec_dot	1	1	1	1	0	0	1	1	F3

시계 디스플레이 LED의 각 자리를 표시하는 데이터는 <표 3.3.3>과 같다.

〈표 3.3.3〉 시계 디스플레이 LED의 각 자리를 표시하기 위한 데이터

숫자자리 및 포트 / 숫자자리	DIG4	DIG3	DIG2	DIG1	Buzzer	SW2	SW1	16진수
	PD6	PD5	PD4	PD3	PD2	PD1	PD0	
DIG1	1	1	1	0	0	0	0	F0
DIG2	1	1	0	1	0	0	0	68
DIG3	1	0	1	1	0	0	0	58
DIG4	0	1	1	1	0	0	0	38

시계 디스플레이 LED 구동 프로그램

시계 디스플레이 LED 구동 프로그램을 작성하기 위해서는 1.7절의 "3. AVR Studio에서 WinAVR을 이용한 C언어 프로그램 개발 과정'에 대해서 설명한 바와 같이 C:\Atmel\ATtiny2313C\ 폴더의 프로젝트 파일(AVRcfile.asp)을 연다.

(1) 프로그램 작성

<그림 1.7.11>과 같이 'AVRcfile' 프로젝트 파일을 연 다음, <그림 1.7.13>과 같이 새 파일 만들기를 하고 저장 아이콘 을 클릭하여 파일명을 'USC5-5.C'로 한 다음 저장 버튼을 클릭한다.

<그림 1.7.15>와 같이 'USC5-5.C'파일을 프로젝트에 추가한 다음 <프로그램 USC5-5.C>와 같이 프로그램을 작성한다.

〈프로그램 USC5-5.C〉 시계 디스플레이 LED 구동 프로그램

```
// ==========================================
// USC5-5.C
// ==========================================

#include <avr/io.h>
#include <avr/interrupt.h>
#include "attiny2313d.h"

volatile unsigned char second, minute, hour, ampm, count, sec_dot;

ISR(TIMER0_COMPA_vect)
{ count++;
  if(count > 125) sec_dot = 0xF3;              // Second dot ON
  else sec_dot = 0xFF;                         // Second dot OFF
  if (count == 250) count = 0;
}

ISR(TIMER1_COMPA_vect)                         // OC1A interrupt function
{

  PORTD = 0xF8;                                // clear 7-segment LED

  second++;                                    // increment second
  if((hour >11)&& (hour < 24)) ampm = 0xFD;    // PM LED ON
  else  ampm = 0xFE;                           // AM LED ON

  if(second == 60)                             // if second = 60, second = 0
    { second = 0;

      minute++;                                // increment minute

      if(minute == 60)                         // if minute = 60, minute = 0
        { minute = 0;

          hour++;                              // increment hour
            if(hour == 25)                     // if hour = 24, hour = 1
                    hour = 1;
        }
    }

    if((minute == 59) && (second == 57))  Beep();   // beep for each o'clock
```

```
    if((minute == 59) && (second == 58))  Beep();
    if((minute == 59) && (second == 59))  Beep();
    if((minute == 00) && (second == 00))  Beep();
}

unsigned char Num2Seg(unsigned int number)         // Number to 7-Segment Pattern
{  if(number == 0)       return 0x0F;
   else if(number == 1) return 0x1F;
   else if(number == 2) return 0x8F;
   else if(number == 3) return 0x9F;
   else if(number == 4) return 0x4F;
   else if(number == 5) return 0x5F;
   else if(number == 6) return 0xCF;
   else if(number == 7) return 0xDF;
   else if(number == 8) return 0x2F;
   else if(number == 9) return 0x3F;
   else return 0xFF;
}

int main(void)
{
  MCU_initialize();                              // initialize for ATtiny2313
  Delay_ms(50);                                  // wait for system stabilization
  Beep();                                        // beep

  hour = 12;                                     // initial time
  minute = 00;
  second = 0;
  ampm = 0xFD;
  count = 0;
  sec_dot = 0xF3;

  TCCR0A = 0x02;                                 // CTC mode(2), don't output OC0A
  TCCR0B = 0x04;                                 // 16MHz/256/(1+249) = 250Hz
  OCR0A = 249;
  TCNT0 = 0x00;                                  // clear Timer/Counter0

  TCCR1A = 0x00;                                 // CTC mode(4), don't output OC1A
  TCCR1B = 0x0C;                                 // 16MHz/256/(1+62499) = 1Hz
  TCCR1C = 0x00;
  OCR1A = 62499;
  TCNT1 = 0x0000;                                // clear Timer/Counter1

  TIMSK = 0x41;                                  // enable OC1A interrupt
  TIFR = 0xEF;                                   // clear all interrupt flags

  sei();                                         // global interrupt enable

  while(1)
    { if(((second > 24) && (second < 31)) || ((second > 54) && (second < 60)))
          {
          PORTB = Num2Seg(minute/10);            // display hour
          PORTD = 0xF0;
          Delay_ms(1);
          PORTB = Num2Seg(minute%10);
          PORTD = 0x68;
```

```
        Delay_ms(1);

        PORTB = Num2Seg(second/10);          // display minute
        PORTD = 0x58;
        Delay_ms(1);
        PORTB = Num2Seg(second%10);
        PORTD = 0x38;
        Delay_ms(1);

      PORTB = ampm;
      Delay_ms(1);

      PORTB = sec_dot;
      Delay_ms(1);

      }
    else{ PORTB = Num2Seg(hour/10);          // display hour
        PORTD = 0xF0;
        Delay_ms(1);
        PORTB = Num2Seg(hour%10);
        PORTD = 0x68;
        Delay_ms(1);

        PORTB = Num2Seg(minute/10);          // display minute
        PORTD = 0x58;
        Delay_ms(1);
        PORTB = Num2Seg(minute%10);
        PORTD = 0x38;
        Delay_ms(1);

        PORTB = Num2Seg('.');                // display "."
        PORTD = 0x68;
        Delay_ms(1);

      PORTB = ampm;
      Delay_ms(1);

      PORTB = sec_dot;
      Delay_ms(1);
      }

     switch(key())
      { case 0x02: if(hour != 24) hour++;      // Pressed SW1
                   else          hour = 1;
                   break;
        case 0x01: if(minute != 59) minute++;  // Pressed SW2
                   else          minute = 0;
                   break;
        default:   break;
      }
   }
}
```

<프로그램 USC5-5.C>는 <프로그램 USC5-4.C>와 유사하지만, 초(second)를 표시하

는 D1과 D2를 1초 마다 점멸해야 하는 기능이 추가되어 있다. 시, 분, 초를 타이머/카운터1을 사용하고 있으므로 초를 표시하는 LED는 타이머/카운터0을 사용하기로 한다. 이와 같이 하나의 프로그램에서 2개의 서로 다른 인터럽트를 발생시키는 것을 '다중 인터럽트'라고 한다.

(2) 타이머/카운터0 설정

타이머/카운터0과 타이머/카운터1에 의한 다중 인터럽트 프로그램을 처리하기 위해서 타이머/카운터0은 다음과 같이 설정한다.

1) 타이머/카운터0의 CTC 모드 2 설정

타이머/카운터0의 CTC 모드 2의 설정은 타이머/카운터0 제어 레지스터 TCCR0A와 TCCR0B의 파형 발생비트 (WGM02~WGM00)에 의해서 CTC 모드 2를 설정한다.

타이머/카운터0의 CTC 모드 2에서는 <그림 3.3.6>과 같이 타이머/카운터 레지스터 TCNT0은 항상 0x00에서 설정값(TOP)까지 반복적으로 증가하며 설정값으로 출력비교 레지스터 OCR0A가 사용된다. 타이머/카운터 레지스터 TCNT0의 값이 증가하다가 OCR0A의 값과 일치하면, 다음 클록 사이클에서 '0x00'으로 클리어 되어 카운트를 반복한다. CTC 모드에서는 출력비교 인터럽트가 2번 발생하여 1주기의 출력파형을 만든다.

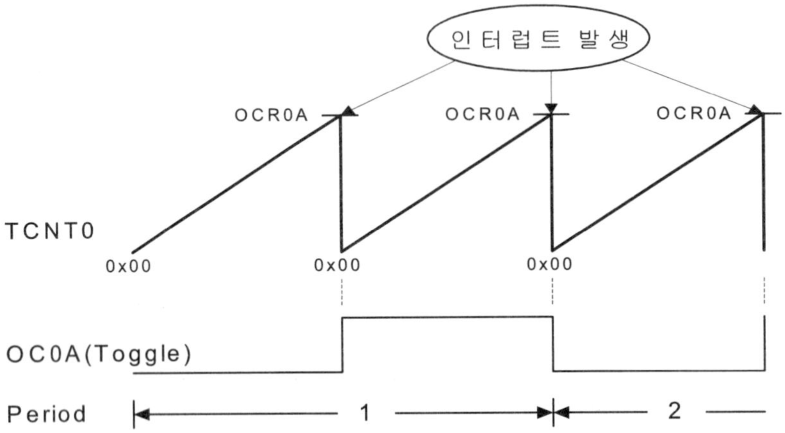

〈그림 3.3.6〉 타이머/카운터0의 CTC 모드 2의 동작

```
TCCR0A = 0x02;          // CTC mode(2), don't output OC0A
TCCR0B = 0x04;          // 16MHz/256/(1+249) = 250Hz
OCR0A = 249;
TCNT0 = 0x00;           // clear Timer/Counter0
```

CTC 모드 2를 선택하려면, <표 1.4.2>의 WGM02~WGM00 비트에 의한 동작모드 설정은 <표 3.3.4>와 같이 TCCR0A의 WGM01과 WGM00은 각각 '1'과 '0'이고, TCCR0B의 WGM02는 '0'으로 설정한다.

〈표 3.3.4〉 WGM02~WGM00 비트에 의한 CTC 모드2 설정

모드	WGM02	WGM01	WGM00	동작모드	최대값	OCR0A 업데이트	TOV1플랙
2	0	1	0	CTC	OCR0A	설정즉시	0xFF

<표 1.4.3>의 OC0x핀 기능 설정에서 OC0A핀으로 파형을 출력하지 않으므로 <표 3.3.4>와 같이 COM0A1, COM0A0, COM0B1, COM0B0는 '0000'으로 설정한다. TCCR0A의 COM0A1~COM0B0비트에 이 값을 대입하면 <그림 3.3.7>과 같이 TCCR1A = 0x02가 된다.

〈표 3.3.5〉 COM0x1~COM0x0 비트에 의한 OC0x핀 출력 차단 기능 설정

모드	COM0x1	COM0x0	OC0x핀의 기능
PWM모드가 아닌 경우	0	0	**정상적인 I/O포트로 동작, OC0x 출력차단**
	0	1	비교 매치에서 OC0x 출력을 토글
	1	0	비교 매치에서 OC0x = 0
	1	1	비교 매치에서 OC0x = 1

2) 타이머/카운터0의 분주비 설정

<표 1.4.4>의 클록소스 선택비트 설정에서 프리스케일러의 분주비를 256으로 선택하면 CS02, CS01, CS00은 '100'이다. 이 값을 TCCR0B의 CS02, CS01, CS00비트와 WGM02비트에 대입하면 <그림 3.3.8>과 같이 TCCR0B = 0x04가 된다.

〈표 3.3.6〉 타이머/카운터0의 클록소스의 프리스케일러 분주비 256으로 설정

CS02	CS01	CS00	클록 소스
1	0	0	$clk_{I/O}$ / 256

프리스케일러의 분주비가 정해지면, OC0A의 출력 파형 주파수를 얻기 위한 타이머/카운터0의 출력 비교 레지스터OCR0A의 값이 정해진다. CTC 모드에서 출력 비교 인터럽트가 2번 발생하여 1주기의 출력파형을 만든다. 이때 최대값(TOP)인 OCR0A 값은 다음과 같은 식으로 구한다.

$$f_{OC_x} = \frac{f_{CPU_{clock}}}{N \cdot (1+TOP)} \Rightarrow TOP = \frac{16,000,000}{(256 \cdot f_{OC_x})} - 1$$

f_{OC_x}가 250Hz이므로 OCR0A의 값은 [16,000,000/(256×250)] - 1 = 249이다.

비 트	7	6	5	4	3	2	1	0
TCCR0A	**COM0A1**	**COM0A0**	**COM0B1**	**COM0B0**	–	–	**WGM01**	**WGM00**
설정값(2진수)	0	0	0	0	0	0	1	0
설정값(16진수)	0				2			

〈그림 3.3.7〉 타이머/카운터0 제어 레지스터A (TCCR0A) 설정

비 트	7	6	5	4	3	2	1	0
TCCR0B	FOC0A	FOC0B	–	–	**WGM02**	**CS02**	**CS01**	**CS00**
설정값(2진수)	0	0	0	0	0	1	0	0
설정값(16진수)	0				4			

〈그림 3.3.8〉 타이머/카운터0 제어 레지스터B (TCCR0B) 설정

3) 타이머/카운터0의 타이머 인터럽트 설정

타이머/카운터0의 타이머 인터럽트는 타이머 인터럽트 마스크 레지스터(TIMSK)와 타이머 인터럽트 플랙 레지스터(TIFR)로 설정한다.

```
TIMSK = 0x01;            // enable OC0A interrupt
TIFR  = 0x07;            // clear all interrupt flags
```

OC0A의 인터럽트를 허용하려면, 타이머/카운터0의 타이머 인터럽트 마스크 레지스터 TIMSK의 OCIE0A=1로 한다.

비 트	7	6	5	4	3	2	1	0
TIMSK	TOIE1	OCIE1A	OCIE1B	-	ICIE1	OCIE0B	TOIE0	**OCIE0A**
설정값(2진수)	0	0	0	0	0	0	0	1
설정값(16진수)	0				1			

〈그림 3.3.9〉 타이머/카운터0의 OC0A 인터럽트 허용 (TIMSK)설정

타이머/카운터0의 모든 인터럽트 플랙을 클리어(clear) 하려면, 타이머/카운터0의 타이머 인터럽트 플랙 레지스터 TIFR의 OCF0B=1, TOV0=1, OCF0B=1로 설정한다.

비 트	7	6	5	4	3	2	1	0
TIFR	TOV1	OCF1A	OCF1B	-	ICF1	**OCF0B**	**TOV0**	**OCF0A**
설정값(2진수)	0	0	0	0	0	1	1	1
설정값(16진수)	0				7			

〈그림 3.3.10〉 타이머/카운터0의 인터럽트 플랙 클리어 (TIFR)설정

(3) 타이머/카운터1 설정

타이머/카운터0과 타이머/카운터1에 의한 다중 인터럽트 프로그램을 처리하기 위해서 타이머/카운터1은 다음과 같이 설정한다.

1) 타이머/카운터1의 CTC 모드 4 설정

타이머/카운터1의 CTC 모드 4의 설정은 타이머/카운터1 제어 레지스터 TCCR1A와 TCCR1B의 파형 발생비트 (WGM13~WGM10)에 의해서 CTC 모드 4를 설정한다.

타이머/카운터1의 CTC 모드 4에서는 <그림 3.1.12>와 같이 타이머/카운터1 레지스터 TCNT1은 항상 0x0000에서 설정값(TOP)까지 반복적으로 증가하며 설정값으로 출력비교 레지스터 OCR1A가 사용된다. 타이머/카운터 레지스터 TCNT1의 값이 증가하다가 OCR1A의 값과 일치하면, 다음 클록 사이클에서'0x0000'으로 클리어 되어 다시 OCR1값으로 카운트를 반복한다. CTC 모드에서는 출력 비교 인터럽트가 2번 발생하여 1주기의 출력파형을 만든다.

```
TCCR1A = 0x00;          // CTC mode(4), don't output OC1A
TCCR1B = 0x0C;          // 16MHz/256/(1+62499) = 1Hz
TCCR1C = 0x00;
OCR1A  = 62499;
TCNT1  = 0x0000;        // clear Timer/Counter1
```

CTC 모드 4를 선택하려면, <표 1.4.7>의 WGM13~WGM10 비트에 의한 동작모드 설정은 <표 3.3.7>과 같이 TCCR1A의 WGM11과 WGM10은 각각 '0'이고, TCCR1B의 WGM13과 WGM12는 각각 '0'과 '1'로 설정한다.

〈표 3.3.7〉 WGM13~WGM10 비트에 의한 CTC 모드4 설정

모드	WGM13	WGM12 (CTC1)	WGM11 (PWM11)	WGM10 (WPM10)	동작모드	최대값	OCR1x 업데이트	TOV1플랙
4	0	1	0	0	CTC	OCR1A	설정즉시	0xFFFF

<표 1.4.8>의 OC1x핀 기능 설정에서 OC1A핀으로 파형을 출력하지 않으므로 <표 3.3.8>과 같이 COM1A1, COM1A0, COM1B1, COM1B0는 '0000'으로 설정한다. TCCR1A의 COM1A1~COM1B0비트에 이 값을 대입하면 <그림 3.3.11>과 같이 TCCR1A = 0x00이 된다.

〈표 3.3.8〉 COM1x1~COM1x0 비트에 의한 OC1x핀 출력 차단 기능 설정

모드	COM1x1	COM1x0	OC1x핀의 기능
PWM모드가 아닌 경우	**0**	**0**	**정상적인 I/O포트로 동작, OC1x 출력차단**
	0	1	비교 매치에서 OC1x 출력을 토글
	1	0	비교 매치에서 OC1x = 0
	1	1	비교 매치에서 OC1x = 1

2) 타이머/카운터1의 분주비 설정

<표 1.4.9>의 클록소스 선택비트 설정에서 프리스케일러의 분주비를 256으로 선택하면 CS12, CS11, CS10은 '100'이다. 이 값을 TCCR1B의 CS12, CS11, CS10비트와 WGM13, WGM12 비트에 대입하면 <그림 3.3.12>와 같이 TCCR1B = 0x0C가 된다.

〈표 3.3.9〉 타이머/카운터1의 클록소스의 프리스케일러 분주비 256으로 설정

CS12	CS11	CS10	클록 소스
1	0	0	$clk_{I/O}$ / 256

프리스케일러의 분주비가 정해지면, OC1A의 출력 파형 주파수를 얻기 위한 타이머/카운터1의 출력 비교 레지스터OCR1A의 값이 정해진다. CTC 모드에서 출력 비교 인터럽트가 2번 발생하여 1주기의 출력파형을 만든다. 이때 설정값(TOP)인 OCR1A 값은 다음과 같은 식으로 구한다.

$$f_{OC_x} = \frac{f_{CPU_{clock}}}{N \cdot (1 + TOP)} \quad \Rightarrow \quad TOP = \frac{16,000,000}{(256 \cdot f_{OC_x})} - 1$$

f_{OC_x}가 1Hz이므로 OCR1A의 값은 (16,000,000/256) - 1 = 62,499이다.

비 트	7	6	5	4	3	2	1	0
TCCR1A	**COM1A1**	**COM1A0**	**COM1B1**	**COM1B0**	-	-	**WGM11**	**WGM10**
설정값(2진수)	0	0	0	0	0	0	0	0
설정값(16진수)	0				0			

〈그림 3.3.11〉 타이머/카운터1 제어 레지스터A (TCCR1A) 설정

비 트	7	6	5	4	3	2	1	0
TCCR1B	ICNC1	ICES1	-	**WGM13**	**WGM12**	**CS12**	**CS11**	**CS10**
설정값(2진수)	0	0	0	0	1	1	0	0
설정값(16진수)	0				C			

〈그림 3.3.12〉 타이머/카운터1 제어 레지스터B (TCCR1B) 설정

3) 타이머/카운터1의 타이머 인터럽트 설정

타이머/카운터1의 타이머 인터럽트는 타이머 인터럽트 마스크 레지스터(TIMSK)와 타이머 인터럽트 플랙 레지스터(TIFR)로 설정한다.

```
TIMSK = 0x40;          // enable OC1A interrupt
TIFR  = 0xE8;          // clear all interrupt flags
```

OC1A의 인터럽트를 허용하려면, 타이머/카운터1의 타이머 인터럽트 마스크 레지스터 TIMSK의 OCIE1A=1로 한다.

비 트	7	6	5	4	3	2	1	0
TIMSK	TOIE1	**OCIE1A**	OCIE1B	-	ICIE1	OCIE0B	TOIE0	OCIE0A
설정값(2진수)	0	1	0	0	0	0	0	0
설정값(16진수)	4				0			

〈그림 3.3.13〉 타이머/카운터1의 OC1A 인터럽트 허용 (TIMSK)설정

타이머/카운터1의 모든 인터럽트 플래그을 클리어(clear) 하려면, 타이머/카운터1의 타이머 인터럽트 플래그 레지스터 TIFR의 TOV1=1, OCF1A=1, OCF1B=1, ICF1=1으로 설정한다.

비 트	7	6	5	4	3	2	1	0
TIFR	**TOV1**	**OCF1A**	**OCF1B**	-	**ICF1**	OCF0B	TOV0	OCF0A
설정값(2진수)	1	1	1	0	1	0	0	0
설정값(16진수)	E				8			

〈그림 3.3.14〉 타이머/카운터1의 인터럽트 플래그 레지스터(TIFR) 설정

4) 타이머/카운터0와 타이머/카운터1의 타이머 인터럽트 설정

타이머/카운터0과 타이머/카운터1의 타이머 인터럽트를 설정하는 방법에 대해서 설명하였으나, 타이머 인터럽트 마스크 레지스터(TIMSK)와 타이머 인터럽트 플래그 레지스터(TIFR)를 타이머/카운터0과 타이머/카운터1이 공통으로 사용하고 있으므로 이에 대한 설정 방법을 설명한다.

```
TIMSK = 0x41;                  // enable OC0A & enable OC1A interrupt
TIFR  = 0xEF;                  // clear all interrupt flags
```

OC0A와 OC1A의 인터럽트를 허용하려면, 타이머 인터럽트 마스크 레지스터 TIMSK의 OCIE0A와 OCIE1A비트를 '1'로 한다.

비 트	7	6	5	4	3	2	1	0
TIMSK	TOIE1	**OCIE1A**	OCIE1B	-	ICIE1	OCIE0B	TOIE0	**OCIE0A**
설정값(2진수)	0	1	0	0	0	0	0	1
설정값(16진수)	4				1			

〈그림 3.3.15〉 타이머 인터럽트 마스크 레지스터(TIMSK) 설정

타이머/카운터0과 타이머/카운터1의 모든 인터럽트 플래그을 클리어(clear) 하려면, 타이머

인터럽트 플래그 레지스터 TIFR의 모든 비트를 '1'로 설정한다.

비 트	7	6	5	4	3	2	1	0
TIFR	TOV1	OCF1A	OCF1B	-	ICF1	OCF0B	TOV0	OCF0A
설정값(2진수)	1	1	1	0	1	1	1	1
설정값(16진수)	E				F			

〈그림 3.3.16〉 타이머 인터럽트 플래그 레지스터(TIFR) 설정

(4) 인터럽트 서비스 루틴

타이머/카운터0은 250Hz로 인터럽트가 발생하므로 초(second)를 표시하는 LED D1과 D2가 0.5초 동안은 ON되고 0.5초 동안은 OFF되도록 하려면, 변수 count로 인터럽트 발생 회수를 카운트한다. 인터럽트가 125번 발생할 때 까지는 LED D1과 D2가 ON되도록 하고, 125번 이후에는 OFF되도록 하며, 250회가 되면 변수 count를 리셋 시키도록 프로그램한다.

```
volatile unsigned char second, minute, hour, ampm, count, sec_dot;

ISR(TIMER0_COMPA_vect)
{ count++;
  if(count > 125) sec_dot = 0xF3;                // Second dot ON
  else sec_dot = 0xFF;                           // Second dot OFF
  if (count == 250) count = 0;
}
```

작품 7 LCD에 의한 구구단 디스플레이

16×2 문자형 LCD를 ATtiny2313의 포트B의 상위 4비트에 4비트 인터페이스로 접속하고, 포트D에는 전화기용 키패드를 접속하여 회로를 구성한다. 전화기용 키패드를 통해 원하는 구구단을 선택하면 문자형 LCD를 통해 표시되도록 하는 프로그램 작성법에 대해서 설명한다.

Hardware 구구단 디스플레이 제작

포트B의 상위 4비트에 16×2 문자형 LCD를 접속한 회로는 <그림 4.1.1>과 같으며, <표 4.1.1>에 제시된 부품을 이용하여 <그림 4.1.2>와 같이 만능기판에 제작한다.

〈표 4.1.1〉 '구구단 계산기' 의 부품목록

부품	규격	수량	부품	규격	수량
IC	ATtiny2313-20PU	1	저항	1kΩ	2
크리스탈	16MHz ATS형	1	저항	4.7kΩ	1
LED	적색 5 ϕ	1	저항	10kΩ	1
다이오드	1N4001	2	반고정가변저항	GF06P 10K	1
문자형LCD	HC16202NY-LY	1	어레이저항	10kΩ(9핀)	1
세라믹콘덴서	0.1uF	3	LCD(핀 헤더)	16핀(또는 14핀)	1
세라믹콘덴서	22pF	2	트랜지스터	2SC1815	2
전해콘덴서	22uF	2	부저	ALP1205S	1
택트스위치	4핀	1	만능기판	28×28	1
IC소켓	20핀	1	박스형콘넥터	3FB-10P-R/A	1
서포터	F-10(10mm)볼트포함	4	SIP 헤더	2핀	2

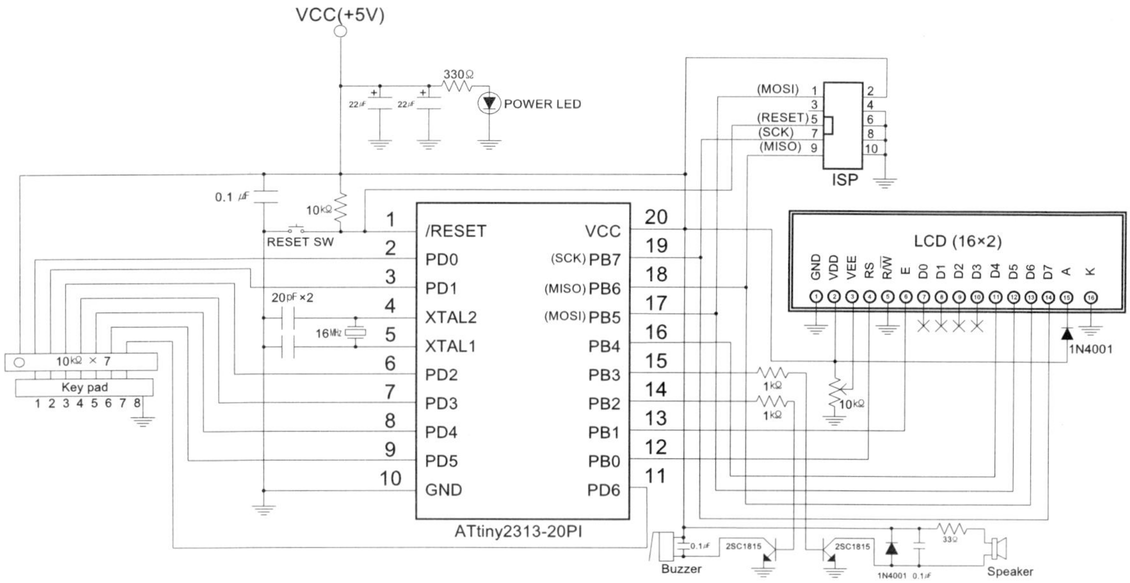

〈그림 4.1.1〉 구구단 계산기 회로도

(1) 만능기판에 제작

<그림 4.1.2>와 같이 만능기판(28×28)에 부품을 배치하고 리드선으로 각 부품을 납땜하여 회로를 구성한다. 리드선과 리드선이 겹치는 부분에 납땜표시(●)가 없으면, 리드선에 피복을 입힌 점프선으로 납땜을 해야 한다. <그림 4.1.2>는 부품면을 기준으로 한 것이기 때문에 납땜을 하는 동판면 쪽에서는 좌우가 바뀌며, 전원 Vcc는 (+5V)인 것에 유의해야 한다.

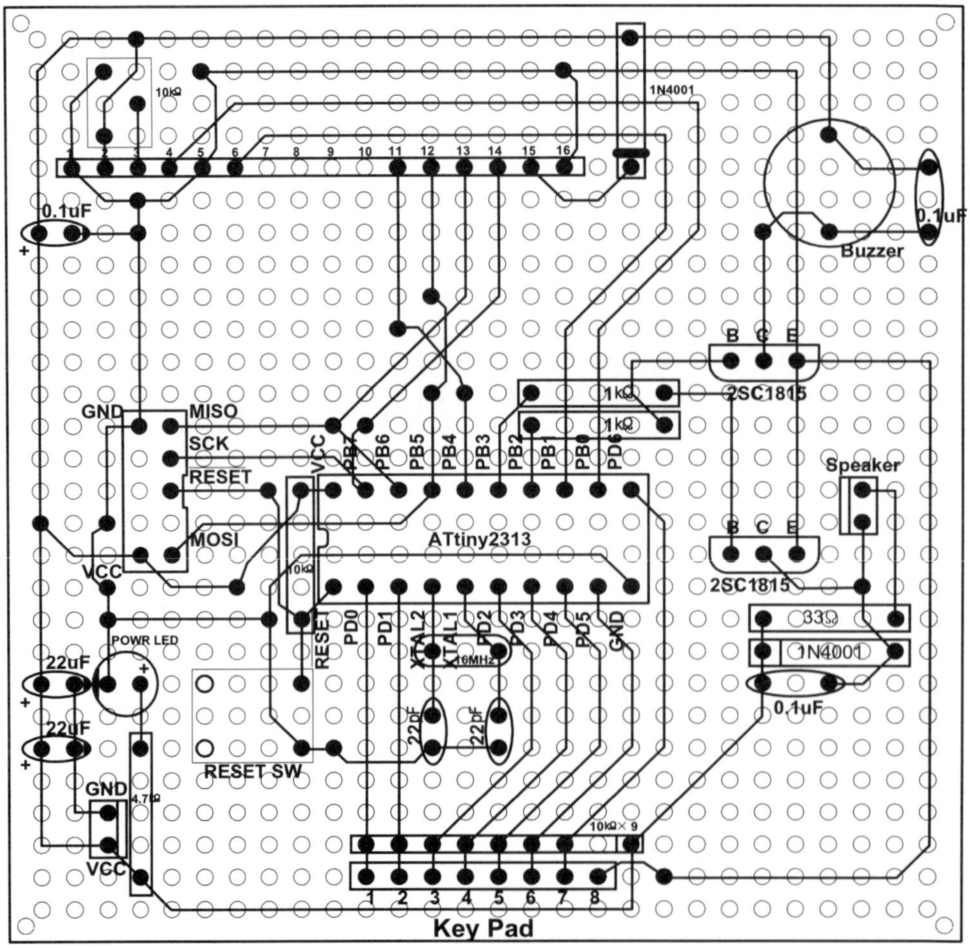

〈그림 4.1.2〉 구구단 계산기 부품 배치도

<그림 4.1.2>와 같이 부품을 배치하였다 하더라도 리드선으로 배선하여 납땜하는 방법은 다를 수 있으며, 부품 배치도도 다르게 할 수 있다. <그림 4.1.3>은 <그림4.1.2>와 같이 부품을 배치하여 완성한 '구구단 계산기'이다.

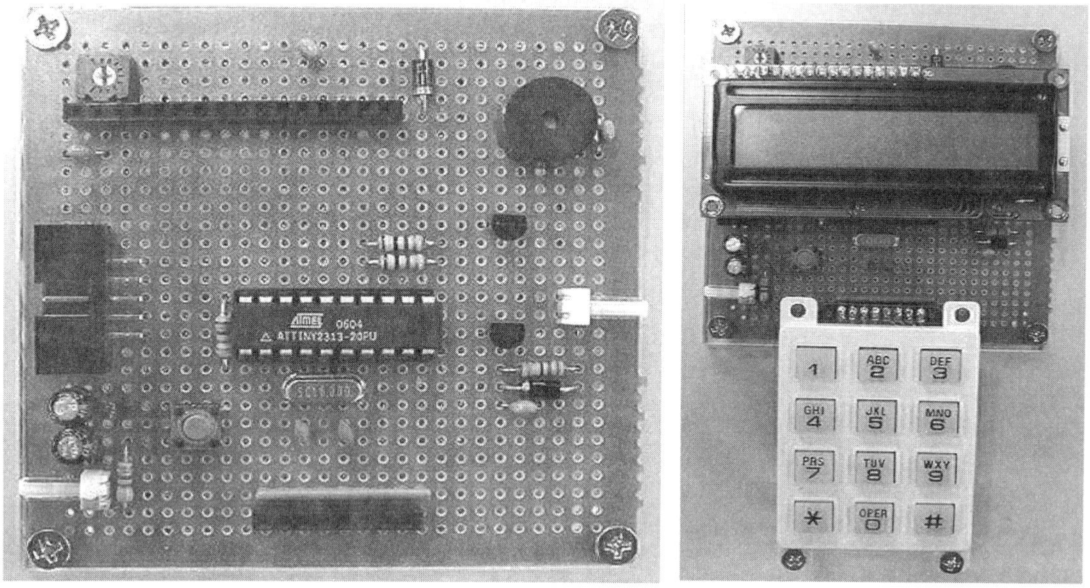

(a) 문자형 LCD를 부착하지 않은 상태　　　(b)문자형 LCD와 키패드를 부착한 상태

〈그림 4.1.3〉 구구단 계산기를 만능기판에 완성한 모습

(2) 16×2 문자형 LCD의 외부구조

16×2 문자형 LCD는 ASCII문자 또는 특수문자를 5×7의 점(dot)으로 1행에 16개를 표현할 수 있으며, 2행까지 표시할 수 있다. 16×2 문자형 LCD는 마이크로콘트롤러와 인터페이스 하기 위해 14개의 외부 단자가 있으며, 백라이트가 있는 경우에는 백라이트에 전원을 공급하는 단자가 2개 추가되어 16개의 외부 단자를 가지고 있다.

(a) 백라이트가 없는 14핀형　　　(b) 백라이트가 있는 16핀형

〈그림 4.1.4〉 16×2 문자형 LCD의 외부 구조

16×2 문자형 LCD는 외부단자의 위치에 따라 여러 가지 형태가 있으나 여기에서는 <그림 4.1.4>와 같이 외부 단자가 LCD의 좌측 상단에 가로 1줄로 배열되어 있는 백라이트가

없는 14핀형과 백라이트가 있는 16핀형 16×2 문자형 LCD를 취급한다.

16×2 문자형 LCD의 외부 단자 기능은 <표 4.1.2>와 같다.

〈표 4.1.2〉 16×2 문자형 LCD의 외부 단자 기능

<table>
<tr><th>핀</th><th>신호명</th><th colspan="3">기 능</th></tr>
<tr><td>1</td><td>Vss</td><td colspan="3">전원 GND</td></tr>
<tr><td>2</td><td>Vdd</td><td colspan="3">전원 +5V</td></tr>
<tr><td>3</td><td>Vo</td><td colspan="3">화면밝기(4.2~4.6V)</td></tr>
<tr><td>4</td><td>Rs</td><td colspan="3">레지스터 선택(0:명령 레지스터, 1:데이터 레지스터)</td></tr>
<tr><td>5</td><td>R/ $\overline{W}$</td><td colspan="3">읽기/쓰기</td></tr>
<tr><td>6</td><td>E</td><td colspan="3">읽기/쓰기 허용</td></tr>
<tr><td>7</td><td>DB0</td><td>LSB</td><td rowspan="8">8bit 인터페이스</td><td rowspan="4">4bit 인터페이스에서는 사용하지 않음.</td></tr>
<tr><td>8</td><td>DB1</td><td></td></tr>
<tr><td>9</td><td>DB2</td><td></td></tr>
<tr><td>10</td><td>DB3</td><td></td></tr>
<tr><td>11</td><td>DB4</td><td></td><td rowspan="4">4bit 인터페이스에서는 DB4~DB7만 사용.</td></tr>
<tr><td>12</td><td>DB5</td><td></td></tr>
<tr><td>13</td><td>DB6</td><td></td></tr>
<tr><td>14</td><td>DB7</td><td>MSB</td></tr>
<tr><td>15</td><td>A/EL1</td><td colspan="3">백라이트 (+) : (3.9~4.6V)</td></tr>
<tr><td>16</td><td>K/EL2</td><td colspan="3">백라이트 (GND)</td></tr>
</table>

(4) 16×2 문자형 LCD의 내부구조

16×2 문자형 LCD의 내부 구조는 <그림 4.1.5>와 같이 LCD콘트롤러, LCD 드라이버, LCD패널, 백라이트 등으로 구성되어 있다.

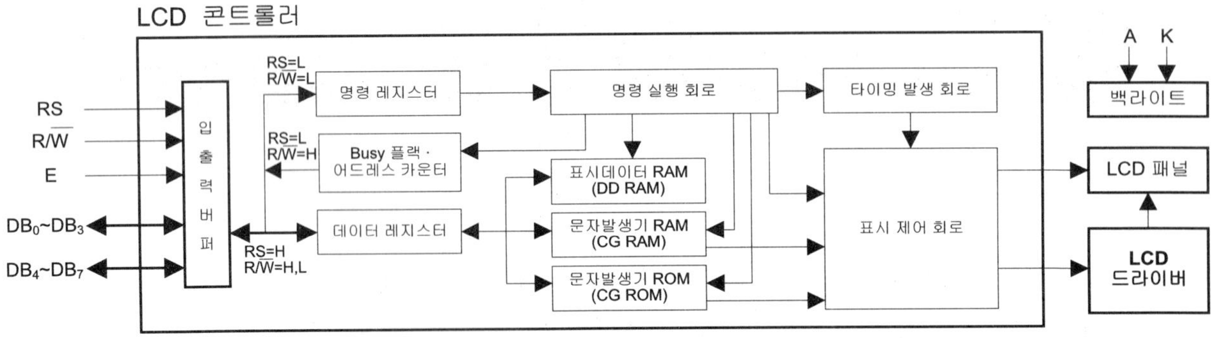

〈그림 4.1.5〉 16×2 문자형 LCD의 내부 구조

LCD 콘트롤러에서 레지스터 셀렉트 신호가 로우(RS=0)이면, 명령 레지스터가 선택되고, 레지스터 셀렉트 신호가 하이(RS=1)이면, 데이터 레지스터가 선택된다. LCD 콘트롤러의 입출력 버퍼를 통해 데이터 레지스터에 사용자가 화면에 표시하고자 하는 문자 코드를 표시 데이터 램(DD RAM)에 전송하면, 문자 발생기 롬(CG ROM)에서 사용자가 표시하고자 하는 문자 코드와 일치하는 폰트를 찾아 화면에 표시한다.

<표 4.1.3>과 같은 ASCII(American Standards Code for Information Interchange)코드의 20H~7EH 범위는 LCD의 문자 발생기 롬의 문자 세트와 일치하므로 ASCII코드를 표시 데이터 램에 전송하여 문자를 LCD 화면에 표시할 수 있다. 그러나, ASCII코드의 7EH 값은 제조사에 따라 "~"문자로 표시되지 않고 "→"로 표시되는 경우도 있다.

〈표 4.1.3〉 ASCII 코드표

코드값	문자	코드값	문자	코드값	문자	코드값	문자	코드값	문자	코드값	문자
20H	space	30H	0	40H	@	50H	P	60H	`	70H	p
21H	!	31H	1	41H	A	51H	Q	61H	a	71H	q
22H	"	32H	2	42H	B	52H	R	62H	b	72H	r
23H	#	33H	3	43H	C	53H	S	63H	c	73H	s
24H	$	34H	4	44H	D	54H	T	64H	d	74H	t
25H	%	35H	5	45H	E	55H	U	65H	e	75H	u
26H	&	36H	6	46H	F	56H	V	66H	f	76H	v
27H	'	37H	7	47H	G	57H	W	67H	g	77H	w
28H	(	38H	8	48H	H	58H	X	68H	h	78H	x
29H	)	39H	9	49H	I	59H	Y	69H	i	79H	y
2AH	*	3AH	:	4AH	J	5AH	Z	6AH	j	7AH	z
2BH	+	3BH	;	4BH	K	5BH	[	6BH	k	7BH	{
2CH	,	3CH	<	4CH	L	5CH	\	6CH	l	7CH	|
2DH	-	3DH	=	4DH	M	5DH	]	6DH	m	7DH	}
2EH	.	3EH	>	4EH	N	5EH	^	6EH	n	7EH	~
2FH	/	3FH	?	4FH	O	5FH	_	6FH	o		

(5) 16×2 문자형 LCD의 제어 명령

16×2 문자형 LCD의 제어명령을 정리하면 <표 4.1.4>와 같으며, 제어 명령에 의한 각 기능은 <표 4.1.5>와 같다.

〈표 4.1.4〉 16×2 문자형 LCD의 제어 명령표

기 능	제어신호		제 어 명 령								실행시간
	Rs	R/ $\overline{W}$	DB7	DB6	DB5	DB4	DB3	DB2	DB1	DB0	
① 화면지우기	0	0	0	0	0	0	0	0	0	1	1.52 ms
② 홈으로 돌아가기	0	0	0	0	0	0	0	0	1	-	1.52 ms
③ 엔트리 모드 set	0	0	0	0	0	0	0	1	I/D	S	37us
④ ON/OFF 제어	0	0	0	0	0	0	1	D	C	B	37us
⑤ 커서 이동	0	0	0	0	0	1	S/C	R/L	-	-	37us
⑥ function set	0	0	0	0	1	DL	N	F	-	-	37us
⑦ CG RAM add.	0	0	0	1	CG RAM 주소						37us
⑧ DD RAM add.	0	0	1	DD RAM 주소							37us
데이터 쓰기	1	0	데이터 쓰기								41us

〈표 4.1.5〉 16×2 문자형 LCD의 제어 명령 기능

<table>
<tr><th>기 능</th><th>제어 명령 설명</th></tr>
<tr><td>① 화면지우기</td><td>Rs =0, LCD_command(0x01);</td></tr>
<tr><td>② 홈으로 돌아가기</td><td>Rs =0, LCD_command(0x02);</td></tr>
<tr><td>③ 엔트리 모드 set</td><td>· 커서 우측증가 또는 좌측감소:(I/D), 화면이동:S
<table>
<tr><th>I/D</th><th>S</th><th>제어 명령(Rs=0)</th><th>설 명</th></tr>
<tr><td>0</td><td>0</td><td>LCD_command(0x04);</td><td>커서 좌측감소, 화면이동없음</td></tr>
<tr><td>0</td><td>1</td><td>LCD_command(0x05);</td><td>커서 좌측감소, 화면이동</td></tr>
<tr><td>1</td><td>0</td><td>LCD_command(0x06);</td><td>커서 우측증가, 화면이동없음</td></tr>
<tr><td>1</td><td>1</td><td>LCD_command(0x07);</td><td>커서 우측증가, 화면이동</td></tr>
</table></td></tr>
<tr><td>④ ON/OFF 제어</td><td>· 내용을 화면에 표시 ON/OFF:D, 커서 ON/OFF:C, 커서 깜빡임:B
<table>
<tr><th>D</th><th>C</th><th>B</th><th>제어 명령</th></tr>
<tr><td>0</td><td>0</td><td>0</td><td>Rs=0, LCD_command(0x08);</td></tr>
<tr><td>0</td><td>0</td><td>1</td><td>Rs=0, LCD_command(0x09);</td></tr>
<tr><td>0</td><td>1</td><td>0</td><td>Rs=0, LCD_command(0x0A);</td></tr>
<tr><td>0</td><td>1</td><td>1</td><td>Rs=0, LCD_command(0x0B);</td></tr>
<tr><td>1</td><td>0</td><td>0</td><td>Rs=0, LCD_command(0x0C);</td></tr>
<tr><td>1</td><td>0</td><td>1</td><td>Rs=0, LCD_command(0x0D);</td></tr>
<tr><td>1</td><td>1</td><td>0</td><td>Rs=0, LCD_command(0x0E);</td></tr>
<tr><td>1</td><td>1</td><td>1</td><td>Rs=0, LCD_command(0x0F);</td></tr>
</table></td></tr>
<tr><td>⑤ 커서 이동</td><td>· 내용을 변경하지 않고 화면/커서(S/C)를 우측/좌측(R/L)이동
<table>
<tr><th>S/C</th><th>R/L</th><th>제어 명령(Rs=0)</th><th>설 명</th></tr>
<tr><td>0</td><td>0</td><td>LCD_command(0x10);</td><td>커서를 좌측으로 이동</td></tr>
<tr><td>0</td><td>1</td><td>LCD_command(0x14);</td><td>커서를 우측으로 이동</td></tr>
<tr><td>1</td><td>0</td><td>LCD_command(0x18);</td><td>화면을 좌측으로 이동</td></tr>
<tr><td>1</td><td>1</td><td>LCD_command(0x1C);</td><td>화면을 우측으로 이동</td></tr>
</table></td></tr>
</table>

〈표 4.1.5〉 16×2 문자형 LCD의 제어 명령 기능(계속)

기 능	제어 명령 설명			
⑥ function set	· 4비트 인터페이스(DL=0), 문자1행/2행:N, 문자폰트:F			
	N	F	제어 명령(Rs=0)	설 명
	0	0	LCD_command(0x20);	화면1행, 문자폰트(5×8)
	0	1	LCD_command(0x24);	화면1행, 문자폰트(5×11)
	1	**0**	**LCD_command(0x28);**	**화면2행, 문자폰트(5×8)**
	1	1	LCD_command(0x2C);	화면2행, 문자폰트(5×11)
	· 8비트 인터페이스(DL=1), 문자1행/2행:N, 문자폰트:F			
	N	F	제어 명령(Rs=0)	설 명
	0	0	LCD_command(0x30);	화면1행, 문자폰트(5×8)
	0	1	LCD_command(0x34);	화면1행, 문자폰트(5×11)
	1	0	LCD_command(0x38);	화면2행, 문자폰트(5×8)
	1	1	LCD_command(0x3C);	화면2행, 문자폰트(5×11)

(6) 16×2 문자형 LCD의 DD RAM 어드레스

문자형 LCD의 표시 데이터 RAM(DD RAM)은 표시 할 문자의 ASCII코드 데이터가 저장되는 내부 메모리로 16×2 문자형 LCD의 경우에는 <그림 4.1.6>과 같이 어드레스값이 주어진다. <표 4.1.3>의 ⑧DD RAM add.에 의한 제어명령 어드레스는 <표 4.1.6>과 같다.

00	01	02	03	04	05	06	07	08	09	0A	0B	0C	0D	0E	0F
40	41	42	43	44	45	46	47	48	49	4A	4B	4C	4D	4E	4F

〈그림 4.1.6〉 문자형 LCD의 DD RAM 어드레스

〈표 4.1.6〉 표시 데이터 RAM의 제어명령 어드레스

⑧ DD RAM add.		제어신호		제어명령								HEX
		Rs	R/ $\overline{W}$	DB7	DB6	DB5	DB4	DB3	DB2	DB1	DB0	
1행	00	0	0	1	0	0	0	0	0	0	0	80
	01	0	0	1	0	0	0	0	0	0	1	81
	02	0	0	1	0	0	0	0	0	1	0	82
	03	0	0	1	0	0	0	0	0	1	1	83
	04	0	0	1	0	0	0	0	1	0	0	84
	05	0	0	1	0	0	0	0	1	0	1	85
	06	0	0	1	0	0	0	0	1	1	0	86
	07	0	0	1	0	0	0	0	1	1	1	87
	08	0	0	1	0	0	0	1	0	0	0	88
	09	0	0	1	0	0	0	1	0	0	1	89
	0A	0	0	1	0	0	0	1	0	1	0	8A
	0B	0	0	1	0	0	0	1	0	1	1	8B
	0C	0	0	1	0	0	0	1	1	0	0	8C
	0D	0	0	1	0	0	0	1	1	0	1	8D
	0E	0	0	1	0	0	0	1	1	1	0	8E
	0F	0	0	1	0	0	0	1	1	1	1	8F
2행	40	0	0	1	1	0	0	0	0	0	0	C0
	41	0	0	1	1	0	0	0	0	0	1	C1
	42	0	0	1	1	0	0	0	0	1	0	C2
	43	0	0	1	1	0	0	0	0	1	1	C3
	44	0	0	1	1	0	0	0	1	0	0	C4
	45	0	0	1	1	0	0	0	1	0	1	C5
	46	0	0	1	1	0	0	0	1	1	0	C6
	47	0	0	1	1	0	0	0	1	1	1	C7
	48	0	0	1	1	0	0	1	0	0	0	C8
	49	0	0	1	1	0	0	1	0	0	1	C9
	4A	0	0	1	1	0	0	1	0	1	0	CA
	4B	0	0	1	1	0	0	1	0	1	1	CB
	4C	0	0	1	1	0	0	1	1	0	0	CC
	4D	0	0	1	1	0	0	1	1	0	1	CD
	4E	0	0	1	1	0	0	1	1	1	0	CE
	4F	0	0	1	1	0	0	1	1	1	1	CF

<표 4.1.6>의 제어 명령 어드레스를 16×2 문자형 LCD에 나타내면 <그림 4.1.7>과 같다.

80	81	82	83	84	85	86	87	88	89	8A	8B	8C	8D	8E	8F
C0	C1	C2	C3	C4	C5	C6	C7	C8	C9	CA	CB	CC	CD	CE	CF

〈그림 4.1.7〉 표시 데이터 RAM(DD RAM)의 제어명령 어드레스

Hardware 16×2 문자형 LCD의 인터페이스

(1) 상위 비트에 4비트 인터페이스 한 경우

<그림 4.1.8>과 같이 ATtiny2313의 포트B의 상위4비트에 16×2 문자형 LCD를 4비트 인터페이스로 접속한 경우 LCD의 초기화에 대해서 설명한다.

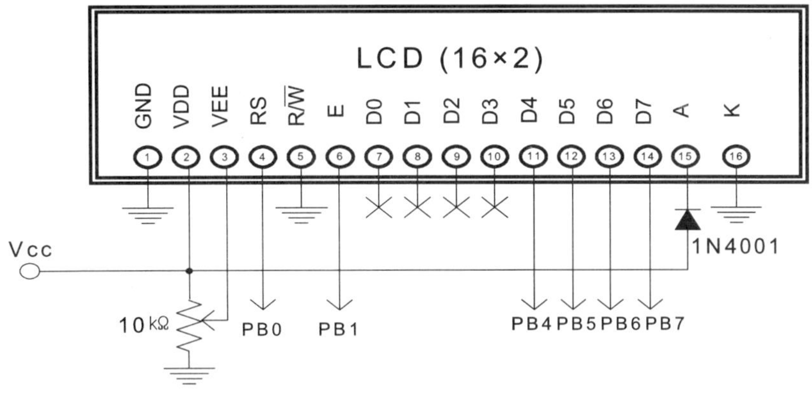

〈그림 4.1.8〉 포트B의 상위 4비트에 인터페이스한 경우

메인함수에서 MCU초기화를 시키고, 시스템 안정화를 위한 지연시간을 준 다음 LCD를 초기화 한다.

① MCU_initialize(); // MCU초기화를 수행한다.

② Delay_ms(50); // 30ms이상 지연시간을 준다.

③ LCD_initialize() // LCD초기화를 수행한다.

■ LCD 초기화 함수 - LCD_initialize()

LCD를 초기화 하기 위해서 function set, display control, entry mode set, clear display등의 제어명령을 LCD로 전송한다. 실제 사용자 헤더를 작성할 때는 LCD 초기화 명령을 LCD로 전송해야 하므로 명령을 전송하는 함수인 LCD_command()함수가 LCD_initialize()함수 보다 앞에 있어야 한다.

```
void LCD_initialize(void)
{
    LCD_command(0x28);   // function set(4bit, 2line, 5*7 dot)
    LCD_command(0x0c);   // display control(display ON, cursor OFF)
    LCD_command(0x06);   // entry mode set(increment, not shift)
    LCD_command(0x01);   // clear display
}
```

■ 명령을 전송하는 함수 - LCD_command()

LCD 초기화 과정에서 function set, display control, entry mode set, clear display 제어명령과 표시 데이터 RAM(DD RAM)의 주소를 LCD로 전송한다. <그림 4.1.8>과 같이 4비트 인터페이스 인 경우에는 상위 4비트와 하위 4비트를 나누어 DB7~DB4로 보낸다. (명령인 경우에는 RS=0, 데이터인 경우에는 RS=1)

```
void LCD_command(unsigned char command)
  {
    PORTB=(command & 0xf0) | 0x00;          // Upper 4bit, E=0(PB1), RS=0(PB0)
    PORTB |= _BV(1);                        // E=1(PB1)
    PORTB &= ~_BV(1);                       // E=0(PB1)

    PORTB=(command<<4) | 0x00;              // Lower 4bit, E=0(PB1), RS=0(PB0)
    PORTB |= _BV(1);                        // E=1(PB1)
    PORTB &= ~_BV(1);                       // E=0(PB1)
    Delay_ms(2);
  }
```

상위 4비트를 전송하려면, command변수로 받아 온 인수를 상위 4비트 만을 선택하기 위해 (command & 0xf0) 연산을 한 다음, 명령을 전달하는 것이므로 인에이블(E)과 레지스터 셀렉트(RS)를 각각 E=0과 RS=0으로 하는 '|'(OR) 연산을 하여 포트B로 출력한다. LCD의 인에이블 단자가 접속된 PB1비트를 하이(high)로 하여 명령을 전송하고, 인에블을 로우(low)로 하여 전송을 마친다.

하위 4비트를 전송하려면, command변수로 받아 온 인수의 하위 4비트를 좌로 4비트 시

프트(command<<4)하여 하위 4비트를 상위 4비트로 이동시킨 다음 E=0과 RS=0으로 하는 '|'(OR)연산을 하여 포트B로 출력한다. LCD 인에이블 단자를 하이로 하여 명령을 전송하고, 인에블을 로우로 하여 전송을 마친다.

<그림 4.1.8>은 command 값이 0xC5일 경우, LCD_command()함수에 의한 상위 4비트와 하위 4비트 전송과정을 나타낸 것이다.

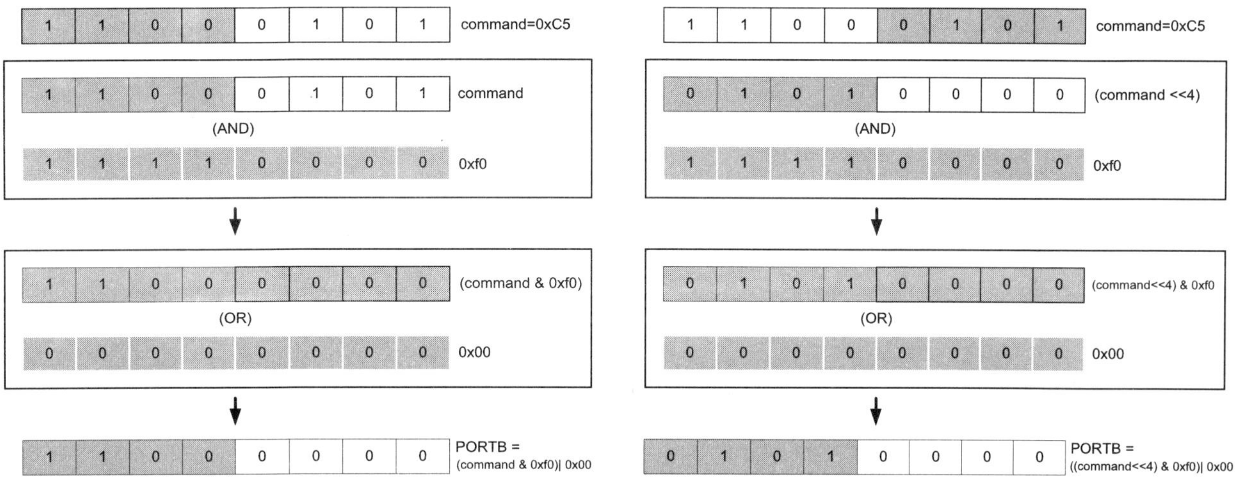

(a) 상위 4비트 전송과정　　　(b) 하위 4비트 전송과정

〈그림 4.1.9〉 LCD command함수의 전송과정

상위 4bit와 하위 4bit를 보내기 위해 인에이블과 레지스터 셀렉트를 각각 E=0과 RS=0으로 하는 0x00와 OR연산을 해야 하지만, 0x00을 OR연산하는 것은 의미가 없으므로 다음과 같이 나타낸다.

```
void LCD_command(unsigned char command)
  {
    PORTB=(command & 0xf0);          // Upper 4bit,E=0(PB1), RS=0(PB0)
    PORTB |= _BV(1);                 // E=1(PB1)
    PORTB &= ~_BV(1);                // E=0(PB1)

    PORTB=(command<<4)               // Lower 4bit,E=0(PB1), RS=0(PB0)
    PORTB |= _BV(1);                 // E=1(PB1)
    PORTB &= ~_BV(1);                // E=0(PB1)
    Delay_ms(2);
  }
```

■ 데이터를 전송하는 함수 - LCD_data()

제어 명령을 LCD로 전송 할 경우에는 E=0과 RS=0으로 하여 전송하였지만, 데이터를 전송하는 경우에는 E=0과 RS=1로 하여 전송한다. <그림 4.1.8>과 같이 4비트 인터페이스 이므로 상위 4비트와 하위 4비트로 나누어 DB7~DB4로 보낸다.

```
void LCD_data(unsigned char data)
{
    PORTB=(data & 0xf0) | 0x01;          // Upper 4bit,E=0(PB1), RS=1(PB0)
    PORTB |= _BV(1);                     // E=1(PB1)
    PORTB &= ~_BV(1);                    // E=0(PB1)

    PORTB=(data<<4) | 0x01;              // Lower 4bit,E=0(PB1), RS=1(PB0)
    PORTB |= _BV(1);                     // E=1(PB1)
    PORTB &= ~_BV(1);                    // E=0(PB1)
    Delay_ms(2);
}
```

상위 4비트를 전송하려면, data변수로 받아 온 인수를 상위 4비트 만을 선택하기 위해 (data & 0xf0) 연산을 한 다음, 데이터를 전달하는 것이므로 E=0와 RS=1로 하는 '|'(OR) 연산을 하여 포트B로 출력한다. LCD의 인에이블 단자가 접속된 PB1비트를 하이(high)로 하여 명령을 전송하고, 인에블을 로우(low)로 하여 전송을 마친다.

하위 4비트를 전송하려면, data변수로 받아 온 인수의 하위 4비트를 좌로 4비트 시프트(data<<4)하여 하위 4비트를 상위 4비트로 이동시킨 다음 E=0과 RS=1로 하는 '|'(OR)연산을 하여 포트B로 출력한다. LCD 인에이블 단자를 하이로 하여 데이터를 전송하고, 인에블을 로우로 하여 전송을 마친다.

<그림 4.1.10>은 data 값이 0x37일 경우, LCD_data()함수에 의한 상위 4비트와 하위 4비트 전송과정을 나타낸 것이다.

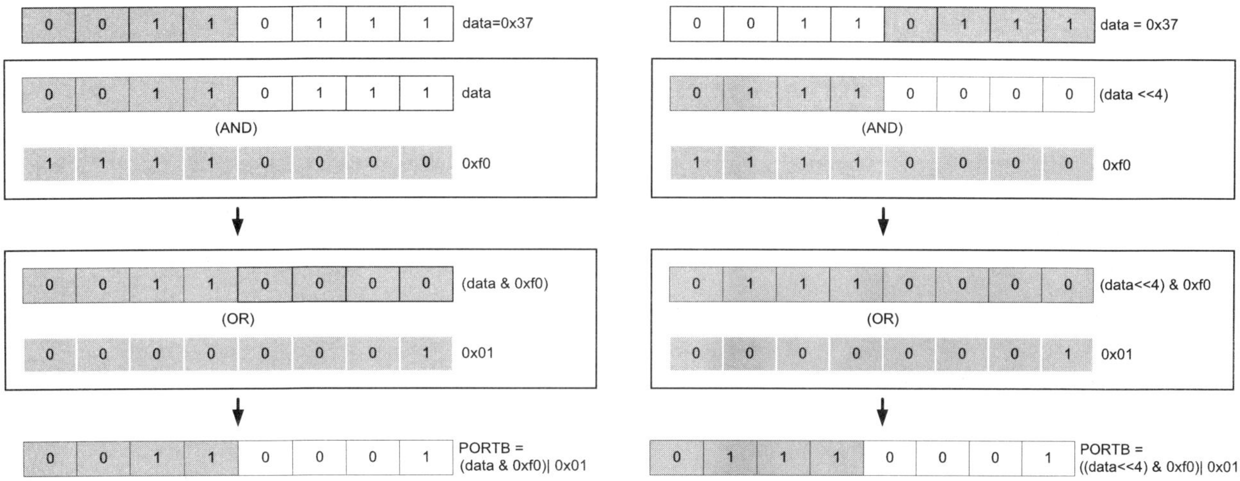

(a) 상위 4비트 전송과정　　　(b) 하위 4비트 전송과정

〈그림 4.1.10〉 LCD data함수의 전송과정

■ 문자열을 전송하는 함수 - LCD_string()

문자열 데이터를 LCD로 전송하여 표시하고자 할 때는 명령(command)을 첫번째 인수로 하고, 문자열을 두번째 인수로 하는 LCD_string()함수를 사용하여 전송한다. LCD_command()함수로 LCD 상에 문자열이 시작될 위치를 지정하고, LCD_data()함수로 문자열을 차례로 전송한다. 문자열의 길이를 알 수 없으므로 while문을 사용하여 문자열의 끝을 표시하는 널(null)문자('\0')를 찾고, 널 문자가 들어오기 전까지는 문자열 인수의 포인터를 하나씩 증가시켜 문자열을 LCD로 전송하고 널 문자가 들어 오면 문자열 데이터를 LCD에 전송하여 표시하는 LCD_string()함수를 끝낸다.

```
void LCD_string (unsigned char command, char *string)
{
  LCD_command(command);

  while(*string != '\0')
   {
     LCD_data(*string);
      string++;
   }
}
```

■ 상위 비트에 4비트 인터페이스 한 경우 - 사용자 헤더 파일

상위 비트에 4비트 인터페이스를 한 경우, 16×2 문자형 LCD관련 사용자 헤더 파일은 <헤더 파일 ATtiny2313e.h>와 같다.

〈헤더 파일 ATtiny2313e.h〉 포트B의 상위 비트에 4비트 인터페이스 한 경우

```
// ===================================================
//  ATtiny2313e.h  : 4bit LCD interface for PORTB
// ===================================================

void MCU_initialize(void)                       // initialize for ATtiny2313
{
  DDRB = 0xFF;                                  // PORTB = output(LCD data output)
  PORTB = 0x00;
  DDRD = 0x00;                                  // PORTD = input(key pad)
  PORTD = 0x00;
}

void Delay_us(unsigned char time_us)            // delay for us
{ register unsigned char i;

  for(i = 0; i < time_us; i++)                  // 4 cycle +
    { asm volatile(" PUSH  R0 ");               // 2 cycle +
      asm volatile(" POP   R0 ");               // 2 cycle +
      asm volatile(" PUSH  R0 ");               // 2 cycle +
      asm volatile(" POP   R0 ");               // 2 cycle +
      asm volatile(" PUSH  R0 ");               // 2 cycle +
      asm volatile(" POP   R0 ");               // 2 cycle = 16 cycle = 1 us for 16MHz
    }
}

void Delay_ms(unsigned int time_ms)             // delay for ms
{ register unsigned int i;

  for(i = 0; i < time_ms; i++)
    { Delay_us(250);
      Delay_us(250);
      Delay_us(250);
      Delay_us(250);
    }
}

void Beep(void)
{
  PORTB |= _BV(2);                              // buzzer on
  Delay_ms(50);
  PORTB &= ~_BV(2);                             // buzzer off
}

void LCD_command(unsigned char command)
{
    PORTB=command&0xf0;                         // Upper 4bit, E=0, RS=0
    PORTB |= _BV(1);                            // E=1
    PORTB &= ~_BV(1);                           // E=0

    PORTB=(command<<4);                         // Lower 4bit, E=0, RS=0
    PORTB |= _BV(1);                            // E=1
    PORTB &= ~_BV(1);                           // E=0
    Delay_ms(2);
}
```

```
void LCD_initialize(void)
{
    LCD_command(0x28);                          // 16*2, 4bit bus, 5*8 dots
    LCD_command(0x0c);                          // display on, cursor on, blink off
    LCD_command(0x06);                          // entry mode set
    LCD_command(0x01);                          // clear screen
}

void LCD_data(unsigned char data)
{
    PORTB=(data & 0xf0) | 0x01;                 // Upper 4bit, E=0, RS=1
    PORTB |= _BV(1);                            // E=1
    PORTB &= ~_BV(1);                           // E=0

    PORTB=(data<<4) | 0x01;                     // Lower 4bit, E=0, RS=1
    PORTB |= _BV(1);                            // E=1
    PORTB &= ~_BV(1);                           // E=0
    Delay_ms(2);
}

void LCD_string (unsigned char command, char *string)
{
  LCD_command(command);

  while(*string != '\0')
   {  LCD_data(*string);
      string++;
   }
}
```

(2) 하위 비트에 4비트 인터페이스 한 경우

<그림 4.1.11>과 같이 ATtiny2313의 포트D의 하위4비트에 16×2 문자형 LCD를 4비트 인터페이스로 접속한 경우 LCD의 초기화에 대해서 설명한다.

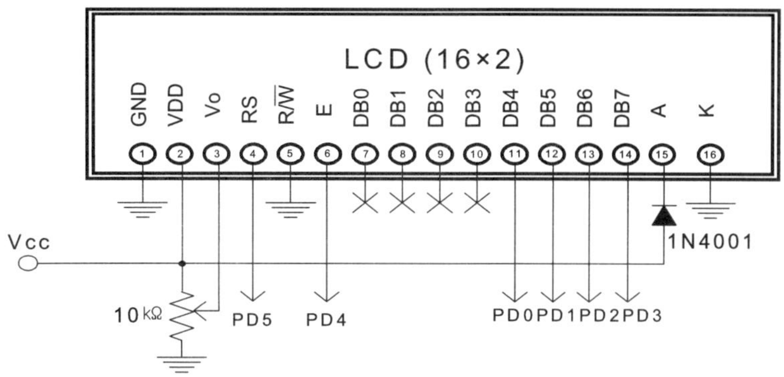

〈그림 4.1.11〉 포트D의 하위 4비트에 인터페이스한 경우

메인함수에서 MCU초기화를 시키고, 시스템 안정화를 위한 지연시간을 준 다음 LCD를 초기화 한다.

① MCU_initialize(); // MCU초기화를 수행한다.
② Delay_ms(50); // 30ms이상 지연시간을 준다.
③ LCD_initialize() // LCD초기화를 수행한다.

■ LCD 초기화 함수 - LCD_initialize()

LCD 초기화 과정에서 function set, display control, entry mode set, clear display 등의 제어명령을 LCD로 전송한다. 실제 사용자 헤더를 작성할 때는 LCD 초기화 명령을 LCD로 전송해야 하므로 명령을 전송하는 함수인 LCD_command()함수가 LCD_initialize()함수 보다 앞에 있어야 한다.

```
void LCD_initialize(void)
{
    LCD_command(0x28);   // function set(4bit, 2line, 5*7 dot)
    LCD_command(0x0c);   // display control(display ON, cursor OFF)
    LCD_command(0x06);   // entry mode set(increment, not shift)
    LCD_command(0x01);   // clear display
}
```

■ 명령을 전송하는 함수 - LCD_command()

LCD 초기화 과정에서 function set, display control, entry mode set, clear display 제어명령과 표시 데이터 RAM(DD RAM)의 주소를 LCD로 전송한다 <그림 4.1.11>과 같이 4비트 인터페이스 인 경우에는 상위 4비트와 하위 4비트를 나누어 DB7~DB4로 보낸다. (명령인 경우에는 RS=0, 데이터인 경우에는 RS=1)

```
void LCD_command(unsigned char command)
  {
    PORTD=(command>>4) & 0x0f;          // Upper 4bit, E=0(PD4), RS=0(PD5)
    PORTD |= _BV(4);                    // E=1(PD4)
    PORTD &= ~_BV(4);                   // E=0(PD4)

    PORTD=command & 0x0f;               // Lower 4bit, E=0(PD4), RS=0(PD5)
    PORTD |= _BV(4);                    // E=1(PD4)
    PORTD &= ~_BV(4);                   // E=0(PD4)
    Delay_ms(2);
  }
```

상위 4비트를 전송하려면, command변수로 받아 온 인수를 상위 4비트를 우로 4비트 시프트(command>>4)하여 상위 4비트를 하위 4비트로 이동 시킨 다음 하위 4비트 만을 선택하기 위해 ((command>>4) & 0x0f) 연산을 한 다음, 명령을 전달하는 것이므로 E=0과 RS=0으로 하는 '|'(OR) 연산을 하여 포트D로 출력한다. LCD의 인에이블 단자가 접속된 PD4비트를 하이(high)로 하여 명령을 전송하고, 인에블을 로우(low)로 하여 전송을 마친다.

하위 4비트를 전송하려면, command변수로 받아 온 인수를 하위 4비트 만을 선택하기 위해 (data & 0x0f) 연산을 한 다음 E=0과 RS=0으로 하는 '|'(OR)연산을 하여 포트D로 출력한다. LCD 인에이블 단자를 하이로 하여 명령을 전송하고, 인에블을 로우로 하여 전송을 마친다.

<그림 4.1.12>는 command 값이 0xC5일 경우, LCD_command()함수에 의한 상위 4비트와 하위 4비트 전송과정을 나타낸 것이다.

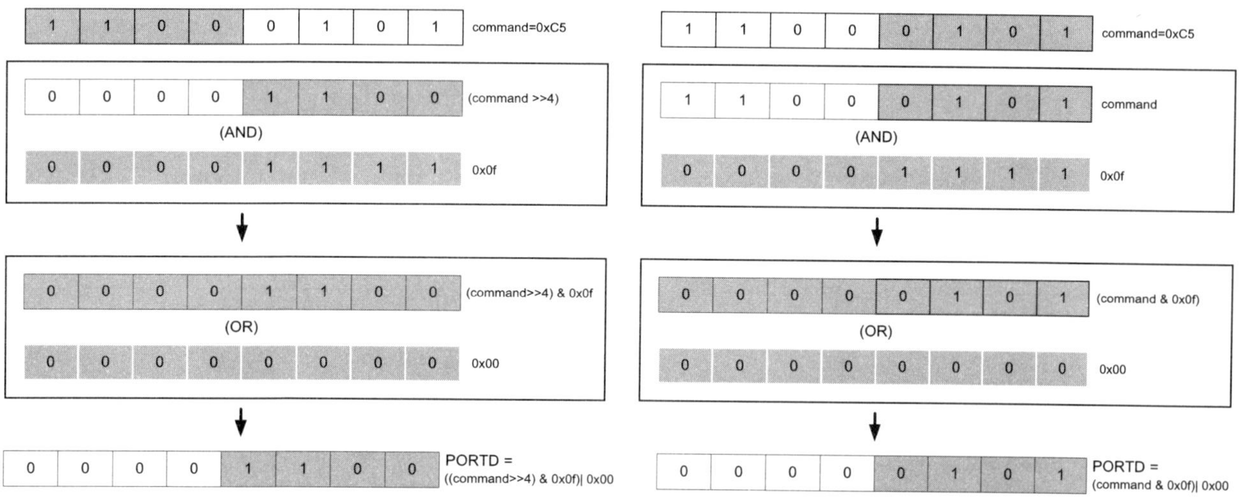

(a) 상위 4비트 전송과정　　(b) 하위 4비트 전송과정

〈그림 4.1.12〉 LCD command함수의 전송과정

■ 데이터를 전송하는 함수 - LCD_data()

제어명령을 LCD로 전송할 경우에는 E=0과 RS=0으로 하여 전송하였지만, 데이터를 전송하는 경우에는 E=0과 RS=1로 하여 전송한다. <그림 4.1.8>과 같이 4비트 인터페이스이므로 상위 4비트와 하위 4비트로 나누어 DB7~DB4로 보낸다.

```
void LCD_data(unsigned char data)
{
    PORTD=((data>>4) & 0x0f) | 0x20;          // Upper 4bit,E=0(PD4), RS=1(PD5)
    PORTD |= _BV(4);                          // E=1(PD4)
    PORTD &= ~_BV(4);                         // E=0(PD4)

    PORTD=(data & 0x0f) | 0x20;               // Lower 4bit,E=0(PD4), RS=1(PD5)
    PORTD |= _BV(4);                          // E=1(PD4)
    PORTD &= ~_BV(4);                         // E=0(PD4)
    Delay_ms(2);
}
```

상위 4비트를 전송하려면, data변수로 받아 온 인수의 상위 4비트를 우로 4비트 시프트 (data>>4)하여 상위 4비트를 하위 4비트로 이동시킨 다음 E=0과 RS=1로 하는 '|'(OR)연산을 하여 포트D로 출력한다. LCD 인에이블 단자가 접속된 PD4 비트를 하이로 하여 데이터를 전송하고, 인에블을 로우로 하여 전송을 마친다.

하위 4비트를 전송하려면, data변수로 받아 온 인수를 하위 4비트 만을 선택하기 위해 (data & 0x0f) 연산을 한 다음 데이터를 전달하는 것이므로 E=0과 RS=1로 하는 '|'(OR) 연산을 하여 포트D로 출력한다. LCD의 인에이블 단자가 접속된 PD4비트를 하이(high)로 하여 명령을 전송하고, 인에블을 로우(low)로 하여 전송을 마친다.

<그림 4.1.13>은 data 값이 0x37일 경우, LCD_data()함수에 의한 상위 4비트와 하위 4비트 전송과정을 나타낸 것이다.

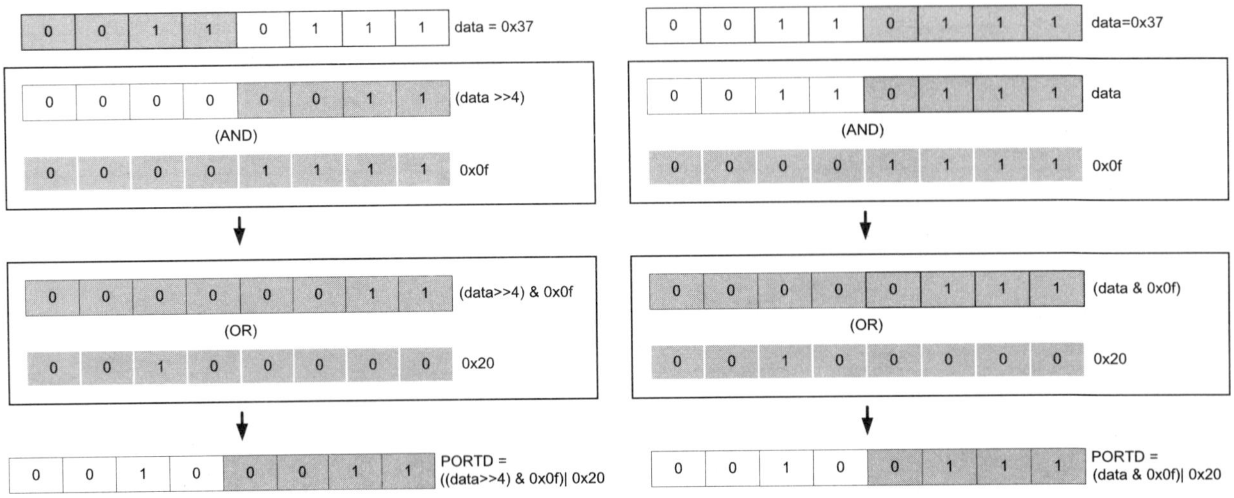

(a) 상위 4비트 전송과정 (b) 하위 4비트 전송과정

〈그림 4.1.13〉 LCD data함수의 전송과정

■ 문자열을 전송하는 함수 - LCD_string()

문자열 데이터를 LCD로 전송하여 표시하고자 할 때는 명령(command)을 첫번째 인수로 하고, 문자열을 두번째 인수로 하는 LCD_string()함수를 사용하여 전송한다. LCD_command()함수로 LCD 상에 문자열이 시작될 위치를 지정하고, LCD_data()함수로 문자열을 차례로 전송한다. 문자열의 길이를 알 수 없으므로 while문을 사용하여 문자열의 끝을 표시하는 널(null)문자('\0')를 찾고, 널 문자가 들어오기 전까지는 문자열 인수의 포인터를 하나씩 증가시켜 문자열을 LCD로 전송하고 널 문자가 들어 오면 문자열 데이터를 LCD에 전송하여 표시하는 LCD_string()함수를 끝낸다.

```
void LCD_string (unsigned char command, char *string)
{
  LCD_command(command);

  while(*string != '\0')
   {
     LCD_data(*string);
      string++;
   }
}
```

■ 하위 비트에 4비트 인터페이스 한 경우 - 사용자 헤더 파일

하위 비트에 4비트 인터페이스를 한 경우, 16×2 문자형 LCD관련 사용자 헤더 파일은 <헤더 파일 ATtiny2313e1.h>와 같다.

〈헤더 파일 ATtiny2313e1.h〉 포트B의 하위 비트에 4비트 인터페이스 한 경우

```
// ====================================================
//  ATtiny2313e1.h  : 4bit LCD interface for PORTB
// ====================================================

void MCU_initialize(void)                  // initialize for ATtiny2313
{
  DDRB = 0xFF;                             // PORTB = output
  PORTB = 0x00;
  DDRD = 0xFF;                             // PORTD = output(LCD data output)
  PORTD = 0x00;
}

void Delay_us(unsigned char time_us)       // delay for us
{ register unsigned char i;

  for(i = 0; i < time_us; i++)             // 4 cycle +
    { asm volatile(" PUSH  R0 ");          // 2 cycle +
      asm volatile(" POP   R0 ");          // 2 cycle +
```

```
      asm volatile(" PUSH  R0 ");          // 2 cycle +
      asm volatile(" POP   R0 ");          // 2 cycle +
      asm volatile(" PUSH  R0 ");          // 2 cycle +
      asm volatile(" POP   R0 ");          // 2 cycle = 16 cycle = 1 us for 16MHz
    }
}

void Delay_ms(unsigned int time_ms)        // delay for ms
{ register unsigned int i;

  for(i = 0; i < time_ms; i++)
    { Delay_us(250);
      Delay_us(250);
      Delay_us(250);
      Delay_us(250);
    }
}

void LCD_command(unsigned char command)
{
   PORTD=(command>>4)&0x0f;                // Upper 4bit, E=0, RS=0
   PORTD |= _BV(4);                        // E=1
   PORTD &= ~_BV(4);                       // E=0

   PORTD=command&0x0f;                     // Lower 4bit, E=0, RS=0
   PORTD |= _BV(4);                        // E=1
   PORTD &= ~_BV(4);                       // E=0
   Delay_ms(2);
}

void LCD_initialize(void)
{
    LCD_command(0x28);                     // 16*2, 4bit bus, 5*8 dots
    LCD_command(0x0c);                     // display on, cursor on, blink off
    LCD_command(0x06);                     // entry mode set
    LCD_command(0x01);                     // clear screen
}

void LCD_data(unsigned char data)
{
   PORTD=((data>>4)&0x0f) | 0x20;          // Upper 4bit, E=0,RS=1
   PORTD |= _BV(4);                        // E=1
   PORTD &= ~_BV(4);                       // E=0

   PORTD=(data & 0x0f) | 0x20;             // Lower 4bit,E=0,RS=1
   PORTD |= _BV(4);                        // E=1
   PORTD &= ~_BV(4);                       // E=0
   Delay_ms(2);
}

void LCD_string (unsigned char command, char *string)
{
  LCD_command(command);

  while(*string != '\0')
   {
```

```
      LCD_data(*string);
       string++;
    }
}
```

(3) 포트B에 8비트 인터페이스 한 경우

<그림 4.1.14>와 같이 ATtiny2313의 포트B에 16×2 문자형 LCD를 8비트 인터페이스로 접속한 경우 LCD의 초기화에 대해서 설명한다.

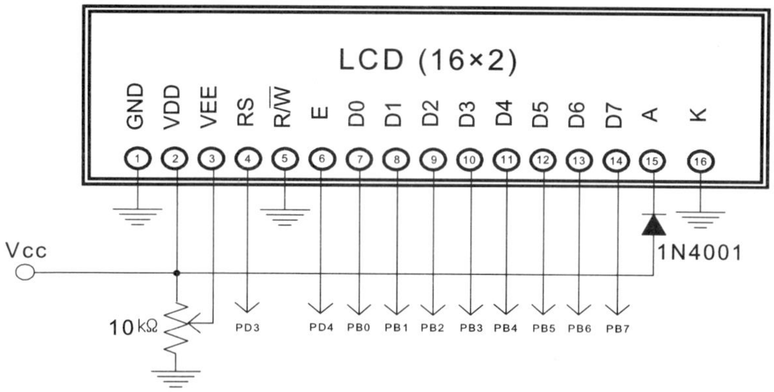

〈그림 4.1.14〉 포트B에 8비트에 인터페이스한 경우

메인함수에서 MCU초기화를 시키고, 시스템 안정화를 위한 지연시간을 준 다음 LCD를 초기화 한다.

① MCU_initialize(); // MCU초기화를 수행한다.

② Delay_ms(50); // 30ms이상 지연시간을 준다.

③ LCD_initialize() // LCD초기화를 수행한다.

■ LCD 초기화 함수 - LCD_initialize()

LCD 초기화 과정에서 function set, display control, entry mode set, clear display등의 제어명령을 LCD로 전송한다. 실제 사용자 헤더를 작성할 때는 LCD 초기화 명령을 LCD로 전송해야 하므로 명령을 전송하는 함수인 LCD_command()함수가 LCD_initialize()함수 보다 앞에 있어야 한다.

```
void LCD_initialize(void)
{
    LCD_command(0x38);          // function set(8bit, 2line, 5*7 dot)
    LCD_command(0x0c);          // display control(display ON, cursor OFF)
```

```
    LCD_command(0x06);          // entry mode set(increment, not shift)
    LCD_command(0x01);          // clear display
}
```

■ 명령을 전송하는 함수 - LCD_command()

LCD 초기화 과정에서 function set, display control, entry mode set, clear display 등의 제어명령과 표시 데이터 RAM(DD RAM)의 주소를 LCD로 전송한다.

```
void LCD_command(unsigned char command)
{   PORTD = 0x00;               //E=0(PD4), RS=0(PD3)
    PORTB = command;
    PORTD = 0x08;               //E=1(PD4), RS=0(PD3)
    PORTD = 0x00;               //E=0(PD4), RS=0(PD3)
    Delay_ms(2);
}
```

■ 데이터를 전송하는 함수 - LCD_data()

데이터를 전송하는 경우에는 E=0과 RS=1로 하여 전송한다.

```
void LCD_data(unsigned char data)
{
    PORTD = 0x04;               //E=0(PD4), RS=1(PD3)
    PORTB = data;
    PORTD = 0x0C;               //E=1(PD4), RS=1(PD3)
    PORTD = 0x04;               //E=0(PD4), RS=1(PD3)
    Delay_ms(2);
}
```

■ 문자열을 전송하는 함수 - LCD_string()

문자열 데이터를 LCD로 전송하여 표시하고자 할 때는 명령(command)을 첫번째 인수로 하고, 문자열을 두번째 인수로 하는 LCD_string()함수를 사용하여 전송한다. LCD_command()함수로 LCD 상에 문자열이 시작될 위치를 지정하고, LCD_data()함수로 문자열을 차례로 전송한다. 문자열의 길이를 알 수 없으므로 while문을 사용하여 문자열의 끝을 표시하는 널(null)문자('\0')를 찾고, 널 문자가 들어오기 전까지는 문자열 인수의 포인터를 하나씩 증가시켜 문자열을 LCD로 전송하고 널 문자가 들어 오면 문자열 데이터를 LCD에 전송하여 표시하는 LCD_string()함수를 끝낸다.

```
void LCD_string (unsigned char command, char *string)
{
  LCD_command(command);

  while(*string != '\0')
```

```
    {
      LCD_data(*string);
       string++;
    }
}
```

■ 8비트 인터페이스인 경우 - 사용자 헤더 파일

8비트 인터페이스를 한 경우, 16×2 문자형 LCD관련 사용자 헤더 파일은 <헤더 파일 ATtiny2313e2.h>와 같다.

〈헤더 파일 ATtiny2313e2.h〉 포트B에 8비트 인터페이스 한 경우

```
// ====================================================
//  ATtiny2313e2.h  : 8bit LCD interface for PORTB
// ====================================================

void MCU_initialize(void)                  // initialize for ATtiny2313
{
  DDRB = 0xFF;                             // PORTB = output(LCD data output)
  PORTB = 0x00;
  DDRD = 0xFF;                             // PORTD = Serial communication, Buzzer
  PORTD = 0x00;
}

void Delay_us(unsigned char time_us)  // delay for us
{ register unsigned char i;

  for(i = 0; i < time_us; i++)             // 4 cycle +
    { asm volatile(" PUSH  R0 ");          // 2 cycle +
      asm volatile(" POP   R0 ");          // 2 cycle +
      asm volatile(" PUSH  R0 ");          // 2 cycle +
      asm volatile(" POP   R0 ");          // 2 cycle +
      asm volatile(" PUSH  R0 ");          // 2 cycle +
      asm volatile(" POP   R0 ");          // 2 cycle = 16 cycle = 1 us for 16MHz
    }
}

void Delay_ms(unsigned int time_ms)   // delay for ms
{ register unsigned int i;

  for(i = 0; i < time_ms; i++)
    { Delay_us(250);
      Delay_us(250);
      Delay_us(250);
      Delay_us(250);
    }
}

void LCD_command(unsigned char command)
{   PORTD = 0x00;                         // E=0, RS=0
    PORTB = command;
    PORTD = 0x08;                         // E=1, RS=0
    PORTD = 0x00;                         // E=0, RS=0
```

```
    Delay_us(50);
}

void LCD_initialize(void)
{
    LCD_command(0x38);                    // 16*2, 8bit bus, 5*8 dots
    LCD_command(0x0c);                    // display on, cursor on, blink off
    LCD_command(0x06);                    // entry mode set
    LCD_command(0x01);                    // clear screen
    Delay_ms(2);
}

void LCD_data(unsigned char data)
{
    PORTD = 0x04;                         // E=0, RS=1
    PORTB = data;
    PORTD = 0x0C;                         // E=1, RS=1
    PORTD = 0x04;                         // E=0, RS=1
    Delay_us(50);
}

void LCD_string (unsigned char command, char *string)
{
  LCD_command(command);

  while(*string != '\0')
   {
     LCD_data(*string);
      string++;
   }
}
```

16×2 문자형 LCD를 이용한 프로그램

ATtiny2313의 포트B의 상위 4비트에 4비트 인터페이스로 <그림 4.1.1>과 같이 구성한 회로를 대상으로 16×2 문자형 LCD를 이용한 프로그램을 작성 하기 위해서는 1.7절의 '3. AVR Studio에서 WinAVR을 이용한 C언어 프로그램 개발 과정'에 대해서 설명한 바와 같이 C:\Atmel\ATtiny2313C\ 폴더의 프로젝트 파일 AVRcfile.asp를 연다.

(1) 16×2 문자형 LCD에 문자열을 표시하는 프로그램

<그림 1.7.11>과 같이 'AVRcfile' 프로젝트 파일을 연 다음, <그림 1.7.13>과 같이 새 파일 만들기를 하고 저장 아이콘을 클릭하여 파일명을 '4bit_LCD6-1.C'로 한 다음 저장 버튼을 클릭한다.

<그림 1.7.15>와 같이 '4bit_LCD6-1.C'파일을 프로젝트에 추가한 다음 <프로그램 '4bit_LCD6-1.C'>와 같이 프로그램을 작성한다.

〈프로그램 4bit_LCD6-1.C〉 16×2 문자형 LCD 문자열 표시 프로그램

```
// ==========================================
// 4bit_LCD6-1.C
// ==========================================

#include <avr/io.h>
#include "ATtiny2313e.h"

int main(void)
{
  MCU_initialize();                           // initialize for ATtiny2313
  Delay_ms(50);                               // wait for system stabilization
  LCD_initialize();                           // LCD initialize
  Beep();                                     // beep

  while(1)
    { LCD_string(0x80," ATtiny2313-20PU "); // LCD title display
      LCD_string(0xC0,"  16*2 LCD Test  ");
      Delay_ms(1000);
      LCD_string(0xC0,"   2007/10/15    ");
      Delay_ms(1000);
    }
}
```

<프로그램 4bit_LCD6-1.C>는 16×2 문자형 LCD의 1행에 "ATtiny2313-20PU"를 표시하고, 2행에는 "16*2 LCD Test"와 "2007/10/15"를 1000ms 간격으로 번갈아 표시하는 프로그램이다.

<프로그램 4bit_LCD6-1.C>의 프로그램 작성하였으면, 단축아이콘 이나 키보드의 'F7'을 눌러 컴파일을 수행한다. 오류없이 컴파일이 완료되면 하단의 Build창에 'Build succeeded with 0 Warnings...' 메시지가 나타난다.

컴파일이 오류없이 완료되었으면, '구구단 계산기' 하드웨어의 ISP 소켓에 ISP 다운로드 케이블을 접속하고 '구구단 계산기' 하드웨어에 전원을 공급한다. HEX 파일 다운로드 프로그램인 ToastProg2005를 실행하고 <그림 1.7.27>과 같이 사용할 디바이스가 ATtiny2313으로 정확히 설정되어 있는지 확인한다. ATtiny2313을 처음 사용하는 경우에는 <그림 1.7.29>와 같이 퓨즈비트를 설정한 다음 C:\Atmel\ATtiny2313c\default 폴더에 생성된 'AVRcfile.hex'파일을 <그림 1.7.32>와 같이 열고, <그림 1.7.34>와 같이 HEX파일을 다운로드 한다. HEX파일을 다운로드 하였으면 앞에서 설명한 것 처럼 16×2 문자형 LCD의 1행과 2행에 표시하고자 하는 문자가 정확히 표시되는지 확인한다.

<표 4.1.4> 16×2 문자형 LCD의 제어 명령 기능에서 '⑤ 커서 이동'명령에서 화면을 좌측으로 이동(LCD_command(0x18))과 화면을 우측으로 이동(LCD_command (0x1C))을 이용한 문자 출력은 <프로그램 4bit_LCD6-2.C>와 같다.

```
// ==========================================
// 4bit_LCD6-2.C
// ==========================================

#include <avr/io.h>
#include "ATtiny2313e.h"

int main(void)
{
  MCU_initialize();                          // initialize for ATtiny2313
  Delay_ms(50);                              // wait for system stabilization
  LCD_initialize();                          // LCD initialize
  Beep();                                    // beep

  while(1)
    { unsigned char i;
      LCD_string(0x80,"0123456789ABCDEF");
      LCD_string(0xC0,"Boys! Be Embitious");
      Delay_ms(1000);

      for(i=0; i<16; i++)
      { LCD_command(0x18);
        Delay_ms(200);
        }
      Delay_ms(500);
      Beep();

      for(i=0; i<16; i++)
      { LCD_command(0x1C);
        Delay_ms(200);
        }
      Delay_ms(500);
      Beep();
    }
}
```

(2) 16×2 문자형 LCD에 수치 데이터 표시

ATtiny2313을 이용하여 내부에서 계산한 값이나 외부로 인터페이스 되어 있는 디바이스로 부터 들어온 데이터를 16×2 문자형 LCD에 표시하려면 숫자를 ASCII 코드로 변환하여 출력 한다.

1) 2진수 데이터 출력

2진수는 1자리가 1비트이며, 이를 16×2 문자형 LCD에 표시하려면 자리수에 대응하는 것 만큼 오른쪽으로 시프트(>>)처리를 한다. 8비트 2진수를 16×2 문자형 LCD에 최하위 자리를 표시하려면 (& 0x01)로 '& 마스크 처리'를 하여 최하위 비트를 선택하고 이 값을 ASCII코드로 변환하여 LCD_data()함수로 LCD 화면에 표시한다.

```
void Bin2LCD(unsigned char number)
{ LCD_data(((number >> 7) & 0x01) + '0');          // 2^7
  LCD_data(((number >> 6) & 0x01) + '0');          // 2^6
  LCD_data(((number >> 5) & 0x01) + '0');          // 2^5
  LCD_data(((number >> 4) & 0x01) + '0');          // 2^4
  LCD_data(((number >> 3) & 0x01) + '0');          // 2^3
  LCD_data(((number >> 2) & 0x01) + '0');          // 2^2
  LCD_data(((number >> 1) & 0x01) + '0');          // 2^1
  LCD_data((number & 0x01) + '0');                 // 2^0
}
```

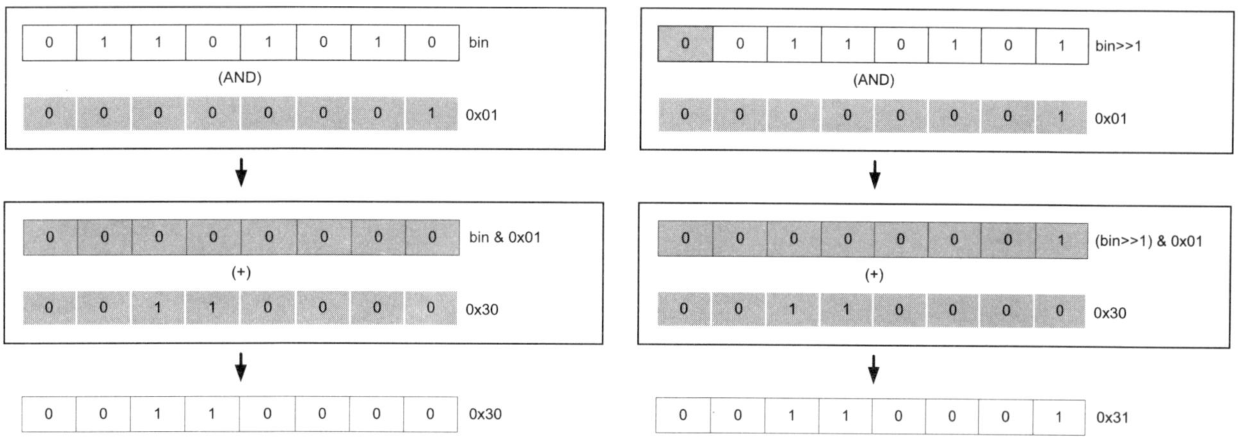

(a) 첫 번째 최하위 비트의 경우 (b) 두 번째 최하위 비트의 경우

〈그림 4.1.15〉 2진수의 ASCII코드 변환 과정

LCD화면에 문자나 숫자를 표시하기 위해서 ASCII코드로 표시 데이터 RAM(DD RAM)에 전송하면 문자 발생기 롬(CG ROM)에서 문자 폰트를 찾아서 LCD화면에 표시할 수 있다. 2진수의 경우에는 표시할 숫자가 0과 1이므로 각 비트의 값에 숫자 '0'을 표시하는 ASCII코드 값을 더해 주면 표시하고자 하는 ASCII코드 값이 된다.

즉, <그림 4.1.15>와 같이 원하는 비트값을 (& 0x01)처리한 다음 숫자 '0'에 해당하는 ASCII코드 값인 0x30을 더해 주면, 해당 비트값이 '0'이면 0x30이 되고, '1'이면 0x31이 된다. <프로그램 4bit_LCD6-3.C>는 2진수를 LCD에 표시하는 프로그램 이다.

〈프로그램 4bit_LCD6-3.C〉 2진수 표시

```
// ==========================================
// 4bit_LCD6-3.C
// ==========================================

#include <avr/io.h>
#include "ATtiny2313e.h"

void Bin2LCD(unsigned char number)
{ LCD_data(((number >> 7) & 0x01) + '0');    // 2^7
  LCD_data(((number >> 6) & 0x01) + '0');    // 2^6
  LCD_data(((number >> 5) & 0x01) + '0');    // 2^5
  LCD_data(((number >> 4) & 0x01) + '0');    // 2^4
  LCD_data(((number >> 3) & 0x01) + '0');    // 2^3
  LCD_data(((number >> 2) & 0x01) + '0');    // 2^2
  LCD_data(((number >> 1) & 0x01) + '0');    // 2^1
  LCD_data((number & 0x01) + '0');           // 2^0
}

int main(void)
{
  MCU_initialize();                          // initialize for ATtiny2313
  Delay_ms(50);                              // wait for system stabilization
  LCD_initialize();                          // LCD initialize
  Beep();                                    // beep

  while(1)
    { unsigned char i;
      LCD_string(0x80," Binary Display ");   // LCD title display
      LCD_string(0xC0," BIN = 00000000 ");
      Delay_ms(1000);

      for(i=1; i>0; i++)
      { LCD_command(0xC7);
        Bin2LCD(i);
        Delay_ms(200);
        }
    }
}
```

2) 10진수 데이터 출력

각 자리수가 0~9로 표시되는 10진수를 16×2 문자형 LCD에 표시하려면 각 자리를 10의 거듭제곱 데이터로 나눈 몫을 구해서 각 자리를 ASCII문자로 변환한다. 예를들어, 19는 $1\times10^1 + 9\times10^0$와 같다. 1은 10으로 나눈 몫이고 9는 나머지이다.

〈함수 Dec2_LCD()〉 10진수 2자리 표시 함수

```
void Dec2_LCD(unsigned char number)
  { unsigned char i;
```

```
    i = number/10;                          // 10^1
    if(i==0) LCD_data(' ');
    else     LCD_data(i+ '0');

    i = number % 10;                        // 10^0
    LCD_data(i + '0');
   }
```

10진수에서 0이 최상위 자리에 오지 않도록 하기 위해서 non_zero 변수를 사용한다. 앞자리에 0이 오면 이를 표시하지 않기 위해서 '스페이스(space) 문자'를 "LCD_data(' ')" 와 같이 전송한다. 스페이스 문자는 ASCII코드로 20H에 해당하며 LCD_data()함수 내의 작은 따옴표 사이에 스페이스 바로 한 칸 띄어쓰기 해 주어야 한다.

〈함수 Dec3_LCD()〉 10진수 3자리 표시 함수

```
void Dec3_LCD(unsigned int number)
  { unsigned int i;
    unsigned char non_zero;
    non_zero = 0;

    i = number/100;                         // 10^2
    if(i==0) LCD_data(' ');
    else { LCD_data(i + '0');
           non_zero = 1;
         }

    number = number % 100;                  // 10^1
    i = number/10;
    if(i==0) && (non_zero ==0))
       LCD_data(' ');
    else { LCD_data(i + '0');
           non_zero = 1;
         }
    i = number % 10;                        // 10^0
    LCD_data(i + '0');
}
```

Dec2_LCD()함수와 Dec3_LCD()함수를 비교해 보면, Dec2_LCD()함수에서는 인수를 unsigned char number로 받고 Dec3_LCD()함수에서는 unsigned int number로 받는다. Dec2_LCD()함수의 unsigned char의 경우는 0~255까지 표현할 수 있고, unsigned int는 0~65,535까지 표현할 수 있으므로 3자리 정수는 255범위로는 표시할 수 없기 때문에 unsigned int로 선언한다. Dec2_LCD()함수는 99까지 만 표시하므로unsigned char로 선언한다.

〈함수 Dec4_LCD()〉 10진수 4자리 표시 함수

```
void Dec4_LCD(unsigned int number)
  { unsigned int i;
    unsigned char non_zero;
    non_zero = 0;

    i = number/1000;                                    // 10^3
    if(i==0) LCD_data(' ');
    else { LCD_data(i + '0');
           non_zero = 1;
         }

    number = number % 1000;                             // 10^2
    i = number/100;
    if(i==0) && (non_zero ==0))
       LCD_data(' ');
    else { LCD_data(i + '0');
           non_zero = 1;
         }

    number = number % 100;                              // 10^1
    i = number/10;
    if(i==0) && (non_zero ==0))
       LCD_data(' ');
    else { LCD_data(i + '0');
           non_zero = 1;
         }

    i = number % 10;                                    // 10^0
    LCD_data(i + '0');
}
```

〈프로그램 4bit_LCD6-4.C〉 2자리 10진수 표시 프로그램

```
// ============================================
// 4bit_LCD6-4.C
// ============================================

#include <avr/io.h>
#include "ATtiny2313e.h"

void Dec2_LCD(unsigned char number)
  { unsigned char i;

    i = number/10;                                      // 10^1
    if(i==0) LCD_data(' ');
    else     LCD_data(i+ '0');

    i = number % 10;                                    // 10^0
    LCD_data(i + '0');
  }

int main(void)
{
 MCU_initialize();                                      // initialize for ATtiny2313
```

```
  Delay_ms(50);                               // wait for system stabilization
  LCD_initialize();                           // LCD initialize
  Beep();                                     // beep

   while(1)
     { unsigned char i;
       LCD_string(0x80,"Decimal Display ");  // LCD title display
       LCD_string(0xC0,"    DEC = 00      ");
       Delay_ms(1000);

      for(i=0; i<100; i++)
       { LCD_command(0xC9);
         Dec2_LCD(i);
         Delay_ms(200);
         }
      }
}
```

LCD화면에 표시되는 문자는 ASCII코드에 의해 LCD 콘트롤러의 CG ROM에서 폰트를 찾아 표시하는 것이므로 해당하는 문자의 ASCII코드로 써 주어도 결과는 같다. 이것을 확인해 보기 위해 <프로그램 4bit_LCD6-5.C>에서는 <표 4.1.3>의 ASCII 코드표에서와 같이 스페이스 문자인 ' '대신 이것의 ASCII코드값인 0x20을 넣어주고, '0' 대신 0x30을 넣어서 프로그램을 작성한다.

〈프로그램 4bit_LCD6-5.C〉 3자리 10진수 표시 프로그램

```
// =========================================
// 4bit_LCD6-5.C
// =========================================

#include <avr/io.h>
#include "ATtiny2313e.h"

void Dec3_LCD(unsigned int number)
  { unsigned int i;
    unsigned char non_zero;
    non_zero = 0;

    i = number/100;                           // 10^2
    if(i==0) LCD_data(0x20);
    else { LCD_data(i + 0x30);
           non_zero = 1;
         }
    number = number % 100;                    // 10^1
    i = number/10;
    if((i==0) && (non_zero ==0))
       LCD_data(0x20);
    else { LCD_data(i + 0x30);
           non_zero = 1;
         }
```

```
    i = number % 10;                              // 10^0
    LCD_data(i + 0x30);
}

int main(void)
{
 MCU_initialize();                              // initialize for ATtiny2313
 Delay_ms(50);                                  // wait for system stabilization
 LCD_initialize();                              // LCD initialize
 Beep();                                        // beep

  while(1)
    { unsigned int i;
      LCD_string(0x80,"Decimal Display ");      // LCD title display
      LCD_string(0xC0,"    DEC = 000    ");
      Delay_ms(1000);

       for(i=0; i<1000; i++)
         { LCD_command(0xC9);
           Dec3_LCD(i);
           Delay_ms(20);
           }
    }
}
```

3) 16진수 데이터 출력

0~F로 표시되는 16진수를 16×2 문자형 LCD에 표시하려면 4비트씩 끊어서 각 자리를 ASCII문자로 변환한다. 이때 0~9까지는 '0'(ASCII코드=0x30)을 더 해주고 10진수로 10 이상이 되는 16진수에 대해서는 & 마스크(& 0x0F)한 값에서 10을 빼주고 'A'(ASCII코드=0x41)을 더해서 ASCII문자로 변환한다.

〈함수 Hex2LCD() 〉 16진수 표시 함수

```
void Hex2LCD(unsigned char number)
  { unsigned char i;

    i = (number >> 4) & 0x0F;                          // 16^1
    if(i <= 9) LCD_data(i + '0');
    else      LCD_data(i - 10 + 'A');

    i = number & 0x0F;                                 // 16^0
    if(i <= 9) LCD_data(i + '0');
    else      LCD_data(i - 10 + 'A');
  }
```

〈프로그램 4bit_LCD6-6.C〉 16진수를 표시하는 프로그램

```
// ==========================================
// 4bit_LCD6-6.C
// ==========================================
```

```
#include <avr/io.h>
#include "ATtiny2313e.h"

void Hex2LCD(unsigned char number)
  { unsigned char i;

    i = (number >> 4) & 0x0F;                  // 16^1
    if(i <= 9) LCD_data(i + '0');
    else      LCD_data(i - 10 + 'A');

    i = number & 0x0F;                          // 16^0
    if(i <= 9) LCD_data(i + '0');
    else      LCD_data(i - 10 + 'A');
  }

int main(void)
{
 MCU_initialize();                              // initialize for ATtiny2313
 Delay_ms(50);                                  // wait for system stabilization
 LCD_initialize();                              // LCD initialize
 Beep();                                        // beep

  while(1)
    { unsigned int i;
      LCD_string(0x80,"    HEX Display   ");     // LCD title display
      LCD_string(0xC0,"     HEX = 00H    ");
      Delay_ms(1000);

      for(i=1; i>0; i++)
      { LCD_command(0xCA);
        Hex2LCD(i);
        Delay_ms(20);
        }
    }
}
```

(2) 19단 프로그램

<그림 4.1.1>과 같이 ATtiny2313의 포트D에 전화기용 키패드를 부착하여 숫자를 누르면 해당하는 19단 곱셈이 실행되는 프로그램을 작성한다. 전화기용 키패드는 <그림 4.1.16>과 같은 구조를 갖는다. 키패드의 1~7번 단자는 포트D의 PD0~PD6비트에 차례로 접속되어 있으며, 이들 단자는 10kΩ의 어레이저항으로 풀업되어 있다. 키패드의 8번 단자는 공통단자로 GND에 접속되어 있다. 키패드의 1번 버튼을 누르면 1번 단자(PD0)와 4번 단자(PD3)가 로우(low)로 된다. 키패드 번호에 따른 포트D의 값을 정리하면<표4.1.7>과 같다.

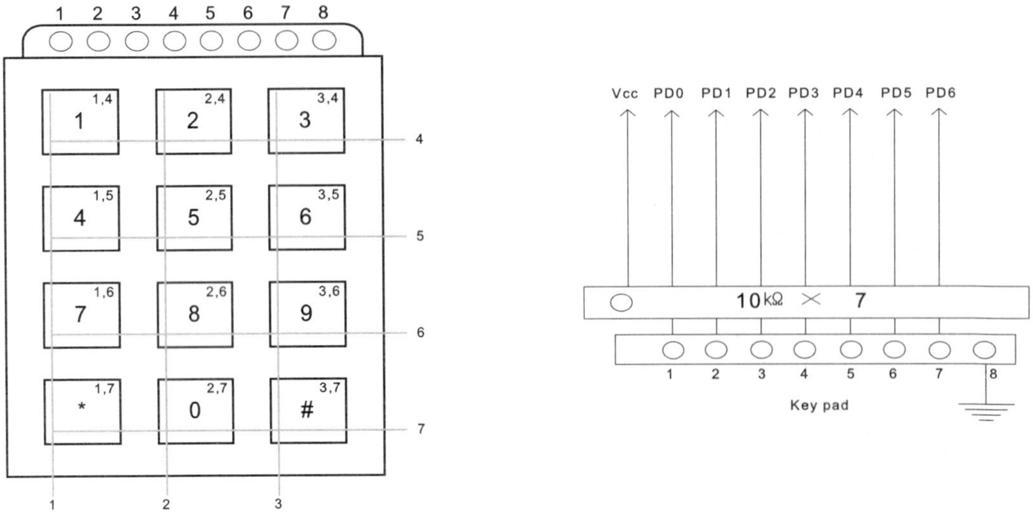

(a) 키패드의 구조　　　　(b) 키패드와 ATtiny2313 포트D의 접속

〈그림 4.1.16〉 키패드의 구조와 ATtiny2313과의 접속 관계

〈표 4.1.7〉 키패드 번호에 따른 키패드 값

키패드 번호	ATtiny2313의 포트D							HEX
	PD6	PD5	PD4	PD3	PD2	PD1	PD0	
1	1	1	1	0	1	1	0	76
2	1	1	1	0	1	0	1	75
3	1	1	1	0	0	1	1	73
4	1	1	0	1	1	1	0	6E
5	1	1	0	1	1	0	1	6D
6	1	1	0	1	0	1	1	6B
7	1	0	1	1	1	1	0	5E
8	1	0	1	1	1	0	1	5D
9	1	0	1	1	0	1	1	5B
*	0	1	1	1	1	1	0	3E
0	0	1	1	1	1	0	1	3D
#	0	1	1	1	0	1	1	3B

<프로그램 4bit_LCD6-7.C>는 키패드의 번호를 누르면 <표 4.1.7>의 키패드의 값에 따라 버튼의 번호를 문자형 LCD에 표시한다.

〈프로그램 4bit_LCD6-7.C〉 키패드의 번호를 표시하는 프로그램

```
// ==========================================
// 4bit_LCD6-7.C
// ==========================================

#include <avr/io.h>
#include "ATtiny2313e.h"

void Decl_LCD(unsigned char number)
{ unsigned char i;
  LCD_command(0xC9);
  if(number =='*') LCD_data(0x2A);
  else{
  i = number % 10;
  LCD_command(0xC9);                      // 10^0
  LCD_data(i + '0');
  }
}

int main(void)
{
  MCU_initialize();                       // initialize for ATtiny2313
  Delay_ms(50);                           // wait for system stabilization
  LCD_initialize();                       // LCD initialize
  Beep();                                 // beep

  LCD_string(0x80,"Key pad Display ");    // LCD title display
  LCD_string(0xC0,"    DEC = 0      ");
  Delay_ms(1000);

  while(1)
    { unsigned char key;
      key = PIND & 0b01111111;

      switch(key)
      { case 0x76: Decl_LCD(1);
                   Delay_ms(400);
                   Beep();
                   break;
        case 0x75: Decl_LCD(2);
                   Delay_ms(400);
                   Beep();
                   break;
        case 0x73: Decl_LCD(3);
                   Delay_ms(400);
                   Beep();
                   break;
        case 0x6E: Decl_LCD(4);
                   Delay_ms(400);
                   Beep();
                   break;
        case 0x6D: Decl_LCD(5);
                   Delay_ms(400);
                   Beep();
                   break;
```

```
        case 0x6B: Dec1_LCD(6);
                   Delay_ms(400);
                   Beep();
                   break;
        case 0x5E: Dec1_LCD(7);
                   Delay_ms(400);
                   Beep();
                   break;
        case 0x5D: Dec1_LCD(8);
                   Delay_ms(400);
                   Beep();
                   break;
        case 0x5B: Dec1_LCD(9);
                   Delay_ms(400);
                   Beep();
                   break;
        case 0x3D: Dec1_LCD(0);
                   Delay_ms(400);
                   Beep();
                   break;
        default:    Dec1_LCD('*');
      }
    }
}
```

<프로그램 4bit_LCD6-8.C>는 키패드의 숫자를 누르면 해당하는 숫자에 대한 곱셈표를 문자형 LCD에 표시한다. <프로그램 4bit_LCD6-8.C>는 19단까지 표시할 수 있도록 되어 있으나, 메인 함수에서 곱셈표의 길이를 제한하는 "if((k1*10+k2) < 20)"값과 gugudan() 함수의 "for(i=1;i<=19;i++)"값을 수정하면, 결과 값이 999이내 인 곱셈표를 문자형 LCD에 표시할 수 있다.

〈프로그램 4bit_LCD6-8.C〉 19단 프로그램

```
// ==========================================
// 4bit_LCD6-8.C
// ==========================================

#include <avr/io.h>
#include "ATtiny2313e.h"
unsigned char count=0;

void Dec2_LCD(unsigned char number)
{ unsigned char i;

  i = number/10;                              // 10^1
  if(i==0) LCD_data(' ');
  else     LCD_data(i+ '0');

  i = number % 10;                            // 10^0
  LCD_data(i + '0');
}
```

```
void Dec3_LCD(unsigned int number)
{ unsigned int i;
  unsigned char non_zero;
  non_zero = 0;
  i = number/100;                              // 10^2
  if(i==0) LCD_data(0x20);
  else { LCD_data(i + 0x30);
         non_zero = 1;
        }
  number = number % 100;                       // 10^1
  i = number/10;
  if((i==0) && (non_zero ==0))
     LCD_data(0x20);
  else { LCD_data(i + 0x30);
         non_zero = 1;
        }
  i = number % 10;                             // 10^0
  LCD_data(i + 0x30);
}

unsigned char keypad(void)
{ unsigned char key;
  key = PIND & 0b01111111;
  switch(key)
    { case 0x76: key=1;
                  Delay_ms(500);
                break;
      case 0x75: key=2;
                Delay_ms(500);
                break;
      case 0x73: key=3;
                Delay_ms(500);
                break;
      case 0x6E: key=4;
                Delay_ms(500);
                break;
      case 0x6D: key=5;
                Delay_ms(500);
                break;
      case 0x6B: key=6;
                Delay_ms(500);
                break;
      case 0x5E: key=7;
                Delay_ms(500);
                break;
      case 0x5D: key=8;
                Delay_ms(500);
                break;
      case 0x5B: key=9;
                Delay_ms(500);
                break;
      case 0x3D: key=0x30;
                Delay_ms(500);
                break;
      default:   key = 0x00;
```

```
                break;
        }
        return key;
}

void gugudan(unsigned int number)
{ unsigned char i;

    for(i=1;i<=19;i++)
      { LCD_command(0xC2);
        Dec2_LCD(number);
        LCD_command(0xC7);
        Dec2_LCD(i);
        LCD_command(0xCC);
        Dec3_LCD(number *i);
        Delay_ms(1000);
      }
}

int main(void)
{ unsigned char key;
  unsigned char k1,k2;
  k1=k2=0;

  MCU_initialize();                              // initialize for ATtiny2313
  Delay_ms(50);                                  // wait for system stabilization
  LCD_initialize();                              // LCD initialize
  Beep();                                        // beep

  LCD_string(0x80," 19 Multi Table ");           // LCD title display
  LCD_string(0xC0,"  00 * 00 = 000 ");
  Delay_ms(1000);

  while(1)
    { key = keypad();
      if(key != 0x00)
      count++;
      { if(count == 1){                          // 10^1
          if(key == 0x30) key = 0;
            k1= key;
          LCD_command(0xC2);
          LCD_data(k1+'0');
          Delay_ms(200);
        }
      if(count == 2){                            // 10^0
        if(key == 0x30) key = 0;
          k2 = key;
          LCD_command(0xC2);
          LCD_data(k2+'0');

            if((k1*10+k2) < 20)                  // length of gugudan
            LCD_string(0x80," 19 Multi Table ");
            LCD_string(0xC0,"  00 * 00 = 000 ");
          Beep();
        }
      }
```

```
    }
}
```

Hardware LCD 뮤직박스

2.3절에서 제작하였던 '초간단 뮤직박스'에 16×2 문자형 LCD로 음악제목을 출력하는 기능을 추가한 'LCD 뮤직박스'에 대해서 설명한다. 4.1절에서 제작한 <그림 4.1.3>의 하드웨어에 <그림 4.1.17>과 같이 스피커를 접속하여 사용하며, 타이머/카운터1의 CTC 모드를 사용하여 음악을 연주하는 프로그램을 작성한다.

(a) LCD 뮤직박스에 스피커 접속　(b) LCD 뮤직 박스에 16×2 문자형 LCD 부착

〈그림 4.1.17〉 LCD 뮤직박스 실물 사진

C Software LCD 뮤직박스 프로그램

LCD 뮤직박스는 2.3절 '초간단 뮤직박스'에 16×2 문자형 LCD를 추가하여 음악제목을 출력한다. <프로그램 music3-1.C>의 '생일축하 노래'를 LCD 뮤직박스로 연주하려면 <프로그램 4bit_musicbox-9.C>와 같다.

〈프로그램 4bit_musicbox6-9.C〉

```
// ==========================================
// 4bit_musicbox6-9.C
// ==========================================

#include <avr/io.h>
#include "ATtiny2313f.h"

unsigned char tempo;

void Play_note(unsigned int sound, unsigned int note)
{ ICR1= sound;                    // set ICR1
  TCNT1 = 0x0000;                 // clear Timer/Counter1
  TCCR1B = 0x1A;                  // start CTC mode(prescaler = 8)

  Delay_ms(note*tempo*7);         // note play time

  TCCR1B = 0x18;                  // speaker off
}

int main(void)
{
  MCU_initialize();               // initialize for ATtiny2313
  Delay_ms(50);                   // wait for system stabilization
  LCD_initialize();               // LCD initialize
  Beep();                         // beep

  TCCR1A = 0x40;                  // Toggle output OC1A
  TCCR1B = 0x18;                  // CTC mode (12), No clock source(speaker off)
  TCCR1C = 0x00;

  LCD_string(0x80,"  LCD Music Box ");
  LCD_string(0xC0," Happy Birth Day");

  tempo = 4;                      // Set tempo

  Play_note(MD,N8);               // Line 1
  Play_note(MD,N8);
  Play_note(ME,N4);
  Play_note(MD,N4);
  Play_note(MG,N8);
  Play_note(MG,N8);
  Play_note(MFX,N2);
  Play_note(MD,N8);
  Play_note(MD,N8);
  Play_note(ME,N4);
  Play_note(MD,N4);
  Play_note(MA,N8);
  Play_note(MA,N8);
  Play_note(MG,N2);
  Play_note(MD,N8);
  Play_note(MD,N8);

  Play_note(HD,N4);               // Line 2
  Play_note(MB,N4);
```

```
    Play_note(MG,N4);
    Play_note(MFX,N4);
    Play_note(ME,N4);
    Play_note(HC,N8);
    Play_note(HC,N8);
    Play_note(MB,N4);
    Play_note(MG,N4);
    Play_note(MA,N8);
    Play_note(MA,N8);
    Play_note(MG,N2);

    Delay_ms(1000);

    while(1);
}
```

(1) 타이머/카운터1의 입력 캡쳐 레지스터 ICR1값 설정

'초간단 뮤직박스 만들기'에서 타이머/카운터1의 출력비교 단자 OC1A에 의한 스피커 구동법에 대해서 설명하였다. '초간단 뮤직박스'는 ATtiny2313의 8MHz 내부 오실레이터를 사용하였지만, LCD 뮤직박스의 경우에는 16MHz 외부 크리스탈을 사용하고 있으므로 <표 2.3.3>의 타이머/카운터1의 입력 캡쳐 레지스터의 ICR1값을 LCD 뮤직박스의 하드웨어에 맞게 <표 4.1.8>과 같이 바꾼다. 타이머/카운터1의 입력 캡쳐 레지스터 ICR1값을 구하는 방법은 '초간단 뮤직박스 만들기'의 설명을 참조하기 바란다.

(2) 사용자 헤더 파일

<사용자 헤더 ATtiny2313f.h>는 4.1절에서 사용한 <사용자 헤더 ATtiny2313e.h>에 키패드 함수와 음계 주파수를 설정하는 타이머/카운터1의 입력 캡쳐 레지스터의 ICR1값에 대한 정의가 추가한다.

〈사용자 헤더 ATtiny2313f.h〉 LCD 뮤직박스 사용자 헤더 파일

```
// =====================================================
//  ATtiny2313f.h  :  LCD MusicBox
// =====================================================

#define LC          7644
#define LCX         7214
#define LD          6809
#define LDX         6427
#define LE          6066
#define LF          5726
#define LFX         5404
#define LG          5101
#define LGX         4815
```

```
#define LA      4544
#define LAX     4289
#define LB      4049
#define MC      3821
#define MCX     3607
#define MD      3404
#define MDX     3213
#define ME      3033
#define MF      2862
#define MFX     2702
#define MG      2550
#define MGX     2407
#define MA      2272
#define MAX     2144
#define MB      2024
#define HC      1910
#define HCX     1803
#define HD      1702
#define HDX     1606
#define HE      1516
#define HF      1431
#define HFX     1350
#define HG      1275
#define HGX     1203
#define HA      1135
#define HAX     1072
#define HB      1011
#define N32     1*3
#define N16     2*3
#define ND16    3*3
#define N8      4*3
#define ND8     6*3
#define N4      8*3
#define ND4     12*3
#define N2      16*3
#define ND2     24*3
#define N1      32*3
#define R32     1*3
#define R16     2*3
#define RD16    3*3
#define R8      4*3
#define RD8     6*3
#define R4      8*3
#define RD4     12*3
#define R2      16*3
#define RD2     24*3
#define R1      32*3

void MCU_initialize(void)                  // initialize for ATtiny2313
{ DDRB = 0xFF;                             // PORTB = output(LCD data output)
  PORTB = 0x00;
  DDRD = 0x00;                             // PORTD = input(keypad)
  PORTD = 0x00;
}

void Delay_us(unsigned char time_us)       // delay for us
```

```
{ register unsigned char i;

  for(i = 0; i < time_us; i++)                    // 4 cycle +
    { asm volatile(" PUSH  R0 ");                 // 2 cycle +
      asm volatile(" POP   R0 ");                 // 2 cycle +
      asm volatile(" PUSH  R0 ");                 // 2 cycle +
      asm volatile(" POP   R0 ");                 // 2 cycle +
      asm volatile(" PUSH  R0 ");                 // 2 cycle +
      asm volatile(" POP   R0 ");                 // 2 cycle = 16 cycle = 1 us for 16MHz
    }
}

void Delay_ms(unsigned int time_ms)                  // delay for ms
{ register unsigned int i;

  for(i = 0; i < time_ms; i++)
    { Delay_us(250);
      Delay_us(250);
      Delay_us(250);
      Delay_us(250);
    }
}

void Beep(void)
{ PORTB |= _BV(2);                                   // buzzer on
  Delay_ms(50);
  PORTB &= ~_BV(2);                                  // buzzer off
}

void LCD_command(unsigned char command)
{   PORTB=command&0xf0;                              // Upper 4bit
    PORTB |= _BV(1);                                 // E=1
    PORTB &= ~_BV(1);                                // E=0

    PORTB=(command<<4);                              // Lower 4bit
    PORTB |= _BV(1);                                 // E=1
    PORTB &= ~_BV(1);                                // E=0
    Delay_ms(2);
}

void LCD_data(unsigned char data)
{   PORTB=(data & 0xf0) | 0x01;                      // Upper 4bit, RS=1
    PORTB |= _BV(1);                                 // E=1
    PORTB &= ~_BV(1);                                // E=0
    PORTB=(data<<4) | 0x01;                          // Lower 4bit, RS=1
    PORTB |= _BV(1);                                 // E=1
    PORTB &= ~_BV(1);                                // E=0
    Delay_ms(2);
}

void LCD_string(unsigned char command, char *string)
{
  LCD_command(command);

  while(*string != '\0')
   { LCD_data(*string);
```

```
        string++;
    }
}

void LCD_initialize(void)
{   LCD_command(0x28);                // 16*2, 4bit bus, 5*8 dots
    LCD_command(0x0c);                // display on, cursor on, blink off
    LCD_command(0x06);                // entry mode set
    LCD_command(0x01);                // clear screen
}

unsigned char keypad(void)
{ unsigned char key;
  key = PIND & 0b01111111;

  switch(key)
    { case 0x76: key=1; Delay_ms(500); break;
      case 0x75: key=2; Delay_ms(500); break;
      case 0x73: key=3; Delay_ms(500); break;
      case 0x6E: key=4; Delay_ms(500); break;
      case 0x6D: key=5; Delay_ms(500); break;
      case 0x6B: key=6; Delay_ms(500); break;
      case 0x5E: key=7; Delay_ms(500); break;
      case 0x5D: key=8; Delay_ms(500); break;
      case 0x5B: key=9; Delay_ms(500); break;
      case 0x3D: key=0x30; Delay_ms(500); break;
      default:   key = 0x00; break;
    }
    return key;
}
```

〈표 4.1.8〉 음계의 표준 주파수에 대한 타이머/카운터1의 입력 캡쳐 레지스터의 ICR1값

옥타브	음계		표준주파수	16MHz에 대한 ICR1값
	음계명	음계정의		
3	C(도)	LC	130.812	7,644
	C#	LCX	138.182	7,214
	D(레)	LD	146.832	6,809
	D#	LDX	155.563	6,427
	E(미)	LE	164.813	6,066
	F(파)	LF	174.614	5,726
	F#	LFX	184.997	5,404
	G(솔)	LG	195.997	5,101
	G#	LGX	207.652	4,815
	A(라)	LA	220.000	4,544
	A#	LAX	233.081	4,289
	B(시)	LB	246.941	4,049
4	C(도)	MC	261.625	3,821
	C#	MCX	277.182	3,607
	D(레)	MD	293.664	3,404
	D#	MDX	311.127	3,213
	E(미)	ME	329.228	3,033
	F(파)	MF	349.228	2,862
	F#	MFX	369.994	2,702
	G(솔)	MG	391.995	2,550
	G#	MGX	415.304	2,407
	A(라)	MA	440.000	2,272
	A#	MAX	466.163	2,144
	B(시)	MB	493.883	2,024
5	C(도)	HC	523.251	1,910
	C#	HCX	554.365	1,803
	D(레)	HD	587.329	1,702
	D#	HDX	622.254	1,606
	E(미)	HE	659.255	1,516
	F(파)	HF	698.456	1,431
	F#	HFX	739.988	1,350
	G(솔)	HG	783.990	1,275
	G#	HGX	830.609	1,203
	A(라)	HA	880.000	1,135
	A#	HAX	932.327	1,072
	B(시)	HB	987.766	1,011

(3) 키패드 입력에 의한 연주곡 선택

<프로그램 4bit_musicbox6-10.C>는 키패드로 숫자를 입력하면 해당하는 음악을 연

주한다.

〈프로그램 4bit_musicbox6-10.C〉 키패드 입력에 의한 음악연주 프로그램

```
// ========================================
// 4bit_musicbox6-10.C
// ========================================

#include <avr/io.h>
#include "ATtiny2313f.h"
unsigned char tempo;

void Play_note(unsigned int sound, unsigned int note)
{
  ICR1= sound;                          // set ICR1
  TCNT1 = 0x0000;                       // clear Timer/Counter1
  TCCR1B = 0x1A;                        // start CTC mode(prescaler = 8)
  Delay_ms(note*tempo*7);               // note play time
  TCCR1B = 0x18;                        // speaker off
}

void Play_rest(unsigned int rest)
{
  Delay_ms(rest * tempo * 7);           // rest play time
}

void play1(void)
{  tempo = 6;
  LCD_string(0xC0,"    Half Moon   ");

  Play_note(MG,N4);                     // Line 1 (반달)
  Play_note(MA,N8);
  Play_note(MG,N4);
  Play_note(ME,N8);
  Play_note(MG,N8);
  Play_note(ME,N8);
  Play_note(MC,N8);
  Play_note(LG,ND4);

  Play_note(LA,N4);
  Play_note(MC,N8);
  Play_note(MD,N4);
  Play_note(MG,N8);
  Play_note(ME,ND4);
  Play_rest(R4);
}

void play2(void)
{  tempo = 4;                           // Set tempo
  LCD_string(0xC0," Happy birthday ");

  Play_note(LG,N8);                     // Line 1 (생일 축하 노래)
  Play_note(LG,N8);
  Play_note(LA,N4);
  Play_note(LG,N4);
```

```
  Play_note(MC,N8);
  Play_note(MC,N8);
  Play_note(LB,N2);
  Play_note(LG,N8);
  Play_note(LG,N8);
  Play_note(LA,N4);
  Play_note(LG,N4);
  Play_note(MD,N8);
  Play_note(MD,N8);
  Play_note(MC,N2);
  Play_note(LG,N8);
  Play_note(LG,N8);

  Play_note(MG,N4);                    // Line 2
  Play_note(ME,N4);
  Play_note(MC,N4);
  Play_note(LB,N4);
  Play_note(LA,N4);
  Play_note(MF,N8);
  Play_note(MF,N8);
  Play_note(ME,N4);
  Play_note(MC,N4);
  Play_note(MD,N8);
  Play_note(MD,N8);
  Play_note(MC,N2);
}

void play3(void)
{ tempo = 3;                           // Set tempo
  LCD_string(0xC0," My land Dokdo  ");

  Play_note(ME,N8);                    // Line 1 (독도는 우리땅)
  Play_note(ME,N8);
  Play_note(ME,N8);
  Play_note(ME,N8);
  Play_note(ME,N8);
  Play_note(ME,N8);
  Play_note(ME,N4);
  Play_note(ME,N8);
  Play_note(ME,N8);
  Play_note(ME,N8);
  Play_note(ME,N8);
  Play_note(MC,N8);
  Play_note(LB,N8);
  Play_note(LA,N4);
  Play_note(MA,N8);
  Play_note(MA,N8);
  Play_note(MA,N8);
  Play_note(MA,N8);
  Play_note(MA,N8);
  Play_note(MA,N8);
  Play_note(MA,N4);
  Play_note(MA,N8);
  Play_note(MA,N8);
  Play_note(MG,N8);
  Play_note(MF,N8);
```

```
    Play_note(ME,N2);

    Play_note(ME,N8);              // Line 2
    Play_note(ME,N8);
    Play_note(ME,N8);
    Play_note(ME,N8);
    Play_note(ME,N8);
    Play_note(ME,N8);
    Play_note(ME,N4);
    Play_note(ME,N8);
    Play_note(ME,N16);
    Play_note(ME,N16);
    Play_note(ME,N16);
    Play_note(ME,N16);
    Play_note(ME,N16);
    Play_note(ME,N16);
    Play_note(MC,N8);
    Play_note(LB,N8);
    Play_note(LA,N4);
    Play_note(LB,N4);
    Play_note(LB,N8);
    Play_note(MC,N8);
    Play_note(ME,N4);
    Play_note(MC,N8);
    Play_note(LB,N8);
    Play_note(LA,N2);
    Play_rest(R4);
  }

  int main(void)
  { unsigned char key;
   MCU_initialize();               // initialize for ATtiny2313
   Delay_ms(50);                   // wait for system stabilization
   LCD_initialize();               // LCD initialize
   Beep();                         // beep

    LCD_string(0x80," LCD Music Box ");

    TCCR1A = 0x40;                 // Toggle output OC1A
    TCCR1B = 0x18;                 // CTC mode (12), No clock source(speaker off)
    TCCR1C = 0x00;

    while(1)
      { key = keypad();
         if(key != 0x00)
          { switch(key)
              { case 1 : play1(); break;
                case 2 : play2(); break;
                case 3 : play3(); break;
                default : break;
              }
          }
      }
  }
```

작품 8 RTC(DS1302)를 이용한 디지털 시계 만들기

실시간 시계(RTC, Real Time Clock) IC(DS1302)를 ATtin2313의 포트D에 접속하고, 16×2 문자형 LCD를 포트B의 상위 4비트에 4비트 인터페이스하여 디지털 시계를 제작한다. RTC(DS1302)로 부터 시간/캘린더 데이터를 읽어들여 LCD에 표시하기 위한 프로그램 작성 방법을 설명한다.

Hardware RTC(DS1302)를 이용한 디지털 시계 제작

포트B의 상위 4비트에 16×2 문자형 LCD를 접속하고, 포트D에 실시간 시계 IC (DS1302)를 접속한 회로는 <그림 4.2.1>과 같으며, <표 4.2.1>에 제시된 부품을 이용하여 <그림 4.2.2>와 같이 만능기판에 제작한다.

〈표 4.2.1〉 '실시간 시계 IC를 이용한 디지털 시계'의 부품목록

부품	규격	수량	부품	규격	수량
IC	ATtiny2313-20PU	1	IC	DS1302	1
IC	MAX232C	1	저항	1kΩ	1
크리스탈	16MHz ATS형	1	저항	4.7kΩ	1
크리스탈	32.768KHz	1	저항	10kΩ	1
LED	적색 5 φ	1	반고정가변저항	GF06P 10K	1
다이오드	1N4001	1	LCD(핀 헤더)	16핀(또는 14핀)	1
문자형LCD	HC16202NY-LY	1	트랜지스터	2SC1815	1
세라믹콘덴서	0.1uF	2	부저	ALP1205S	1
세라믹콘덴서	22pF	2	2차 전지	NiCd(60mAh)	1
전해콘덴서	22uF	1	택트스위치	4핀	1
전해콘덴서	1 μF/16V	4	IC소켓	16핀	1
IC소켓	8핀	1	만능기판	28×28	1
IC소켓	20핀	1	SIP 헤더	2핀	2
박스헝곤넥터	3FB-10P-R/A	1	SIP 헤더	3핀	1
서포터	F-10(10mm)볼트포함	4			

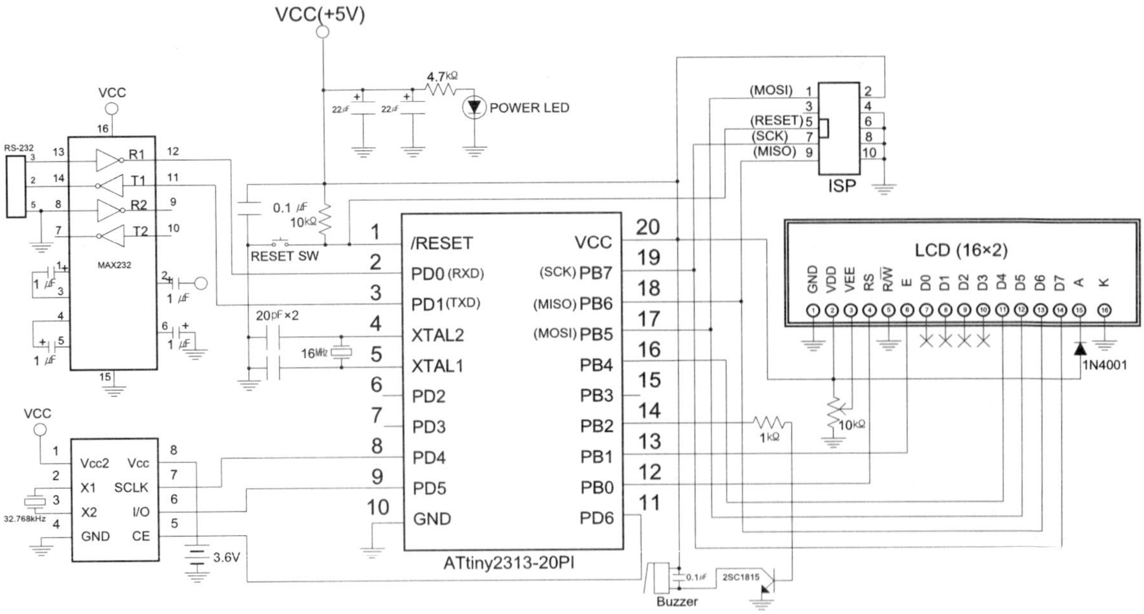

〈그림 4.2.1〉 실시간 시계 IC를 이용한 디지털 시계 회로도

(1) 만능기판에 제작하기

<그림 4.2.2>와 같이 만능기판(28×28)에 부품을 배치하고 리드선으로 각 부품을 납땜하여 회로를 구성한다. 리드선과 리드선이 겹치는 부분에 납땜표시(●)가 없으면, 리드선에 피복을 입힌 점프선으로 납땜을 해야 한다. <그림 4.2.2>는 부품면을 기준으로 한 것이기 때문에 납땜을 하는 동판면 쪽에서는 좌우가 바뀌며, 전원 Vcc는 (+5V)인 것에 유의해야 한다.

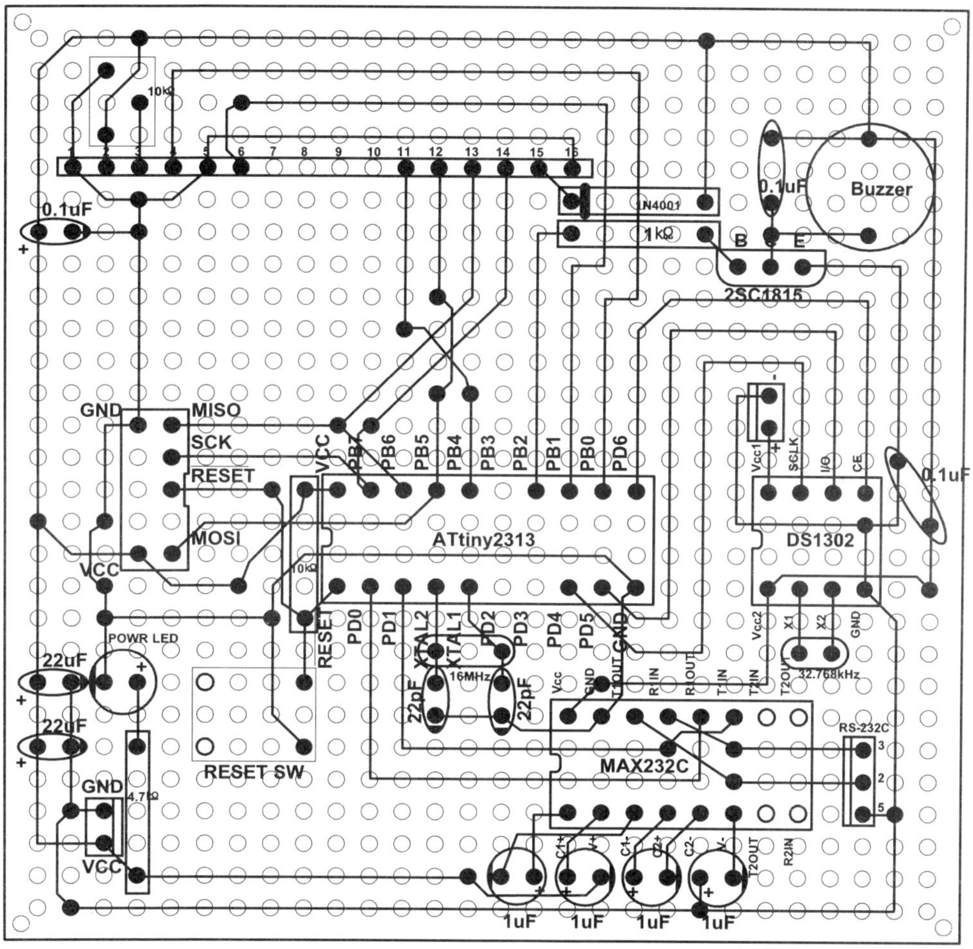

〈그림 4.2.2〉 실시간 시계 IC를 이용한 디지털 시계 부품 배치도

<그림 4.2.2>와 같이 부품을 배치하였다 하더라도 리드선으로 배선하여 납땜하는 방법은 다를 수 있으며, 부품 배치도도 다르게 할 수 있다. <그림 4.2.3>은 <그림4.2.2>와 같이 부품을 배치하여 완성한 '실시간 시계 IC를 이용한 디지털 시계'이다.

〈그림 4.2.3〉 실시간 시계IC를 이용한 디지털 시계를 만능기판에 완성한 모습

(2) 실시간 시계 IC (DS1302)의 구조

맥심(MAXIM)사의 실시간 시계 IC인 DS1302는 <그림 4.2.4(a)>와 같은 핀 구조를 가지며, 내부는 <그림 4.2.4(b)>와 같이 시프트 레지스터, 명령/제어회로, 오실레이터, 전원 제어회로, 실시간 클록, SRAM(31×8) 등으로 구성되어 있다. 특히, CE, I/O(데이터 라인), SCLK(시리얼 클록)의 3선 통신으로 년(윤년표기), 요일, 월, 일, 시간, 분, 초와 같은 데이터를 마이크로콘트롤러에 전송할 수 있다.

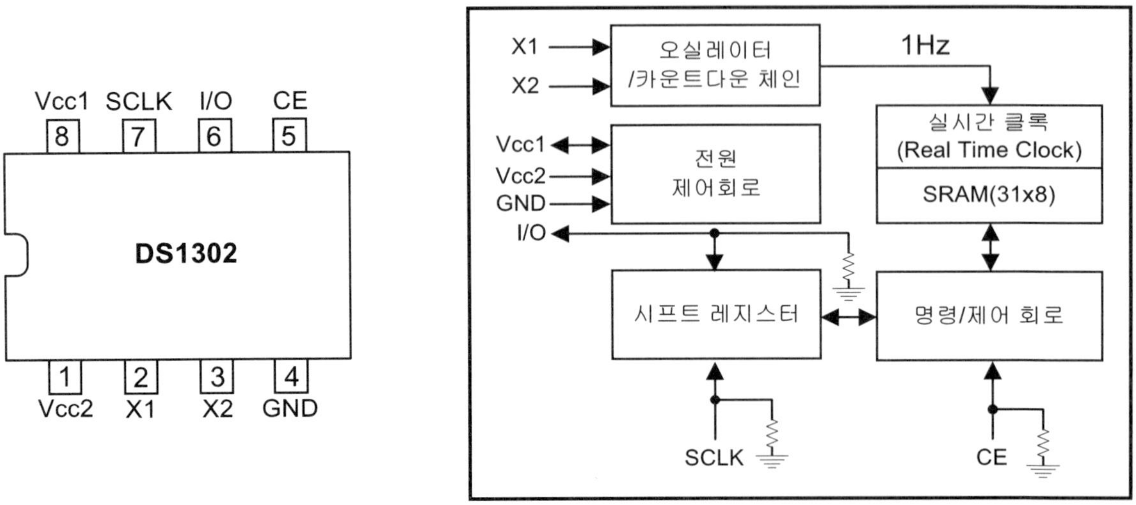

(a) DS1302의 핀 배치 (b) DS1302의 내부구조

〈그림 4.2.4〉 실시간 시계 IC(DS1302)의 구조

실시간 시계 IC(DS1302)의 핀 기능은 <표 4.2.2>와 같다.

〈표 4.2.2〉 DS1302의 핀 기능

핀번호	핀 이름	기 능
1	V_{cc2}	주 전원 핀. (주 전원과 백업전원의 동작전압 2.0V~5.5V)
2	X1	32.768kHz 크리스탈 접속. (오실레이터의 경우 X1에만 접속)
3	X2	
4	GND	GND.
5	CE	읽기(read)/쓰기(write)시 하이(high)로 함.(내부에 40kΩ의 풀다운 저항)
6	I/O	3선 인터페이스를 위한 양방향 데이터 핀.(내부에 40kΩ의 풀다운 저항)
7	SCLK	동기화 클록 핀.(내부에 40kΩ의 풀다운 저항)
8	V_{cc1}	백업 전원 핀.(백업전원이 주 전원 보다 높으면 동작)

1) 명령 바이트(Command byte)

명령 바이트는 데이터 전송을 초기화 하며, 명령 바이트의 구조는 <그림 4.2.5>와 같고 각 비트의 기능은 <표 4.2.3>과 같다.

비트	7	6	5	4	3	2	1	0
Address/ Command	1	RAM / $\overline{CK}$	A4	A3	A2	A1	A0	RD / $\overline{WR}$

〈그림 4.2.5〉 명령 바이트의 구조

〈표 4.2.3〉 명령 바이트(Command byte)의 기능

비트	비트명	기 능
Bit 7		·'0' 이면, DS1302이 동작하지 않음. **·'1' 이면, DS1302이 동작.**
Bit 6	RAM/ $\overline{CK}$	·'0' 이면, 클록/캘린더 데이터를 지정. ·'1' 이면, RAM 데이터를 지정.
Bit 5 - Bit 1	A4 - A0	·입·출력 레지스터를 지정.
Bit 0	RD/ $\overline{WR}$	·'0' 이면, 쓰기(write)동작을 지정. ·'1' 이면, 읽기(read)동작을 지정.

2) DS1302의 레지스터

DS1302의 시간(시, 분, 초)과 캘린더(년, 요일, 월, 일)를 나타내는 각 레지스터의 데이터는 2진화 10진(BCD) 코드로 되어 있다. 명령 바이트에 의해서 시간과 캘린더의 각 레지스터의 데이터를 읽고 쓸 수 있다.

DS1302의 시간/캘린더 레지스터는 <표 4.2.4>와 같이 할당되어 있다.

〈표 4.2.4〉 시간/캘린더 레지스터

<table>
<tr><th rowspan="2">레지스터</th><th colspan="2">주소</th><th rowspan="2">비트7</th><th rowspan="2">비트6</th><th rowspan="2">비트5</th><th rowspan="2">비트4</th><th rowspan="2">비트3</th><th rowspan="2">비트2</th><th rowspan="2">비트1</th><th rowspan="2">비트0</th><th rowspan="2">범위</th></tr>
<tr><th>읽기</th><th>쓰기</th></tr>
<tr><td>초</td><td>81H</td><td>80H</td><td>CH</td><td colspan="3">10 초</td><td colspan="4">1초</td><td>00-59</td></tr>
<tr><td>분</td><td>83H</td><td>82H</td><td></td><td colspan="3">10 분</td><td colspan="4">1분</td><td>00-59</td></tr>
<tr><td rowspan="2">시</td><td rowspan="2">85H</td><td rowspan="2">84H</td><td rowspan="2">'0' 24시
'1' 12시</td><td rowspan="2">0</td><td colspan="2">10시</td><td colspan="4" rowspan="2">1시</td><td rowspan="2">1-12
/0-23</td></tr>
<tr><td>'0' AM
'1' PM</td><td>10시</td></tr>
<tr><td>일</td><td>87H</td><td>86H</td><td>0</td><td>0</td><td colspan="2">10일</td><td colspan="4">1일</td><td>1-31</td></tr>
<tr><td>월</td><td>89H</td><td>88H</td><td>0</td><td>0</td><td>0</td><td>10월</td><td colspan="4">1월</td><td>1-12</td></tr>
<tr><td>요일</td><td>8BH</td><td>8AH</td><td>0</td><td>0</td><td>0</td><td>0</td><td>0</td><td colspan="3">요일</td><td>1-7</td></tr>
<tr><td>년</td><td>8DH</td><td>8CH</td><td colspan="4">10년</td><td colspan="4">1년</td><td>00-99</td></tr>
<tr><td>쓰기방지</td><td>8FH</td><td>8EH</td><td>'0' W
'1' R</td><td>0</td><td>0</td><td>0</td><td>0</td><td>0</td><td>0</td><td>0</td><td>-</td></tr>
<tr><td>충전설정</td><td>91H</td><td>90H</td><td>TCS</td><td>TCS</td><td>TCS</td><td>TCS</td><td>DS</td><td>DS</td><td>RS</td><td>RS</td><td>-</td></tr>
</table>

① 클록 레지스터

시간(time)을 표시하는 클록 레지스터는 시, 분, 초 레지스터로 구성된다. 시(hour) 레지스터는 비트7에 의해서 '0'이면 24시 '1'이면 12시 모드로 설정할 수 있으며, 12시 모드로 설정하면 비트5가 '0'이면 오전(AM) '1'이면 오후(PM)를 표시한다.

초(second)레지스터의 비트7(CH, Clock Halt flag)은 DS1302의 클록 정지 플랙이다. 이 비트가 '0'이면 클록이 시작하고, '1'이면 클록 오실레이터가 정지하여 저전력 대기 모드로 된다.

② 캘린더 레지스터

달력 정보를 표시하는 캘린더 레지스터는 년, 요일, 월, 일 레지스터로 구성된다. 년(year)레지스터는 2100년까지 윤년을 자동으로 처리해 주며, 요일(day)레지스터의 값은

1~7로 '1'이면 일요일, '2'이면 월요일, '3'이면 화요일, '4'이면 수요일, '5'이면 목요일, '6'이면 금요일, '7'이면 토요일로 각각 대응시켜 지정한다.

③ 쓰기 방지 레지스터

쓰기 방지(WP, Write Protect) 레지스터의 비트7이 '0'이면 RAM이나 클록/캘린더 레지스터에 쓰기 동작이 가능하고, '1'이면 읽기 동작만 가능하다.

④ 트리클 충전 레지스터

트리클 충전(Trickle charge)은 세류 충전 또는 유지 충전이라고도 하며, NiCd/NiMH 배터리와 같은 2차 전지나 수퍼 캐패시터를 충전 전류의 1~5%로 충전하는 방법을 말한다. DS1302의 전원은 주 전원(V_{cc2})과 백업 전원(V_{cc1})으로 구성되어 있으며, 백업 전원 보다 0.2V이상 전압이 높으면 주 전원에 의해 전원을 공급 받아 동작하며, 주 전원이 차단되거나 백업 전원 보다 전압이 낮으면 백업 전원이 동작하여 DS1302의 클록/캘린더 레지스터의 정보와 정상적인 클록 동작이 유지되도록 한다.

DS1302의 전원은 <그림 4.2.6(a)>와 같이 단일 전원으로 구성하거나, <그림 4.2.6(b)>와 같이 3V의 리튬 배터리나 NiCd/NiMH와 같은 2차 전지를 백업 전원으로 구성하는 방법과 <그림 4.2.6(c)>와 같이 수퍼 캐패시터를 백업 전원으로 구성하는 방법이 있다.

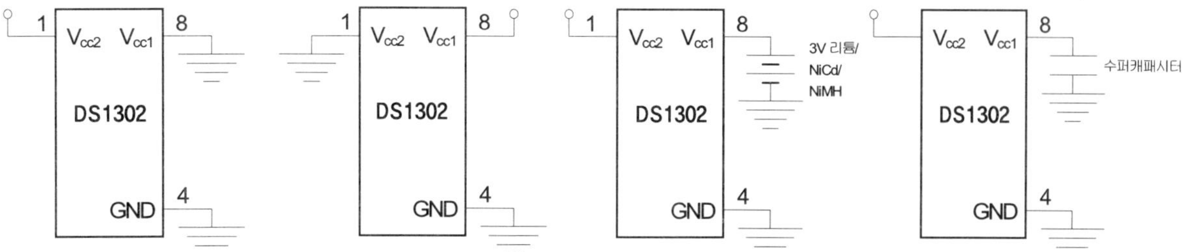

(a) 단일 전원 (b) 리튬/2차 전지 (c) 수퍼 캐패시터

〈그림 4.2.6〉 DS1302의 전원 구성

DS1302의 트리클 충전 레지스터는 <그림 4.2.7>과 같으며, 트리클 충전 레지스터의 기능을 정리하면 <표 4.2.7>과 같다.

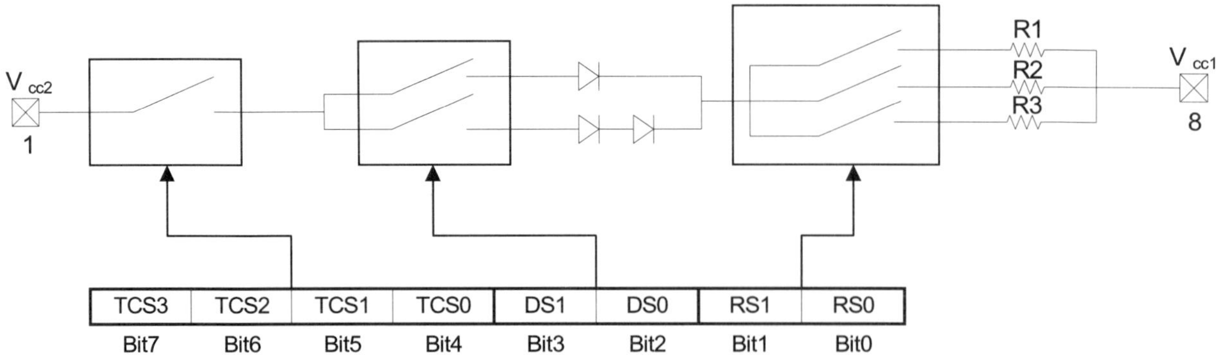

〈그림 4.2.7〉 D1302의 트리클 충전 레지스터

〈표 4.2.5〉 트리클 충전 레지스터의 기능

비트	비트명	기 능
Bit 7	TCS3	· 1010 일 때만 충전기능이 허용(enable) 됨 - TCS3 = 1 - TCS2 = 0 - TCS1 = 1 - TCS0 = 0
Bit 6	TCS2	
Bit 5	TCS1	
Bit 4	TCS0	
Bit 3	DS1	· DS1과 DS0가 각각 00 또는 11 일때는 충전기능 불허 됨. - DS1 =0, DS0 =1 : 다이오드 1개 사용 - DS1 =1, DS0 =0 : 다이오드 2개 사용
Bit 2	DS0	
Bit 1	RS1	· RS1과 RS0가 각각 00 일때는 충전기능 불허 됨. - RS1=0, RS0=1 : R1=2kΩ, RS1=1, RS0=0 : R2=4kΩ - RS1=1, RS0=1 : R3=8kΩ
Bit 0	RS0	

<그림 4.2.6(b)>와 <그림 4.2.6(c)>와 같이 백업 전원이 2차 전지나 수퍼 캐패시터인 경우, 트리클 충전 기능을 사용하려면 트리클 충전 레지스터의 비트4~비트7을 반드시 '1010'으로 설정해야 하며, 배터리나 수퍼 캐패시터의 정격용량(mAh)에 따라 다이오드 수와 저항의 크기를 설정한다.

NiCd전지를 트리클 충전할 경우 정격용량(mAh)의 1%의 전류를 흘려 줌으로써 백업 전원이 최상의 상태로 유지되도록 한다. 이는 배터리가 무부하 상태에서 90일 정도에 자가 방전이 되므로 1일 1% 정도를 트리클 충전으로 보충해 준다.

예를 들어, DS1302의 주 전원이 5V이고, 백업 전원으로 2차 전지가 접속되어 있고, 다이오드를 1개, 저항을 R1=2kΩ으로 선택했다고 가정하면 트리클 충전 레지스터는 다음과 같이 설정한다.

7	6	5	4	3	2	1	0	
TCS3	TCS2	TCS1	TCS0	DS1	DS0	RS1	RS0	HEX
1	0	1	0	0	1	0	1	0xA5

이때, 주 전원에서 백업 전원으로 흘러 트리클 충전하는 최대 전류 I_{MAX}는 다음과 같다.

$$I_{MAX} = (5V - \text{다이오드 전압 강하})/R1$$
$$= (5V - 0.7V)/2k\Omega$$
$$= 2.15mA$$

2차 전지 정격용량의 1% 크기로 트리클 충전을 한다면, 2차 전지의 정격용량은 약 200mAh 정도가 된다. 트리클 충전 범위를 1~5% 범위로 한다면, 약 40mAh~200mAh 범위의 2차 전지를 사용할 수 있다.

주 전원의 전압이 5V일 경우 다이오드 개수와 저항 선택에 따른 충전 최대전류는 <표 4.2.6>과 같다.

〈표 4.2.6〉 트리클 충전 최대 전류

주 전원 (V_{cc2})	2kΩ		4kΩ		8kΩ	
	다이오드1개	다이오드2개	다이오드1개	다이오드2개	다이오드1개	다이오드2개
5V	2.15mA	1.80mA	1.08mA	0.90mA	0.54mA	0.45mA

3) DS1302의 데이터 입·출력

DS1302는 CE 신호를 하이(high)로 하여 데이터 입・출력을 초기화 한다. SCLK 신호의 상승 에지에서 데이터 입력이 수행되고 하강 에지에서는 데이터 출력이 수행되며, 데이터의 입・출력은 비트0 부터 시작된다.

① 데이터 입력

데이터 입력은 <그림 4.2.8>과 같이 처음 SCLK 신호 8개에서 데이터를 쓸 레지스터를 선택하는 명령 바이트를 입력하고, 다음 SCLK 신호 8개에서 데이터(D0~D7)를 입력 한다.

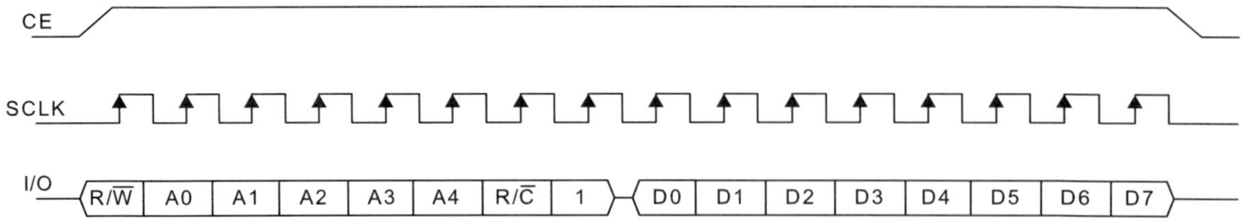

〈그림 4.2.8〉 싱글 바이트 데이터 쓰기

② 데이터 출력

데이터 출력은 <그림 4.2.9>와 같이 처음 SCLK 신호 8개에서 데이터를 읽을 레지스터를 선택하는 명령 바이트를 입력하고, 다음 SCLK 신호 8개에서 데이터(D0~D7)를 출력한다.

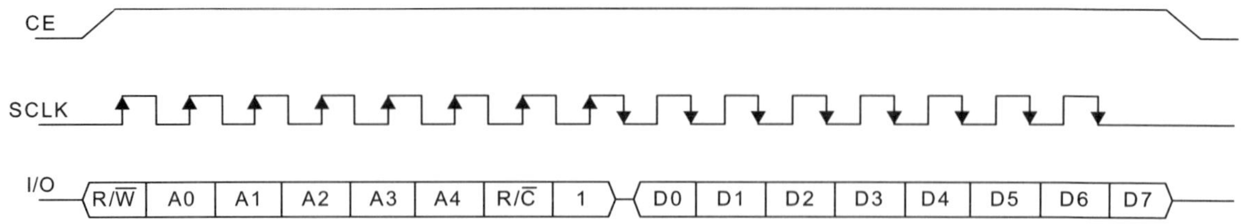

〈그림 4.2.9〉 싱글 바이트 데이터 읽기

C Software RTC(DS1302)를 이용한 디지털 시계 프로그램

<그림 4.2.1>과 같이 구성한 회로를 대상으로 실시간 시계 IC를 이용한 디지털 시계 프로그램을 작성 하기 위해서는 1.7절의 '3. AVR Studio에서 WinAVR을 이용한 C언어 프로그램 개발 과정'에 대해서 설명한 바와 같이 C:\Atmel\ATtiny2313C\ 폴더의 프로젝트 파일 AVRcfile.asp를 연다.

(1) 실시간 시계 IC를 이용한 디지털 시계 프로그램

<그림 1.7.11>과 같이 'AVRcfile' 프로젝트 파일을 연 다음, <그림 1.7.13>과 같이 새 파일 만들기를 하고 저장 아이콘 을 클릭하여 파일명을 'DS1302_Clock6-12.C'로 한 다

음 저장 버튼을 클릭한다.

<그림 1.7.15>와 같이 'DS1302_Clock6-12.C'파일을 프로젝트에 추가한 다음 <프로그램 DS1302_Clock6-12.C>와 같이 프로그램을 작성한다.

〈프로그램 DS1302_Clock6-12.C〉

```
// ========================================
// DS1302_Clock6-12.C
// ========================================

#include <avr/io.h>
#include "ATtiny2313g.h"

void BCD2LCD(unsigned char number)
{
  LCD_data((number >> 4)+'0');          // 10^1
  LCD_data((number & 0x0F)+'0');        // 10^0
}

void DSP_RTC(void)                      // display clock from RTC
{ unsigned char weekday;

  LCD_command(0x81);                    // display year
  BCD2LCD(0x20);
  BCD2LCD(rtc_read(rtc_year));

  LCD_command(0x86);                    // display month
  BCD2LCD(rtc_read(rtc_month));

  LCD_command(0x89);                    // display date
  BCD2LCD(rtc_read(rtc_date));

  weekday = rtc_read(rtc_week)          // display weekday
  if(weekday == 1)        LCD_string(0x8C,"SUN");
  else if(weekday == 2) LCD_string(0x8C,"MON");
  else if(weekday == 3) LCD_string(0x8C,"TUE");
  else if(weekday == 4) LCD_string(0x8C,"WED");
  else if(weekday == 5) LCD_string(0x8C,"THU");
  else if(weekday == 6) LCD_string(0x8C,"FRI");
  else                    LCD_string(0x8C,"SAT");

  LCD_command(0xC4);                    // display hour
  BCD2LCD(rtc_read(rtc_hour));

  LCD_command(0xC7);                    // display minute
  BCD2LCD(rtc_read(rtc_minute));

  LCD_command(0xCA);                    // display second
  BCD2LCD(rtc_read(rtc_second));

  if((rtc_read(rtc_minute) == 0x00)&&(rtc_read(rtc_second) == 0x00))
    Beep();
    Delay_ms(1000);
```

```
}

int main(void)
{
  MCU_initialize();                    // initialize MCU and kit
  Delay_ms(50);                        // wait for system stabilization
  LCD_initialize();                    // initialize text LCD module
  Beep();

  LCD_string(0x80," 2007/10/26 FRI "); // display title
  LCD_string(0xC0,"    12:00:00    ");

  rtc_init();
  Delay_ms(50);

/*                                     // DS1302 initial time setting
  rtc_write(rtc_wp,0x00);              // Write protect release

  rtc_write(rtc_year,0x07);            // Year setting
  rtc_write(rtc_month,0x10);           // Month setting
  rtc_write(rtc_date,0x28);            // Date setting
  rtc_write(rtc_week,0x01);            // Week setting
  rtc_write(rtc_hour,0x14);            // Hour setting
  rtc_write(rtc_minute,0x21);          // Minute setting
  rtc_write(rtc_second,0x00);          // Second setting
  rtc_write(rtc_wp,0x80);              // Write protect lock
*/

  while(1)
  { DSP_RTC();
  }
}
```

1) DS1302 레지스터의 데이터 읽기

<그림 4.2.10>은 <그림 4.2.9>의 싱글 바이트 데이터 읽기에 CE신호, SCLK신호, I/O 신호의 타이밍을 상세히 표시한 타이밍 차트 이다. 타이밍 차트 신호의 전기적 특성을 정리하면 <표 4.2.7>과 같다.

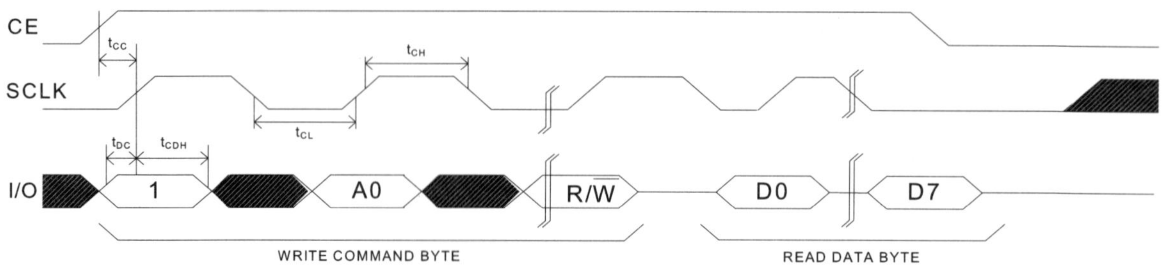

〈그림 4.2.10〉 읽기 데이터 전송 타이밍 차트

〈표 4.2.7〉 타이밍 차트 신호의 전기적 특성

기 호	설 명	전 압	시 간			단위
			MIN	TYP	MAX	
t_{CC}	CE신호-SCLK신호 셋업 시간	Vcc = 2.0	4			us
		Vcc = 5.0	1			
t_{DC}	데이터-SCLK신호 셋업 시간	Vcc = 2.0	200			ns
		Vcc = 5.0	50			
t_{CDH}	SCLK신호-데이터 홀드 시간	Vcc = 2.0	280			ns
		Vcc = 5.0	70			
t_{CL}	SCLK의 로우(low) 시간	Vcc = 2.0	1000			ns
		Vcc = 5.0	250			
t_{CH}	SCLK의 하이(high) 시간	Vcc = 2.0	1000			ns
		Vcc = 5.0	250			
t_{CLK}	SCLK 주파수	Vcc = 2.0			0.5	MHz
		Vcc = 5.0			2.0	
t_{CWH}	CE신호의 비활성 시간	Vcc = 2.0	4			us
		Vcc = 5.0	1			

```
unsigned char rtc_read(unsigned char address)
{ unsigned char dval;
  unsigned char i;
  dval=address|0x01;                      // read command set

  PORTD |= _BV(6);                        // CE(PD6)=high
  Delay_us(5);

  for(i=0; i<8; i++)                      // Command byte write routine
    { if(dval&0x01) PORTD |= _BV(5);      // IO(PD5)=high
      else PORTD &= ~_BV(5);              // IO=low

      dval >>= 1;
      PORTD &= ~_BV(4);                   // SCLK(PD4)=low
      Delay_us(1);
      PORTD |= _BV(4);                    // SCLK=high
      Delay_us(1);
    }

      DDRD &= ~_BV(5);                    // IO=PD5(input DDRD5=low)
      dval=0x00;                          // clear

  for(i=0; i<8; i++)                      // register read routine
    { if(bit_is_set(PIND,5))
      dval = dval|0x80;

      dval >>= 1;
      PORTD |= _BV(4);                    // SCLK=high
```

```
        Delay_us(1);
        PORTD &= ~_BV(4);                    // SCLK=low
        Delay_us(1);
      }
        PORTD &= ~_BV(6);                    // CE=low
        Delay_us(5);
        DDRD |= _BV(5);                      // IO=PD4(output DDRD4=high)
    return dval;
}
```

DS1302의 레지스터 값을 읽어 오는 rtc_read()함수는 다음과 같이 동작한다.

① 읽기 명령을 세트한다.

```
dval=address|0x01;                       // read command set
```

② CE신호를 하이(high)로 한다.

```
PORTD |= _BV(6);                         // CE(PD6)=high
Delay_us(5);
```

③ 읽기 명령 바이트를 최하위 비트 부터 I/O 신호로 출력한다.

```
for(i=0; i<8; i++)                       // Command byte write routine
  { if(dval&0x01) PORTD |= _BV(5);  // IO(PD5)=high
    else PORTD &= ~_BV(5);                    // IO=low

    dval >>= 1;
    PORTD &= ~_BV(4);                    // SCLK(PD4)=low
    Delay_us(1);
    PORTD |= _BV(4);                     // SCLK=high
    Delay_us(1);
  }
```

if문에서 dval과 0x01을 &연산한 값이 '0'이 아니면 참(true)이고 '0'이면 거짓(false) 이므로 if(dval&0x01)로 dval값의 최하위 비트 값이 '0'이 아니면, PORTD |= _BV(5)로 포트D의 비트5로 하이(high)신호를 출력하고 '0'이면, PORTD &= ~_BV(5)로 포트D의 비트5로 로우(low)신호를 출력한다. dval값을 1비트 이동(shift)시키고 SCLK의 로우(low)신호를 출력한 다음 SCLK의 하이(high)신호를 출력한다. <표 4.2.7>에서와 같이 로우 신호(t_{CL})와 하이 신호(t_{CH})의 지연시간이 DS1302의 전원이 Vcc=2.0V일 때, 최소 1000ns 이고 Vcc=5.0일 때, 최소 250ns 이므로 1000ns를 기준으로 하여 1us의 지연시간을 둔다.

④ 지정된 레지스터로 부터 데이터를 읽어 오기 위해 I/O신호가 접속된 포트D의 비트 5의 데이터 방향 레지스터(DDRD)를 입력으로 바꾼다.

```
DDRD &= ~_BV(5);                    // IO=PD5(input DDRD5=low)
dval=0x00;                          // clear
```

⑤ 레지스터의 데이터를 읽어 온다.

```
for(i=0; i<8; i++)                  // register read routine
  { if(bit_is_set(PIND,5)) dval |= 0x80;

    dval >>= 1;
    PORTD |= _BV(4);                // SCLK=high
    Delay_us(1);
    PORTD &= ~_BV(4);               // SCLK=low
    Delay_us(1);
  }
```

⑥ CE신호를 로우(low)로 하여 데이터 전송을 마친다.

```
PORTD &= ~_BV(6);                   // CE=low
Delay_us(5);
```

⑦ I/O신호를 출력으로 바꾸고, 읽은 데이터를 메인 함수로 돌려준다.

```
DDRD |= _BV(5);                     // IO=PD5(output DDRD5=high)
return dval;
```

2) DS1302 레지스터에 데이터 쓰기

<그림 4.2.11>은 <그림 4.2.8>의 싱글 바이트 데이터 쓰기에 CE신호, SCLK신호, I/O 신호의 타이밍을 상세히 표시한 타이밍 차트 이다.

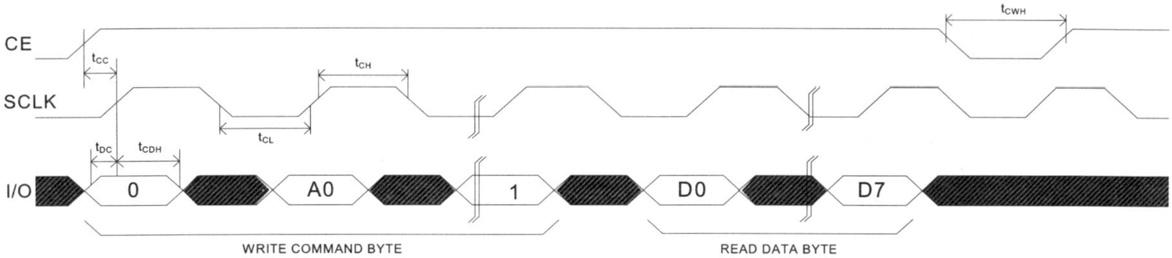

〈그림 4.2.11〉 쓰기 데이터 전송 타이밍 차트

```
void rtc_write(unsigned char command, unsigned char data)
{ unsigned char i;
  PORTD |= _BV(6);                          // CE(PD6)=high
  Delay_us(5);

  for(i=0; i<8; i++)                        // Command byte write routine
    { if(command&0x01) PORTD |= _BV(5);     // IO(PD5)=high
      else PORTD &= ~_BV(5);                // IO=low

      command>>=1;
      PORTD |= _BV(4);                      // SCLK(PD4)=high
      Delay_us(1);
      PORTD &= ~_BV(4);                     // SCLK=low
    }

  for(i=0; i<8; i++)                        // data write to register routine
    { if(data&0x01) PORTD |= _BV(5);        // IO=high
      else PORTD &= ~_BV(5);                // IO=low

      data >>= 1;
      PORTD |= _BV(4);                      // SCLK=high
      Delay_us(1);
      PORTD &= ~_BV(4);                     // SCLK=low
    }
      PORTD &= ~_BV(6);                     // CE=low
      Delay_us(5);
      PORTD &= ~_BV(5);                     // IO=high
}
```

DS1302의 레지스터에 데이터를 쓰는 rtc_write()함수는 다음과 같이 동작한다.

① CE신호를 하이(high)로 한다.

```
  PORTD |= _BV(6);                          // CE(PD6)=high
  Delay_us(5);
```

② 쓰기 명령 바이트를 최하위 비트 부터 I/O 신호로 출력한다.

```
  for(i=0; i<8; i++)                        // Command byte write routine
    { if(command&0x01) PORTD |= _BV(5);     // IO(PD5)=high
      else PORTD &= ~_BV(5);                // IO=low

      command>>=1;
      PORTD |= _BV(4);                      // SCLK(PD4)=high
      Delay_us(1);
      PORTD &= ~_BV(4);                     // SCLK=low
    }
```

③ 레지스터에 데이터를 쓴다.

```
  for(i=0; i<8; i++)                        // data write to register routine
    { if(data&0x01) PORTD |= _BV(5);        // IO=high
```

```
    else PORTD &= ~_BV(5);              // IO=low

    data >>= 1;
    PORTD |= _BV(4);                    // SCLK=high
    Delay_us(1);
    PORTD &= ~_BV(4);                   // SCLK=low
  }
```

④ CE신호를 로우(low)로 하여 데이터 전송을 마치고, IO신호를 하이(high)로 한다.

```
    PORTD &= ~_BV(6);                   // CE=low
    Delay_us(5);
    PORTD &= ~_BV(5);                   // IO=high
```

〈 사용자 헤더 파일 ATtiny2313g.h〉

```
// ========================================
//  ATtiny2313g.h : DS1302 Clock
// ========================================

#define rtc_second 0x80                 // define RTC DS1302
#define rtc_minute 0x82
#define rtc_hour   0x84
#define rtc_date   0x86
#define rtc_month  0x88
#define rtc_week   0x8a
#define rtc_year   0x8c
#define rtc_wp     0x8e
#define rtc_set    0x90

void MCU_initialize(void)               // initialize ATtiny2313 MCU
{
  DDRB = 0xFF;                          // PORTB = output(LCD data output)
  PORTB = 0x00;
  DDRD = 0xFF;                          // PORTD = RTC DS1302
  PORTD = 0x00;
}

void Delay_us(unsigned char time_us)
{ register unsigned char i;

  for(i = 0; i < time_us; i++)          // 4 cycle +
    { asm volatile(" PUSH  R0 ");       // 2 cycle +
      asm volatile(" POP   R0 ");       // 2 cycle +
      asm volatile(" PUSH  R0 ");       // 2 cycle +
      asm volatile(" POP   R0 ");       // 2 cycle +
      asm volatile(" PUSH  R0 ");       // 2 cycle +
      asm volatile(" POP   R0 ");       // 2 cycle = 16 cycle = 1 us
    }
}

void Delay_ms(unsigned int time_ms)
{ register unsigned int i;

  for(i = 0; i < time_ms; i++)
```

```
    { Delay_us(250);
      Delay_us(250);
      Delay_us(250);
      Delay_us(250);
    }
}

void Beep(void)
{
  PORTB |= _BV(2);                              // buzzer on
  Delay_ms(50);
  PORTB &= ~_BV(2);                             // buzzer off
}

unsigned char rtc_read(unsigned char address)
{ unsigned char dval;
  unsigned char i;
  dval=address|0x01;                            // read command set

  PORTD |= _BV(6);                              // CE(PD6)=high
  Delay_us(5);

  for(i=0; i<8; i++)                            // Command byte write routine
    { if(dval&0x01) PORTD |= _BV(5);            // IO(PD5)=high
      else PORTD &= ~_BV(5);                    // IO=low

      dval >>= 1;
      PORTD &= ~_BV(4);                         // SCLK(PD4)=low
      Delay_us(1);
      PORTD |= _BV(4);                          // SCLK=high
    }

      DDRD &= ~_BV(5);                          // IO=PD5(input DDRD5=low)
      dval=0x00;                                // clear

  for(i=0; i<8; i++)                            // register read routine
    { if(bit_is_set(PIND,5))dval = dval|0x80;

      dval >>= 1;
      PORTD |= _BV(4);                          // SCLK=high
      Delay_us(1);
      PORTD &= ~_BV(4);                         // SCLK=low
    }
      PORTD &= ~_BV(6);                         // CE=low
      Delay_us(5);
      DDRD |= _BV(5);                           // IO=PD5(output DDRD5=high)
   return dval;
}

void rtc_write(unsigned char command, unsigned char data)
{ unsigned char i;
  PORTD |= _BV(6);                              // CE(PD6)=high
  Delay_us(5);

  for(i=0; i<8; i++)                            // Command byte write routine
    { if(command&0x01) PORTD |= _BV(5);         // IO(PD5)=high
```

```
        else PORTD &= ~_BV(5);                  // IO=low

        command>>=1;
        PORTD |= _BV(4);                        // SCLK(PD4)=high
        Delay_us(1);
        PORTD &= ~_BV(4);                       // SCLK=low
      }

    for(i=0; i<8; i++)                          // data write to register routine
      { if(data&0x01) PORTD |= _BV(5);          // IO=high
        else PORTD &= ~_BV(5);                  // IO=low

        data >>= 1;
        PORTD |= _BV(4);                        // SCLK=high
        Delay_us(1);
        PORTD &= ~_BV(4);                       // SCLK=low
      }
        PORTD &= ~_BV(6);                       // CE=low
        Delay_us(5);
        PORTD &= ~_BV(5);                       // IO=high
}

void rtc_init (void)
{ rtc_write(rtc_wp, 0x00);                                 // write protect off
  rtc_write(rtc_set, 0xA5);                                // charge,diode,resistor
  rtc_write(rtc_hour, rtc_read(rtc_hour)|0x00);            // 24hour
  rtc_write(rtc_second, rtc_read(rtc_second)&0x7f);        // ch clear
  rtc_write(rtc_wp, 0x80);                                 // write protect on
}

void LCD_command(unsigned char command)
{ PORTB=command&0xf0;                           // Upper 4bit
  PORTB |= _BV(1);                              // E(PB1)=1
  PORTB &= ~_BV(1);                             // E=0

  PORTB=(command<<4);                           // Lower 4bit
  PORTB |= _BV(1);                              // E=1
  PORTB &= ~_BV(1);                             // E=0
  Delay_ms(2);
}

void LCD_data(unsigned char data)
{ PORTB=(data & 0xf0) | 0x01;                   // Upper 4bit, RS(PB0)=1
  PORTB |= _BV(1);                              // E=1
  PORTB &= ~_BV(1);                             // E=0

  PORTB=(data<<4) | 0x01;                       // Lower 4bit, RS=1
  PORTB |= _BV(1);                              // E=1
  PORTB &= ~_BV(1);                             // E=0
  Delay_ms(2);
}

void LCD_initialize(void)
{ LCD_command(0x28);                   // function set(4bit, 2line, 5*7 dot)
  LCD_command(0x0c);                   // display control(display ON, cursor OFF)
  LCD_command(0x06);                   // entry mode set(increment, not shift)
```

```
    LCD_command(0x01);                    // clear display
  }

  void LCD_string (unsigned char command, char *string)
  { LCD_command(command);
    while(*string != '\0')
     { LCD_data(*string);
       string++;
     }
  }
```

3) 현재 시각 설정

DS1302에 백업 배터리 회로를 구성하였다면, 현재 시각을 설정하면, 마이크로콘트롤러의 주전원이 차단되더라도 시각을 재설정하지 않아도 된다. main()함수에서 DS1302의 초기 시각은 년, 월, 일, 요일, 시, 분, 초 순으로 설정한다. 정확한 초기 시각을 설정하려면, 맞추려는 시각 보다 2분 정도 빠르게 시각을 설정하고 프로그램을 컴파일 하여 다운로드 한 다음 정확한 시각이 되었을 때, 리셋을 누르면 간편하게 현재 시각을 설정할 수 있다. 초기 시각 설정이 끝났으면 초기 시간을 설정하는 부분을 주석 처리(/* */)하고 컴파일 하여 다시 한 번 다운로드 해주면 마이크로콘트롤러가 리셋 되더라도 초기 시각으로 되돌아가지 않고 백업된 시각이 표시된다.

```
  /*                                      // DS1302 initial time setting
    rtc_write(rtc_wp,0x00);               // Write protect release
    rtc_write(rtc_year,0x07);             // Year setting
    rtc_write(rtc_month,0x10);            // Month setting
    rtc_write(rtc_date,0x28);             // Date setting
    rtc_write(rtc_week,0x01);             // Week setting
    rtc_write(rtc_hour,0x14);             // Hour setting
    rtc_write(rtc_minute,0x21);           // Minute setting
    rtc_write(rtc_second,0x00);           // Second setting
    rtc_write(rtc_wp,0x80);               // Write protect lock
  */
```

Hardware 직렬포트에 의한 RTC의 시간 데이터 전송

윈도 운영체제의 하이퍼 터미널과 직렬통신을 통해 메시지를 전송하면, ATtiny2313의 직렬포트로 수신하여 16×2 문자형 LCD에 표시하고, ATtiny2313에서 RTC로 부터 시간 데이터를 받아 직렬포트를 통해 송신하여 하이퍼 터미널에 표시하는 프로그램을 익힌다.

퍼스널 컴퓨터와 ATtiny2313를 직렬통신을 하기 위해서는 <그림 4.2.12>와 같이 RS-232C 케이블을 접속하여야 한다.

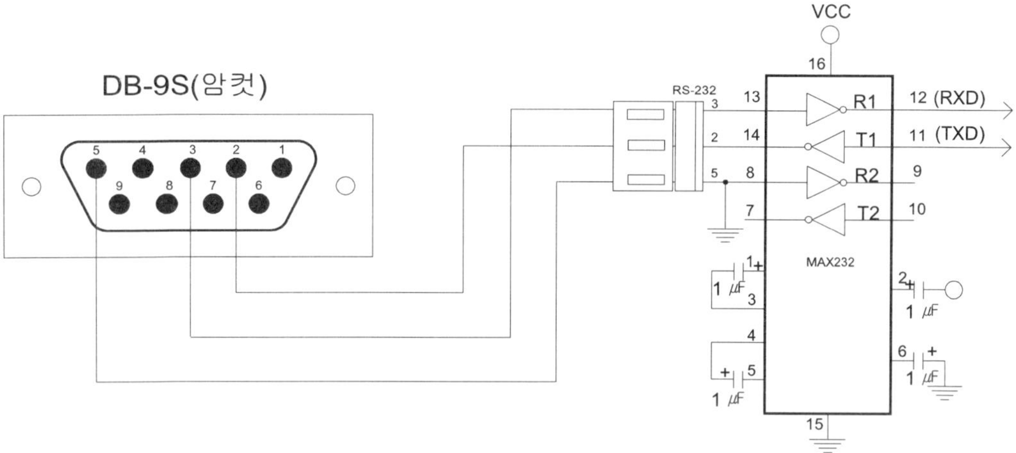

〈그림 4.2.12〉 ATtiny2313과 RS-232C 케이블 접속도

<그림 4.2.13>은 <그림 4.2.12>의 (a)는 3핀 몰렉스와 직렬통신을 위한 9핀 소켓의 접속관계를 보여주고 있으며, (b)는 ATtiny2313와 RS-232C케이블의 접속을 보여준다.

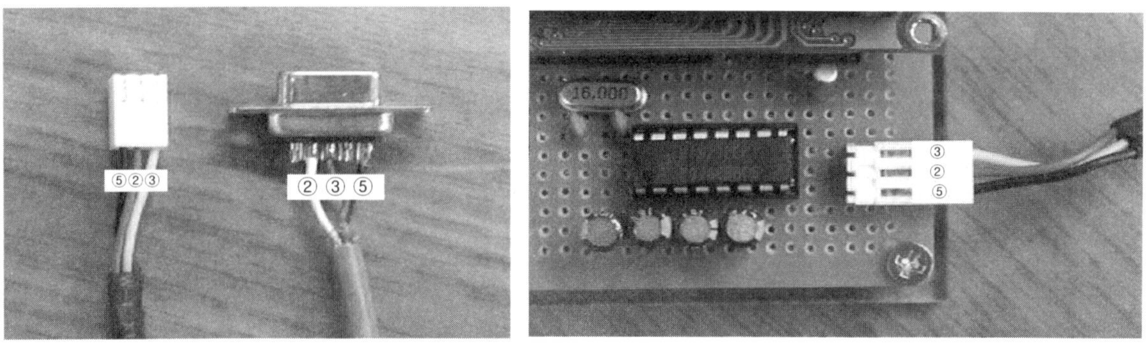

(a) 3핀 몰렉스와 DB-9S(암컷) 접속 (b) ATtiny2313과 RS-232C 케이블 접속

〈그림 4.2.13〉 ATtiny2313과 RS-232C 케이블 접속

C Software

직렬포트에 의한 데이터 전송 프로그램

(1) 직렬포트를 통한 메시지 수신 프로그램

ATtiny2313의 직렬포트를 통해 퍼스널 컴퓨터의 윈도 운영체제의 하이퍼터미널에서 메시지를 입력하면, 수신된 데이터를 UCSRA레지스터의 RXC플랙을 확인하여 16×2 문자형 LCD에 표시하는 메시지 수신 프로그램은 <프로그램 4bit_LCD_RS232_1.C>와 같다.

〈프로그램 4bit_LCD_RS232_1.C〉 폴링에 의한 메시지 수신 프로그램

```
// ============================================
//  4bit_LCD_RS232_1.C : 4bit_LCD for RS232C
// ============================================

#include <avr/io.h>
#include "ATtiny2313g.h"

unsigned char RX_scan(void)             // character receive routine
{
  if(!(UCSRA & 0x80))                   // if RXC = 0
    return 0x00;
  else                                  // if RXC = 1
    return UDR;
}

int main(void)
{ unsigned char RXD, cursor;

  MCU_initialize();                     // initialize MCU
  Delay_ms(50);
  LCD_initialize();                     // initialize text LCD module

  UBRRL = 51;                           // 19200 baud
  UCSRA = 0x00;                         // asynchronous normal mode
  UCSRB = 0x10;                         // Rx enable, 8 data
  UCSRC = 0x06;                         // no parity, 1 stop
  RXD = UDR;

  LCD_string(0x80,"ATtiny2313-USART");
  LCD_string(0xC0,"                ");
  Beep();

  LCD_command(0x0F);                    // cursor ON
  LCD_command(0xC0);                    // first cursor position
  cursor = 0;
```

```
while(1)
    { RXD = RX_scan();
      if(RXD != 0x00)
        { LCD_data(RXD);
          cursor++;
          if(cursor == 16)
            { LCD_command(0xC0);
              cursor = 0;
              Beep();
            }
        }
    }
}
```

1) 직렬통신 레지스터 설정

USART 보우레이트 레지스터(UBRRL)에 시스템 클록 주파수에 알맞은 USART 포트의 송수신 속도를 설정한다.

〈표 4.2.8〉 시스템 주파수에 대한 보우레이트 레지스터 값 설정

보우 레이트	11.0592 MHz				16 MHz			
	U2X=0 (비동기 일반)		U2X=1 (비동기 2배속)		U2X=0 (비동기 일반)		U2X=1 (비동기 2배속)	
	UBRR	에러[%]	UBRR	에러[%]	UBRR	에러[%]	UBRR	에러[%]
9,600	71	0.0	143	0.0	**103**	0.2	207	0.2
14,400	47	0.0	95	0.0	68	0.6	138	-0.1
19,200	35	0.0	71	0.0	**51**	0.2	103	0.2
28,800	23	0.0	47	0.0	34	-0.8	68	0.6
38,400	17	0.0	35	0.0	**25**	0.2	51	0.2

시스템 주파수가 16MHz인 경우 보우 레이트를 19,200으로 설정할 경우에는 보우레이트 레지스터 값은 '51'이 된다.

UCSRA레지스터에서 비동기 모드를 설정한다. 비동기 일반모드 일 경우에는 U2X비트가 '0'이므로 '0x00'으로 설정한다.

비트	7	6	5	4	3	2	1	0	
0x0B(0x2B)	RXC	TXC	UDRE	FE	DOR	UPE	U2X	MPCM	UCSRA
읽기 / 쓰기	R	R/W	R	R	R	R	R/W	R/W	

UCSRB레지스터에서 직렬통신 포트의 송수신 동작을 설정한다. 수신만 하는 경우에는 RXEN 비트만 '1'로 하고, 송신만 하는 경우에는 TXEN 비트만 '1'로 한다. 송수신을 모두 하는 경우에는 RXEN비트와 TXEN비트를 모두 '1'로 한다.

비트	7	6	5	4	3	2	1	0	
0x0A(0x2A)	RXCIE	TXCIE	UDRIE	RXEN	TXEN	UCSZ2	RXB8	TXB8	UCSRB
읽기 / 쓰기	R/W	R/W	R/W	R/W	R/W	R/W	R	R/W	

수신(Rx), 송신(Tx), 송수신(Rx/Tx) 동작은 각각 다음과 같이 설정할 수 있다.

```
UCSRB = 0x10;                    // Rx enable
UCSRB = 0x08;                    // Tx enable
UCSRB = 0x18;                    // Rx/Tx enable
```

UCSRC레지스터에서 직렬통신의 비동기 또는 동기 모드/패리티 비트/ 정지 비트/ 데이터 비트 등을 설정할 수 있다.

비트	7	6	5	4	3	2	1	0	
0x03(0x23)	-	UMSEL	UPM1	UPM0	USBS	UCSZ1	UCSZ0	UCPOL	UCSRC
읽기 / 쓰기	R	R/W	R/W	R/W	R/W	R/W	R/W	R/W	

<표 1.5.3>을 참조하여 UCSRC레지스터를 설정할 수 있으며, 비동기 모드/패리티 비트 없음/ 정지 비트 '1'/데이터 비트 '8' 인 경우 UCSRC 레지스터는 다음과 같이 설정한다.

7	6	5	4	3	2	1	0	
-	UMSEL	UPM1	UPM0	USBS	UCSZ1	UCSZ0	UCPOL	HEX
0	0	0	0	0	1	1	0	0x06

2) 폴링에 의한 문자수신 함수

UCSRA레지스터의 RXC플랙의 상태를 확인하여 수신된 데이터를 읽어들이는 방법(폴링)으로 문자를 수신하는 함수는 다음과 같다.

```
unsigned char RX_scan(void)              // character receive routine
{
  if(!(UCSRA & 0x80))                    // if RXC = 0
    return 0x00;
  else                                   // if RXC = 1
    return UDR;
}
```

UCSRA레지스터의 RXC 플랙이 '1'이면 데이터가 수신된 것이고, '0'이면 데이터가 수신되지 않은 상태이다. 데이터 수신이 없으면 0x00(null문자)를 돌려(return)주고, 데이터가 수신되었으면 수신 데이터 버퍼 레지스터 값을 돌려준다.

3) 수신한 문자를 16×2 문자형 LCD에 표시

ATtiny2313의 직렬통신 포트를 통해 수신된 문자를 16×2 문자형 LCD에 표시하려면 문자수신 함수로 문자가 수신되었는지 확인하고 돌려진 문자를 LCD_data()함수로 LCD의 2행의 첫번째(0xC0)자리 부터 표시하도록 한다. 2행의 0xCF까지 문자를 표시하였으면 문자의 위치를 0xC0의 위치로 이동시켜 표시한다.

```
while(1)
   { RXD = RX_scan();
     if(RXD != 0x00)
       { LCD_data(RXD);                  // received data display
         cursor++;
         if(cursor == 16)
           { LCD_command(0xC0);          // if cursor=0xCF, go 2 line home
             cursor = 0;
             Beep();
           }
       }
   }
```

커서의 위치를 2행의 마지막(0xCF)까지 문자를 표시한 후 1행의 첫번째(0x80) 위치로 이동시키고, 1행의 마지막(0x8F)까지 문자가 표시되면, 2행의 첫번째(0xC0) 위치로 이동시키려면 다음과 같다.

```
while(1)
   { RXD = RX_scan();
     if(RXD != 0x00)
       { LCD_data(RXD);                  // received data display
       cursor++;
         if(cursor == 0xD0)              // if 2 line end,
           { LCD_command(0x80);          // go 1 line home
```

```
            cursor = 0x80;
            Beep();
          }
        if(cursor == 0x90)           // if 1 line end,
         { LCD_command(0xC0);        // go 2 line home
           cursor = 0xC0;
           Beep();
         }
      }
  }
```

4) 문자 송신을 위한 하이퍼터미널 환경 설정

윈도 XP 운영체제의 "하이퍼터미널" 프로그램을 사용하여 문자를 송신하는 경우, 윈도의 시작 메뉴의 모든 프로그램 > 보조프로그램 > 통신 메뉴에서 하이퍼터미널 을 실행한 다음, <그림 4.2.14(a)>와 같이 연결할 이름을 "ATtiny2313"으로 입력하고 확인을 클릭한다. <그림 4.2.14(a)>에서 확인을 하면, <그림 4.2.14(b)>와 같이 연결대상이 나타나고 연결에 사용할 모뎀을 "COM1"으로 하고 확인을 클릭한다. <그림 4.2.14(c)>의 포트 설정에서 비트/초는 19200, 데이터 비트는 8, 패리티는 없음, 정지 비트는 1, 흐름제어는 없음으로 설정한 후 확인을 클릭한다.

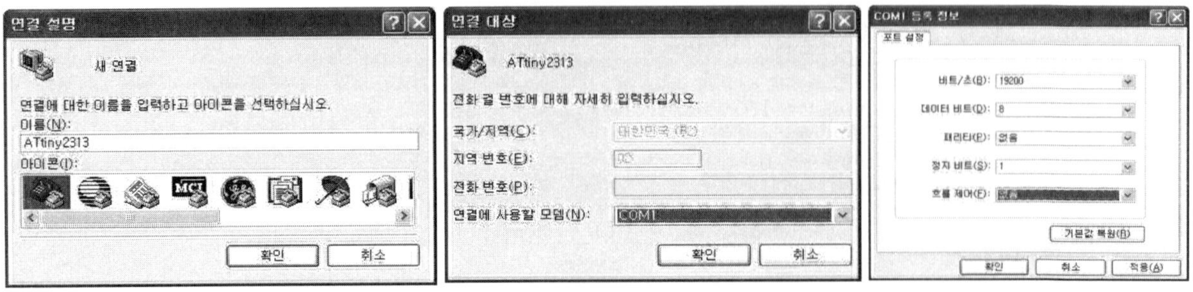

(a) 새 연결 이름 (b) 연결 대상 설정 (c) 포트 설정

〈그림 4.2.14〉 하이퍼터미널 환경 설정

(2) 직렬포트를 통한 RTC 데이터 전송 프로그램

실시간 시계 IC(DS1302)로 부터 시각을 읽어 16×2 문자형 LCD에 표시하면서, ATtiny2313의 직렬포트를 통해 퍼스널 컴퓨터의 윈도XP 운영체제의 하이퍼터미널로 전송하여 표시하는 프로그램은 <프로그램 4bit_LCD_RS232_2.C>와 같다.

```
// ==========================================
// 4bit_LCD_RS232_2.C
// ==========================================

#include <avr/io.h>
#include "ATtiny2313g.h"

unsigned char cursor, year, month, date, hour, minute, second;

void TX_char(char data)                    // character transmit routine
{
  while(!(UCSRA & 0x20));                  // if UDRE = 1
  UDR = data;                              // put data into buffer
}

void TX_clock(unsigned char number)
{ TX_char((number >> 4)+'0');              // 10^1
  TX_char((number & 0x0F)+'0');            // 10^0
}

void BCD2LCD(unsigned char number)
{
  LCD_data((number >> 4)+'0');             // 10^1
  LCD_data((number & 0x0F)+'0');           // 10^0
}

void DSP_RTC(void)                         // display clock from RTC
{ unsigned char weekday;

  LCD_command(0x81);                       // display year
  BCD2LCD(0x20);
  year = rtc_read(rtc_year);
  BCD2LCD(year);
  TX_clock(0x20);
  TX_clock(year);
  TX_char(0x2D);

  LCD_command(0x86);                       // display month
  month = rtc_read(rtc_month);
  BCD2LCD(month);
  TX_clock(month);
  TX_char(0x2D);

  LCD_command(0x89);                       // display date
  date = rtc_read(rtc_date);
  BCD2LCD(date);
  TX_clock(date);
  TX_char(0x20);
  TX_char(0x20);

  weekday = rtc_read(rtc_week);            // display weekday
  if(weekday == 1)      LCD_string(0x8C,"SUN");
  else if(weekday == 2) LCD_string(0x8C,"MON");
  else if(weekday == 3) LCD_string(0x8C,"TUE");
  else if(weekday == 4) LCD_string(0x8C,"WED");
  else if(weekday == 5) LCD_string(0x8C,"THU");
```

```
  else if(weekday == 6) LCD_string(0x8C,"FRI");
  else                  LCD_string(0x8C,"SAT");

  LCD_command(0xC4);                            // display hour
  hour = rtc_read(rtc_hour);
  BCD2LCD(hour);
  TX_clock(hour);
  TX_char(0x3A);

  LCD_command(0xC7);                            // display minute
  minute = rtc_read(rtc_minute);
  BCD2LCD(minute);
  TX_clock(minute);
  TX_char(0x3A);

  LCD_command(0xCA);                            // display second
  second = rtc_read(rtc_second);
  BCD2LCD(second);
  TX_clock(second);
  TX_char(0x0A);
  TX_char(0x0D);
}

int main(void)
{
  MCU_initialize();                            // initialize MCU and kit
  Delay_ms(50);                                // wait for system stabilization
  LCD_initialize();                            // initialize text LCD module
  Beep();

  LCD_string(0x80," 2007/10/26 FRI ");         // display title
  LCD_string(0xC0,"    12:00:00    ");

  UBRRL = 51;                                  // 19200 baud
  UCSRA = 0x00;                                // asynchronous normal mode
  UCSRB = 0x08;                                // Tx enable, 8 data
  UCSRC = 0x06;                                // no parity, 1 stop, 8 data

  rtc_init();
  Delay_ms(50);

 /*
  rtc_write(rtc_wp,0x00);                      // RTC first time setting
  rtc_write(rtc_year,0x07);
  rtc_write(rtc_month,0x11);
  rtc_write(rtc_date,0x08);
  rtc_write(rtc_week,0x05);
  rtc_write(rtc_hour,0x09);
  rtc_write(rtc_minute,0x55);
  rtc_write(rtc_second,0x00);
  rtc_write(rtc_wp,0x80);
 */
```

```
    while(1)
    { DSP_RTC();
    }
}
```

1) 문자송신 함수

UCSRA레지스터의 UDRE플랙의 상태를 확인하여 송신 버퍼가 비어 있는지 확인하고 송신할 데이터를 출력하는 함수는 다음과 같다.

```
void TX_char(char data)                    // character transmit routine
{
  while(!(UCSRA & 0x20));                  // if UDRE = 1
  UDR = data;                              // put data into buffer
}
```

UCSRA레지스터의 UDRE 플랙이 '1'이면 송신 버퍼가 비어있는 상태이고, '0'이면 송신 버퍼에 새로운 데이터가 들어온 상태이므로, UDRE 플랙을 검사하여 '1'이면 데이터를 송신 데이터 버퍼 레지스터로 보낸다.

2) BCD 데이터 변환 함수

16×2 문자형 LCD에 데이터를 표시하기 위해서 BCD2LCD()함수를 사용한 것과 마찬가지로 실시간 시계 IC(DS1302)의 데이터를 퍼스널 컴퓨터로 송신하기 전에 TX_clock()함수에 의해서 BCD데이터를 ASCII문자로 변환하여 전송한다.

```
void TX_clock(unsigned char number)
{ TX_char((number >> 4)+'0');              // 10^1
  TX_char((number & 0x0F)+'0');            // 10^0
}
```

3) 송신 데이터 서식 표현

퍼스널 컴퓨터의 하이퍼터미널에 표시될 데이터를 <그림 4.2.15>와 같이 "년-월-일 시:분:초"형식으로 표시되게 하려면, 캘린더에 사용된 하이픈(-)과 시간에 사용된 콜론(:), 캘린더와 시간 사이의 스페이스(space)는 <표 4.1.3>의 ASCII 코드값으로 전송한다. 또한, 캘린더와 시간이 표시된 후 줄을 바꾸고 데이터를 표시할 첫 칸으로 이동할 때는 <표 4.2.9>와 같은 ASCII 코드의 기능제이 문자를 사용한다.

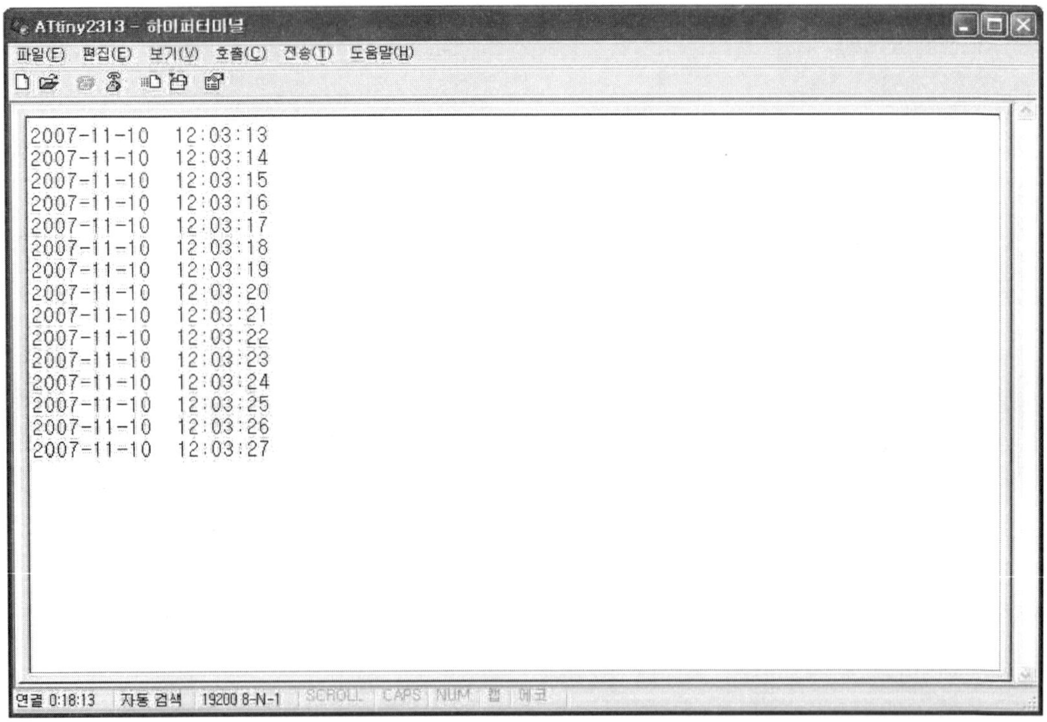

〈그림 4.2.15〉 하이퍼터미널을 통한 수신

〈표 4.2.9〉 대표적인 ASCII코드의 기능제어문자

코드값	기능제어문자	의 미	코드값	기능제어문자	의 미
00H	NUL	null(all zeros)	08H	BS	backspace
01H	SOH	start of heading	09H	HT	horizontal tabulation
02H	STX	start of text	0AH	LF	line feed
03H	ETX	end of text	0BH	VT	vertical tabulation
04H	EOT	end of transmission	0CH	FF	form feed
05H	ENQ	enquiry	0DH	CR	carriage return
06H	ACK	acknowledge	0EH	SO	shift out
07H	BEL	bell(beep)	0FH	SI	shift in

```
LCD_command(0x81);
BCD2LCD(0x20);                          // 20** year display to LCD
year = rtc_read(rtc_year);              // read DS1302

BCD2LCD(year);                          // year display to LCD
TX_clock(0x20);                         // 20** transmit
TX_clock(year);                         // year transmit
TX_char(0x2D);                          // '-' character transmit
```

참고문헌

ATtiny2313의 구조와 개발환경

1. ATtiny2313/V 8-bit AVR Microcontroller 데이터 시트, Atmel, 2006
2. AVR042:AVR Hardware design considerations, Atmel, 2006
3. AVR053:Calibration of the internal RC oscillator, Atmel, 2006
4. 윤덕용, AVR ATmega128 정복(2판), Ohm사, 2007
5. avr-libc Reference Manual 1.4.7, 2007
6. Alf-Egil Bogen, Vegard Wollan, AVR Enhanced RISC Microcontrollers, ATMEL Development Center, 1997
7. AVR Atmel Coporation Enhanced RISC Microcontrollers Data Book, ATMEL, 1996

작품1 LED ON-OFF

1. 윤덕용, AVR ATmega128 정복(2판), Ohm사, 2007
2. 윤교수의 마이크로프로세서 응용 기술 노트 10 '풀업 저항과 풀다운 저항', 2001
3. 윤교수의 마이크로프로세서 응용 기술 노트 14 '바이패스 콘덴서와 필터 콘덴서', 2001
4. 정종호, AVR ATtiny2313 입문 Ver. 0.94, 윤교수의 마이크로프로세서 월드 '문서자료실' (http://cpu.kongju.ac.kr), 2007
4. Joe Pardue, C Programming for Microcontrollers, SmileyMicros, 2005
5. Barnett, Cox and O'Cull, Embedded C Programming and the Atmel AVR(2nd), THOMSON DELMAR LEARNING, 2007
6. Richard Mann, How to Program an 8-bit Microcontroller Using C language, ATMEL APPLICATION JOURNAL, 2004

작품2 LED 하트(♡) 디스플레이 만들기

1. 윤덕용, AVR ATmega128 정복(2판), Ohm사, 2007
2. 정종호, AVR ATtiny2313 입문 Ver. 0.94, 윤교수의 마이크로프로세서 월드 '문서자료실' (http://cpu.kongju.ac.kr), 2007
3. Joe Pardue, C Programming for Microcontrollers, SmileyMicros, 2005

작품3 초간단 뮤직박스 만들기

1. 윤덕용, AVR ATmega128 정복(2판), Ohm사, 2007
2. 정종호, [ATtiny2313 시리즈2] 초간단 뮤직박스 만들기, 윤교수의 마이크로프로세서 월드 '문서자료실' (http://cpu.kongju.ac.kr), 2006
3. Joe Pardue, C Programming for Microcontrollers, SmileyMicros, 2005

작품4 초간단 7-세그먼트 LED 시계 만들기

1. 윤덕용, AVR ATmega128 정복(2판), Ohm사, 2007
2. 윤덕용, ATmega128을 활용한 졸업작품 만들기(I), Ohm사, 2005
3. 정종호, [ATtiny2313 시리즈3] 7세그먼트 LED 시계 만들기, 윤교수의 마이크로프로세서 월드 '문서자료실'

(http://cpu.kongju.ac.kr), 2006
4. SND-547A 7-세그먼트 LED 데이터 시트, 삼광반도체주식회사
5. SND-3647 7-세그먼트 LED 데이터 시트, 삼광반도체주식회사
6. Jack G. Ganssle, A Guide to Debouncing, The Ganssle Group, 2004
7. Michael J. Pont, Embedded C, Addison-Wesley, 2002
8. AVR035:Efficient C Coding for AVR, ATMEL, 2004

작품5 7-세그먼트 LED 시계(II)

1. 윤덕용, AVR ATmega128 정복(2판), Ohm사, 2007
2. 정종호, [ATtiny2313 시리즈3] 7세그먼트 LED 시계 만들기, 윤교수의 마이크로프로세서 월드 '문서자료실' (http://cpu.kongju.ac.kr), 2006
3. SND-547A 7-세그먼트 LED 데이터 시트, 삼광반도체주식회사(http://www.samkwangled.co.kr 제품소개)
4. SND-3647 7-세그먼트 LED 데이터 시트, 삼광반도체주식회사
5. 74LS47 데이터 시트, ON Semiconductor, 1999

작품6 시계 디스플레이 LED에 의한 시계 만들기

1. 윤덕용, AVR ATmega128 정복(2판), Ohm사, 2007
2. 정종호, [ATtiny2313 시리즈3] 7세그먼트 LED 시계 만들기, 윤교수의 마이크로프로세서 월드 '문서자료실' (http://cpu.kongju.ac.kr), 2006
3. SCD-447A 시계 디스플레이 LED 데이터 시트, 삼광반도체주식회사

작품7 LCD에 의한 구구단 디스플레이

1. 윤덕용, AVR ATmega128 정복(2판), Ohm사, 2007
2. 윤덕용, ATmega128을 활용한 졸업작품 만들기(I), Ohm사, 2005
3. 정종호, AVR ATtiny2313 입문 Ver. 0.93, 윤교수의 마이크로프로세서 월드 '문서자료실' (http://cpu.kongju.ac.kr), 2007
4. 윤덕용, LCD 모듈의 철저 활용, Ohm사, 2002
5. 정종호, [ATtiny2313 시리즈6] LCD 뮤직박스 만들기, 윤교수의 마이크로프로세서 월드 '문서자료실' (http://cpu.kongju.ac.kr), 2006
6. 北野 優, 新世紀 マイコン教室 <第5回> LCD モジュール·インターフエースの設計, トランジスタ技術 10月号 (pp.258-264), 2004

작품8 RTC(DS1302)를 이용한 디지털 시계 만들기

1. 윤덕용, AVR ATmega128 정복(2판), Ohm사, 2007
2. 정종호, AVR ATtiny2313 입문 Ver. 0.93, 윤교수의 마이크로프로세서 월드 '문서자료실' (http://cpu.kongju.ac.kr), 2007
3. 정종호, [ATtiny2313 시리즈5] RTC(DS1302)를 이용한 시계만들기, 윤교수의 마이크로프로세서 월드 '문서자료실' (http://cpu.kongju.ac.kr), 2006
4. DS1302 Trickle-Charge Timekeeping Chip 데이터 시트, MAXIM, 2005
5. Application Note 82 Using the Dallas Trickle Charge Timekeeper, MAXIM, 2001

http://www.ohm.co.kr

Ohm사 · R&C사 홈페이지 안내

OHM사 홈페이지를 방문하시면 보다 많은 정보를 얻을 수 있습니다. 앞으로도 OHM사는 엔지니어들을 위한 학습교재와 최신 기술들을 보급하여 나가는데 최선을 다할 것이며 엔지니어들이 우대받는 세상이 되도록 선도하여 나가겠습니다.

▶ 도서상품

OHM사에서 발행되는 교재를 직접 구매할 수 있으며, 상품에 따라 정해진 마일리지를 적립하여 드리고, 일정 금액이 적립되면 현금과 동일하게 사용할 수 있습니다.

▶ 키트상품

교재와 관련하여, 부설기관인 R&C사에서 교육용 키트를 제작, 그와 관련된 장비 등의 기자재를 함께 판매하고 있습니다.

▶ 특판상품

교재와 함께 그에 관련된 학습용 키트를 한데 모아 특판 상품으로 구성하여 개별 구입시보다 저렴하게 구입할 수 있도록하여 판매하고 있습니다.

▶ 할인상품

교재 및 R&C사에서 제작되는 학습용 키트상품 중 일부 품목의 할인율을 높혀 매우 저렴한 가격에 판매하고 있습니다.

▶ 커뮤니티

교재 및 학습용 키트에 대한 의문점을 분야별로 세분화된 커뮤니티를 통해 저자들과 관련 분야의 전문가들에게 직접 질문하고 상담할 수 있습니다.

▶ 상품관련 자료실

교재 및 R&C사에서 제작되는 학습용 키트상품 관련 예제소스 등의 본사 상품에 관련된 자료를 열람하고 다운로드 하실 수 있습니다.

E-mail : ohm@ohm.co.kr

AVR-8515 Kit

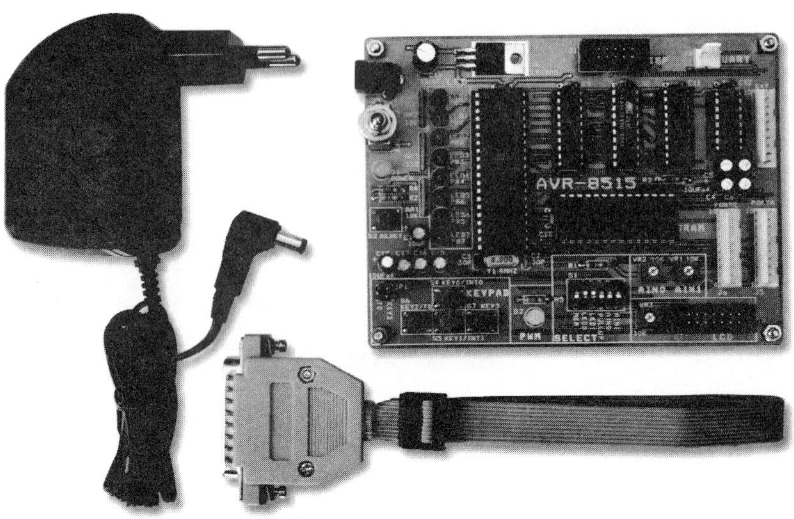

♣ 부품 SET 별도 판매

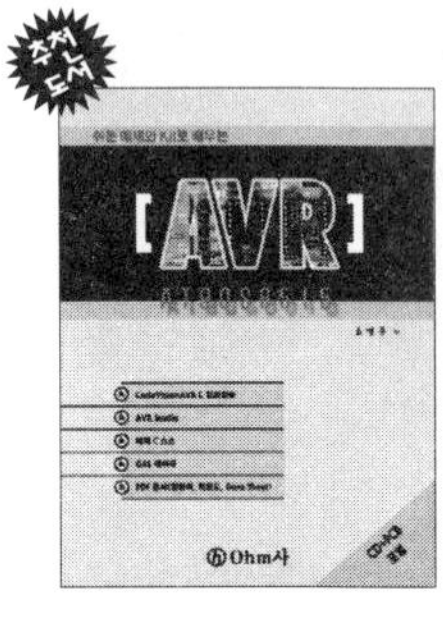

저 자 : 조영준
ISBN : 89-7101-717-1
판 형 : B5
쪽 수 : 301
가 격 : 25,000원

AVR-8515 KIT의 주요 사양

항 목	사 양	비 고
CPU	AT90S8515	4MHz 클럭 사용(8MHz 까지 가능)
메모리	RAM : 32K 바이트	선택적 사용
	B 포트 : LED×8	선택적 사용
	D 포트 : LED×4	인터럽트와 연동 사용
내장 주변장치	PWM	LED로 확인
	아날로그 입력	가변저항 이용
	직렬 포트 : RS232C	MAX232 내장
외부 인터럽트	RAM : 32K 바이트	스위치 입력
디스플레이	LCD : 16 문자 × 2줄	C 포트에 연결
전원	+9V ~ +12V 외부 전원 사용	아답터 잭, 5V 정전압 회로 내장
외부 인터페이스	ISP 케이블	프로그래밍용(PC의 프린터 포트에 연결)
PCB 외형	132×102mm 2층 에폭시 기판	

ATMEL사의 AVR 8 비트 RISC 프로세서인 AT90S8515의 기본적인 하드웨어 구조와 프로그래밍 연습을 해볼 수 있는 **쉽고 간단하며, 저렴한** Training KIT이다. 가장 기본적인 기능을 익히고 실험하는데 필요한 최소한의 하드웨어로 구성되어 초보자가 익히고 실험하기에 적합하다.

ISP 케이블과 CodeVisionAVR C 컴파일러를 이용하여 사용자가 작성한 프로그램을 PC로 다운로드하여 즉시 실험해 볼 수 있기 때문에 롬라이터와 같은 별도의 장비가 필요하지 않으며, 기본적인 사양만으로 설계되어 학생들이나 AVR을 익히려는 일반인이 사용하기 적합한 저가형 KIT이다.

KUT-51 Kit

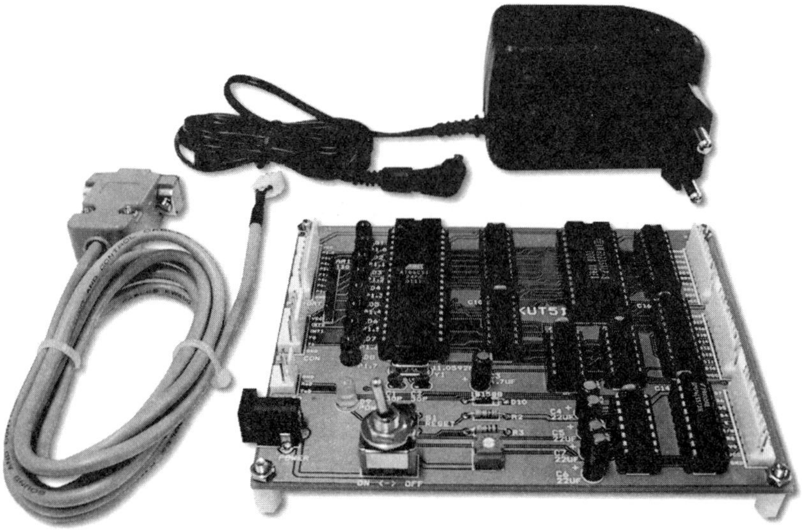

♣ 부품 SET 별도 판매

저 자 : 신동욱, 조영준
ISBN : 89-7101-718-X
판 형 : B5
쪽 수 : 382
가 격 : 28,000원

KUT-51 KIT의 주요 사양

항 목	사 양	비 고
CPU	AT89C51(ATMEL)	11.0592MHz 클럭 사용
메모리	FLASH : 4K 바이트 RAM : 32K 바이트	AT89C51에 내장 프로그램 & 데이터 메모리로 사용
내장 주변장치	P1 포트 : LED×8 직렬 포트 : RS232C	커넥터를 통해 외부와 연결 가능 MAX232 내장
디스플레이	LCD : 16문자 ×2줄	외부 커넥터에 연결
확장 커넥터	입력 : 8 비트 출력 : 8 비트 LCD : 8 비트 P1 포트 : 8 비트 인터럽트 신호 : 4 비트 총 36비트	래치에 의한 입력 래치에 의한 출력 래치에 의한 출력 - 4비트 제어 P1 포트의 입출력 사용 INTn, Tn 신호
전원	+5V의 외부 전원 사용	아답터 잭, 5V 정전압 아답터 사용
프로그래밍	직렬 포트에 의한 다운로딩	모니터 프로그램 내장
PCB 외형	127×101mm 2층 에폭시 기판	

Intel의 MCS51과 100% 호환되는 ATMEL의 AT89C51을 사용한 **KUT51 Training KIT**는 8051을 배우고 익힐 수 있는 최소한의 기능을 내장하고 있다. 간단하게 구성되었기 때문에 가격이 저렴하고 크기가 작아 좁은 공간에서도 쉽게 사용할 수 있으며, 응용 실험을 할 수 있도록 외부 커넥터를 내장하여 사용자가 직접 구성한 외부 기기나 책의 응용예제에 사용된 보드 등을 제작 연결하여 실험해 볼 수 있도록 되어 있다. 또한, **AT89C51 내부의 플래시 메모리에 모니터 프로그램을 내장하고 있어서 별도의 롬라이터가 필요 없이 시리얼 포트를 통해서 프로그램을 다운로드하여 실행시켜 볼 수 있는 장점**이 있다.
KEIL-C 컴파일러 평가판을 사용하여 C언어와 어셈블러로 플그램을 연습할 수 있다.

OK-8051 Kit

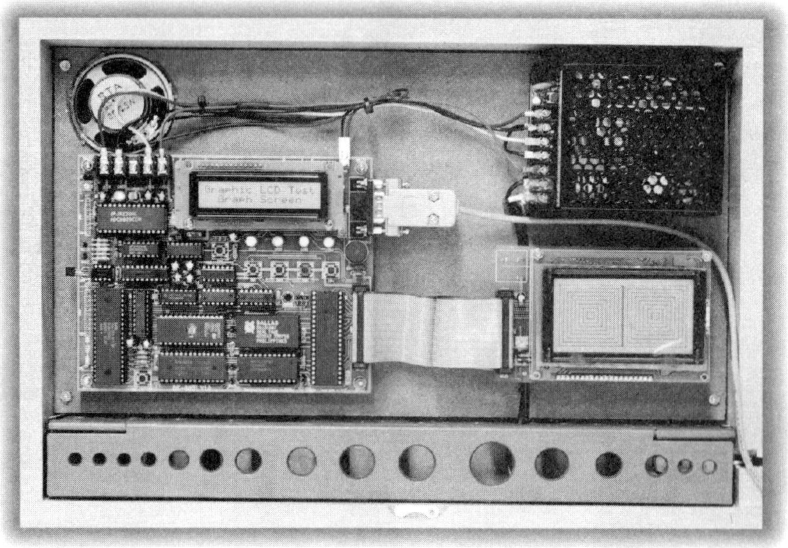

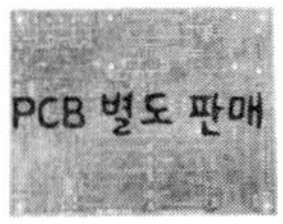

저 자 : 윤덕용
ISBN : 89-7101-715-5
판 형 : B5
쪽 수 : 870
가 격 : 30,000원

OK-8051 KIT의 주요 사양

항 목	사 양	비 고
CPU	89C52(12MHz)	12MHz 수정발진 모듈 사용
ROM	27C256-15(32 KB)	모니터 프로그램 및 응용 프로그램
RAM	62256-7(32 KB) (80C32에 내장된 256바이트는 별도)	사용자의 프로그램 및 데이터 저장
프로그램의 입력 및 실행	1. IBM PC의 직렬 포트를 사용하는 방법 (RS-232C 통신 에뮬레이터 DL51 기본 제공) 2. 키트에 ROM을 삽입하여 사용하는 방법 3. ROM 에뮬레이터를 사용하는 방법	1. 9핀 RS-232C 케이블 기본 제공 2. 모니터 프로그램 기본 내장 (트레이스 기능, 2개의 브레이크 포인트 기능, 역어셈블러 내장)
I/O	1. CPU가 직접 제어하는 I/O (1) RS-232C 직렬통신 포트(CN2) (2) +5V용 버저, 스피커 사운드 제어 (3) 스위치에 의한 사용자 인터럽트 (4) 포트1 콘넥터(CN3) 2. DS12C887 배터리 백업형 리얼타임 클럭 3. 82C54 타이머 (1) 외부 클럭 입력(CN4) (2) 스피커 출력(CN5) 4. 82C55 병렬 인터페이스 (1) 외부 병렬 입출력 콘넥터(CN4) (2) 4개의 키입력 스위치 및 상태표시 LED (3) 스텝 모터 제어 콘넥터(CN6) 5. 16자×2행 LCD 모듈 (backlight 가능) 6. ADC0809 8채널 8비트 A/D 컨버터 (1) 전압센서, 온도센서, 광센서 각 1개 (2) 4채널 아날로그 입력 콘넥터(CN7) 7. DAC0800 8비트 D/A 컨버터	1. 기본적인 주변 인터페이스용 LSI와 TTL 소자만을 사용하여 저렴한 가격으로 손쉽게 키트를 조립할 수 있도록 설계 2. A/D 입력 범위는 0V~+5V 3. D/A 출력 범위는 0V~+10V, -10V~+10V 중에서 선택 사용 4. 모니터 프로그램 사용시 9600, 19200 bps 중에서 선택 사용 5. 어셈블리 및 C언어로 작성된 수십가지의 응용 예제 프로그램을 기본으로 제공
전원	+5V, ±15V (또는 ±12V도 사용 가능)	±15V는 아날로그 회로에서만 사용
PCB	160×130mm 양면 에폭시 기판	

구입문의 : 학습기기 R&C사 / 도서출판 Ohm사 ✆ 02) 776-4868-9

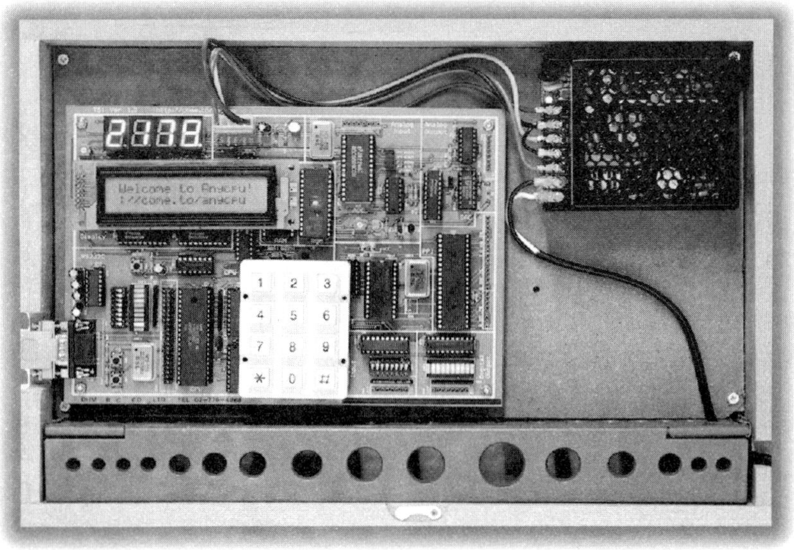

♣ PCB 별도 판매

저 자 : 박귀태, 이상락
ISBN : 89-7101-713-9
판 형 : B5
쪽 수 : 650
가 격 : 25,000원

T-51 KIT의 주요 사양

항 목	사 양	비 고
CPU	8051/8052 겸용	11.0592MHz
	80C251 지원	15배 성능 향상
메모리	ROM : 32K 바이트	27C256, 플래시 사용 가능
	RAM : 32K 바이트	62256
내장 주변장치	P1 포트 : LED×8, 스위치×8	
	직렬 포트 : RS232C	MAX232 내장
	타이머/카운터 : 16비트×2	입력 스위치 내장
외부 인터럽트	2채널	입력 스위치 내장
디지털 입출력 포트	디지털 입력 : 8채널, 스위치×8 내장	8핀 헤더 제공
	디지털 입력 : 8채널, LED×8 내장	8핀 헤더 제공
	PPI 8255 : 24채널 입출력	8핀 헤더×3 제공
디스플레이	7세그먼트 표시기 : 4자리	숫자 표시용
	LCD 표시기 : 20자×2줄	80×2, 40×4 확장 가능
키패드	12키	전화기용, 64키 확장 가능
아날로그 입력 DAC	8채널 입력	ADC0809
	입력범위 : 0~5[V]	OpAmp 버퍼 내장
	분해능 : 8비트	8핀 헤더 제공
	변환시간 : 100usec	
	가변저항, Cds, 온도센서, DAC 루프백 내장	LM35DZ
아날로그 출력 DAC	1채널 출력	DAC0800
	출력범위 : 0~5 또는 ±10V[V]	OpAmp 버퍼 내장
	안정시간 : 150nsec	8핀 헤더
	슬루레이트 : 8mA/usec	
전원	−12, 0, +12, 0, 5[V]	5핀 헤더
윈도우용 소프트웨어	문제출시, 풀이제시	AnyCpu Tutor 제공
	프로그램 컴파일 통합환경	Keil사 제공
	프로그램 다운로드	AnyCpu Tutor 제공
	트레이스, 실행	Os51.hex 제공
	직렬통신 터미널, 그래픽 터미널	AnyCpu Tutor 제공

OK-196 Kit

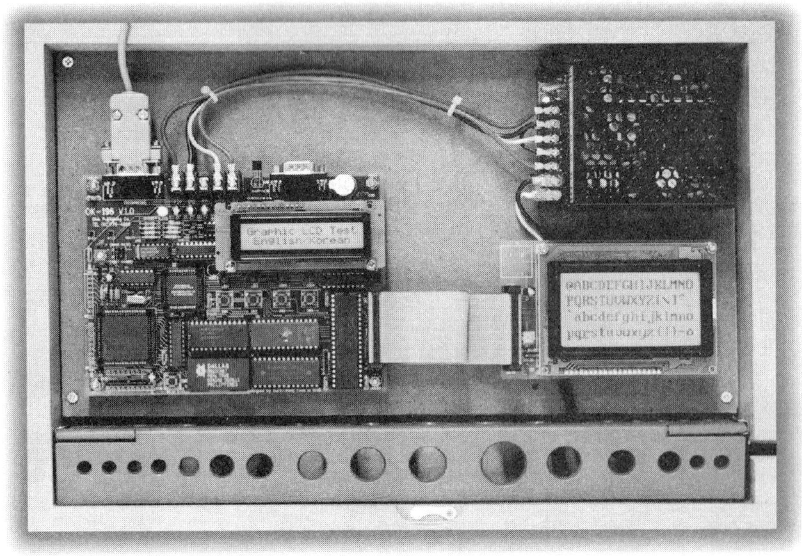

♣ PCB 별도 판매

저 자 : 윤덕용
ISBN : 89-7101-726-0
89-7101-727-9
판 형 : B5
쪽 수 : 808/535
가 격 : 33,000/28,000원

OK-196 KIT의 주요 사양

항 목	사 양	비 고
CPU	N80C196KC20(20MHz)	20MHz 수정발진자 사용
ROM	27C256-15(32 KB)	모니터 프로그램 및 응용 프로그램
RAM	62256-7(32 KB) (80C196KC에 내장된 488바이트는 별도)	사용자의 프로그램 및 데이터용
프로그램의 입력 및 실행	1. IBM PC의 직렬 포트를 사용하는 방법 2. 키트에 ROM을 삽입하여 사용하는 방법 3. ROM 에뮬레이터를 사용하는 방법	1. 9핀 RS-232C 케이블 기본 제공 2. 모니터 프로그램 기본 내장 (트레이스 기능, 4개의 브레이크 포인트 기능, 역어셈블러 내장)
I/O	1. CPU가 직접 제어하는 I/O (1) +5V용 버저, 온도센서, 전압센서 (2) RS-232C 직렬통신 포트(CN3) (3) 스텝/서보 모터 제어 콘넥터(CN5) (4) 포트1 콘넥터(CN6) (5) HSI/HSO 콘넥터(CN7) (6) 6채널 아날로그 입력 콘넥터(CN8) 2. 1채널 8비트 D/A 컨버터(DAC0800) 3. 8255A 병렬 인터페이스 (1) 4개의 키입력 스위치 (2) 4개의 상태표시 LED (3) 외부 병렬 입출력 콘넥터(CN4) 4. 8251A 및 RS-232C 포트(CN2, 모니터 전용) 5. 8254 타이머 및 스피커(CN9) 6. 16자×2행 LCD 모듈 (backlight 기능) 7. DS12887 배터리 백업형 리얼타임 클럭	1. EPLD를 사용하여 컴팩트하고 유연한 인터페이스 설계 2. A/D 입력 범위는 0V~+5V 3. D/A 출력 범위는 0~+10V, -10V~+10V중에서 선택 사용 4. 모니터 프로그램 사용시 9600, 19200 bps 중에서 선택 사용 5. 어셈블리 및 C언어로 작성된 수십가지의 응용 예제 프로그램을 기본으로 제공
전원	+5V, ±15V (또는 ±12V도 사용 가능)	±15V는 아날로그 회로에서만 사용
PCB	163×120mm 4층 에폭시 기판	

구입문의 : 학습기기 R&C사 / 도서출판 Ohm사 ✆ 02) 776-4868-9

저 자 : 김대근, 정순배 외
ISBN : 89-7101-725-2
판 형 : B5
쪽 수 : 770
가 격 : 33,000원

MDS-196 KIT의 주요 사양

항 목	사 양	비 고
CPU	N80C196KC20(20MHz)	
ROM	27C256-15(32 KB)	
RAM	62256-7(32 KB) (80C196KC에 내장된 488바이트는 별도)	
프로그램의 입력 및 실행	1. IBM PC의 직렬 포트를 사용하는 방법 2. 키트에 ROM을 삽입하여 사용하는 방법	
I/O	1. 기본 입출력 기판 (1) 출력 장치-LCD 모듈 (2) 입력 장치-키패드 2. 응용 보드 (1) 소형 DC 모터 제어 회로 (2) 스텝 모터 구동 회로 (3) AD 변환기 - 광센서 - 온도센서 - 가변저항 3. 다양한 시스템 응용을 위한 입출력 인터페이스 보드	 16문자×2줄 LCD 사용 16진 숫자 입력 스위치 16개 제어 입력 스위치 3개 PWM을 이용한 속도 제어 고속 출력(HSO)를 이용한 구동회로 고속 입력(HSI) 기능을 이용 포토 TR과 적외선 LED 사용 CdS 광센서 사용 외부 확장용 전원 회로 포함
전원	+12V(외부 입력 전압), +5V(정전압 회로 내장)	+12V는 모터 제어에 사용

TMS-31 Kit

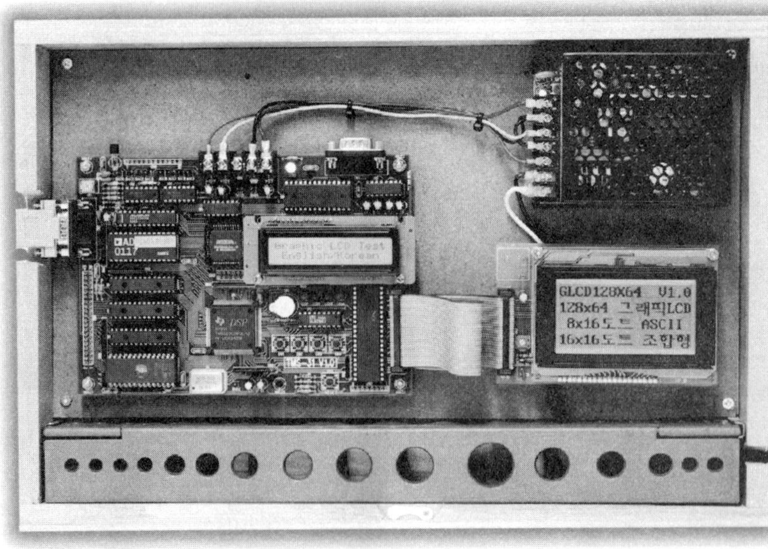

♣ 중간형 별도 판매
PCB+CPU+EPLD

저 자 : 윤덕용
ISBN : 89-7101-750-3
판 형 : B5
쪽 수 : 636
가 격 : 30,000원

TMS-31 KIT의 주요 사양

항 목	사 양	비 고
DSP	TMS320C31PQL-40 (40MHz)	40MHz 수정발진 모듈사용
ROM	27C256(32 KB) 또는 27C512(64KB)	PCB 진단 및 각종 응용 프로그램
RAM	68257-15(32 KB)×4개= 32K 워드 (TMS320C31에 내장된 2K 워드는 별도)	사용자의 프로그램 및 데이터용
프로그램의 입력 및 실행	1. XDS-510 에뮬레이터를 사용하는 방법 2. 내장 ROM을 사용하는 방법 3. IBM PC의 프린터포트를 사용하는 방법	1. 에뮬레이터용 콘넥터 내장 2. 예제가 포함된 27C256 기본 제공 3. 프린터포트용의 케이블 기본 제공
A/D 컨버터	12비트 MAX122 1개 (5MHz, 2.6μs) 8채널 아날로그 스위치 (1) 4개 채널은 콘넥터로 아날로그 입력 (2) 반고정 저항에 의한 −5V~+5V 입력 (3) 온도센서 LM35DZ 입력 (4) 2개 채널은 D/A 컨버터의 출력을 입력	1. 아날로그 입력 범위는 −5V~+5V 2. 아날로그 출력 범위는 −5V~+5V 3. 내장된 D/A 컨버터의 출력을 A/D 컨버터에 입력함으로써 외부에 별도의 함수발생기를 사용하지 않고 신호처리 실험이 가능
D/A 컨버터	12비트 AD664 (4채널 전압 출력) (1) 4개 채널 모두 콘넥터로 외부출력 (2) 2개 채널은 A/D 컨버터에 입력 가능	
기타 I/O	1. 시스템 확장용 콘넥터 2. 8255A 1개 내장 (1) 16자×2행 LCD 모듈 (backlight 가능) (2) buzzer (3) 4개의 상태표시용 LED (4) 4개의 입력키 (5) 8255A를 통한 외부 입출력 콘넥터 3. 8251A 및 MAX232 내장 외부와 RS-232C 직렬통신 4. 직류 서보모터 제어를 위한 콘넥터	
전원	+5V, ±15V (또는 ±12V)	±15V는 A/D, D/A 컨버터에서 사용
PCB	180×130mm 4층 에폭시 기판	

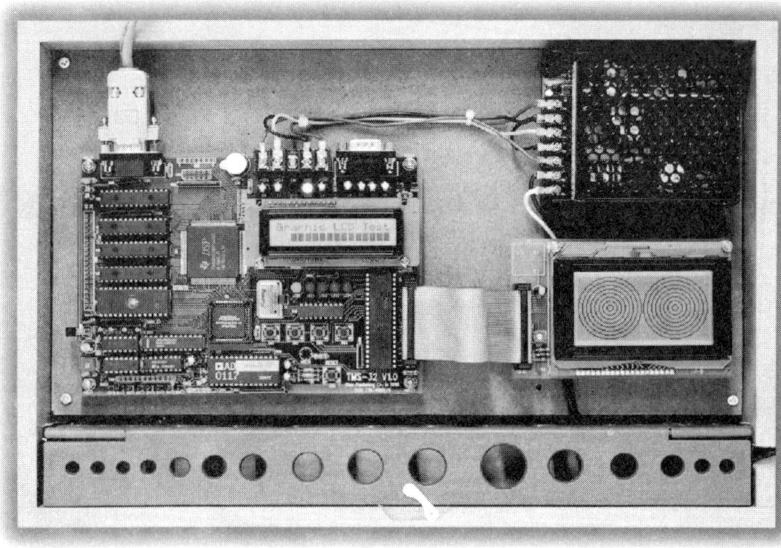

♣ 중간형 별도 판매
PCB+CPU+EPLD

저 자 : 윤덕용
ISBN : 89-7101-751-1
판 형 : B5
쪽 수 : 768
가 격 : 33,000원

TMS-32 KIT의 주요 사양

항 목	사 양	비 고
DSP	TMS320C32PCM50 (50MHz) 기본사양 TMS320C32PCM40 (40MHz)도 사용가능	50MHz 수정발진 모듈사용 40MHz 수정발진 모듈사용
ROM	27C512-15(64KB)	PCB 진단 및 각종 응용 프로그램
RAM	KM68257-15(32 KB)×4개= 32K 워드 (TMS320C32에 내장된 512 워드는 별도)	사용자의 프로그램 및 데이터용
프로그램의 입력 및 실행	1. IBM PC의 프린터 포트를 사용하는 방법 2. 키트에 내장된 ROM을 사용하는 방법 3. XDS510 에뮬레이터를 사용하는 방법	1. 에뮬레이터용 콘넥터 내장 2. 예제가 포함된 27C256 기본 제공 3. 프린터포트용의 케이블 기본 제공
A/D 컨버터	12비트 MAX122BCNG 1개 (5MHz, 2.6μs) 8채널 아날로그 스위치 (1) 4개 채널은 콘넥터로 아날로그 입력 (2) 내장 온도센서 LM35D 입력 (3) 내장 광센서 Cds 입력 (4) 내장 가변 저항에 의한 -5V~+5V 입력 (5) 1개 채널은 A/D 컨버터의 출력을 입력	1. 아날로그 입력 범위는 -5V~+5V 2. 아날로그 출력 범위는 -5V~+5V 3. D/A 컨버터의 출력을 A/D 컨버터에 다시 입력함으로써 외부에 별도의 함수발생기를 사용하지 않고 신호처리 실험이 가능
D/A 컨버터	12비트 AD664JN-BIP (4채널 전압 출력) (1) 4개 채널 모두 콘넥터로 외부출력 (2) 1개 채널은 A/D 컨버터에 입력 가능	4. 각종 응용 프로그램 기본 제공
기타 I/O	1. DSP가 직접 제어하는 I/O (1) +5V용 버저 (2) 1개의 동작 테스트용 LED (3) 직류 서보모터 제어를 위한 콘넥터 2. 8255A 1개 내장 (1) 16자×2행 LCD 모듈 (backlight 가능) (2) 4개의 상태표시용 LED (3) 4개의 키 입력 스위치 (4) 외부 병렬 입출력 곤넥터 3. 8251A 및 MAX232 내장 외부와 RS-232C 직렬통신 4. 시스템 I/O 확장용 콘넥터	각종 응용 프로그램 기본 제공
전원	+5V, ±15V (또는 ±12V)	±15V는 A/D, D/A 컨버터에서 사용
PCB	180×130mm 4층 에폭시 기판	

OK-128 Kit

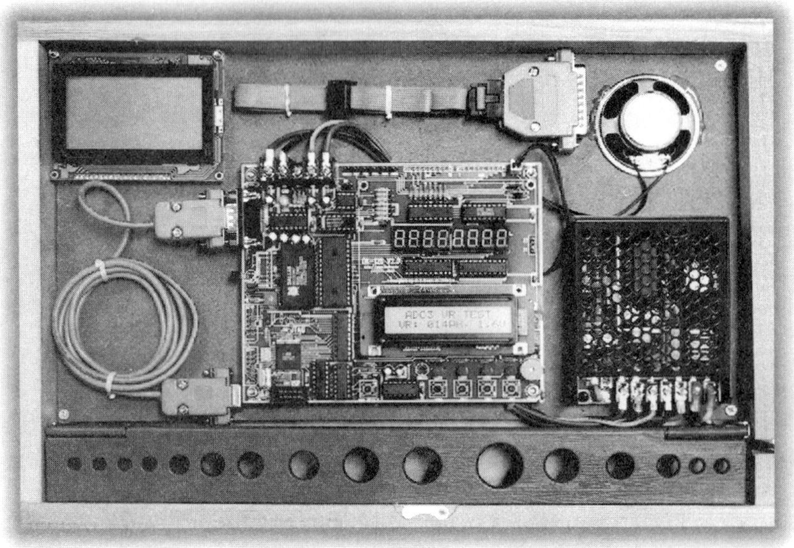

♣ PCB 별도 판매
(CPU 포함)

저 자 : 윤덕용
ISBN : 89-7101-765-1
판 형 : B5
쪽 수 : 920
가 격 : 38,000원

OK-128 KIT의 주요 사양

항 목	사 양	비 고
CPU	ATmega128-16AI(16MHz)	16MHz 수정발진자 사용
ROM	CPU에 내장된 128KB의 플래시 메모리	프로그램 저장
외부 RAM	62256-7(32 KB) (CPU에 내장된 4KB는 별도)	사용자 데이터 저장
프로그램의 입력/실행	1. JTAG ICE 에뮬레이터를 사용하는 방법 2. AVR ISP와 병렬 포트를 사용하는 방법 3. 기타 ISP와 직렬 포트를 사용하는 방법	1. 병렬포트형 AVR ISP 케이블 제공 (직렬포트형과 USB 포트형은 옵션) 2. 테스트 프로그램 기본 제공
I/O	1. CPU 프로그램용 콘넥터 (1) AVR ISP용 10핀 DIP 콘넥터(CN2) (2) JTAG ICE용 10핀 DIP 콘넥터(CN3) 2. CPU가 직접 제어하는 I/O (1) 2개의 RS-232C 직렬포트(CN4, CN5) (2) 4개의 키입력 스위치(SW1~SW4) (3) 4개의 상태표시 LED(LED1~LED4) (4) +5V용 버저 (5) 스피커 사운드 출력(CN6) (6) LM35D에 의한 온도센서(ADC1, ADC2) (7) 가변저항에 의한 전압센서(ADC3) (8) DAC0800 8비트 D/A 컨버터 (9) AT93C56 및 AT24C16 직렬 EEPROM (10) 도트 매트릭스 LED 접속(CN10) (11) 병렬 I/O 포트 확장 콘넥터(CN9) 3. 16자×2 문자 텍스트형 LCD 모듈 4. 128×64 도트 그래픽형 LCD 모듈 5. 8개의 7세그먼트 LED 6. DS12C887 배터리 백업형 리얼타임 클럭 7. 8비트 병렬출력 인터페이스(CN7) 8. 스텝모터 구동 인터페이스(CN8)	 STK200/300의 AVR ISP 표준 Atmel사의 JTAG ICE 표준 RS-232C 통신 케이블 기본 제공 A/D 입력 범위는 0V~+5V 0V~+10V, -10V~+10V 중에서 선택 화면밝기 조절 및 백라이트 기능 포함 화면밝기 조절 및 백라이트 기능 포함 ULN2803 출력
전원	+5V, ±15V (또는 ±12V도 사용 가능)	±15V는 아날로그 회로에서만 사용
PCB 외형	160×130mm 양면 에폭시 기판	

☞ 이것은 *OK-128*키트와 *OK-64*키트 겸용이므로 ATmega64-16AI를 조립하면 *OK-64*키트가 된다.

구입문의 : 학습기기 R&C사 / 도서출판 Ohm사 ✆ 02) 776-4868-9

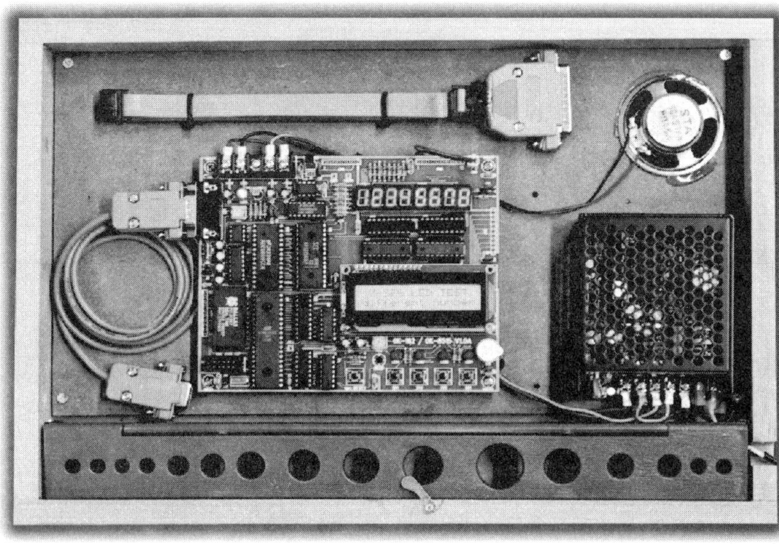

♣ PCB 별도 판매
(MPU 장착)

저 자 : 윤덕용
ISBN : 89-7101-759-7
판 형 : B5
쪽 수 : 726
가 격 : 32,000원

OK-162 KIT의 주요 사양

항 목	사 양	비 고
CPU	ATmega162-16PI(16MHz)	16MHz 수정발진자 사용
ROM	CPU에 내장된 16KB의 플래시 메모리	프로그램 저장
외부 RAM	62256-7(32 KB) (CPU에 내장된 1KB는 별도)	사용자 데이터 저장
프로그램의 입력/실행	1. AVR ISP와 병렬 포트를 사용하는 방법 2. 기타 ISP와 직렬 포트를 사용하는 방법 3. JTAG ICE 에뮬레이터를 사용하는 방법	1. AVR ISP 케이블 기본 제공 2. 응용 프로그램 기본 제공 (☞ JTAG 콘넥터는 사용자가 조립)
I/O	1. CPU 프로그램용 콘넥터	
	(1) AVR ISP용 10핀 DIP 콘넥터(CN2)	STK200/300의 AVR ISP 표준
	(2) JTAG용 콘넥터는 사용자가 조립해야 함	
	2. CPU가 직접 제어하는 I/O	
	(1) 포트 B 및 포트 D 확장 콘넥터(CN3)	
	(2) 2개의 RS-232C 직렬포트(CN4, CN5)	RS-232C 통신 케이블 기본 제공
	(3) 4개의 키입력 스위치(SW1~SW4)	
	(4) 4개의 상태표시 LED(LED1~LED4)	
	(5) +5V용 버저, 스피커 사운드 출력(CN6)	
	(6) DAC0800 8비트 D/A 컨버터	0V~+10V, -10V~+10V 중에서 선택
	(7) SPI 직렬통신에 의한 시리얼 EEPROM	
	(8) 아날로그 비교기(J2, J3)	
	3. CPU 외부의 확장 I/O	
	(1) 16자×2 문자 텍스트형 LCD 모듈	화면밝기 조절 및 백라이트 기능 포함
	(2) 8개의 7세그먼트 LED	
	(3) 8비트 병렬출력 인터페이스(CN7)	
	(4) 스텝모터 구동 인터페이스(CN8)	ULN2803 출력
	(5) DS12C887 베터리 백업형 리얼타임 클럭	
	(6) 8비트 8채널 A/D 컨버터 ADC0809	A/D 입력 범위는 0V~+5V
	- 전압센서(VR1), 온도센서(LM35), 광센서(CdS)	
	- 4채널 A/D 입력 콘넥터(CN9)	
전원	+5V, ±15V (또는 ±12V도 사용 가능)	±15V는 아날로그 회로에서만 사용
PCB 외형	160×130mm 양면 에폭시 기판	

☞ *OK-162* 키트는 *OK-8515* 키트와 PCB를 공통으로 사용한다.

OK-8515 Kit

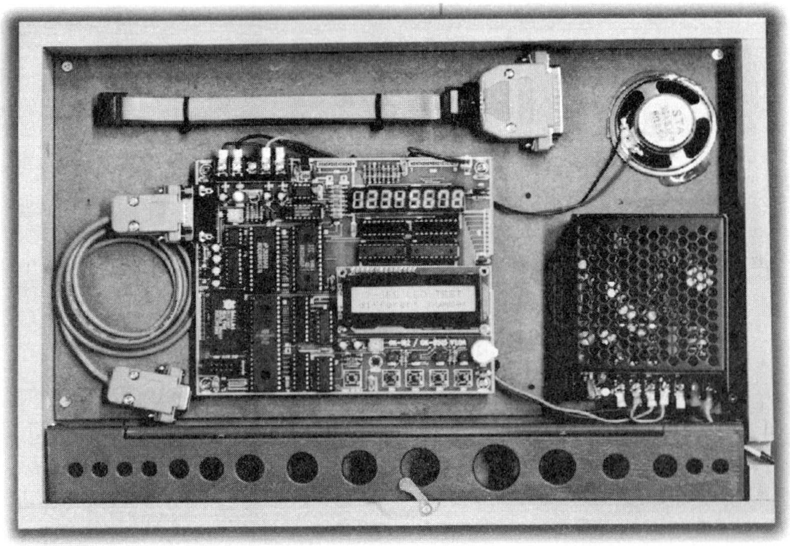

♣ PCB 별도 판매

저 자 : 윤덕용
ISBN : 89-7101-762-7
판 형 : B5
쪽 수 : 692
가 격 : 28,000원

OK-8515 KIT의 주요 사양

항 목	사 양	비 고
CPU	ATmega8515-16PI(16 MHz)	16 Mhz 수정발진자 사용
ROM	CPU에 내장된 8KB의 플래시 메모리	프로그램 저장
외부 RAM	62256-7(32 KB) (CPU에 내장된 512바이트는 별도)	사용자 데이터 저장
프로그램의 입력/실행	1. AVR ISP와 병렬 포트를 사용하는 방법 2. 기타 ISP와 직렬 포트를 사용하는 방법	1. AVR ISP 케이블 기본 제공 2. 응용 프로그램 기본 제공
I/O	1. CPU 프로그램용 콘넥터 AVR ISP용 10핀 DIP 콘넥터(CN2) 2. CPU가 직접 제어하는 I/O (1) 포트 B 및 포트 D 확장 콘넥터(CN3) (2) 1개의 RS-232C 직렬포트(CN4) (3) 4개의 키입력 스위치(SW1~SW4) (4) 4개의 상태표시 LED(LED1~LED4) (5) +5V용 버저, 스피커 사운드 출력(CN6) (6) DAC0800 8비트 D/A 컨버터 (7) SPI 직렬통신에 의한 시리얼 EEPROM (8) 아날로그 비교기(J2, J3) 3. CPU 외부의 확장 I/O (1) 16X2 문자 텍스트형 LCD 모듈 (2) 8개의 7세그먼트 LED (3) 8비트 병렬출력 인터페이스(CN7) (4) 스텝모터 구동 인터페이스(CN8) (5) DS12C887 배터리 백업형 리얼타임 클럭 (6) 8비트 8채널 A/D 컨버터 ADC0809 -전압센서(VR1), 온도센서(LM35), 광 센서(CdS) -4채널 A/D 입력 콘넥터(CN9)	STK200/300의 AVR ISP 표준 RS-232C 통신 케이블 기본 제공 0V~+10V, -10V~+10V 중에서 선택 화면밝기 조절 및 백라이트 기능 포함 ULN2803 출력 A/D 입력 범위는 0V~+5V
전원	+5V, ±15V (또는 ±12V도 사용 가능)	±15V는 아날로그 회로에서만 사용
PCB 외형	160×130mm 양면 에폭시 기판	

☞ *OK-8515* 키트는 *OK-162* 키트와 PCB를 공통으로 사용한다.

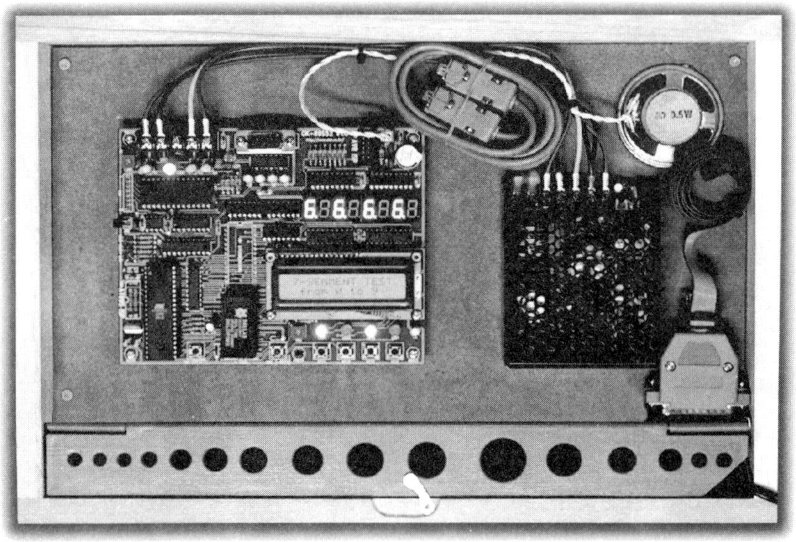

♣ PCB 및 AT89S ISP 케이블 별도 판매

저 자 : 윤덕용
ISBN : 89-7101-769-4
판 형 : B5
쪽 수 : 830
가 격 : 30,000원

OK-89S52 KIT의 주요 사양

항 목	사 양	비 고
CPU	AT89S52-24PC 또는 AT89S52-24PI (AT89S51이나 AT89S8253도 사용 가능)	24MHz 수정발진자 사용
ROM	1. CPU에 내장된 8KB의 플래시 메모리 2. 외부 확장 27C256 또는 29C256(32KB)	사용자 프로그램용
RAM	CPU에 내장된 256 바이트	스택 및 데이터 저장용
프로그램의 입력/실행	1. 병렬포트형 AT89ISP를 사용(Atmel 표준) 2. 병렬포트형 AVR ISP를 사용 3. 직렬포트형 AVR ISP를 사용 4. USB포트형 AVR ISP를 사용	1. AT89S ISP 케이블(Atmel 호환) 2. AVR-ISP Parallel 케이블(기본 제공) 3. AVR-ISP Studio/STK500 케이블 4. USB-ISP 케이블
I/O	1. CPU가 직접 제어하는 I/O (1) RS-232C 직렬통신 포트(CN4) (2) +5V용 버저 (3) 스피커 사운드 출력(CN5) (4) 4개의 키입력 (5) 스위치에 의한 사용자 인터럽트(SW2) (6) AT89S ISP 케이블 접속용 콘넥터(CN2) (7) AVR ISP 케이블 접속용 콘넥터(CN3) 2. 외부 확장 I/O (1) 16×2행 텍스트형 LCD 모듈 (2) 8글자의 7세그먼트 LED (3) 4개의 상태표시 LED (4) ADC0809 8채널 8비트 A/D 컨버터 – 전압센서, 온도센서, 조도센서 각 1개 – 4채널 아날로그 입력 콘넥터(CN6) (5) DAC0800 8비트 D/A 컨버터 (6) DS12C887 배터리 백업형 리얼타임 클럭	backlight 기능 사용 가능 A/D 입력 범위는 0V~+5V D/A 출력 범위는 0V~+10V, −10V~+10V 중에서 선택 사용
전원	+5V, ±15V (또는 ±12V도 사용 가능)	±15V는 아날로그 회로에서만 사용
PCB 외형	160×130mm 양면 에폭시 기판	

KUT-8515 Kit

AVR ATmega8515

♣ 제작용 PCB 포함

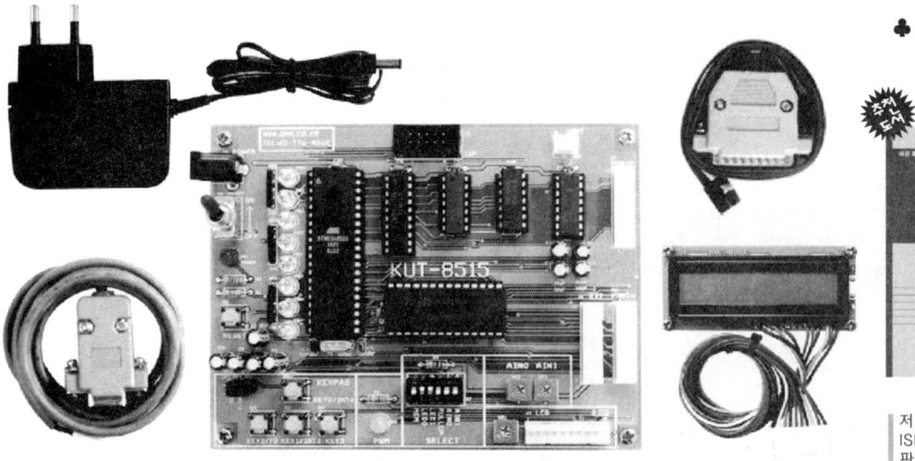

저 자 : 신동욱·조영준 공저
ISBN : 89-7101-763-5
판 형 : B5
쪽 수 : 350
가 격 : 32,000원

KUT-8515 KIT의 주요 사양

항 목	사 양	비 고
CPU	ATmega8515	16MHz 클럭 사용
메모리	RAM : 32K 바이트	선택적 사용
내장 주변장치	B 포트 : LED×8	선택적 사용
	D 포트 : 스위치×4	인터럽트와 연동 사용
	PWM 출력	LED로 확인
	아날로그 입력 비교	가변저항 이용
	2채널	스위치 입력, 외부 커넥터
전원	+5V	아답터 잭
외부 인터페이스	A 포트 커넥터	5V, PA0~PA7, GND(10핀)
	C 포트 커넥터	5V, PC0~PC7, GND(10핀)
	제어신호 커넥터	INT1 등 제어 신호 (10핀)
	RS-232C 커넥터	MAX232 내장(3핀)
	LCD 커넥터	4비트 데이터 버스 방식 (16문자×2라인 LCD 사용)
	ISP 커넥터	ISP 케이블 제작 필요 (또는 Ohm사 별매용 이용 가능)
PCB 외형	132×102mm 2층 에폭시 기판	

KUT-8515 완성 키트는 Atmel사의 AVR 8비트 RISC 프로세서인 ATmega8515의 기본적인 기능을 익히고 실험하는데 필요한 **최소한의 하드웨어로 구성된 쉽고 간단하며, 저렴한 트레이닝 키트**이다.
기존의 트레이닝 키트와는 달리 많은 주변기기를 내장하고 있지 않기 때문에 크기가 작아서 PC 옆에 놓고 사용하기에도 편리하다. 그리고 어느정도의 기본 학습이 끝나면, 단순한 교육용 키트가 아니라 독자 여러분이 제작하는 응용 시스템의 메인 CPU 보드로도 손쉽게 이용할 수가 있다. 책에서 소개된 ISP 케이블과 *CodeVisionAVR C* 컴파일러를 이용하여 사용자가 작성한 프로그램을 PC로부터 다운로드 하여 즉시 실험해 볼 수 있기 때문에 롬라이터와 같은 별도의 장비가 필요하지 않다.

구입문의 : 학습기기 R&C사 / 도서출판 Ohm사 ✆ 02) 776-4868-9

▲
KUT-128 인터페이스 보드 + MCU 보드 장착

♣ 상품 구성
Interface 보드+CPU 보드(Full Set) 판매
Interface 보드 별도 판매
MCU 보드 별도 판매

저 자 : 신동욱/오창헌 공저
ISBN : 89-7101-768-6
판 형 : B5
쪽 수 : 380
가 격 : 20,000원

MCU 보드 ▶

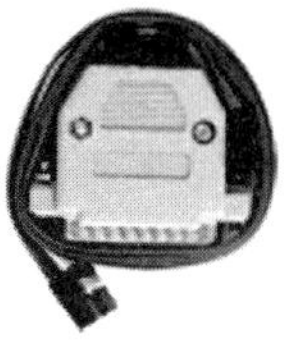

KUT-128 KIT의 주요 사양

항 목	사 양	비 고
MCU	ATmega128	16MHz 클럭 사용
내장 주변장치	• 포트 B, F : 7-Segment × 4 • 포트 C : LED × 8 • 포트 E : 스위치 × 4 • PWM 출력 • 아날로그 입력 비교 • A/D변환 2 입력	• 동적 구동 • 선택적 사용 • 인터럽트와 연동 사용 • LED로 확인 • 가변 저항 이용 • 가변저항 이용
전원	+5V	아답터 잭
외부 인터페이스	• 포트 A 커넥터 • 포트 C 커넥터 • 포트 G 커넥터 • RS-232 커넥터 • LCD 커넥터 • ISP 커넥터	• 5V, PA0-PA7, GND(10핀) • 5V, PC0-PC7, GND(10핀) • 메모리, I/O 확장 제어신호(10핀) • MAX232 내장(3핀) • 4비트 데이터 버스 방식 (16문자 × 2라인 LCD 사용) • ISP 케이블 제작 필요 (또는 Ohm사 별매품 이용 가능)
PCB 외형	KUT-128 MCU 보드 : 38mm × 40mm KUT-128 인터페이스 보드 : 142mm × 104mm	2층 에폭시 기판 2층 에폭시 기판

KUT-128 완성 보드는 Atmel사의 AVR 8비트 RISC 프로세서인 ATmega128 MCU 보드와 인터페이스 보드로 구성되며, ATmega128의 기본적인 기능을 익히고 실험하는데 필요한 최소한의 하드웨어로 구성된 **쉽고 간단하며, 저렴한 트레이닝 키트**이다. 기존의 트레이닝 키트와는 달리 많은 주변기기를 내장하고 있지 않기 때문에 크기가 작아서 PC 옆에 놓고 사용하기에도 편리하다. 그리고 어느 정도의 기본 학습이 끝나면, 단순한 교육용 키트가 아니라 독자 여러분이 제작하는 졸업작품 또는 응용 시스템의 메인 CPU 보드로도 손쉽게 이용할 수가 있다. 책에서 소개된 ISP 케이블과 *CodeVisionAVR C* 컴파일러를 이용하여 사용자가 작성한 프로그램을 PC로부터 다운로드 하여 즉시 실험해 볼 수 있기 때문에 롬라이터와 같은 별도의 장비가 필요하지 않다.

GLCD128X64

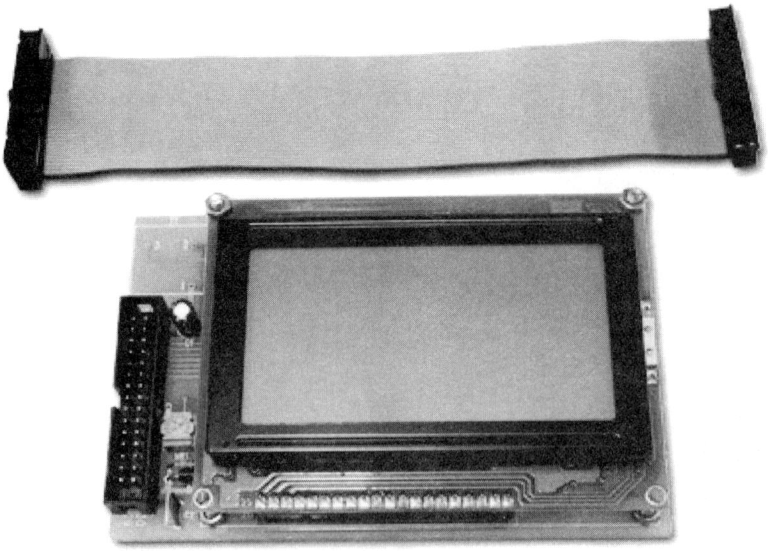

♣ PCB 포함

저 자 : 윤덕용
ISBN : 89-7101-760-0
판 형 : B5
쪽 수 : 798
가 격 : 43,000원

그래픽 LCD 확장보드의 주요 사양

항 목	사 양	비 고
해상도	128×64 도트, 단색	
사용 가능 LCD 모듈	(1) 삼성 SDI UG-13B04-SEAT5-2 (2) 현대 LCD HG12605NY-LY (3) 기타 이와 호환되는 그래픽형 LCD 모듈	EL 백라이트형 LED 백라이트형
접속 가능 키트	(1) *OK-8051* 키트 (2) *OK-196* 키트 (3) *TMS-31* 키트 (4) *TMS-32* 키트	
인터페이스 방법	(1) 82C55A를 사용하여 구동 (2) HIF3F-30PA-2.54DSA 콘넥터를 사용	
전원	키트에서 공급되는 +5V (LCD 모듈 내부에서 -10V를 만들어 사용)	30핀(전원 포함) EL 백라이트형은
PCB 외형	114×75 mm 양면 에폭시 기판	인버터 사용

그래픽형 LCD 모듈 확장보드 *GLCD128X64*는 *OK-8051* **키트**, *OK-196* **키트**, 그리고 *TMS-31/32* **키트**에 128×64 해상도의 그래픽형 LCD 모듈을 확장하여 사용할 수 있는 제품이다. 이들 키트에는 모두 16자×2행의 텍스트형 LCD 모듈이 내장되어 있으므로 이를 사용하는데는 문제가 없으나, 이들 키트들이 그래픽형 LCD 모듈은 가지고 있지 않으므로 이를 사용하려면 외부에 추가로 확장하여야 한다.

OK-128 V3.0 Kit

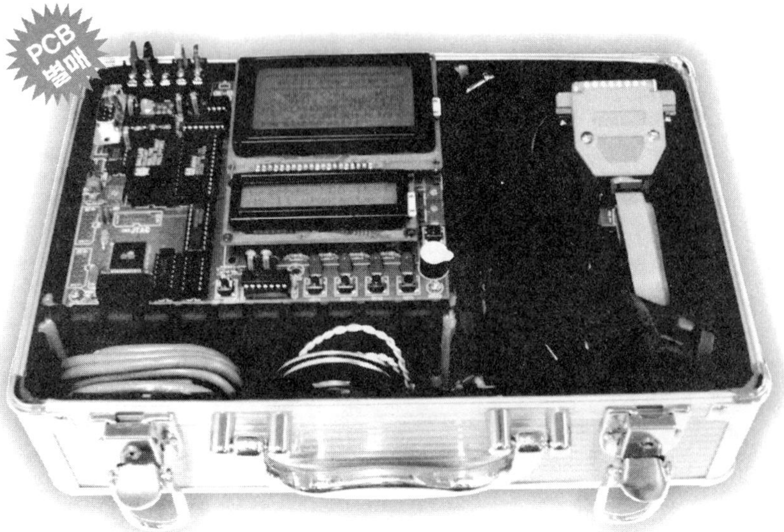

♣ PCB 별도 판매
(CPU 포함)

추천 도서

저 자 : 윤덕용
ISBN : 89-7101-771-6
판 형 : B5
쪽 수 : 1044
가 격 : 42,000원

OK-128 V3.0 KIT의 주요 사양

항 목	사 양	비 고
CPU	ATmega128-16AI/AU(16MHz)	16MHz 수정발진자 사용
ROM	CPU에 내장된 128KB의 플래시 메모리	프로그램 저장
외부 RAM	62256-7(32KB) (CPU에 내장된 4KB는 별도)	사용자 데이터 저장
프로그램의 입력/실행	1. AVR ISP 다운로드 케이블을 사용하는 방법 2. JTAG ICE 에뮬레이터를 사용하는 방법	1. 병렬포트형 AVR ISP 케이블 제공 (직렬포트형과 USB 포트형은 옵션) 2. 테스트 프로그램 기본 제공
I/O	1. CPU 프로그램용 콘넥터 (1) AVR ISP용 10핀 DIP 콘넥터(CN2) (2) JTAG ICE용 10핀 DIP 콘넥터(CN3) 2. CPU가 직접 제어하는 I/O (1) 4개의 키입력 스위치(KEY1~KEY4) (2) 4개의 상태표시 LED(LED1~LED4) (3) 외부 인터럽트 스위치(SW2) (4) +5V용 버저, 스피커 사운드 출력(CN6) (5) LM35D에 의한 온도센서(ADC1, ADC2) (6) 가변저항에 의한 전압센서(ADC3) (7) DAC0800 8비트 D/A 컨버터 (8) AT93C56 및 AT24C16 직렬 EEPROM (9) 2개의 RS-232C 직렬포트(CN4, CN5) (10) 병렬 I/O 포트 확장 콘넥터(CN8) (11) 도트 매트릭스 LED 접속 콘넥터(CN9) 3. 16×2 문자 텍스트형 LCD 모듈 4. 128×64 도트 그래픽형 LCD 모듈 5. 8개의 7세그먼트 LED 6. DS12C887 배터리 백업형 리얼타임 클록 7. 스텝모터 구동 인터페이스 콘넥터(CN7)	 STK200/300의 AVR ISP 표준 Atmel사의 JTAG ICE 표준 A/D 입력 범위는 0V~+5V 0V~+10V, -10V~+10V 중에서 선택 RS-232C 통신 케이블 기본 제공 화면밝기 조절 및 백라이트 기능 포함 화면밝기 조절 및 백라이트 기능 포함 ULN2803 출력
전원	+5V, ±15V (또는 ±12V도 사용 가능)	±15V는 아날로그 회로에서만 사용
PCB 외형	160×130mm 양면 에폭시 기판	

☞ 이것은 *OK-128* 키트와 *OK-64* 키트 겸용이므로 ATmega64-16AI/AU를 조립하면 *OK-64* 키트가 된다.

구입문의 : 학습기기 R&C사 / 도서출판 Ohm사 ✆ 02) 776-4868-9

OK-1281/2561 Kit

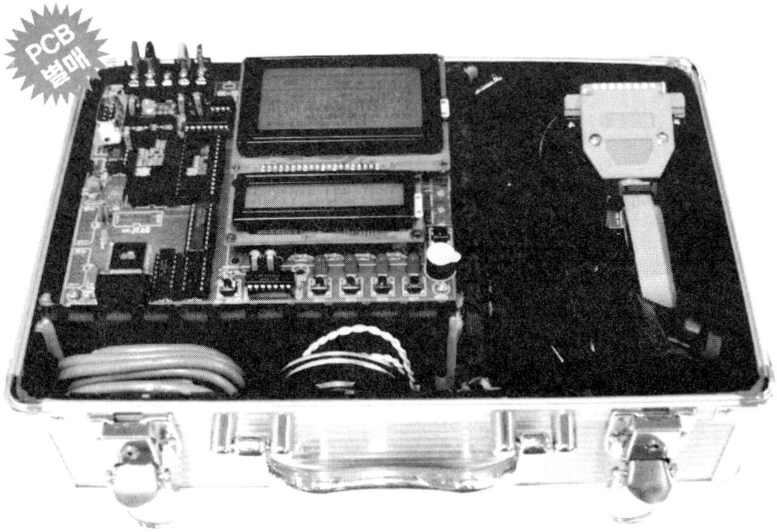

♣ 완성품 판매
SD, CF 카드 별매

저 자 : 윤덕용
ISBN : 89-7101-772-4
판 형 : B5
쪽 수 : 1092
가 격 : 43,000원

OK-1281/2561 KIT의 주요 사양

항 목	사 양	비 고
CPU	ATmega1281－16AU(16MHz) 또는 ATmega2561－16AU(16MHz)	16MHz 수정발진자 사용
ROM	CPU에 내장된 128/256KB의 플래시 메모리	프로그램 저장
외부 RAM	62256－7(32KB) (CPU에 내장된 8KB는 별도)	스택 및 사용자 데이터 저장
프로그램의 입력/실행	1. AVR ISP 다운로드 케이블을 사용하는 방법 2. JTAG ICE 에뮬레이터를 사용하는 방법	1. 병렬포트형 AVR ISP 케이블 제공 (직렬포트형과 USB 포트형은 옵션) 2. 테스트 프로그램 및 예제 기본 제공
I/O	1. CPU 프로그램용 콘넥터 (1) AVR ISP용 10핀 DIP 콘넥터(CN2) (2) JTAG ICE용 10핀 DIP 콘넥터(CN3) 2. CPU가 직접 제어하는 I/O (1) 4개의 키입력 스위치(KEY1~KEY4) (2) 4개의 상태표시 LED(LED1~LED4) (3) 외부 인터럽트 스위치(SW2) (4) +5V용 버저, 스피커 사운드 출력(CN6) (5) LM35D에 의한 온도센서(ADC1, ADC2) (6) 가변저항에 의한 전압센서(ADC3) (7) DAC0800 8비트 D/A 컨버터 (8) AT93C56 및 AT24C16 직렬 EEPROM (9) 2개의 RS－232C 직렬포트(CN4, CN5) (10) 병렬 I/O 포트 확장 콘넥터(CN8) (11) 도트 매트릭스 LED 접속 콘넥터(CN9) 3. 16×2 문자 텍스트형 LCD 모듈 4. 128×64 도트 그래픽형 LCD 모듈 5. 8개의 7세그먼트 LED 6. DS12C887 배터리 백업형 리얼타임 클록 7. 스텝모터 구동 인터페이스 콘넥터(CN7)	STK200/300의 AVR ISP 표준 Atmel사의 JTAG ICE 표준 A/D 입력 범위는 0V～+5V 0V~+10V, －10V~+10V 중에서 선택 RS－232C 통신 케이블 기본 제공 화면밝기 조절 및 백라이트 기능 포함 화면밝기 조절 및 백라이트 기능 포함 ULN2803 출력
전원	+5V, ±15V (또는 ±12V도 사용 가능)	±15V는 아날로그 회로에서만 사용
PCB 외형	160×130mm 양면 에폭시 기판	

☞ 이것은 *OK－1281* 키트와 *OK－2561* 키트 겸용이므로 자신이 원하는 MCU 소자를 조립하면 된다.

OK-7S256 Kit

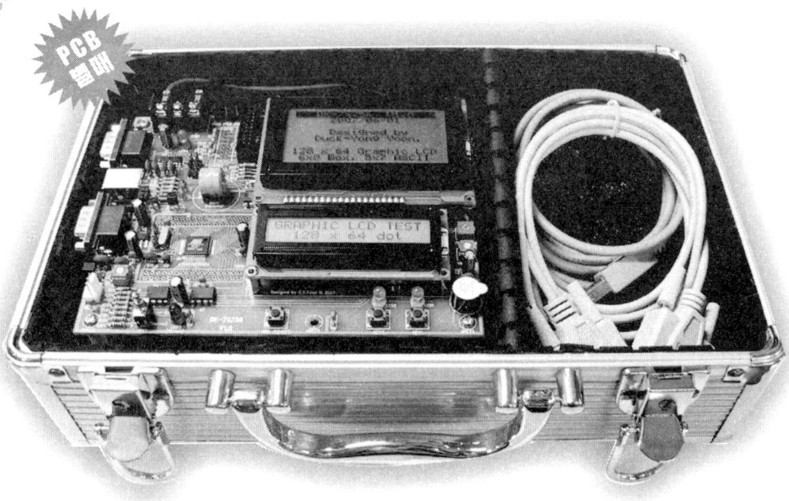

ARM 시작하기 시리즈 1
ARM7TDMI
AT91SAM7S256으로 시작하기

저 자 : 윤덕용
ISBN : 89-7101-775-9
판 형 : B5
쪽 수 : 924
가 격 : 39,000원

CPU 보드 별매

☞ CPU는 메인보드에 직접 납땜할 수도 있고, CPU보드에 납땜하여 메인보드에 장착할 수도 있다.

OK-7S256 키트의 주요 사양

항 목	사 양	비 고
CPU	AT91SAM7S256-AU-001	1.메인 보드에 직접 조립하는 방법 2.CPU 보드를 사용하는 방법(CN10~11)
ROM	CPU에 내장된 256KB(64KW)의 플래시 메모리	프로그램 및 상수 데이터 저장
RAM	CPU에 내장된 64KB의 SRAM	프로그램, 스택, 사용자 데이터 저장
프로그램의 입력/실행	1. USB포트형 다운로드 케이블을 사용하는 방법 2. 직렬포트형 다운로드 케이블을 사용하는 방법 3. JTAG 인터페이스를 사용하는 방법	1. USB A-B형 케이블 사용(기본 제공) 2. RS-232C 케이블 사용(기본 제공) 3. *OK-JTAG* 케이블 사용(선택 사양)
I/O	1. CPU 프로그램용 콘넥터 (1) JTAG 인터페이스용 20핀 콘넥터(CN2) (2) JTAG 인터페이스용 14핀 콘넥터(CN3) (3) USB 포트용 4핀 콘넥터(CN4) (4) 직렬포트 DBUG용 9핀 콘넥터(CN5) 2. SAM-BA Boot 프로그램을 플래시 메모리에 로드하는 장치(SW2 및 LED3) 3. CPU가 직접 제어하는 I/O (1) 2개의 키입력 스위치(KEY1~KEY2) (2) 2개의 상태표시 LED(LED1~LED2) (3) +5V용 버저, 스피커 사운드 출력(CN7) (4) 16×2 문자 텍스트형 LCD 모듈 (5) 128×64 도트 그래픽형 LCD 모듈 (6) LM35D에 의한 온도센서(AD4) (7) 가변저항에 의한 전압센서(AD5) (8) 외부 A/D 입력 콘넥터(CN8, AD6~AD7) (9) RS-232C 직렬통신 포트(CN6) (10) SPI를 사용한 SD/MMC 카드 인터페이스(CN9) (11) SPI를 사용한 AT93C56 직렬 EEPROM (12) TWI를 사용한 DS1307 리얼타임 클록 (13) 3개의 테스트 포인트 TP1~TP3	 Wiggler 호환의 *OK-JTAG*을 사용 Wiggler 호환의 *OK-JTAG*을 사용 표준 USB A-B형 케이블 사용 표준 9핀 RS-232C 케이블 사용 약 10초의 동작시간 동안 LED3이 점등 화면밝기 조절 및 백라이트 기능 포함 화면밝기 조절 및 백라이트 기능 포함 A/D 입력 범위는 0V~+3.3V 표준 9핀 RS-232C 케이블 사용 전원 백업 기능 포함(배터리, 수퍼캡) 각각 PWM0, PWM1, PCK1 출력
전원	+5V(키트에서 +3.3V 레귤레이터 사용)	CPU 내부에서 +1.8V 레귤레이터 사용
PCB	160×130mm 양면 에폭시 기판	

☞ *OK-7S256* 키트에는 필요하면 AT91SAM7S512/256/128/64/321을 조립하여 사용할 수도 있다.

전자공작 및 인터페이스 외

도서 및 키트는 OHM사 홈페이지 SHOP에서 구입 가능!

적외선 6족 보행로봇

♣ 부품 SET로 판매

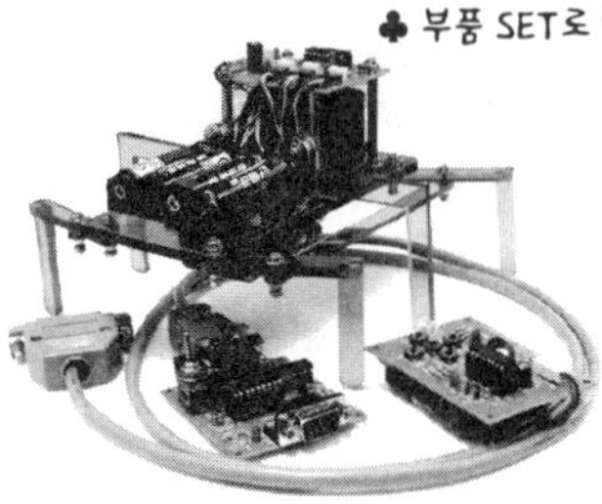

적외선 송신기로부터 전송 되어온 데이터를 판독하여 3개의 서브모터를 순차적으로 구동하여 로봇을 보행할 수 있고 프로그램에 의하여 보행 속도도 조절할 수 있다.
교재 : 적외선으로 움직이는 PIC ROBOT

적외선 주행로봇 & 라인트레이서

♣ 부품 SET로 판매

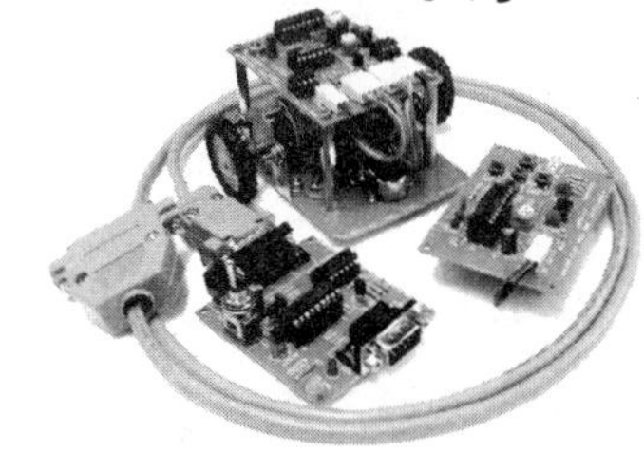

기어모터(감속비 38:1)를 채용하므로서 정밀제어가가능하고, 360도 회전이 가능하며 빠른 스피드를 낼 수 있다. 데이터의 송수신 방법은 6족로봇과 동일
교재 : 적외선으로 움직이는 PIC ROBOT

PIC 응용 제작

♣ 부품 SET로 판매

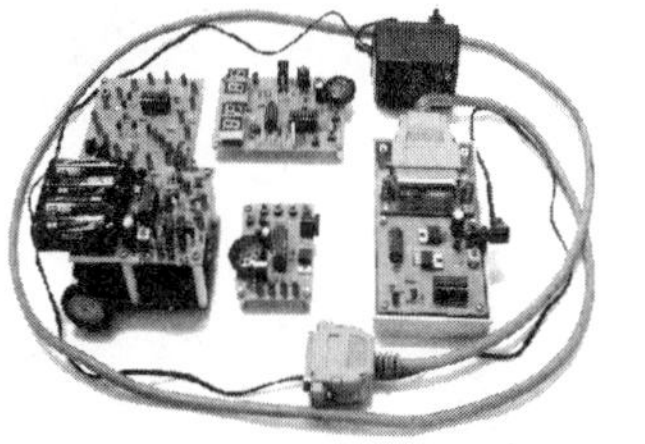

PIC프로그래머, 암호인식 초인종 하트무늬 깜빡이, 시계와 라인트레이서등의 아이템으로 구성되어 있어 마이컴 입문자들에게 유익한 실습키트임.
교재 : PIC16F84 응용 제작

침입자 경보기

♣ 부품 SET로 판매

레이저빔을 가로질러가는 사람이나 물체가 있다면 경보를 울리는 키트. 응용범위가 매우 넓은 아이템(작품 1,2키트 포함)
교재 : 기초로봇의 제작

라인트레이서

♣ 부품 SET로 판매

검정라인을 추적하여 주행 6개의 적외선 센서
패키지 구성
*센서감지와 비교. 제어회로
*로봇프레임 & 기어박스
교재 : 기초로봇의 제작

축구로봇

♣ 부품 SET로 판매

RF를 이용한 로봇 제어, 4ch. 송수신 가능
패키지 구성
* RF 송수신회로 제어회로
* 로봇프레임SET & 기어모터 SET
교재 : 기초로봇의 제작

라인마우스-깨돌이

♣ 부품 SET로 판매

C PU:V25
RAM:61256
ROM:27256
모터구동부:SLA7024*2조
밧데리:SANYO 1.2 250mA 3A*10개
* CPU,모터,센서,몸체부로 구성
* 기본 프로그램이 포함

V-IO Board

완제품

♣ 부품 SET도 판매함

PC의 ISA슬롯을 이용하는 인터페이스카드로A/D, D/A컨버터를 이용한 아날로그 디지털 상호변환 신호처리와 I/O, 타이머, 카운터, 스텝모터, LCD제어등에 활용할 수 있다.
교재 : C가 미는 로보트 I, II, III

C-패러렐포트 I

완제품

PC의 페러럴 포트를 이용하여 LED, 7Segment, 키패드 입력등의 실험을 할 수 있는 키트
교재 : C로 미는 PC자동제어응용
C로 쓰는 윈도우즈 병렬포트
VB로 미는 PC 자동제어 응용

C-패러렐포트 II

완제품

정역회전, 스피드조절, 센서의 동작을 실험해 볼 수 있는 스테핑모터 모듈
교재 : VB 로 미는 PC 제동제어 응용
그 밖의 마이컴 응용교재

AT89C Writer

완제품

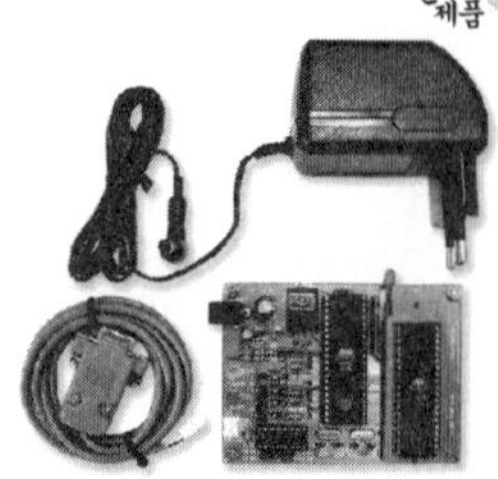

AT89C51,52 40DIP 핀 AT89C1051, 2051, 4051 20DIP 핀 지원
RS-232C serial 다운로드
TEXTOOL 장착, 라이터 전용프로그램 제공
(TEXTOOL에 장착된 89C51은 제외)

구입문의 : 학습기기 R&C사 / 도서출판 Ohm사 ✆ 02) 776-4868-9

AVR ISP Studio / STK500 ▪ AVR ISP Studio / AvrProg [직렬포트형]

RS-232C 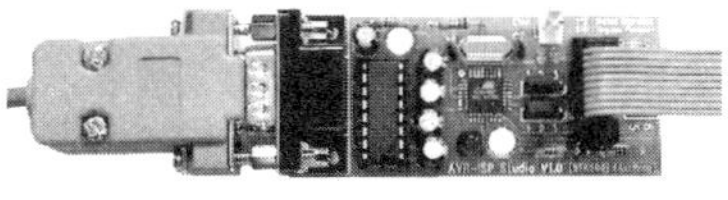 ISP

AVR ISP Studio 다운로드 케이블은 퍼스널컴퓨터 측에서 어떤 통신프로그램을 사용하는지에 따라 AVR ISP Studio/STK500 모델과 AVR ISP Studio/AvrProg 모델로 나누어진다. 이것들은 동일한 하드웨어를 사용하지만 ATmega8에 장착되는 펌웨어가 서로 다르다.

(1) AVR 모델의 모든 ATmega 패밀리에 적용
(2) 별도의 장비 없이 이 케이블만으로 사용자 프로그램을 다운로드
(3) AVR Studio 프로그램과 함께 사용
(4) 초고속 다운로드
(5) 10핀 80센티 플랫 케이블 포함

AVR ISP 케이블 [USB형]

노트북 사용자에게 꼭 필요한

USB 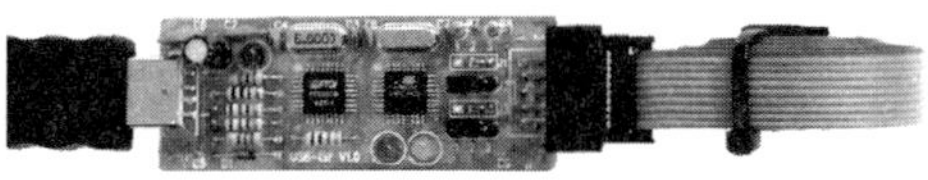 ISP

(1) AVR 모델의 모든 ATmega 패밀리에 적용
(2) 별도의 장비 없이 이 케이블만으로 사용자 프로그램을 다운로드
(3) AVR Studio 프로그램과 함께 사용
(4) 초고속 다운로드
(5) 10핀 80센티 플랫 케이블 포함

AVR ISP 케이블 [직렬포트형]

RS-232C  ISP

(1) AVR 모델의 모든 ATmega 패밀리에 적용
(2) 별도의 장비 없이 이 케이블만으로 사용자 프로그램을 다운로드
(3) PonyProg2000 프로그램과 함께 사용
(4) 병렬포트형 AVR ISP와 비슷한 다운로드 속도
(5) 10핀 80센티 플랫 케이블 포함

USB TO RS-232C 컨버터 동글

노트북 사용자에게 꼭 필요한

USB  RS-232C

(1) USB 신호를 RS-232C 신호로 변환
(2) USB 포트를 가상적인 COM3 포트로 사용
(3) 하이퍼터미널등과 같은 직렬통신 프로그램 사용
(4) 9600, 19200, 115200 등 하이퍼터미널에서 설정할 수 있는 모든 통신 포맷 사용 가능
(5) 본사의 모든 키트에서 직렬통신 또는 모니터 프로그램용으로 사용 가능

MOTOR CONTROL BOARD

이 보드는 OK-128/162/8515 키트 또는 JJ-128 키트에 접속하여 스텝모터 및 직류서보모터를 동시에 구동 또는 제어할 수 있는 I/O 확장 보드.

스텝모터 또는 직류서보모터를 동시에 구동하지 않고 하나씩만 구동한다면 8051 등의 임의 마이크로콘트롤러 키트에 적용할 수 있다.

케이블 외

도서 및 키트는 OHM사 홈페이지 SHOP에서 구입 가능!

AVR ISP 케이블 [USB형]

노트북 사용자에게 꼭 필요한

USB 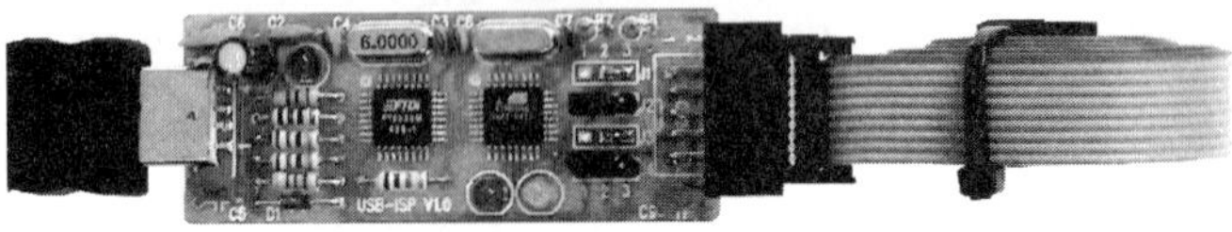 ISP

(1) AVR 모델의 모든 ATmega 패밀리에 적용
(2) 별도의 장비 없이 이 케이블만으로 사용자 프로그램을 다운로드
(3) AVR Studio 프로그램과 함께 사용
(4) 초고속 다운로드
(5) 10핀 80센티 플랫 케이블 포함

AVR ISP 케이블 [직렬포트형]

RS-232C  ISP

(1) AVR 모델의 모든 ATmega 패밀리에 적용
(2) 별도의 장비 없이 이 케이블만으로 사용자 프로그램을 다운로드
(3) PonyProg2000 프로그램과 함께 사용
(4) 병렬포트형 AVR ISP와 비슷한 다운로드 속도
(5) 10핀 80센티 플랫 케이블 포함

USB TO RS-232C 컨버터 동글

노트북 사용자에게 꼭 필요한

USB  RS-232C

(1) USB 신호를 RS-232C 신호로 변환
(2) USB 포트를 가상적인 COM3 포트로 사용
(3) 하이퍼터미널등과 같은 직렬통신 프로그램 사용
(4) 9600, 19200, 115200등 하이퍼터미널에서 설정할 수 있는 모든 통신 포맷 사용 가능
(5) 본사의 모든 키트에서 직렬통신 또는 모니터 프로그램용으로 사용 가능

MOTOR CONTROL BOARD

이 보드는 OK-128/162/8515 키트 또는 JJ-128 키트에 접속하여 스텝모터 및 직류서보모터를 동시에 구동 또는 제어할 수 있는 I/O 확장 보드.

스텝모터 또는 직류서보모터를 동시에 구동하지 않고 하나씩만 구동한다면 8051 등의 임의 마이크로콘트롤러 키트에 적용할 수 있다.

ATtiny2313을 활용한

졸업작품 만들기 (V) *-작품4. PCB 포함-*

초판인쇄 2008년 3월 20일
초판발행 2008년 3월 25일

저 자 정 종 호 저
발 행 인 곽 종 학
발 행 처 도서출판 Ohm사

주 소 140-150 서울 용산구 갈월동 17번지 세기B/D
전 화 02-776-4868~9
팩 스 02-779-6757
등록번호 1975년 9월 12일 제3-3호

http://www.ohm.co.kr E-mail:ohm@ohm.co.kr

ISBN 89-7101-778-3 정가 28,000원